# Grundzüge der
# Starkstromtechnik

## Für Unterricht und Praxis

Von

### Dr.-Ing. K. Hoerner

Mit 319 Textabbildungen und
zahlreichen Beispielen

Springer-Verlag Berlin Heidelberg GmbH 1923

ISBN 978-3-662-35506-0     ISBN 978-3-662-36334-8 (eBook)
DOI 10.1007/978-3-662-36334-8

# Vorwort.

Das vorliegende Buch will allen denen ein Führer sein, die sich vom Standpunkt technischer Praxis aus mit den Erscheinungen der Starkstromtechnik und ihrem inneren Zusammenhang vertraut machen wollen. Es wendet sich daher in erster Linie an die jungen Fachgenossen, die sich auf den technischen Beruf vorbereiten, sowie an diejenigen Ingenieure und Techniker, welche der ihre Berufstätigkeit streifenden Starkstromtechnik nicht fremd bleiben wollen.

Der Verfasser war bestrebt, dem Leser mit einem möglichst geringen Aufwand theoretischer Ableitungen einen Einblick in die verschiedenen Gebiete zu geben und aus der Mannigfaltigkeit die Einheit im Wesen der Erscheinungen herauszuarbeiten.

Köln-Lindenthal, im Februar 1923.

K. Hoerner.

# Inhaltsverzeichnis.

# Einleitung.

Trotz der beispiellosen Entwicklung, welche die Elektrotechnik in Forschung und Anwendung in den letzten Jahrzehnten durchlaufen hat, nimmt sie unter den angewandten Naturwissenschaften immer noch eine Sonderstellung ein und wird von der Allgemeinheit mehr bewundert als gekannt; dem Wesen der elektrischen Erscheinungen steht sowohl die Mehrzahl der Laien als auch der technisch Gebildeten und sogar ein Teil der eigentlichen Fachleute fremd gegenüber.

Tatsächlich stellen sich auch dem Erfassen der elektrischen Vorgänge besondere Schwierigkeiten in den Weg. Zunächst ist es die Fülle neuer Begriffe und Bezeichnungen, an denen sich der Anfänger stößt, dann die Unmöglichkeit, die Elektrizität sinnlich so wahrzunehmen wie andere Energieträger und Körper. Ein weiteres Hindernis ist der falsche oder ungenaue Sprachgebrauch, der gerade auf diesem Gebiet sehr verbreitet ist; nicht nur die Laienwelt ergeht sich in falschen oder unpassenden Ausdrücken, auch der Fachmann drückt sich vielfach ungenau oder verkehrt aus. Wenn er z. B. vom Strom spricht, meint er bald die Stromstärke, bald die Spannung, bald die Energie. Auch die geschichtliche Entwicklung der Elektrizitätslehre ist ein Hemmschuh für das Verständnis desjenigen Zweiges, der die größte praktische Bedeutung gewonnen hat, namlich der Strömungserscheinungen. Daß deren Entdeckung und Erforschung derjenigen der ruhenden Elektrizität folgte, offenbart sich immer wieder in der Vorstellung von einer gewissen Menge elektrischen „Stromes“, die in der Stromquelle aufgespeichert ist, sich wie ein Wasserschwall aus ihr ergießt und irgendwo verschwindet.

Die geistige Eroberung der elektrischen Erscheinungen erfordert daher ein besonderes Maß von Anschauungsvermögen, ein Nachdenken über Erscheinungen aus anderen Gebieten der Physik, die man täglich sieht, aber gerade deshalb nicht zum Gegenstand genauer Beobachtung und Gedankenarbeit macht. Das Verständnis dürfte dem Lernenden wie dem Praktiker durch eine Betrachtungsweise erleichtert werden, welche die einzelnen Erscheinungen nicht mosaikartig nebeneinander setzt sondern einheitlich auf wenigen Grundgesetzen aufbaut und nach Maxwells Vorgang Hilfsvorstellungen aus der Mechanik verwendet. Die Ionentheorie ist dabei ebenso entbehrlich wie weitgehende mathematische Ableitungen. Hat man sich, unter Benutzung der in reichem Maße zur Verfügung stehenden Vergleiche aus anderen Zweigen der Physik und Technik, erst eine klare Vorstellung der Grundlagen errungen, so wird man auch den verwickelteren der elektrischen Erscheinungen nachgehen und sie erfassen können, ohne dabei unübersichtlicher Vergleichsmodelle oder weitgehender Analogien, die dem Gedankengang neue Schwierigkeiten bereiten, zu bedürfen.

# Allgemeines.

## 1. Der elektrische Stromkreis.

Nach Maxwells Vorstellung denken wir uns jeden Korper aus zwei Arten von Teilen zusammengesetzt, nämlich den Teilen seines Stoffes und den elektrischen Teilchen, ferner nehmen wir an, daß letztere in den Elektrizitätsleitern frei beweglich sind, also zwischen den Stoffteilen durchfließen konnen, bei den sogenannten Nichtleitern dagegen elastisch mit den einzelnen Stoffteilen verbunden sind, also nur kleine Pendelbewegungen auszuführen vermögen. Unter den Leitern sind vor allem die Metalle und Kohle, ferner Flüssigkeiten, welche Sauren, Basen oder Salze enthalten, zu erwahnen. Unter den Nichtleitern oder Isolatoren sind Porzellan, Glas. Marmor, Gummi, Papier, Faserstoffe, Harze, Öle, Gase u. a. zu nennen.

Unter einem elektrischen Strom stellen wir uns, das sei schon hier betont, eine Bewegung der elektrischen Teilchen vor, entstanden durch einen elektrischen Druck. Ein solcher kann z. B. durch Reibung eines Nichtleiters (Hartgummistab, Glas) oder durch den Einfluß der atmospharischen Elektrizitat auf einen von der Erde isolierten Leiter auftreten, man spricht dann von ruhender oder statischer Elektrizitat. da sich die elektrischen Teilchen im allgemeinen in Ruhe befinden Übersteigt dabei der elektrische Druck diejenige Kraft, mit der die elektrischen Teile an den Stoffteilen festgehalten sind, so tritt in Form eines Funkens oder Blitzes eine kurzzeitige Entladung, ein Durchschlag oder ein Überschlag auf; der elektrische Druck gleicht sich dabei plötzlich aus, wie etwa der Luftdruck bei dem Platzen eines Windkessels oder eines Fahrradschlauches. Ganz anders liegen die Verhältnisse bei der strömenden Elektrizität, die für die Starkstromtechnik vor allem in Frage kommt. Das hierbei haufig aber nicht immer ganz zutreffend gebrauchte Wort „Stromkreis" weist schon darauf hin, daß es sich hier um einen Kreislauf handelt. Wie das Wasser in der Natur einen Kreislauf von der Quelle zum Meer, von da zur Wolke und von dieser wieder zur Erde ausführt, wie es bei einer Druckwasseranlage nicht nur von der Pumpe zu derjenigen Maschine, in der es Arbeit verrichten soll, hinfließt, sondern von dieser wieder zur Pumpe zurückkehren muß, so führt die Elektrizität im Stromkreis einen Kreislauf aus. Sie wird nicht erzeugt und verbraucht, sondern in eine Bewegung gesetzt, die unter Umständen beliebig lange unverändert aufrechterhalten werden kann. Auch eine Warmwasserheizung bietet einen anschaulichen Vergleich für den elektrischen Stromkreis. Bei einer solchen wird ja im Heizkessel durch die Erwärmung des Wassers ein Auftrieb erzeugt, das Wasser fließt dadurch dem Heizkörper zu, verliert hier durch die **Wärmeabgabe** den Auftrieb **und** strömt wieder zum Kessel zurück.

Ein Unterschied in der Ausdrucksweise ist von vornherein hervorzuheben. Bei dem Durchfluß einer Flüssigkeit durch eine Leitung ist das Rohr der Körper, der vor allem in Erscheinung tritt, man bezeichnet daher die Leitung als geschlossen, wenn das Rohr abgesperrt, die Strömung unterbrochen ist. Bei der elektrischen Leitung denkt man zunächst weniger an den Nichtleiter, der das Entweichen des Stromes auf unerwünschte Wege verhindert, vor allem fällt vielmehr der Leiter ins Auge, daher nennt man eine Leitung oder einen Schalter offen, wenn der Stromkreis unterbrochen ist, ein Strom also nicht fließen kann.

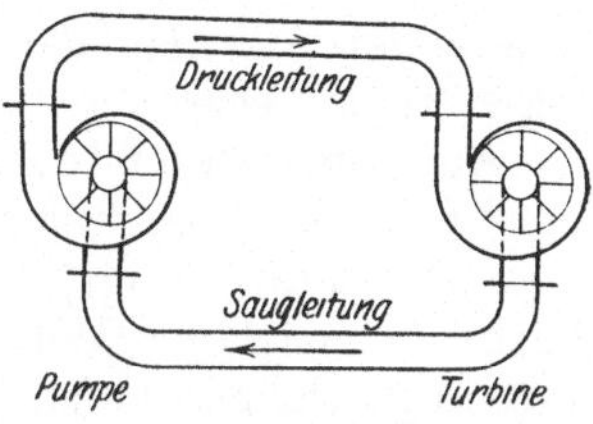


Abb. 1. Druckwasseranlage.

Um die Hauptteile eines Stromkreises zu bestimmen, stellen wir uns eine Druckwasseranlage, die aus Zentrifugalpumpe, Druckleitung, Turbine und Saugleitung bestehen mag, im Betriebe vor (Abb. 1). Die von einer beliebigen Kraftmaschine angetriebene Pumpe setzt das Wasser unter Druck, erzeugt also die Pressung oder Spannung; in der Turbine wird diese Spannung verbraucht durch Überwindung des Widerstandes oder Gegendruckes, der sich der Bewegung der Turbinenwelle entgegensetzt. Es ist klar, daß die in der Sekunde durch den Stromkreis fließende Wassermenge, d h. die Stromstärke, an jeder Stelle des

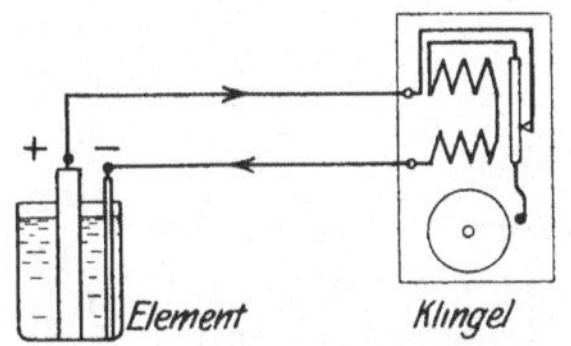


Abb. 2. Klingelanlage.

Kreises die gleiche Größe haben muß, wenn nirgends ein Leck vorhanden ist. Dieselben Hauptteile finden wir in dem einfachsten elektrischen Stromkreis, wie wir ihn etwa als Klingelanlage brauchen (Abb. 2). An die Stelle der Pumpe tritt das galvanische Element, das bekanntlich meistens aus einer Kohlen- und einer Zinkplatte in einer leitenden Flüssigkeit besteht, an die Stelle der Turbine tritt die Klingel; beide müssen durch Hin- und Rückleitung miteinander verbunden sein. Dem Vergleichsbild ent-

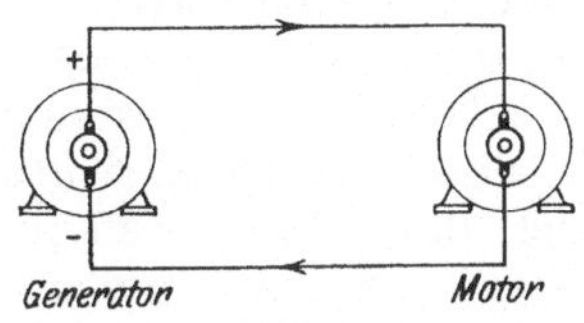


Abb. 3.
Elektrische Kraftanlage.

sprechender aber nicht so allbekannt ist ein Stromkreis, der aus zwei elektrischen Maschinen und zwar einem Generator an Stelle der Pumpe und einem Motor an Stelle der Turbine besteht (Abb. 3). Element oder Generator werden allgemein Stromquelle genannt, besser wäre die Bezeichnung Spannungsquelle, weil ja die Bewegung der elektrischen Teile, ebenso wie jede andere Bewegung, durch die in der „Pumpe" erzeugte Spannung verursacht wird. Irreführend ist der entsprechende Ausdruck „Stromverbraucher" für Klingel, Lampe, Motor oder ähnliche Apparate, denn in diesen Körpern wird ja wie in der Turbine nur die Spannung ver-

braucht; der Strom dagegen, den wir im Schaltbild durch einen in die
Leitung gezeichneten Pfeil andeuten, fließt wie das Wasser in gleicher
Stärke durch die Rückleitung zur Stromquelle zurück. Wir bezeichnen
daher die genannten Teile des Stromkreises als Verbrauchskörper und
sagen, daß ein solcher einen bestimmten Strom durchläßt oder aufnimmt
und dabei eine gewisse Spannung verbraucht. Dieser Verbrauch erfolgt
bei einer Klingel, Lampe oder dergleichen durch den Widerstand dieser
Korper, wie etwa der Druck einer Wasserleitung durch den Widerstand
eines Filters aufgezehrt werden kann; bei einem Elektromotor oder einem
zu ladenden Akkumulator wird die Spannung wie bei der Turbine durch
Gegendruck verbraucht.

Auch über die Richtung des Stromes können wir uns ein anschauliches Bild machen, welches der auch heute noch üblichen Ausdrucksweise Rechnung trägt, wenn wir unsere Druckwasseranlage als Vergleich heranziehen. Wie die Zentrifugalpumpe, dauernd in gleichem
Sinn angetrieben, einen Wasserstrom gleicher Richtung liefeit, der
an dem Druckstutzen aus der Pumpe austritt und an dem Saugstutzen
in sie wieder eintritt, so liefert das Element elektrischen Gleichstrom.

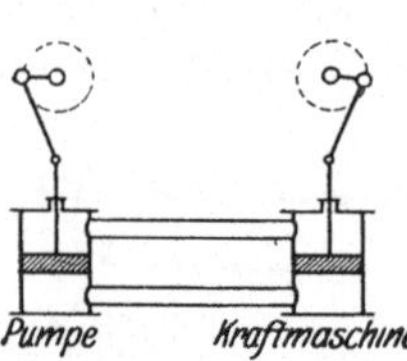


Abb. 4. Wasser-
druckanlage mit
wechselnder Strom-
richtung.

Wir stellen uns also vor, daß die elektrischen
Teile dabei dauernd in gleichem Sinne fließen.
Aus Gründen, die im Abschnitt 5 erläutert sind,
betrachtet man die Kohle eines galvanischen
Elementes als die Stelle des Überdruckes und
nennt sie die positive Klemme (+), das Zink als
Stelle des Unterdruckes und nennt es negative
Klemme (—). Für Klemme wird auch das Wort
Pol gebraucht, das aber noch einen andern Sinn
hat. Wie wir bei dem Wasserstromkreis einerseits
eine Druckleitung, anderseits eine Saugleitung
haben, so betrachten wir die mit der positiven Klemme des Elements
oder des Generators verbundene Leitung als Überdruck- oder Hinleitung, die andere als Unterdruck- oder Rückleitung.

Wechselstrom nennt man eine Stromart, die durch periodischen
Wechsel der Druckrichtung entsteht. Die elektrischen Teile bewegen
sich dabei kurze Zeit in einer Richtung, kommen zum Stillstand, be
wegen sich dann in der andern Richtung usw. Zum Vergleich kann man
sich vorstellen, daß die Drehrichtung der Pumpe (Abb. 1) wie diejenige
der Unruhe einer Taschenuhr periodisch wechselt, an jedem Stutzen
also abwechselnd Druck- und Saugwirkung auftritt. Einfacher ist es,
an die Wasserströmung in einer Kolbenpumpe ohne Ventile und einem
ebenso gebauten Verbrauchskörper zu denken (Abb. 4). Dieser Vergleich trifft jedoch insofern nicht genau die elektrischen Verhaltnisse,
als der Wasserlauf durch den Kolben unterbrochen ist. Es sei schon
hier darauf hingewiesen, daß der in den Starkstromanlagen verwendete
Wechselstrom meistens 100-mal in der Sekunde seine Richtung wechselt.

Wie steht es nun mit der Geschwindigkeit des elektrischen
Stromes? Wir können an den Stromkreisen der erwähnten Art leicht
beobachten, daß selbst die schärfsten Knicke in der Leitung bei Gleich-

strom oder dem üblichen Wechselstrom ohne merklichen Einfluß auf die Strömung bleiben und schließen daraus, daß die Fortbewegung der elektrischen Teile mit sehr geringer Geschwindigkeit erfolgt. Die Forschung berechnet diese bei den üblichen Stromstärken zu einigen Zentimetern in der Sekunde. Wohl zu unterscheiden von dieser Geschwindigkeit der Fortbewegung ist diejenige Geschwindigkeit, mit der sich eine Störung, eine Änderung des Bewegungszustandes, längs der elektrischen Teilchen fortpflanzt. Wir wissen ja, daß im allgemeinen das Ein- oder Ausschalten einer Leitung und die Wirkung desselben, z. B. das Aufleuchten von Lampen, unmittelbar, in unmeßbar kurzer Zeit, aufeinanderfolgen, mag die Leitung auch noch so lang sein.

## 2. Die Schaltungen im Stromkreis.

Sämtliche in der Elektrotechnik vorkommenden Schaltungen lassen sich auf zwei Hauptarten zurückführen, nämlich auf die Reihenschaltung und die Parallelschaltung.

Da es dem Lernenden erfahrungsgemäß nicht leicht fällt, sich restlos in das Wesen dieser Schaltungen hineinzudenken, sei auch hier der Vergleich mit dem Wasserstromkreis durchgeführt. Verbinden wir (Abb. 5) mit dem Druckstutzen einer Pumpe den Saugstutzen einer zweiten, so fließt das geförderte Wasser der Reihe nach durch die Pumpen, und zwar addiert sich offenbar der von der zweiten — und jeder etwa noch folgenden — Pumpe gelieferte Druck zu dem der ersten, so daß zwischen Druck- und Saugleitung die Summe der von den einzelnen Pumpen erzeugten Spannungen auftritt. Diese sind also hintereinander geschaltet; die einzelnen Spannungen können dabei verschieden sein, ebenso ist die Reihenfolge der Pumpen für das Ergebnis, d. h. für Druck und Geschwindigkeit innerhalb der Rohrleitung und für den Zustand innerhalb jeder Pumpe, gleichgültig, sobald sich der Kreislauf im stationären Strömungszustand befindet. Entsprechendes gilt von der Reihenschaltung der Turbinen oder sonstiger Verbrauchskörper; als solche können wir uns Filter oder einfach Rohre, die mit Kies oder ähnlichen Hindernissen gefüllt sind, denken. Das Wasser fließt der Reihe nach durch diese Verbrauchskörper und verliert in jedem derselben, entsprechend dessen Widerstand, einen Teil seiner Spannung. Die Reihenfolge kann auch hier wieder beliebig geändert werden, ohne daß dadurch eine Änderung in dem Zustand innerhalb des Wasserkreislaufes eintritt. Sind z. B. die beiden Turbinen gleich gebaut und gleich belastet, so verbraucht jede die Hälfte der gesamten Spannung; die zuerst vom Wasser durchströmte Turbine hat nicht etwa einen höheren Druck zwischen ihrem Druck- und Saugstutzen auszuhalten, wenn auch der Druck zwischen dem Rohr und der Umgebung größer ist als bei der zweiten Turbine.

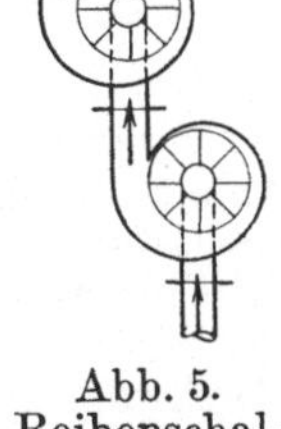

Abb. 5. Reihenschaltung zweier Pumpen.

Wie liegen dagegen die Verhaltnisse, wenn wir (Abb. 6) zwei oder mehrere Pumpen einerseits mit ihren Saugstutzen, anderseits mit ihren Druckstutzen an eine gemeinsame Saug- bzw. Druckleitung anschließen, sie also parallel schalten? Damit nicht einer Pumpe das von einer andern herausgepreßte Wasser durch die Druckoffnung zufließt, sondern alle Pumpen Wasser fördern, muß offenbar die Spannung aller Pumpen gleich sein. Das durch die Druckleitung ab-

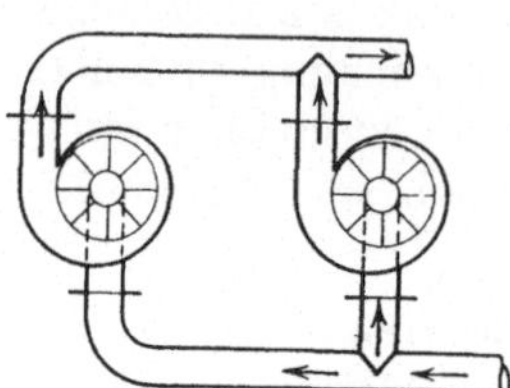

Abb. 6. Parallelschaltung zweier Pumpen.

fließende Wasser ist dann die Summe der Fördermenge aller Pumpen, wobei es gleichgültig ist, ob diese untereinander gleich oder verschieden groß sind. Eine kleine Pumpe kann ohne weiteres mit einer großen parallel arbeiten, wenn nur ihre Pressungen gleich groß sind. Entsprechende Verhaltnisse liegen bei der Parallelschaltung von Turbinen oder anderen Verbrauchskörpern vor. Diese müssen für den gleichen Druck gebaut sein, die gesamte zufließende Wassermenge verteilt sich auf die einzelnen Verbrauchskörper nach der Große derselben.

Die Schaltung einer elektrischen Anlage mit mehreren Stromquellen, Verbrauchskörpern und den sonstigen, fur einen sicheren Betrieb noch erforderlichen Einrichtungen kann nun bildlich nicht so dargestellt werden wie die einfachsten Stromkreise in Abb. 2 und 3 Man verwendet vielmehr vereinfachte Schaltzeichen, deren Form vom Verband Deutscher Elektrotechniker (V.D.E.) festgesetzt ist.

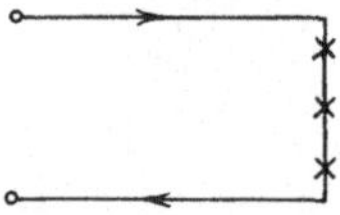

Abb. 7. Reihenschaltung von Glühlampen.

Betrachten wir, mit dem einfachsten beginnend, die Reihenschaltung von Glühlampen (Abb. 7). Eine Klemme der ersten Lampe ist mit der einen Leitung, die andere Klemme mit einer Klemme der zweiten Lampe usw. verbunden. Schließen wir diese Lampenreihe an eine Stromquelle an, so fließt der Strom der Reihe nach in gleicher Stärke durch die Lampen, jede verbraucht dabei einen Teil der insgesamt zwischen den Leitungen vorhandenen Spannung Als Vergleich kann man an die Zylinder einer Verbund-Dampfmaschine, die einzelnen Räder einer Dampfturbine oder die Schichten eines Filters denken.

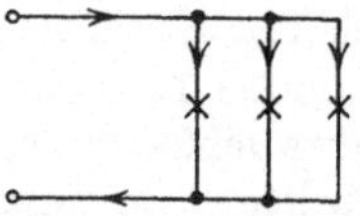

Abb. 8 Parallelschaltung von Glühlampen.

Bei der Parallel- oder Nebenschaltung (Abb. 8) wird jede Lampe mit ihren Klemmen einerseits an die Hinleitung, anderseits an die Rückleitung angeschlossen, hier ist also die Spannung für alle gemeinsam, während sich der gesamte Strom der elektrischen Teilchen genau so auf die einzelnen Lampen verteilt wie der Wasserstrom eines Rohres auf mehrere Zapfstellen. Die Parallelschaltung wird in den elektrischen Anlagen, die ebenso wie Gas- oder Wassernetze mit möglichst gleichbleibendem Druck arbeiten, am häufigsten angewendet, weil dabei jeder Verbrauchskörper, sofern er für die volle Spannung gebaut ist, unabhängig von den anderen ein- und ausgeschaltet werden kann.

Durch Vereinigung von Reihen- und Parallelschaltung entsteht die Gruppenschaltung. Hierbei werden zunächst mehrere Lampen in Reihe und eine Anzahl von so gebildeten Gruppen parallel geschaltet (Abb 9); aus praktischen Gründen verwendet man auch haufig Parallelschaltung der einzelnen Kör-per und Reihenschaltung der Gruppen (Abb. 10).

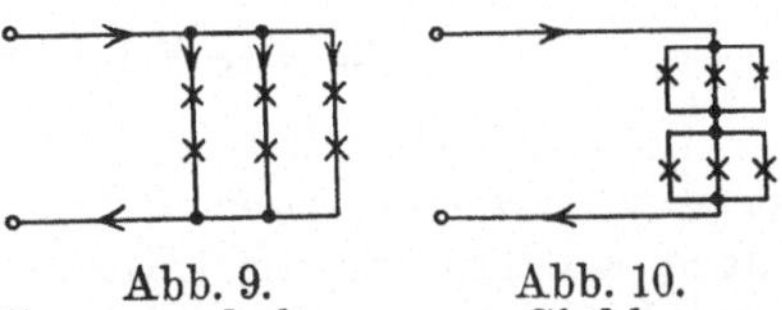

Abb. 9.     Abb. 10.
Gruppenschaltung von Glühlampen.

Bei Stromquellen und manchen Verbrauchskorpern sind die Klem-men nicht gleichwertig, sondern nach + (Druckseite) und — (Saug-seite) zu unterscheiden. Dement-sprechend muß die Reihenschaltung unterteilt werden in Hinterein-ander- und in Gegenschaltung. Als Beispiel sei die Schaltung von Elementen erläutert. Hintereinanderschaltung (Abb. 11) ent-steht durch Verbindung der +-Klemme des ersten Elementes mit der —-Klemme eines zweiten usw. Es ist klar, daß bei geschlossenem Stromkreis der Strom in jedem Element der gleiche sein muß, und daß jedes Ele-ment auf die elektrischen Teile einen Druck in gleicher Richtung, z. B. in der Abb 11 von unten nach oben, ausübt. Die Ge-samtspannung aller Elemente ist also gleich der Summe der Einzelspannungen, die unter-einander verschieden sein können. Die Gegen-schaltung von Elementen oder Maschinen ent-steht, wenn mit der einen Klemme des ersten Elementes die gleichnamige Klemme des zweiten

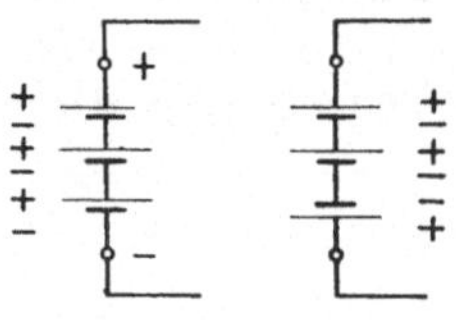

Abb. 11.
Hinterein-
ander-
schaltung
von Elementen.

Abb. 12.
Gegen-
schaltung

verbunden wird. Diese Spannungen arbeiten dann gegeneinander, die Gesamtspannung ist gleich ihrer Differenz (Abb. 12).

Für die Parallelschaltung elektrischer Stromquellen ist wie bei den Pumpen, gleiche Spannung die Vorbedingung. Diese Schaltung wird dadurch hergestellt (Abb. 13), daß man alle gleichnamigen Klemmen untereinander und mit je einer Leitung verbindet. Der Leitungsstrom ist dann gleich der Summe der Teil-ströme in den Ele-menten. Zum Ver-gleich denke man z. B. auch an das Kesselhaus einer größeren Dampf-anlage.

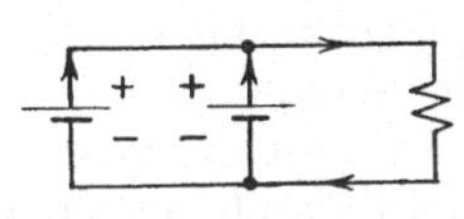

Abb. 13. Parallel-
schaltung von Ele-
menten.

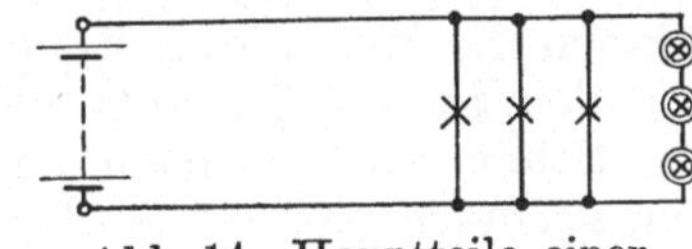

Abb. 14. Hauptteile einer
Lichtanlage.

Mehrere Kessel liefern da gemeinsam den Dampf in die Sammel-leitung, sie können verschieden groß sein, müssen aber denselben Dampfdruck erzeugen.

Natürlich kann auch bei Stromquellen die Gruppenschaltung ausgeführt werden.

Die Anwendung dieser Schaltungen zeigt das Schaltbild der Hauptteile einer Lichtanlage (Abb. 14); als Stromquelle dienen Elemente in Hintereinanderschaltung (es sind nur die äußersten Elemente der Reihe gezeichnet), als Verbrauchskörper sind in Parallelschaltung Glühlampen und Bogenlampen, letztere zu dreien in Reihe, dargestellt.

### 3. Die Wirkungen des Stromes.

Da die Elektrizität an sich unserer Wahrnehmung entzogen ist, ist es vorzuziehen, zunächst nicht weiter nach ihrer Entstehung zu fragen, sondern erst die Wirkungen des Gleich- und Wechselstromes durch Versuche kennen zu lernen. Kurze Angaben über solche Versuche werden in der Folge an verschiedenen Stellen gegeben, sowohl als Anleitung zur Durchführung wie als Stütze der Anschauung, als „Gedankenexperiment".

Ein dünner Draht $AB$, z. B. ein einzelner Faden einer Kupferschnur von einigen Metern Lange, wird ausgespannt und mit den Klemmen eines Elementes verbunden (Abb. 15); man beobachtet, daß bei Stromdurchfluß in dem Draht Warme entwickelt wird. Die Wirkung ist die gleiche, wenn die Anschlüsse vertauscht werden, also muß auch Wechselstrom dieselbe Wärmewirkung wie Gleichstrom haben; aller-

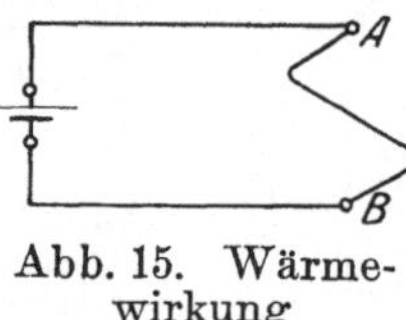


Abb. 15. Wärmewirkung

dings ist aus später zu erörternden Gründen bei derselben Spannung die Wirkung beider Stromarten nicht dieselbe, wenn der Draht zu einer Spule aufgewickelt ist. Verringern wir bei unveranderter Spannung der Stromquelle die Lange des stromdurchflossenen Drahtes, oder erhöhen wir die Spannung durch Hintereinanderschaltung mehrerer Elemente, so laßt der Vergleich mit unserem Pumpenkreislauf vermuten, daß dadurch die Strömung, genauer gesagt die in der Sekunde durch einen Querschnitt des Kreises fließende Menge von Elektrizität bzw. Wasser, die wir Stromstärke nennen, vergrößert wird. Man beobachtet tatsächlich eine stärkere Erwärmung, kann also aus der größeren Wirkung auf eine Vergrößerung der Ursache, d. h. auf eine größere Stromstärke schließen. Allgemein kann man sagen, daß jeder Strom Warme erzeugt; wir können sie uns durch Reibung zwischen den bewegten elektrischen und den Stoff-Teilen entstanden denken.

Sehen wir uns nach den Anwendungen dieser Stromwirkung um, so finden wir sie vor allem bei dem elektrischen Licht, das ja leider immer noch auf die durch Wärme erzeugte Strahlung angewiesen ist, ferner bei dem elektrischen Heizen, Schweißen und Schmelzen, bei den Schmelzsicherungen und ähnlichen Schutzvorrichtungen. Als unvermeidliche Beigabe müssen wir diejenige Wärme hinnehmen und ihr entsprechend Rechnung tragen, die in Leitungen und in den Wicklungen von Maschinen, Apparaten und anderen Teilen der elektrischen Anlagen auftritt.

Wir tauchen sodann zwei Kohlenplatten in ein mit Kupfervitriollösung gefülltes Gefäß ein und verbinden sie mit den Klemmen von zwei hintereinandergeschalteten Elementen (Abb. 16). Nach einiger Zeit des Stromdurchganges erkennt man einen Überzug von Kupfer auf der mit der negativen Klemme der Stromquelle verbundenen Platte. Vertauscht man die Anschlüsse, so ist nach einiger Zeit dieser Niederschlag verschwunden, dagegen wird jetzt die andere, also wieder die mit dem negativen Pol der Stromquelle verbundene Kohlenplatte mit Kupfer überzogen.

Wir können aus diesen beiden Versuchen zunächst zweierlei schließen: wir erkennen, daß der Gleichstrom die Bestandteile der Lösung trennt, also eine chemische Wirkung ausübt; der zweite Versuch lehrt, daß das Metall von der einen Platte gelöst, in die Flüssigkeit übergeführt und aus dieser auf die andere Platte niedergeschlagen wird. Man bezeichnet diesen Vorgang als Elektrolyse, die Losung als Elektrolyt, die Stromzu- und -ableitungen in der Flüssigkeit als Elektroden.

Wechseln wir in möglichst kurzen Zeitabschnitten die Anschlüsse oder schicken wir Wechselstrom durch die Lösung, so zeigt sich keine chemische Wirkung, da ja beide Elektroden untereinander gleich sind und infolge des Wechsels der Stromrichtung nach jedem Wechsel der Überzug einer Elektrode wieder von dieser gelöst wird.

Alle leitenden Flüssigkeiten (man nennt sie Leiter zweiter Klasse) können durch Gleichstrom „zersetzt" werden; dabei wandert das Metall bzw. der Wasserstoff des Elektrolyten nach der einen, der Rest der Flüssigkeit nach der andern Elektrode. Man hat nun vereinbart, als Richtung des Stromes diejenige anzusehen, in der bei der Elektrolyse

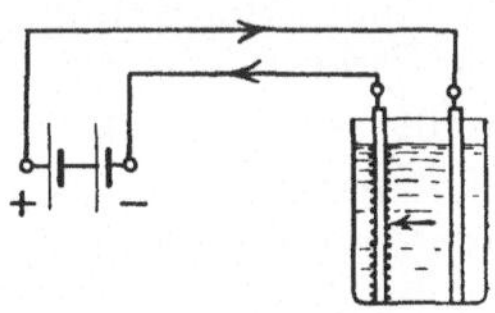

Abb. 16. Chemische Wirkung.

die Atome des Metalls bzw. des Wasserstoffes wandern. Nach dieser Vereinbarung stellen wir uns daher die Kohlenplatte des Elementes bzw. die positive Klemme irgend einer andern Stromquelle als Stromaustrittsstelle oder Anode, die Zinkplatte bzw. negative Klemme der Stromquelle als Stromeintrittsstelle oder Kathode vor. Bei Verbrauchskörpern wird, um Verwechslungen zu verhindern, stets die mit + der Stromquelle verbundene Klemme als +-Klemme oder Anode, die andere als —-Klemme oder Kathode bezeichnet. Der Strom tritt also bei Verbrauchskörpern an der Anode ein und an der Kathode aus.

Ohne weiteres ist einzusehen, daß die Menge der Zersetzungsprodukte bei unveränderter Stromstärke der Zeitdauer des Stromdurchflusses proportional ist, sie ändert sich ebenso im Verhältnis der in bestimmter Zeit durchfließenden elektrischen Teile, also im Verhältnis der Stromstärke. Man hat die chemische Wirkung dazu benutzt, die Einheit der Stromstärke gesetzlich festzulegen und zwar durch die Menge bzw. das Gewicht an Silber, das in der Sekunde aus einer bestimmten Lösung ausgeschieden wird. Die Einheit der Stromstärke hat den Namen Ampere erhalten. Stromstärke ist also die Elektrizitätsmenge, die in der Sekunde durch den in Frage stehenden Teil

des Stromkreises fließt und entspricht der Wassermenge, die in der
Sekunde durch einen Querschnitt des Wasserlaufs strömt. Ist die
Stromstärke und die Zeitdauer der Einschaltung gegeben, so erhält
man umgekehrt als Produkt dieser beiden die Strommenge oder
Elektrizitätsmenge, deren Einheit die A m p e r e s e k u n d e oder
das Coulomb ist; häufig wird auch die größere Einheit Amperestunde
gebraucht. Unter S t r o m d i c h t e versteht man die Stromstärke auf
einen Quadratmillimeter des Leiterquerschnittes. Die Stromdichte hat
daher die Bedeutung einer Geschwindigkeit, da ja die sekundliche
Wassermenge als Produkt aus dem Durchflußquerschnitt und der Geschwindigkeit berechnet wird.

Die Größe der Stromstärkeneinheit ist dadurch bestimmt, daß
man die später zu besprechenden magnetischen Kraftwirkungen des
elektrischen Stromes auf das absolute Maßsystem, in welchem die
Länge, Masse und Zeit die Einheiten bilden, bezogen hat. Um eine
Vorstellung von der Größe der Einheit „Ampere" zu gewinnen, sei
erwähnt, daß der Strom einer Glühlampe der gebräuchlichsten Größe
etwa 0,5 Ampere derjenige einer Bogenlampe etwa 10 Ampere beträgt.

Zur Abkürzung und zur Verwendung in Formeln bezeichnet man
die Stromstärke mit $J$, ihre Einheit mit $A$. Ein Tausendstel Ampere
heißt eine Milliampere, das Zeichen hierfür ist $mA$.

**Beispiel:** Welche Stromstärke ist nötig, um in 2 Stunden eine Menge
von 1 kg Kupfer niederzuschlagen, wenn eine Amperesekunde einen Niederschlag von 0,328 mg Kupfer (elektrochemisches Äquivalent) liefert?
Für 1 kg $= 10^6$ mg sind nötig:

$$\frac{1 \cdot 10^6}{0,328} = 3,05 \cdot 10^6 \text{ Amperesekunden} = 849 \text{ Amperestunden.}$$

Es muß also bei 2 Stunden Dauer ein Strom $J = \dfrac{849}{2} = $ rd. 425 $A$ fließen.

Die chemische Wirkung wird zu der elektrolytischen Gewinnung
von Metallen und Gasen, sowie in verschiedenen Zweigen der Galvano-
technik benutzt. Elektrolytische Anfressungen können
in Rohrleitungsnetzen durch vagabundierende Ströme
aus dem Straßenbahnnetz entstehen, ferner in Dampf-
kesseln oder an Leitungen durch das Auftreten elektrischer Spannung zwischen verschiedenen Metallen der
Bauteile.

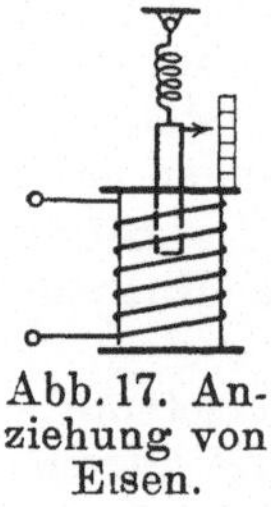

Als dritte Wirkung des elektrischen Stromes wollen
wir die m a g n e t i s c h e untersuchen. Einen M a g n e t e n
nennt man bekanntlich ein Stück Stahl, das Eisen sowie
einige andere Metalle anzieht und auf einen zweiten

Abb. 17. An-
ziehung von
Eisen.

Magneten einerseits eine Anziehung, anderseits eine Abstoßung ausübt. Weiteres über den Magnetismus wird in den Abschnitten 14
und 15 besprochen.

Einige einfache Versuche geben darüber Aufschluß, ob und in
welcher Weise auch ein elektrischer Strom solche Wirkungen hat.
Bringt man ein Stück Eisen, an einer Feder aufgehängt, über eine
s t r o m d u r c h f l o s s e n e  S p u l e (Abb. 17) — die Stromquelle ist hier

und in der Folge, der Kürze halber, nicht eingezeichnet, sofern ihre Darstellung entbehrt werden kann —, so wird das Eisen wie von einem Magneten angezogen und zwar bei Gleichstrom und Wechselstrom, einerlei wie die Stromrichtung ist. Die Wirkung wachst, wenn die Stromstärke erhoht wird, mit dem Ausschalten des Stromes hört sie auf.

Sodann halten wir einen von Gleichstrom durchflossenen Leiter (Abb. 18) über eine Magnetnadel und zwar in der Richtung, welche die Nadel unter dem Einfluß des Erdmagnetismus einnimmt. Die Nadel wird abgelenkt und nahert sich der zum Stromleiter senkrechten Lage desto mehr, je starker der Strom gemacht wird. Kehrt man die Stromrichtung um oder halt den Stromleiter unter die Nadel, so kehrt sich auch der Drehsinn der Ablenkung um; bei sehr raschem Stromwechsel und bei Verwendung von Wechselstrom wird man nur bei einer sehr kleinen Nadel eine Ablenkung und zwar in wechselnder Richtung beobachten, da eine großere Nadel infolge ihrer Tragheit dem raschen Wechsel des Antriebs nicht folgen kann  Eine Wirkung ist bei beiden Stromarten zu beobachten, wenn man eine Glühlampe, am besten eine Kohlenfadenlampe, zwischen die Pole eines Stahlmagneten bringt. Fließt Gleichstrom durch die Lampe, so wird der Faden nach einer Seite abgebogen, bei Verwendung von Wechselstrom schwingt er lebhaft hin und her.

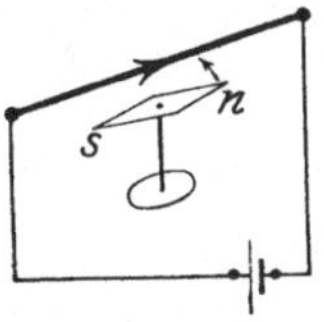

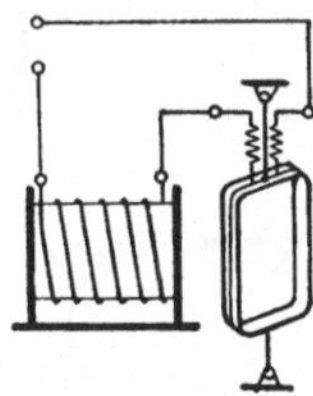

Abb. 18. Ablenkung einer Magnetnadel

Abb. 19. Ablenkung einer Spule.

Schließlich bringen wir eine um eine senkrechte Achse drehbare Spule in die Nähe einer festaufgestellten Spule und zwar so, daß die drehbare sich im stromlosen Zustand durch die Torsionskraft der Aufhangung oder die Spannung einer Feder mit ihrer Ebene senkrecht zu derjenigen der festen Spule stellt. Wir schicken durch beide, am besten in Reihenschaltung, einen Strom (Abb 19) und beobachten, daß die drehbare Spule, ahnlich wie vorher die Nadel, abgelenkt wird. Der Drehsinn andert sich, wenn wir die Stromrichtung nur in einer der beiden Spulen vertauschen, dagegen bleibt er derselbe, wenn wir in beiden Spulen die Stromrichtung wechseln. Daraus folgt, wie auch ein Versuch zeigt, daß die Wirkung bei Wechselstrom ebenso wie bei Gleichstrom eintritt. Auch bei diesen Versuchen wächst die Wirkung mit der Stromstarke.

Anwendungen dieser magnetischen Wirkungen — auf diese selbst soll spater näher eingegangen werden —, finden wir bei den mannigfaltigsten elektrischen Apparaten; besonders bemerkenswert ist, daß die letzte Versuchsanordnung die Grundform der in der Starkstromtechnik verwendeten elektrischen Maschinen bildet.

Ein bekannter Grundsatz der Physik ist die Umkehrbarkeit von Vorgangen; er gilt auch für die obigen elektrischen Erscheinungen. Wenn durch den Strom chemische, magnetische und Wärmewirkungen entstehen, so wird umgekehrt durch chemische oder magnetische Vorgänge oder durch Wärme ein elektrischer Strom entstehen können. Während die beiden ersteren Erscheinungen später eingehender zu behandeln sind, sei hier kurz erwähnt, daß man durch Verloten der Enden zweier verschiedenartiger Drahte, z. B. eines Eisen- und eines Konstantandrahtes, ein Thermoelement erhält, das bei Erwärmung der Lötstelle eine wenn auch sehr geringe elektrische Spannung gibt. Solche Thermoelemente werden zur Messung der Temperatur in Heizanlagen, Badern u. dgl. in der Technik verwendet. Sie sind auch zur Messung der Erwärmung schwer zuganglicher Stellen von elektrischen Maschinen und Apparaten geeignet.

## 4. Messung des Stromes.

Da die Wirkungen des Stromes von seiner Stärke abhangen, können sie zur Messung der Stromstärke verwendet werden. Bei den hierfür gebauten Meßinstrumenten setzt sich einer durch den Strom hervorgerufenen Bewegung die Gegenkraft einer Feder oder eines Gewichtes derart entgegen, daß sie wie bei einer Federwage mit wachsendem Ausschlag größer wird. In einer je nach der Stärke des Stromes verschiedenen Lage des beweglichen Systems tritt Gleichgewicht ein, die Stellung eines Zeigers über einer Skala ist dann ein Maß für die in dem betreffenden Zeitpunkt durch das Instrument fließende Stromstärke. Ist die Skala nicht fest angebracht, sondern wird als Papierstreifen unter dem mit einer Schreibvorrichtung versehenen Zeiger fortlaufend bewegt, so wird der Verlauf der Meßgröße aufgezeichnet, wir haben dann ein Registrierinstrument. Um bei Änderung der Stromstärke ein langeres Hin- und Herpendeln des Zeigers zu verhindern, bringt man eine Dämpfung an, die entweder elektrisch (vgl. Abschnitt 31) oder durch Luftbewegung (siehe *D* in Abb. 21) wirkt. Die haufig für elektrische Meßinstrumente gebrauchte Bezeichnung „aperiodisch" bedeutet, daß der Zeiger die Gleichgewichtslage einnimmt, ohne lange zu pendeln oder zu kriechen.

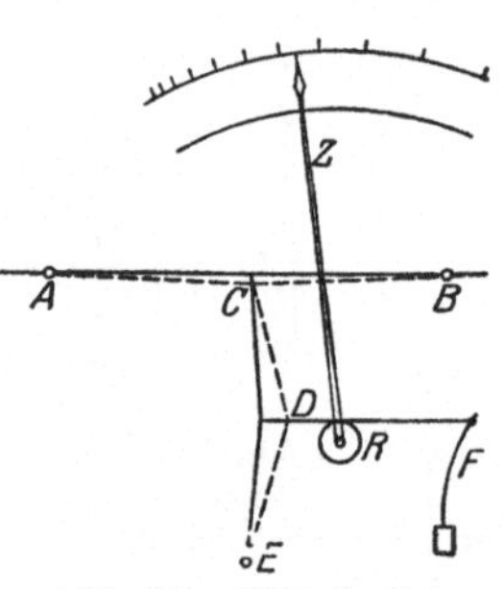

Abb. 20. Hitzdrahtinstrument.

Die Wärmewirkung wird in den Hitzdrahtinstrumenten (Abb. 20) benutzt. Der horizontal liegende Hitzdraht *AB*, ein dünner Draht aus Platiniridium, wird mittels zweier Spannfaden *CE* und *DF* durch eine Blattfeder gespannt gehalten; bei Stromdurchfluß verlängert er sich entsprechend seiner Erwärmung, so daß die Feder sich aufrichten und die Rolle mit dem Zeiger drehen kann, wobei der Weg des Federendes infolge des doppelten Kniehebels erheblich größer ist als die Verlangerung des Hitzdrahtes. Der Hauptvorteil dieses Instrumentes ist, daß seine Angaben für Gleich- und Wechselstrom genau dieselben sind, und daß es unempfindlich gegen irgend welche magnetischen Einflüsse ist. Durch eine Ausgleichsplatte kann das Instrument auch unempfindlich gegen außere Temperatureinflüsse gemacht werden. Der Zeiger kann durch Drehen einer Schraube im stromlosen Zustand auf den Nullpunkt eingestellt werden.

Das Dreheisen — oder elektromagnetische Instrument (Abb. 21) hat eine drehbare Scheibe $E$ aus Weicheisen, die, vor einer Spule $S$ liegend, von dieser angezogen und mit dem Zeiger nach rechts gedreht wird. Dabei wächst die Wirkung des entgegengesetzt drehenden Gegengewichtes des beweglichen Systems. Die Angaben dieses Instrumentes sind je nach der Stromrichtung und der Wechselzahl etwas verschieden, die Genauigkeit ist geringer als bei den anderen Arten.

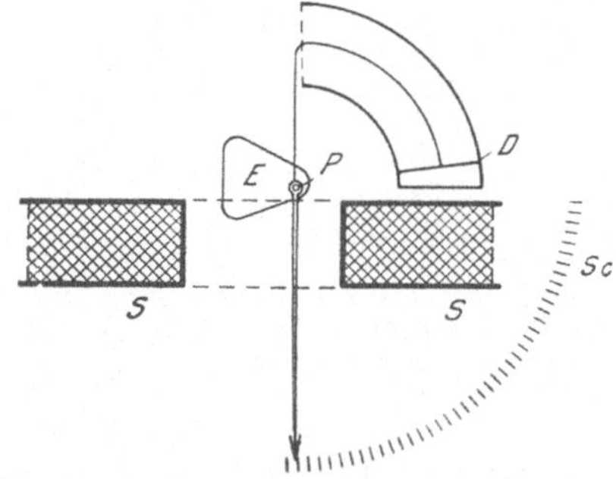

Abb. 21. Dreheiseninstrument.

Das Drehspulinstrument (Abb. 22) besteht aus einem Stahlmagneten mit zylindrisch ausgedrehten Polen, zwischen denen über einem Eisenzylinder eine feine Spule mit dem Zeiger drehbar gelagert ist, seine Teile entsprechen also dem im Abschnitt 3 erwähnten Versuch mit Glühlampe und Magnet. Als Stromführung für die

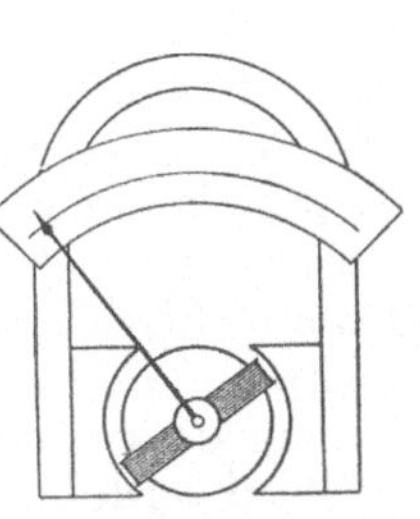

Abb. 22. Drehspulinstrument.

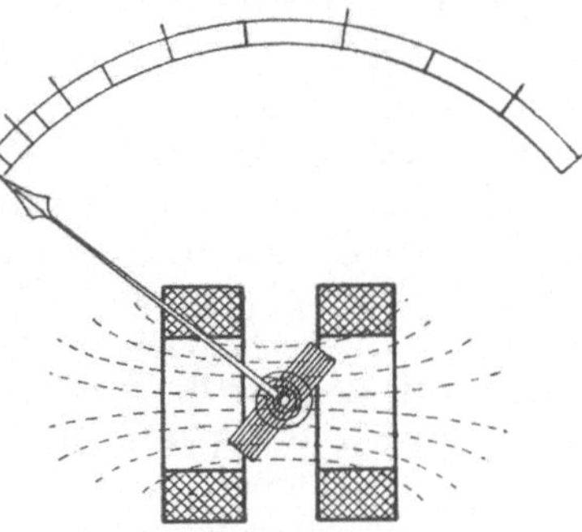

Abb. 23. Elektrodynamisches Instrument.

Drehspule und als Gegenkraft dienen zwei Spiralfedern. Das Instrument ist nur für Gleichstrom verwendbar, die Teilung ist über den ganzen Anzeigebereich gleichmäßig.

Das elektrodynamische Instrument (Abb. 23) beruht auf der Anordnung der Abb. 19. Es besitzt wie das Drehspulinstrument eine drehbare Spule; sie ist innerhalb einer fest angebrachten Spule gelagert und mit ihr in Reihe geschaltet. Das Instrument wird sowohl mit als ohne Eisenschluß ausgeführt, der Ausschlag ist für Gleich- und Wechselstrom derselbe, wird jedoch durch äußere magnetische Einwirkungen stark beeinflußt. Das Instrument wird meistens nur für Wechselstrom verwendet.

Soll nun mit einem dieser Instrumente die Stromstärke gemessen

werden, so muß der zu messende Strom oder ein bestimmter Teil desselben das Instrument durchfließen; dieses ist daher in eine Leitung
zu schalten (Abb. 24) und wird dann Strommesser oder Amperemeter genannt.

Als Galvanometer werden Instrumente bezeichnet, die zur
Messung geringer Strome dienen und an deren
Teilung kein bestimmter Einheitswert der
Stromstarke angeschrieben ist.

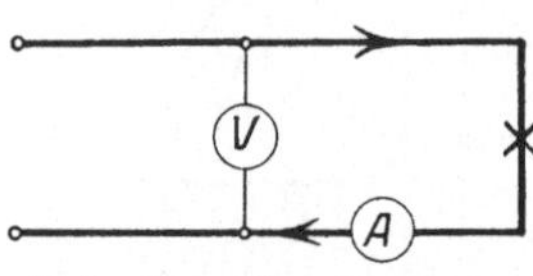

Abb. 24. Einschaltung
eines Strommessers und
eines Spannungsmessers.

Um einen Strommesser zu eichen, d. h.
den genauen Wert des Zeigerausschlags zu
bestimmen, schaltet man ihn mit einem
Normalinstrument in Reihe  Man verandert
dann die Stromstärke so, daß man eine
Anzahl von Zeigerstellungen über den ganzen
Anzeigebereich erhalt, liest jedesmal beide Instrumente ab und berechnet die „Korrektion", d. h. den Betrag, welcher als positiver oder
negativer Wert zu der Ablesung des zu prüfenden Instrumentes
zu zahlen ist, um den genauen aus der Ablesung des Normal-
instrumentes ermittelten Wert zu erhalten

## 5. Die Spannung und ihre Entstehung in galvanischen Elementen.

Der elektrische Gleichstrom hat, wie in Abschnitt 3 untersucht
wurde, eine chemische Wirkung.  Die Umkehrung laßt erwarten, daß
durch einen chemischen Vorgang Gleichstrom erzeugt werden kann,
daß also nach unserer Vorstellung die elektrischen Teilchen durch
das Auftreten eines elektrischen Druckes in Bewegung gesetzt werden
konnen.  Taucht man einen festen Leiter in einen flüssigen Leiter
ein, so tritt zwischen diesen beiden durch chemische Einwirkung ein
Druck auf, der auf die Stoffteile und die elektrischen Teile wirkt und
einen elektrischen Spannungszustand, ein Potential, zwischen Elektrode und Elektrolyt verursacht.  Je nach dem Stoff des Leiters ist
das Potential verschieden groß, es ist z. B. in verdünnter Schwefelsäure
bei Zink am größten, bei Kupfer und noch mehr bei Kohle sehr gering.
Durch Eintauchen zweier verschiedener Elektroden in einen Elektrolyten
erhalt man eine Potentialdifferenz (eine Spannung) zwischen den
Elektroden, die so lange vorhanden ist, als eine Wirkung zwischen Elektrode und Elektrolyt auftreten kann.  Prüft man die Art dieses elektrischen Zustands im Vergleich zu der durch Reibung auftretenden
Elektrizitat, so findet man, daß das Zink wie geriebenes Hartgummi
negativ elektrisch, Kupfer oder Kohle wie geriebenes Glas positiv
elektrisch ist.  Man betrachtet daher letztere Elektrode als die Stelle
des Überdrucks und Stromaustritts, vergleicht sie also mit dem Druckstutzen der Pumpe, wahrend man die Zinkelektrode wie den Saugstutzen der Pumpe als Eintrittsstelle des zurückfließenden Stromes
ansieht.

Da die im Innern einer Stromquelle auftretende Potentialdifferenz
(die „erzeugte Spannung") wie etwa die Muskelkraft eines Lebe-

wesens die Ursache einer Bewegung und zwar des Kreislaufs der elektrischen Teilchen ist, so nennt man sie elektromotorische Kraft, abgekürzt EMK. Dieser Begriff elektromotorisch hat mit dem Wort Elektromotor, d. h. der durch Elektrizitat getriebenen Kraftmaschine, nichts zu tun. Als Zeichen für die EMK dient der Buchstabe $E$, die Einheit heißt Volt, das Zeichen fur letztere ist $V$. Auch diese Einheit ist, wie diejenige der Stromstarke, durch Beziehung zum absoluten Maßsystem bestimmt. Der tausendste Teil des Volt ist 1 Millivolt, Zeichen $mV$. Zu Meßzwecken ist die Große der Spannungseinheit durch Normalelemente von genau bestimmter Zusammensetzung festgelegt, und zwar hat das allgemein verwendete Weston-Normalelement eine EMK von $E = 1{,}019\ V$. Kupfer- und Zink-Elektroden geben in verdünnter Schwefelsaure ein Element von rund 1 $V$ EMK, während die gebräuchlichen Klingel- und Trockenelemente eine EMK von etwa 1,5 $V$ haben. Wie man sich durch Versuche leicht überzeugen kann, ist die EMK eines Elementes nur durch die Art der Bestandteile, nicht durch die Größe der eingetauchten Elektroden bestimmt. Zum Unterschied von der erzeugten Spannung benutzen wir für die in dem Stromkreis verbrauchte Spannung das Zeichen $U$ oder $u$; die Einheit ist ebenfalls das Volt.

Der Begriff Spannung deutet schon, ebenso wie Druckunterschied, Spannweite oder Gefalle, darauf hin, daß die Spannung sich stets auf den Unterschied zwischen zwei Punkten des Stromkreises beziehen muß. In den Schaltskizzen geben wir dementsprechend den Wert der Spannung auf einer Maßlinie wie eine Lange an. Weiter folgt aus dem Vergleich mit der Pumpe oder einem Dampfkessel, daß die elektrische Spannung nicht dem Druck im ganzen, sondern dem Druck auf die Flacheneinheit, der Pressung, die in Atmospharen oder in Metern Wassersaule gemessen wird, entspricht.

Zur Messung der Spannung verwendet man in der Regel Instrumente von einer der im Abschnitt 4 besprochenen Bauarten, sorgt jedoch durch Einbau von großem Widerstand dafur, daß nur ein geringer Strom durch das Instrument fließen kann. Der Ausschlag entspricht dann nicht nur diesem Strom, sondern auch der an den Klemmen des Instruments herrschenden Spannung, wie aus Abschnitt 6 folgt. Man schaltet daher einen Spannungsmesser zwischen die beiden Punkte, deren Spannung gemessen werden soll, also z. B. zwischen Hin- und Rückleitung (Abb. 24). Zwecks Eichung eines Spannungsmessers schaltet man ihn parallel mit einem Normalinstrument. Die EMK einer Stromquelle kann im unbelasteten Zustand derselben durch ein Voltmeter gemessen werden.

Die in der Starkstromtechnik üblichsten Verbrauchsspannungen sind 110, 220, 380, 440 und 500 Volt. Als Hochspannungsanlagen, die besonderen Sicherheitsvorschriften unterliegen, bezeichnet man solche, in denen die Spannung gegen Erde mehr als 250 Volt betragen kann. Man hat die Spannung gegen Erde zur Festsetzung der Grenze genommen, da die gegen eine Gefährdung zu schützenden Menschen häufiger nur einen Pol der elektrischen Anlage berühren, während sie gleichzeitig mehr oder weniger geerdet, d. h. in leitender Verbindung mit der großen Masse unserer Erde sind, als daß sie beide Pole, zwischen denen die volle Spannung herrscht, berühren. Diesem Umstand ist besonders bei den Dreileiteranlagen Rechnung zu tragen; eine solche für Gleichstrom ist als Schaltbild in Abb. 25 dargestellt. Zwei Stromquellen und zwei Gruppen von Verbrauchskörpern sind in Reihe geschaltet und mit den äußeren Klemmen an die beiden Außenleiter $P$ und $N$ gelegt. Die inneren Klemmen der Stromquellen und Verbrauchskörper sind untereinander durch eine dritte Leitung, den Mittel- oder Nullleiter $O$, verbunden. Wird dieser geerdet, so kann die Spannung gegen Erde in der Anlage nicht größer werden, als die Spannung einer Netzhälfte beträgt; nehmen wir letztere zu rund 220 Volt an, so liegt also eine Niederspannungsanlage vor. Ist dagegen der Mittelleiter nicht in leitende Verbindung mit der Erde gebracht, so hat ein Außenleiter die volle Außenleiterspannung, also in unserem Fall $2 \cdot 220$ Volt gegen Erde, sobald der andere Außenleiter durch irgend einen Isolationsfehler oder sonstwie gut geerdet wird. Bei isoliertem Mittelleiter würde also eine solche Dreileiteranlage von $2 \cdot 220$ Volt unter den Be-

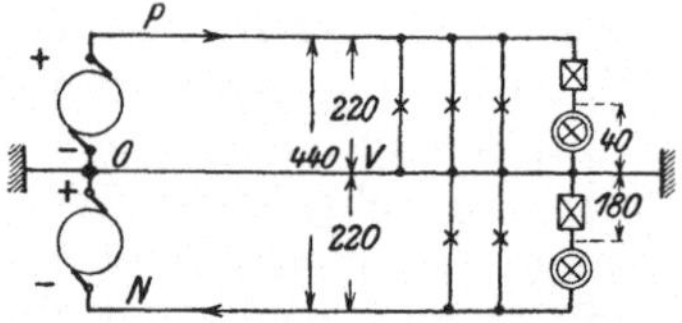

Abb. 25. Dreileiteranlage.

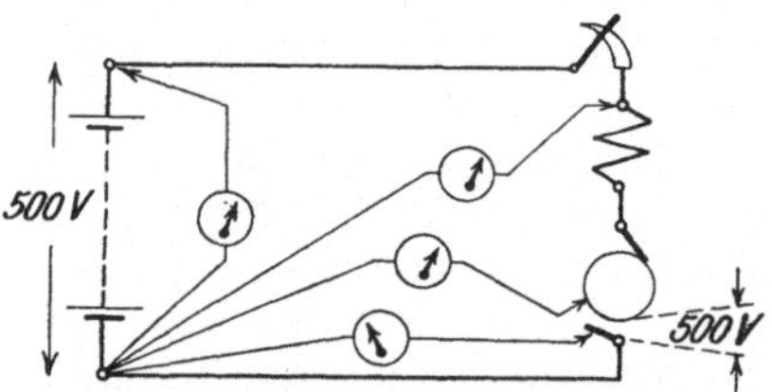

Abb. 26. Aufsuchen einer Unterbrechungsstelle.

griff „Hochspannung" fallen. In Dreileiter- sowie in Hochspannungsanlagen ist es besonders wichtig, daß Erdungen dem Übertritt des Stromes nach bzw. von der Erde möglichst geringen Widerstand bieten; das kann durch große Berührungsfläche und gute Ausbreitungsmöglichkeit für die von der Erdungsleitung in die Erde bzw. umgekehrt übertretenden Stromfäden, also z. B. durch Auslegen langer Metallbänder unter dem Erdboden und durch Verlegung in feuchte Erdschichten, erreicht werden.

Wie nach einem Grundgesetz der Physik der Druck in einer ruhenden Flüssigkeit sich nach allen Seiten hin in gleicher Stärke fortpflanzt, so herrscht auch in einem offenen Stromkreise bis an die Unterbrechungsstelle überall die gleiche Spannung von der Höhe der EMK der Stromquelle, mag auch der eingeschaltete Widerstand noch so groß sein. Diese vielfach übersehene Tatsache hat besondere praktische Bedeutung für das Aufsuchen von Unterbrechungsstellen im Stromkreise, wozu man sich eines Voltmeters oder einer Glühlampe von verhältnismäßig geringer Stromstärke und entsprechender Spannung bedient. Man tastet von der Stromquelle aus den Stromkreis ab und findet zunächst überall gleiche Spannung; sobald die Unterbrechungsstelle überschritten ist, zeigt das Voltmeter bzw. die Prüflampe plötzlich keine Spannung mehr (Abb. 26).

# Grundgesetze des Gleichstromkreises.

## 6. Das Ohmsche Gesetz.

Zur Erleichterung der Anschauung benutzen wir zunächst wieder den Wasserkreislauf als Vergleich. Eine Zentrifugalpumpe (Abb. 27) soll durch ein weites Rohr Wasser in das horizontal gezeichnete Rohr *BD* drücken, das mit Schrotkörnern oder ähnlichen Hindernissen gefüllt sei. Vom Ende dieses Rohres wird das Wasser mittels eines weiten Rohres wieder der Pumpe zugeführt. An irgend einer Stelle sei ein Wassermesser *W* eingeschaltet, der die durchfließende Wassermenge zählt. Ferner sind an der Druck- und Saugmündung der Pumpe sowie an verschiedenen Stellen des Schrotrohres Hähne zum Anschluß eines Manometers angebracht, das aus einem zum Teil mit Flüssigkeit gefüllten und mit einer Teilung versehenen U-Rohr besteht. Einfacher

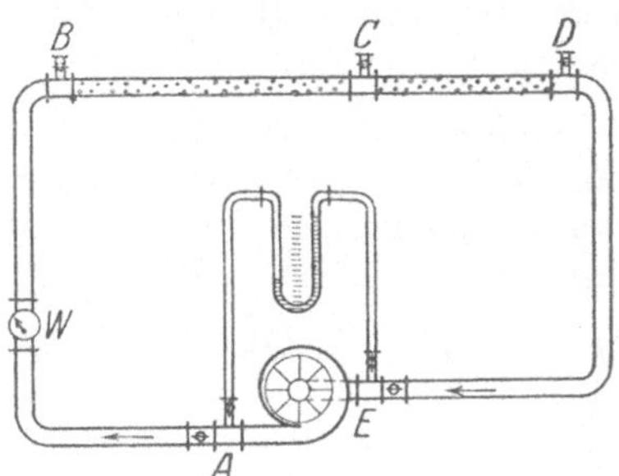

Abb. 27. Wasserstromkreis.

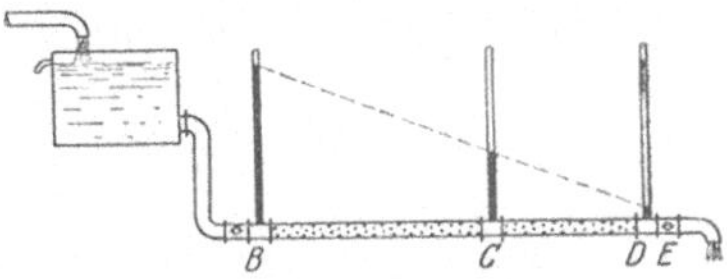

auszuführen, aber weniger als Vergleich zutreffend ist der Versuch, wenn man das Schrotrohr nicht durch eine Pumpe speist, sondern ihm aus einem Gefäß, das über dem Rohr aufgestellt ist, das Wasser zufließen läßt (Abb. 28). Die Wasserhöhe im Gefäß wird durch Zulauf und Überlauf in bestimmter Höhe gehalten. Man kann dann den Wasserdruck durch die Höhe des Flüssigkeitsspiegels über der Achse des Schrotrohres sowie durch Standrohre längs des letzteren, ferner die aus dem Rohr fließende Wassermenge durch ein Meßglas bestimmen. Ist das Schrotrohr an irgend einer Stelle, z. B. bei *E*, abgesperrt, der Strom also unterbrochen, so ist der Wasserdruck an jeder Stelle von der Pumpe bzw. dem Gefäß bis zur Unterbrechungsstelle überall derselbe.

Wir lassen nun durch einen der beiden Apparate Wasser fließen,

Abb. 28. Wasserdurchfluß durch ein Rohr.

ändern den Druck und messen jedesmal die während einer bestimmten Zeit durchfließende Wassermenge. Man findet dann, daß sich die Wassermenge im gleichen Verhältnis wie der Druck ändert. Das Verhältnis dieser beiden Größen ist also konstant; man kann diesen Festwert als den Widerstand der ganzen Leitung bezeichnen. Des weiteren legen wir das Manometer einerseits an das Ende *D* des Schrotrohres, anderseits erst an den Hahn am Anfang *B*, sodann an den längs des Schrotrohres angebrachten Hahn *C* und messen jedesmal den Druck zwischen diesen Punkten und dem Ende des Rohres. Wir finden, daß der Druck zwischen Anfang und Ende des Schrotrohres fast ebenso groß ist wie zwischen Druck- und Saugstutzen der Pumpe, dagegen desto mehr abnimmt, je weiter wir längs des Schrotrohres gehen, je kleiner also das Stück desselben ist, an dem wir messen. Der von der Pumpe erzeugte Druck wird also in dem Schrotrohr verbraucht, und zwar verzehrt jedes Stück einen seiner Länge entsprechenden Teil des gesamten Druckes. Durch Änderung der erzeugten Pressung kann man leicht nachweisen, daß für jedes Stück das Verhältnis „Pressung : Wassermenge" ein Festwert ist, und daß dieser für die verschiedenen Rohrlängen diesen Längen proportional ist.

Ganz entsprechend stellen wir einen elektrischen Stromkreis her (Abb. 29). Als Stromquelle verwenden wir galvanische Elemente von geringem inneren Widerstand, als Verbrauchskörper einen ausgespannten dünnen Draht $BD$, ferner legen wir einen Spannungsmesser an die Klemmen der Stromquelle und schalten einen Strommesser ein. Bei dieser Gelegenheit überzeugen wir uns, daß es gleichgültig ist, an welcher Stelle wir den Strommesser einschalten. Wir verwenden zunächst ein Element und messen die elektromotorische Kraft $E$ desselben vor dem Schließen des Schalters, ferner den Strom $J$

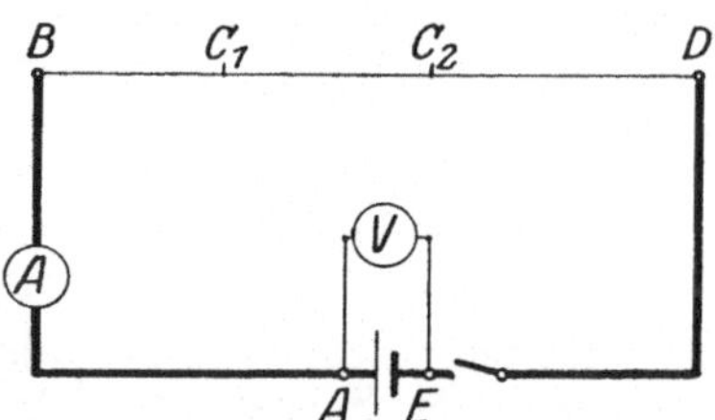

Abb. 29. Elektrischer Stromkreis.

nach dem Einschalten, sodann verändern wir durch Hintereinanderschaltung mehrerer Elemente die EMK der Stromquelle und lesen jedesmal diese sowie den Strom ab.

Beispielsweise messen wir

|                                         | $E$     | $J$     |
| --------------------------------------- | ------- | ------- |
| bei Verwendung von 1 Element   . . | 2 $V$   | 0,5 $A$ |
| „         „         „ 2 Elementen . . | 4 $V$   | 1,0 $A$ |
| „         „         „ 3         „    . . | 6 $V$   | 1,5 $A$ |

Das Verhältnis $\dfrac{E}{J}$ ist $\dfrac{2}{0,5} = \dfrac{4}{1,0} = \dfrac{6}{1,5} = 4$, bleibt also unverändert.

Wir finden demnach, daß der Strom in gleichem Maße wie die Spannung wächst, daß also das Verhältnis $E/J$ konstant ist, solange als wir keine Änderung an dem Draht $BD$ vornehmen. Diese Beziehung, das wichtigste Gesetz des elektrischen Stromkreises, wurde von Ohm entdeckt.

Man nennt nun das Verhältnis $E/J$ den Widerstand des ganzen Stromkreises und bezeichnet ihn mit $R$.

Das Ohmsche Gesetz für den ganzen Stromkreis besagt also:

In einem Stromkreis ist der gesamte Widerstand gleich dem Verhältnis der EMK zu der Stromstärke.

Es wird ausgedrückt durch die Gleichungen

$$\frac{E}{J} = R, \quad \text{daher} \quad E = J \cdot R, \quad \text{oder} \quad J = \frac{E}{R} \quad \ldots \ldots (1)$$

(I. Grundgleichung).

Die mittlere Gleichung bedeutet:

Soll ein Stromkreis, dessen Widerstand den Wert $R$ hat, von einer Stromstärke $J$ durchflossen werden, so muß eine EMK $E$ in ihm wirken, deren Größe durch das Produkt $J \cdot R$ bestimmt ist.

Schließlich kann man die dritte Form des Gesetzes ausdrücken durch den Satz: Wirkt in einem Stromkreis von Widerstand $R$ die elektromotorische Kraft $E$, so kommt ein Strom zustande, dessen Stärke durch das Verhältnis $\frac{E}{R}$ bestimmt ist.

Die Einheit des Widerstandes heißt Ohm, das Zeichen dafür ist $\Omega$ (Omega). Die Größe der Widerstandseinheit ist bestimmt durch die Beziehung

$$\frac{1 \text{ Volt}}{1 \text{ Ampere}} = 1 \text{ Ohm.}$$

Legt man den Spannungsmesser einerseits an das Ende $D$, anderseits vom Anfang $B$ beginnend an verschiedene Stellen $C_1$, $C_2$ usw. des Drahtes $BD$, so findet man, daß bei gleichbleibender Stromstärke die Spannung immer mehr abnimmt, sie wird also in dem Draht, dem Verbrauchskörper, aufgezehrt. Es entsteht in jedem Stück desselben ein Spannungsverlust oder Spannungsabfall, der seinem Widerstand entspricht. Ändert man die Stromstärke, so ändert sich in demselben Maß die Spannung zwischen zwei bestimmten Punkten des Stromkreises. Das Ohmsche Gesetz gilt daher ebenso für irgend einen Teil des Stromkreises. Bezeichnen wir im Gegensatz zur erzeugten Spannung $E$ jede verbrauchte Spannung mit $U$ (oder $u$), so lautet das Ohmsche Gesetz

$$\frac{U}{J} = R, \quad \text{oder} \quad U = J \cdot R, \quad \text{oder} \quad J = \frac{U}{R} \quad \ldots \ldots (2)$$

**Beispiele:** 1. Der Widerstand einer Lampe, die bei 110 V Spannung mit einem Strom von 0,5 A brennt, berechnet sich zu

$$R = \frac{U}{J} = \frac{110}{0,5} = 220 \ \Omega.$$

2. Um durch eine Spule von 25 $\Omega$ einen Strom von 4 A zu treiben, ist eine Spannung

$$U = J \cdot R = 4 \cdot 25 = 100 \text{ V}$$

aufzuwenden.

3. Ein Spannungsmesser von 150 V Anzeigebereich, dessen Widerstand 1000 $\Omega$ beträgt, braucht zu vollem Ausschlag des Zeigers einen Strom

$$J = \frac{U}{R} = \frac{150}{1000} = 0,15 \text{ A.}$$

## 7. Der Widerstand.

Hat uns das Ohmsche Gesetz aus den schon bekannten Begriffen „Spannung" und „Stromstärke" den neuen Begriff „Widerstand" geliefert, so entsteht sofort die Frage: Wovon hängt die Größe des Widerstandes ab? Auch hier kann ein Wassermodell die Vorstellung erleichtern. Wir stellen uns mehrere der besprochenen Schrotrohre her, von denen das zweite gleiche Länge wie das erste, aber den doppelten Querschnitt, das dritte denselben Querschnitt wie das zweite, aber die doppelte Länge hat (Abb. 30) und verbinden die Rohre derart mit der Wasserleitung, daß allen drei Rohren Wasser von demselben Druck zufließt, die Rohre also parallel geschaltet sind. Wir bestimmen nun durch Meßgläser die Wassermenge, die in irgend einer Zeit durch jedes der Rohre fließt; diese steht, wie wir aus Abschnitt 6 wissen, im umgekehrten Verhältnis zum Widerstand, den das betreffende Rohr dem Wasserdurchfluß bietet. Man findet nun, daß durch das zweite

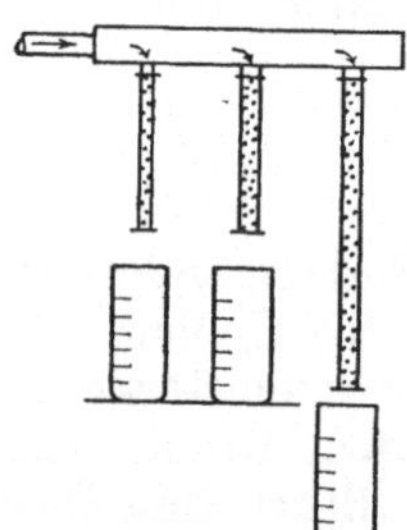

Abb. 30. Wasserdurchfluß durch verschiedene Rohre.

Rohr doppelt soviel Wasser fließt, wie durch das erste, durch das dritte halb so viel wie durch das zweite, also ebensoviel wie durch das erste. Wir schließen daraus, daß der Widerstand des zweiten Rohres halb so groß wie der des ersten, und daß der Widerstand des dritten doppelt so groß wie der des zweiten ist.

Den entsprechenden Versuch stellen wir im elektrischen Stromkreis (Abb. 29) an, indem wir Drähte aus gleichem Stoff aber von verschiedenem Querschnitt $q$ bzw. verschiedener Länge $l$ mit derselben Stromquelle verbinden, jedesmal die Spannung zwischen Anfang und Endes des Drahtes und die Stromstärke messen und den Widerstand berechnen. Der Strom soll dabei nur so groß sein, daß keine nennenswerte Erwärmung des Drahtes auftritt. Wir finden nun, daß bei dem doppelten Querschnitt der Widerstand nur halb so groß, dagegen bei der doppelten Länge der Widerstand doppelt so groß ist. Es ist also

$$R \text{ proportional } \frac{l}{q}.$$

Nehmen wir nun Drähte von verschiedenem Stoff, z. B. Kupfer, Aluminium, Eisen usw., und zwar jedesmal von 1 m Länge und 1 mm² Querschnitt und bestimmen für jeden in obiger Weise durch Messung von Spannung und Strom den Widerstand, so erhalten wir für jeden Stoff einen demselben eigentümlichen Widerstandswert, den spezifischen Widerstand, der mit $\varrho$ bezeichnet wird. Der mathematische Ausdruck für obige Versuchsergebnisse, welche die Veränderung des Widerstandes mit Länge, Querschnitt und Stoff nachweisen, lautet dann:

$$R = \varrho \, \frac{l}{q} \quad \dots \dots \dots \dots \dots \quad (3)$$

Da der spezifische Widerstand für alle Metalle kleiner als 1 ist, so ist es vorteilhaft, seinen Wert als echten Bruch anzugeben oder statt des spezifischen Widerstandes dessen umgekehrten (reziproken) Wert, welcher **Leitfähigkeit** genannt wird und mit $k$ bezeichnet sei, zu verwenden. Dann lautet die obige Beziehung

$$R = \frac{l}{k \cdot q} \quad \ldots \ldots \ldots \ldots \ldots \ldots \quad (4)$$

(II. Grundgleichung).

Die Größe von $\varrho$ bzw. $k$ schwankt bei demselben Stoff je nach seiner Reinheit; Durchschnittswerte für die wichtigsten Leiter sind im Anhang für eine Temperatur von 20° angegeben. Vergleicht man die Zahlen für die elektrische Leitfähigkeit mit denen der Wärmeleitfähigkeit, so findet man, daß die guten Wärmeleiter auch gute Elektrizitätsleiter sind.

**Beispiele:** 1. Wie groß ist der Widerstand eines Kupferdrahtes von 112 m Länge und 4 mm² Querschnitt bei 20° C?

$$R = \frac{112}{56 \cdot 4} = 0{,}50 \ \Omega.$$

2. Wie groß ist die Leitfähigkeit eines Drahtes, der bei 2,5 mm² Querschnitt auf 5,00 m Länge einen Widerstand von 0,060 $\Omega$ hat?

$$k = \frac{l}{R \cdot q} = \frac{5{,}00}{0{,}060 \cdot 2{,}5} = 33{,}3.$$

Um zu ermitteln, welchen Einfluß die **Temperatur** auf den Widerstand hat, tauchen wir einen Leiter einmal in eine kalte, dann in eine warme nicht leitende Flüssigkeit und messen jedesmal den Widerstand. Wir erhalten dann beispielsweise für einen Kupferdraht

$$\begin{aligned}
\text{bei} \quad 15^0 \ \text{Celsius Temperatur:} \quad R &= 1{,}00 \ \Omega,\\
\text{,,} \quad 65^0 \quad \text{,,} \quad\quad \text{,,} \quad\quad R &= 1{,}20 \ \Omega,\\
\text{,,} \quad 115^0 \quad \text{,,} \quad\quad \text{,,} \quad\quad R &= 1{,}40 \ \Omega.
\end{aligned}$$

Da Länge und Querschnitt sich bei dieser Temperaturänderung nur unwesentlich ändern, so muß der spezifische Widerstand gestiegen sein. Auf 50° Temperaturzunahme oder Erwärmung beträgt in unserem Beispiel die Widerstandszunahme 0,20 $\Omega$. Berechnen wir die Widerstandsänderung für 1° C und beziehen sie auf einen Ausgangswert des Widerstandes von 1,00 $\Omega$, so erhalten wir den Wert des **Temperaturkoeffizienten** $\alpha$.

Nach unserem Beispiel ist
bei 15° Ausgangstemperatur die Widerstandszunahme bezogen auf 1° Erwärmung und 1,00 $\Omega$

$$\alpha = \frac{1{,}20 - 1{,}00}{50 \cdot 1{,}00} = \frac{1}{250} = 0{,}0040,$$

bei 65° Ausgangstemperatur ist die Zunahme, bezogen auf 1° Erwärmung und 1,00 $\Omega$

$$\alpha = \frac{1{,}40 - 1{,}20}{50 \cdot 1{,}20} = \frac{1}{300} = 0{,}0033.$$

Man sieht also, was häufig nicht beachtet wird, daß der Temperatur-koeffizient $\alpha$ kein konstanter Wert sondern in erheblichem Maß von der Temperatur abhängig ist. In großer Annäherung kann man setzen

$$\alpha = \frac{1}{235 + t_1}, \qquad \dots \dots \dots \quad (5)$$

wobei $t_1$ die Ausgangstemperatur in Grad Celsius ist.

Trägt man den Widerstand verschiedener Kupferdrähte abhängig von der Temperatur in senkrechten Koordinaten auf (Abb. 31), so erhält man gerade Linien, deren Verlängerung nach links die Abszisse in dem Punkte $-235^0$ schneidet. Bei dieser Temperatur würde also jeder Kupferleiter den Widerstand Null haben, wenn die Änderung des Temperaturkoeffizienten genau obiger Gleichung entspräche. Durch Versuche ist festgestellt worden, daß der Widerstand der Leiter bei Abkühlung auf Temperaturen, die nahe an dem absoluten Nullpunkt $-273^0$ liegen, tatsächlich nahezu Null ist. Durch Strahlen, die man durch den Punkt $-235^0$ der Abszisse zieht, kann

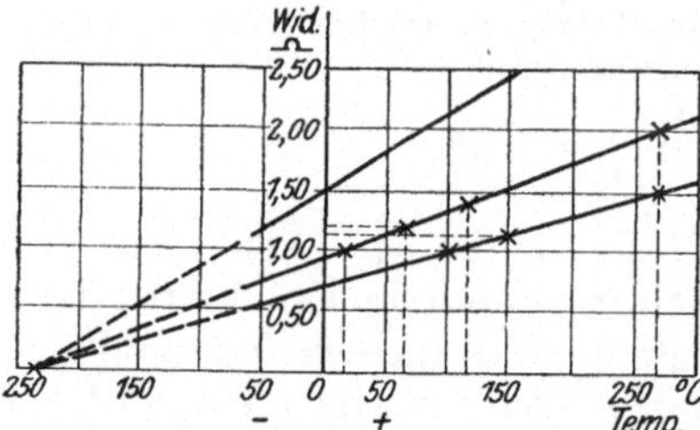


Abb. 31. Widerstandsänderung.

man für den in der Technik in Betracht kommenden Temperatur-bereich mit ausreichender Genauig-keit die Änderung des Widerstandes mit der Temperatur ablesen.

Überlegen wir uns, von welchen Größen die Widerstandsänderung im Ganzen abhängt, so ist klar, daß sie dem ursprünglichen Wider-stand $R_1$, dem Temperaturkoeffi-zienten $\alpha$ und der Temperatur-änderung $t_2 - t_1$ proportional ist. Man kann daher den nach der Temperaturänderung vorhandenen Widerstand $R_2$ berechnen zu:

$$\boldsymbol{R_2 = R_1 + R_1 \cdot \alpha \cdot (t_2 - t_1) = R_1\,[1 + \alpha\,(t_2 - t_1)]} =$$

$$= \boldsymbol{R_1 \cdot \frac{235 + t_2}{235 + t_1}} \qquad \dots \dots \dots \dots \quad (6)$$

(III. Grundgleichung).

Bei abnehmender Temperatur ist der Wert $t_2 - t_1$ negativ, der Endwiderstand $R_2$ also kleiner als $R_1$, wenn $\alpha$ positiv ist. Da die Änderung des Widerstandes im wesentlichen auf der Änderung der Leitfähigkeit beruht, so kann man auch unmittelbar diese berechnen. Es ist dann die Leitfähigkeit nach der Temperaturänderung

$$k_2 = \frac{k_1}{1 + \alpha\,(t_2 - t_1)} = k_1 \cdot \frac{235 + t_1}{235 + t_2} \qquad \dots \dots \dots \quad (7)$$

**Beispiel:** Hat ein Kupferdraht bei $20^0$ die Leitfähigkeit $k_1 = 56$, so wird diese bei $70^0$ betragen:

$$k_2 = 56 \cdot \frac{235 + 20}{235 + 70} = \text{rd. } 47.$$

Letzterer Wert ist also zu verwenden, wenn der Widerstand für Elektrolyt-kupfer von $70^0$ Temperatur aus Länge und Querschnitt berechnet werden soll.

Ein besonderes Verhalten zeigt Eisendraht. Der Widerstand nimmt zunächst gleichförmig zu, wobei $\alpha = 0,0050$ ist. Bei Rotglut steigt er jedoch plötzlich auf ein vielfaches, um dann wieder stetig zuzunehmen. Die „Widerstandslegierungen", z. B. Konstantan, Nickelin, werden so hergestellt, daß ihr spezifischer Widerstand nicht nur groß, sondern auch von der Temperatur nahezu unabhängig ist. Der Einfluß der Temperatur braucht daher bei solchen Legierungen nur bei genauesten Messungen berücksichtigt zu werden. Bei Kohle und den Nichtleitern wird der Widerstand mit steigender Temperatur kleiner, sie haben einen negativen Temperaturkoeffizienten. Erwähnenswert sind noch zwei besondere Widerstandsänderungen, nämlich die von Wismut unter dem Einfluß eines magnetischen Feldes und die des Selens unter dem Einfluß des Lichtes; ersteres wird zur Messung der Stärke von Magnetfeldern, letzteres in der Fernphotographie benutzt.

Die Änderung des Widerstandes **unter dem Einfluß** der Temperatur, und zwar von Platin und ähnlichen Metallen, dient ebenso wie die bereits erwähnten Thermoelemente zur elektrischen Temperaturmessung. Die sprunghafte Erhöhung des Widerstandes bei Eisen benutzt man gelegentlich als Schutz gegen übermäßige Steigerung der Stromstärke. Dem geringen Widerstand stromloser Metalldrahtlampen ist dadurch Rechnung zu tragen, daß man niemals eine große Zahl von Lampen zusammen einschaltet; den beim Einschalten auftretenden Überstrom halten nämlich nur die Sicherungen für kleinere Stromstärken, nicht aber diejenigen für größere Stromstärken aus. In dem verschiedenen Temperaturkoeffizienten ist es begründet, daß Metalldrahtlampen gegen Spannungsschwankungen weniger empfindlich sind als Kohlenfadenlampen. Die für die Starkstromtechnik wichtigste Anwendung des Zusammenhangs von Temperatur und Widerstand ist die Bestimmung der Erwärmung oder Übertemperatur, die in Spulen oder Wicklungen von Maschinen oder Apparaten im Betrieb auftritt. Mit Rücksicht auf die Erhaltung der Isolierung darf ja die Erwärmung durch den Strom einen bestimmten Wert nicht überschreiten; da jedoch die Übertemperatur je nach der Form der Spule und je nach den Abkühlungsverhältnissen an den verschiedenen Stellen der Spule verschiedene Werte hat, und die Stellen höchster Temperatur nicht leicht zu erfassen sind, so benutzt man als Maßstab für die Belastbarkeit von Wicklungen den aus der Widerstandszunahme berechneten Durchschnittswert der Erwärmung. (Näheres ist aus den Regeln des Verbandes Deutscher Elektrotechniker für Bewertung und Prüfung elektrischer Maschinen zu ersehen.)

**Beispiel:** An einer Spule sei gemessen: Bei 20° Raumtemperatur und 120 V Spannung sofort nach dem Einschalten ein Strom von 3,0 A, nach längerem Stromdurchgang bei derselben Spannung und Raumtemperatur ein Strom von 2,5 A. Dann ist der Widerstand im kalten Zustand $R_1 = \frac{120}{3,0} = 40,0\ \Omega$, im warmen Zustand $R_2 = \frac{120}{2,5} = 48,0\ \Omega$; für die Raumtemperatur 20° ist $\alpha = \frac{1}{255}$, daher berechnet sich die Erwärmung zu

$$t_2 - t_1 = \frac{R_2 - R_1}{R_1 \cdot \alpha} = \frac{48,0 - 40,0}{40,0} \cdot 255 = 51°.$$

Ist bei der Messung im warmen Zustand die Raumtemperatur eine andere als sie bei der Messung im kalten Zustand war, so muß die Änderung der Raumtemperatur zu der wie vorstehend berechneten Erwärmung zugerechnet bzw. von ihr abgezogen werden.

Ist in obigem Beispiel bei der Messung im warmen Zustand die Raumtemperatur nicht $20^0$. sondern $30^0$, so ist die durch den Strom bewirkte Erwärmung der Spule $51 - (30 - 20) = 41^0$.

Wie man im sonstigen Sprachgebrauch Gegenständen oder Wesen den Namen ihrer Haupteigenschaft gibt, so bezeichnet man in der Elektrotechnik diejenigen Teile des Stromkreises, deren wesentlichste Eigenschaft der Widerstand ist, selbst als Widerstände. Um eine Wiederholung desselben Wortes für den Körper und für den Begriff zu vermeiden, gebraucht man dann für letzteren das Wort „Ohmwert". Als Widerstände bezeichnet man vor allem diejenigen Apparate, deren Zweck der Verbrauch überschüssiger Spannung ist, z. B. Vorschalt-, Belastungswiderstände, oder solche, die zu Meßzwecken benötigt werden.

## 8. Reihenschaltung von Widerständen und Spannungen.

Aus dem Vergleich des elektrischen Stromkreises mit einem Kreislauf von Wasser oder Dampf hatten wir schon im Abschnitt 1 geschlossen, daß bei Reihenschaltung von Verbrauchskörpern jeder einen Teil der Gesamtspannung verbrauchen muß; die Versuche von Abschnitt 5 bestätigen dies, da wir ja das Schrotrohr oder den Draht als eine Reihenschaltung einzelner Stücke auffassen können. Drücken wir diese Beziehungen mathematisch aus, wobei wir mit den Fußzeichen 1, 2 usw. die Teile, ohne Fußzeichen den Gesamtwert der verschiedenen Größen bezeichnen, so erhalten wir für Reihenschaltung von z. B. 3 Widerständen (Abb. 32):

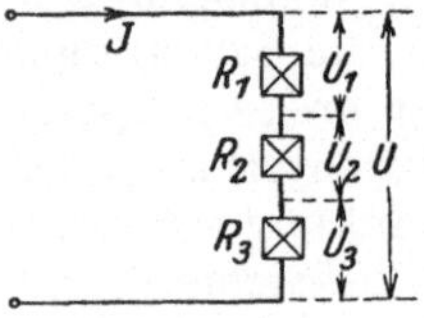

Abb. 32. Reihenschaltung von Widerständen.

$$U = U_1 + U_2 + U_3 \ \cdots\cdots\cdots \ (8)$$
(IV. Grundgleichung).

Durch Division mit dem die Reihe durchfließenden Strom $J$ erhalten wir aus

$$\frac{U}{J} = \frac{U_1}{J} + \frac{U_2}{J} + \frac{U_3}{J}$$

nach dem Ohmschen Gesetz:

$$R = R_1 + R_2 + R_3 \ \cdots\cdots\cdots \ (9)$$

oder in Worten: „Bei Reihenschaltung von Widerständen ist der Gesamtwiderstand gleich der Summe der Teilwiderstände." Bei gegebener Spannung wird also durch Reihenschaltung („Vor"schaltung) von Widerständen der Strom vermindert, es wird gewissermaßen die Länge des Gesamtwiderstandes vergrößert.

Schaltet man $m$ Widerstände von gleichem Ohmwert $r$ in Reihe, so ist offenbar der Gesamtohmwert $R = r \cdot m$.

Da das Ohmsche Gesetz für jeden Teil des Stromkreises gilt, so folgt ferner aus

$$J = \frac{U}{R} = \frac{U_1}{R_1} = \frac{U_2}{R_2} \quad \text{usw.}$$

die Beziehung

$$\frac{U_1}{U_2} = \frac{R_1}{R_2} \quad \text{usw.,} \quad \ldots \ldots \ldots \ldots \quad (10)$$

d. h. in Worten: „Bei Reihenschaltung verhalten sich die Spannungen wie die Widerstände."

Die Reihenfolge der Widerstände ist dabei gleichgültig. Als Vergleich denken wir uns in dem Modell Abb. 27 oder 28 ein enges und ein weites Rohr gleicher Länge aneinandergefügt; bei Durchfluß von Wasser wird das engere Rohr einen größeren Druckverlust verursachen als das andere.

**Beispiel:** An eine konstante Netzspannung von $U = 120$ V schalten wir vier Widerstände, deren Ohmwert 2, 4, 6 und 12 $\Omega$ beträgt, in Reihe. Wie groß sind dann der Strom und die einzelnen Spannungen? Der Gesamtwiderstand ist $R = R_1 + R_2 + R_3 + R_4 = 24\ \Omega$, der Strom also $J = \dfrac{U}{R} = \dfrac{120}{24} = 5$ A. Die Einzelspannungen daher $U_1 = J \cdot R_1 = 10$ V, $U_2 = J \cdot R_2 = 20$ V, $U_3 = J \cdot R_3 = 30$ V, $U_4 = J \cdot R_4 = 60$ V.

Durchlaufen wir einen Stromkreis vollständig, so finden wir in jedem Teil desselben einen gewissen Widerstand. Denjenigen der Stromquelle, den man inneren Widerstand nennt, und denjenigen der Leitung wird man möglichst klein halten, um einen möglichst großen Betrag der Spannung im Verbrauchskörper zur Wirkung kommen zu lassen. Mit Rücksicht auf die Leitungsberechnung (Abschnitt 34) führen wir den Widerstand für die einfache Leitungslänge $R_l$ ein. In den Formeln deuten wir die geringe Größe dieser Spannungsverluste durch Verwendung des kleinen Buchstabens $u$ an. Für einen einfachen Stromkreis mit der EMK $E$, dessen Widerstände aus dem (inneren) Widerstand $R_i$ der Stromquelle, dem Widerstand der Hin- und Rückleitung $2 \cdot R_l$ und dem Gesamtwiderstand der Verbrauchskörper

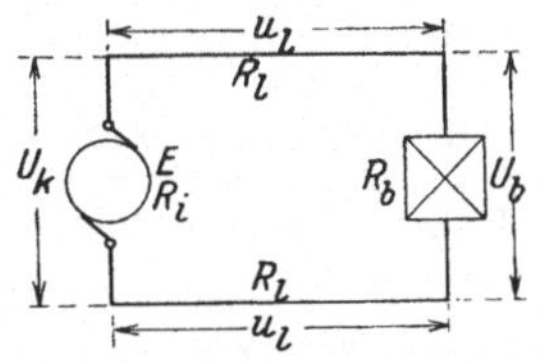

Abb. 33.
Einfacher Stromkreis.

(Belastungswiderstand) $R_b$ bestehen (Abb. 33), berechnet man zunächst den Gesamtwiderstand $R$ des ganzen Stromkreises und daraus nach Abschnitt 6 den Strom $J$, also

$$R = R_i + 2 \cdot R_l + R_b, \qquad J = \frac{E}{R}.$$

Daraus kann dann der Betrag der Spannung zwischen verschiedenen Punkten des Stromkreises berechnet werden. Die **Klemmenspannung** $U_k$ der belasteten Stromquelle wird infolge des inneren

Widerstandes um den Spannungsverlust $u_i$ geringer sein als die EMK $E$, daher ist

$$U_k = E - u_i = E - J \cdot R_i \quad \ldots \ldots \ldots (11)$$

In der Hinleitung und ebenso in der Rückleitung entsteht ein Spannungsverlust von je $u_l = J \cdot R_l$, daher ist schließlich die Spannung an dem Belastungswiderstand $U_b = E - u_i - 2 \cdot u_l$; anderseits ist $U_b = J \cdot R_b$.

Erfahrungsgemäß ist es nicht überflüssig zu betonen, daß der Quotient $\dfrac{E}{R_i}$ den theoretisch bei Kurzschluß der Stromquelle entstehenden Strom ergibt.

Den Verlauf der Spannung in einem solchen Stromkreis kann man graphisch darstellen (Abb. 34), indem man auf der Ordinatenachse die Spannungen und auf der Abszissenachse die verschiedenen Widerstände in Reihe aufträgt und den Endpunkt von $E$ und $R$ durch eine Gerade verbindet. Die Neigung der letzteren gibt dann ein Maß für die Stärke des Stromes, die Höhendifferenz zwischen irgend welchen Punkten ein Maß für die Spannung zwischen denselben.

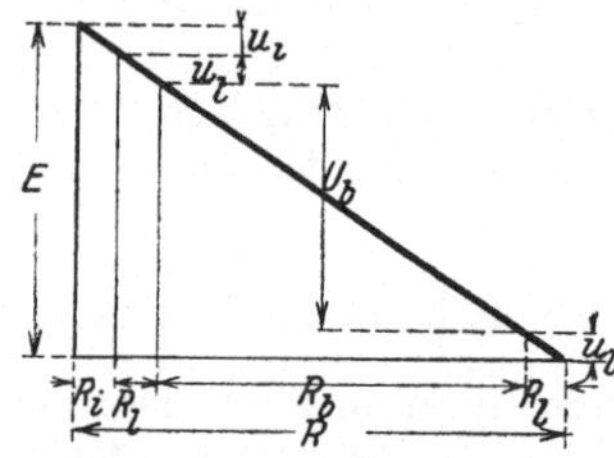

Abb. 34. Darstellung des Spannungsabfalles.

**Beispiel:** 2 Elemente, deren jedes eine EMK von 1,5 V und einen inneren Widerstand von 0,2 Ω hat, werden hintereinander geschaltet und durch eine Hin- und Rückleitung von je $R_l = 0,3$ Ω mit einem Verbrauchskörper von $R_b = 5,0$ Ω verbunden. Der Strom in dem Kreis, die Spannung am Anfang und am Ende der Leitung ist zu berechnen. Die gesamte EMK ist $E = 2 \cdot 1,5 = 3,0$ V, der Gesamtwiderstand $R = 2 \cdot 0,2 + 2 \cdot 0,3 +$ $5,0 = 6,0$ Ω, daher der Strom $J = \dfrac{E}{R} = \dfrac{3,0}{6,0} = 0,5$ A. Die Spannung am Anfang der Leitung ist gleich der Klemmenspannung $U_k$ der Batterie. In dieser geht eine Spannung $u_i = 2 \cdot 0,5 \cdot 0,2 = 0,2$ V verloren, also ist $U_k = 3,0 - 0,2 = 2,8$ V. Die Spannung am Ende der Leitung ist gleich derjenigen am Verbrauchskörper, also $U_b = J \cdot R_b = 0,5 \cdot 5,0 = 2,5$ V. Der Spannungsverlust in Hin- und Rückleitung ist $2 \cdot u_l = 2,8 - 2,5$ oder $= 2 \cdot J \cdot R_l = 2 \cdot 0,5 \cdot 0,3 = 0,3$ V.

Enthält der Stromkreis Akkumulatoren, Motoren oder Bogenlampen als Verbrauchskörper, so entsteht in diesen eine EMK $E_2$, die der EMK der Stromquelle $E_1$ bzw. der als konstant zu betrachtenden Netzspannung $U$ entgegenwirkt. Die wirksame (resultierende) Spannung ist also gleich der Differenz dieser Spannungen. Der den ganzen Stromkreis durchfließende Strom berechnet sich dann aus der wirksamen Spannung und dem Gesamtwiderstand zu

$$J = \frac{E_1 - E_2}{R} \quad \text{bzw.} \quad J = \frac{U - E_2}{R} \quad \ldots \ldots \ldots (12)$$

Bei unseren Betrachtungen waren wir von Anfang an von der Vorstellung ausgegangen, daß die elektrischen Teile der Leiter durch eine Spannung in Bewegung gesetzt werden und einen Kreislauf ausführen, wobei überall ein Verbrauch von Spannung stattfindet. Kehren wir, den ganzen Stromkreis durchlaufend, wieder zum Ausgangspunkt, z. B. zur negativen Klemme der Stromquelle, zurück, so muß auf diesem Wege, wie ja auch die Anwendung des Ohmschen Gesetzes zeigt, der Betrag der insgesamt verbrauchten Spannung gerade so groß sein, wie die Resultierende aller treibenden (motorischen) Kräfte; dieses ist ja bei jeder gleichförmigen Bewegung der Fall. Damit sind wir zu einem Ergebnis gekommen, das zuerst von Kirchhoff ausgesprochen wurde und meistens in Beschränkung auf den Sonderfall der Stromverzweigung als „zweite Kirchhoffsche Regel" angeführt wird. Diese bezieht sich jedoch allgemein auf jeden Stromkreis und lautet: „In jedem in sich geschlossenen Teil eines Stromkreises — also auch in dem ganzen Stromkreis, — ist unter Berücksichtigung des Vorzeichens die Summe aller elektromotorischen Kräfte gleich der Summe aller Spannungsverluste". Folglich ist, wenn wir $\Sigma$ als Summenzeichen einführen,

$$\Sigma(E) = \Sigma(J \cdot R) \quad \ldots \ldots \ldots \ldots (13)$$

**Beispiele:** 1. Im vorhergehenden Beispiel war die Summe der erzeugten Spannungen gleich 3,0 V, die Summe aller Spannungsverluste $= 0,2 + 0,3 + 2,5$ V, also ebenfalls $= 3,0$ V.

2. Eine Bogenlampe, die sich unabhängig von der Stromstärke stets auf eine Spannung $U_1 = 40$ V einstellt, soll an ein Netz von $U = 220$ V angeschlossen werden und mit $J = 10$ A brennen (vgl. Abb. 25). Wieviel Widerstand muß mit der Lampe in Reihe geschaltet werden? Der Überschuß an Spannung beträgt $U - U_1 = 220 - 40 = 180$ V, dieser muß in dem Vorschaltwiderstand verbraucht werden und zwar bei einem Strom von 10 A. Der Ohmwert des Widerstandes berechnet sich daher zu

$$R = \frac{U - U_1}{J} = \frac{220 - 40}{10} = 18,0 \ \Omega.$$

Wird der in Reihe mit der Lampe liegende Widerstand auf 20 $\Omega$ erhöht, während diese nach Voraussetzung mit derselben Spannung von 40 Volt weiterbrennt, so verändert sich der Strom auf einen Wert

$$J = \frac{U - U_1}{R} = \frac{180}{20} = 9 \ \text{A}.$$

3. Mit Rücksicht auf die Anwendung bei den Maschinen, Akkumulatoren u. dgl. ist der Fall von Interesse, daß von zwei gegeneinander geschalteten Spannungen eine derselben ihren Wert ändert.

Legen wir eine Batterie von $E_2 = 100$ Volt in Reihe mit einem Widerstand von 1 $\Omega$ an eine Stromquelle, deren EMK $E_1$ a) 110 Volt, b) 115 Volt beträgt, so ist der Strom bei Gegenschaltung von $E_1$ und $E_2$

$$\text{a)} \quad J = \frac{110 - 100}{1} = 10 \ \text{A}.$$

$$\text{b)} \quad J = \frac{115 - 100}{1} = 15 \ \text{A}.$$

Schalten wir dagegen einen unveränderlichen Widerstand von 11 $\Omega$ allein an diese Stromquelle $E_1$, so wird bei a) $J = \frac{110}{11} = 10$ A, bei b) $J = \frac{115}{11} = 10,45$ A.

Infolge der konstanten Gegenspannung ist daher im ersteren Fall, trotz der geringen Änderung der Spannung, die Änderung der Stromstärke sehr bedeutend.

Soll eine gegebene Spannung derart herabgesetzt werden, daß die hohe Spannung auch bei starker Verminderung des Stromes an dem

Verbrauchskörper nicht auftritt, so ist Spannungsteilung zu verwenden. Im Abschnitt 6 hatten wir gesehen, daß bei Stromdurchfluß durch einen Widerstand die Spannung langs desselben abfallt (vgl Abb. 29). Man kann daher einen beliebigen Teil der Gesamtspannung an einem entsprechenden Stück des Widerstandes abgreifen und damit einen zweiten Stromkreis speisen, in welchem dann auch bei Unterbrechung desselben nur die Teilspannung herrscht. Diese Spannungsteilung wird z. B. in der Meßtechnik als Kompensationsschaltung zu Eichzwecken benutzt. Wie aus Abb. 35 hervorgeht, wird dabei gegen die genau bekannte EMK $e$ eines Normalelementes eine Teilspannung $u$ geschaltet, die an einem veranderlichen Teil $r$ eines genau bekannten und von gleichbleibendem Strom durchflossenen Meßwiderstandes $R$ abgegriffen wird. Die Spannungen $e$ und $u$ sind gleich, wenn ein zwischengeschaltetes Galvanometer $G$ keinen Ausschlag zeigt. Dann stehen die Gesamtspannung $U$ und die EMK $e$ des Normalelementes zueinander im Verhältnis der Widerstände $R$ und $r$, erstere kann also in ihrem genauen Wert berechnet werden. Nach diesem Verfahren werden Präzisionsinstrumente und -Widerstände geeicht.

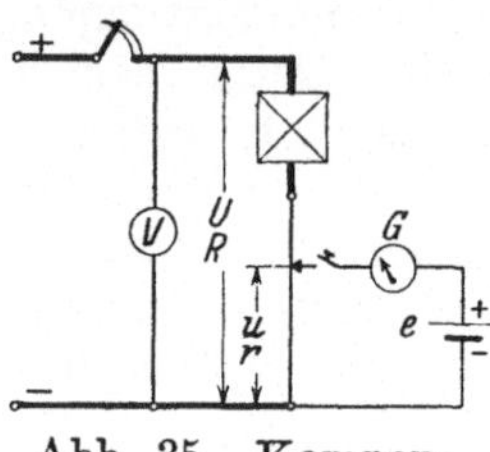

Abb. 35. Kompensationsschaltung.

## 9. Parallelschaltung von Widerständen und Spannungen.

Bei dem in Abb. 30 dargestellten Vergleichsapparat hatten wir. um den Einfluß der Länge und des Querschnittes auf die durchfließende Wassermenge festzustellen, zunächst das eine, dann das andere Rohr als Leitung betrachtet. Fassen wir nun diese Rohre gleichzeitig ins Auge, so sehen wir, daß sie alle unter dem gleichen Wasserdruck stehen, und gleichzeitig von Wasser durchflossen werden. Wie wir schon in Abschnitt 2 feststellten, verteilt sich bei einer solchen Parallelschaltung das Wasser auf die einzelnen Rohre, daher ist es klar, daß die gesamte durchfließende Wassermenge gleich der Summe der die einzelnen Rohre durchströmenden Wassermengen ist. Die in Abschnitt 7 bestimmte Beziehung des Widerstandes zu Länge und Querschnitt schließt ferner in sich, daß die Wassermengen, welche die einzelnen Rohre in der gleichen Zeit durchfließen, sich umgekehrt verhalten wie die Widerstände Dieselben Gesetze gelten nun für die elektrische Strömung, wenn mehrere Stromwege, also Widerstände, parallel geschaltet sind. Man spricht hierbei meistens von einer Stromverzweigung, ein Name, der allerdings nur die Trennung der Ströme in einzelne Zweige, nicht aber die, wie wir ja wissen, unbedingt erforderliche Wiedervereinigung der Zweigströme zum Ausdruck bringt. Als „Erste Kirchhoffsche Regel" wird der Satz bezeichnet: „In jedem Verzweigungspunkt ist die Summe der abfließenden gleich der

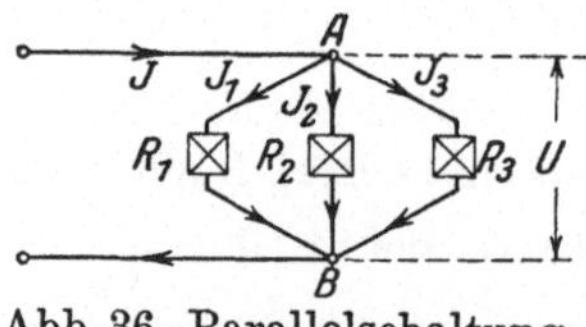

Abb. 36. Parallelschaltung von Widerständen

Summe der zufließenden Ströme." Bei einer Schaltung nach Abb. 36 ist daher

$$J = J_1 + J_2 + J_3 \quad \cdots \cdots \cdots \quad (14)$$

(V. Grundgleichung).

Da die einzelnen Zweige nur Widerstände enthalten und zwischen gemeinsamen Punkten $A$ und $B$ liegen, haben sie alle dieselbe Spannung $U$. Wendet man für jeden Zweig, mit den Widerständen $R_1$, $R_2$ bzw. $R_3$ das Ohmsche Gesetz an, so folgt aus $U = J_1 \cdot R_1 = J_2 \cdot R_2 = = J_3 \cdot R_3$ die Beziehung

$$\frac{J_1}{J_2} = \frac{R_2}{R_1} \; , \quad \text{ebenso} \quad \frac{J_2}{J_3} = \frac{R_3}{R_2} \quad \text{und} \quad \frac{J_1}{J_3} = \frac{R_3}{R_1} \quad \cdots \cdots \quad (15)$$

d. h.: „Die Ströme in den Zweigen verhalten sich umgekehrt wie deren Widerstände."

Denken wir uns die aus den Widerständen $R_1$, $R_2$, $R_3$ bestehende Stromverzweigung durch einen einzigen Widerstand $R$ ersetzt, der bei derselben Spannung $U$ denselben Gesamtstrom $J$ durchläßt, und nennen wir diesen Widerstand den „Gesamtwiderstand" der Schaltung, so können wir mit dem Ohmschen Gesetz die Gleichung 14 umformen in

$$\frac{U}{R} = \frac{U}{R_1} + \frac{U}{R_2} + \frac{U}{R_3}$$

und daraus berechnen

$$\frac{1}{R} = \frac{1}{R_1} + \frac{1}{R_2} + \frac{1}{R_3} \quad \cdots \cdots \cdots \quad (16)$$

Bezeichnen wir den reziproken Wert $\dfrac{1}{R}$ irgend eines Widerstandes $R$ als Leitwert, so heißt die letzte Gleichung in Worten: „Der Gesamtleitwert der Stromverzweigung ist gleich der Summe der einzelnen Leitwerte."

Berechnet man $R$ aus der letzten Gleichung, so wird bei Parallelschaltung von 2 Widerständen

$$R = \frac{R_1 \cdot R_2}{R_1 + R_2} \; ; \quad \cdots \cdots \cdots \cdots \quad (17)$$

für 3 Widerstände folgt

$$R = \frac{R_1 \cdot R_2 \cdot R_3}{R_1 \cdot R_2 + R_2 \cdot R_3 + R_1 \cdot R_3} \quad \cdots \cdots \quad (18)$$

und entsprechend für eine beliebige Zahl.

Schaltet man $n$ gleiche Widerstände vom Ohmwert $r$ parallel, so ist der Gesamtwiderstand $R = \dfrac{r}{n}$.

Durch Parallelschaltung wird demnach der Gesamtwiderstand verkleinert; dasselbe folgt aus dem Gesichtspunkt, daß der gesamte Querschnitt dabei vergrößert wird.

Für die **Gruppenschaltung** (vgl. Abschnitt 2 und 8) von gleichen Widerständen folgt dann, wenn $n$ Widerstände bzw. Gruppen parallel und $m$ Gruppen bzw. Widerstände in Reihe geschaltet sind, ein Gesamtwiderstand

$$R = r \cdot \frac{m}{n} \quad . \quad . \quad . \quad . \quad . \quad . \quad . \quad . \quad (19)$$

Häufig ist die Gesamtzahl $z$ der erforderlichen Widerstände vom Ohmwert $r$ und der zu erzielende Gesamtwiderstand $R$ gegeben. Aus obiger Gleichung und der Gleichung $z = m \cdot n$ ist dann der Wert von $m$ und $n$, also die anzuwendende Schaltung zu berechnen, und zwar erhält man

$$m = \sqrt{z \cdot \frac{R}{r}} \quad \text{und} \quad n = \sqrt{z \cdot \frac{r}{R}} \quad . \quad . \quad . \quad (20)$$

**Beispiele:** 1. Die Widerstände des Beispiels Seite 25 sollen parallel an dieselbe Netzspannung gelegt werden. Wie groß sind dann die Ströme und der Gesamtwiderstand?

Es wird $J_1 = \dfrac{U}{R_1} = \dfrac{120}{2} = 60$ A, $J_2 = \dfrac{U}{R_2} = \dfrac{120}{4} = 30$ A, $J_3 = \dfrac{120}{6} = 20$ A, $J_4 = \dfrac{120}{12} = 10$ A, $J = J_1 + J_2 + J_3 + J_4 = 120$ A.

Der Gesamtwiderstand der Parallelschaltung ist daher

$$R = \frac{U}{J} = 1 \ \Omega.$$

Derselbe Wert folgt aus

$$\frac{1}{R} = \frac{1}{R_1} + \frac{1}{R_2} + \frac{1}{R_3} + \frac{1}{R_4} = \frac{1}{2} + \frac{1}{4} + \frac{1}{6} + \frac{1}{12} = 1 \ \Omega.$$

2. Zu genauester Einstellung des Ohmwertes eines Normalwiderstandes muß häufig zu diesem ein zweiter Widerstand von verhältnismäßig hohem Ohmwert parallel geschaltet werden. Der Normalwiderstand soll z. B. genau 1,000 $\Omega$ haben, nach der Herstellung desselben wird jedoch ein Wert von 1,005 $\Omega$ gemessen. Der parallel zu schaltende zweite Widerstand $R_2$ berechnet sich dann aus

$$\frac{1}{R} = \frac{1}{R_1} + \frac{1}{R_2}, \quad \text{also} \quad \frac{1}{R_2} = \frac{1}{R} - \frac{1}{R_1},$$

zu

$$R_2 = \frac{R_1 \cdot R}{R_1 - R} = \frac{1,005 \cdot 1,000}{1,005 - 1,000} = \frac{1005}{5} = 201 \ \Omega.$$

3. Welche Ohmwerte lassen sich mit 6 Widerständen von je 12 $\Omega$ durch verschiedene Schaltung erreichen? (Abb. 37—40.)

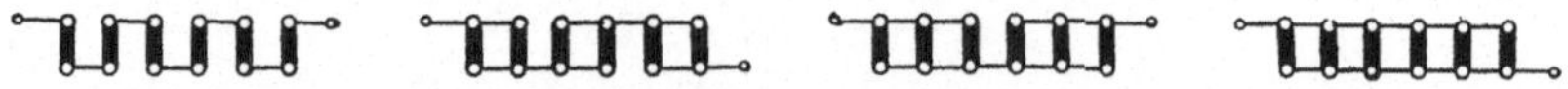

Abb. 37—40. Sechs Widerstände in verschiedener Schaltung.

a. Reihenschaltung aller Widerstände: $R = 12 \cdot 6 = 72 \ \Omega$.

b. Je 2 Widerstände parallel, 3 solche Gruppen in Reihe: Der Widerstand jeder Gruppe ist $R' = \dfrac{r}{n} = \dfrac{12}{2} = 6 \ \Omega$. Der Gesamtwiderstand $R = R' \cdot m = 6 \cdot 3 = 18 \ \Omega$.

c. Je 3 Widerstände parallel, 2 solche Gruppen in Reihe: Der Widerstand jeder Gruppe ist $R' = \dfrac{r}{n} = \dfrac{12}{3} = 4 \ \Omega$. Der Gesamtwiderstand $R = R' \cdot m = 4 \cdot 2 = 8 \ \Omega$.

d. Parallelschaltung aller Widerstände:  $R = \dfrac{r}{n} = \dfrac{12}{6} = 2\ \Omega.$

Es ist anschaulicher und daher besonders für den Anfänger empfehlenswert von den Grundgleichungen auszugehen, wie das folgende Beispiel zeigt.

4. Eine Bogenlampe soll in Reihe mit einem Widerstand an eine Netzspannung von 110 V so angeschlossen werden, daß beim Einschalten eine Lampenspannung von 35 V und ein Strom von 20 A auftritt. Zur Verfügung stehen Widerstandsspiralen von je 2,5 $\Omega$, die höchstens mit je 15 A belastet werden können. Wie sind die Widerstände zu schalten?

Der im Vorschaltwiderstand zu vernichtende Spannungsüberschuß ist $110 - 35 = 75$ V. Da die Lampe mit 20 A brennen soll, müssen je 2 Widerstände untereinander parallel geschaltet sein, dann wird jeder Zweig von 10 A durchflossen; jeder einzelne Widerstand verbraucht bei 10 A eine Spannung von $10 \cdot 2,5 = 25$ V, daher müssen je 3 Widerstände in Reihe liegen. Der Vorschaltwiderstand ist folglich aus 6 Spiralen in Gruppenschaltung derart zusammenzustellen, daß 2 parallele Stromwege mit Reihenschaltung von je 3 Widerständen entstehen (Abb. 41).

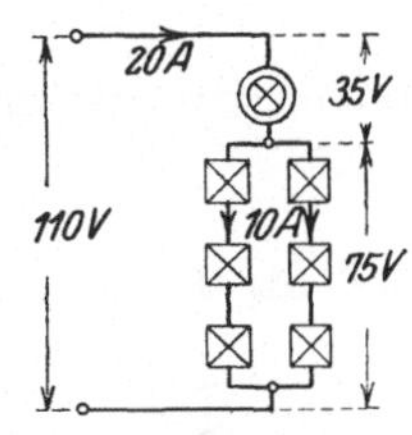


Abb. 41.
Bogenlampe mit Vorschaltwiderständen.

Werden Stromquellen, z. B. Elemente, in verschiedener Weise geschaltet, so ist ihre EMK und ihr innerer Widerstand zu berücksichtigen. Handelt es sich um Elemente von derselben Spannung $e$ und demselben inneren Widerstand $r_i$, so wird bei Hintereinanderschaltung von $m$ Elementen die gesamte EMK $E = e \cdot m$, der gesamte innere Widerstand $R_i = r_i \cdot m$. Bei Parallelschaltung von $n$ Elementen bleibt die EMK unverändert, also $E = e$, der gesamte innere Widerstand wird $R_i = \dfrac{r_i}{n}$. Bei Gruppenschaltung wird $E = e \cdot m$ und

$$R_i = \frac{r_i \cdot m}{n}\ .$$

Sind die Spannungen und die inneren Widerstände der einzelnen Elemente verschieden, so ergeben sich für einen Stromkreis, der aus zwei parallel geschalteten Elementen und einem Belastungswiderstand $R_b$ besteht (Abb. 42), aus den früheren Ableitungen die Gleichungen:

$$U = E_1 - J_1 \cdot R_{i1} = E_2 - J_2 \cdot R_{i2} = J \cdot R_b \quad \text{und} \quad J = J_1 + J_2.$$

Es müssen daher von den neun vorkommenden Größen deren fünf gegeben sein, um die übrigen vier aus diesen Gleichungen berechnen zu können.

**Beispiel:** 2 Elemente, deren EMK $E_1$ bzw. $E_2$ je 1,50 V und deren innerer Widerstand $R_1 = 0,30\ \Omega$ bzw. $R_{i2} = 0,15\ \Omega$ ist, werden untereinander parallel geschaltet und mit einem Belastungswiderstand $R_b = 0,40\ \Omega$ verbunden. Der Widerstand der Leitungen soll vernachlässigt werden. Die Stromstärke in den Elementen und in dem äußeren Stromkreis kann auf verschiedene Weise berechnet werden:

I. Da die EMK der beiden Elemente gleich ist, kann man diese als ein einziges Element betrachten, dessen Widerstand sich aus der Parallelschaltung von $R_{i1}$ und $R_{i2}$ zu

$$R_{i1/2} = \frac{0{,}30 \cdot 0{,}15}{0{,}30 + 0{,}15} = 0{,}10 \ \Omega$$

ergibt. Der ganze Stromkreis hat dann den Gesamtwiderstand

$$R = R_b + R_{i1/2} = 0{,}50 \ \Omega,$$

der Gesamtstrom ist also

$$J = \frac{E}{R} = \frac{1{,}50}{0{,}50} = 3{,}0 \ \text{A}.$$

Weiter ist die Klemmenspannung

$$U = J \cdot R_b = 3{,}0 \cdot 0{,}4 = 1{,}20 \ \text{V}.$$

Daher wird für das erste Element

$$J_1 = \frac{E - U}{R_{i1}} = \frac{1{,}50 - 1{,}20}{0{,}30} = 1{,}0 \ \text{A}.$$

und für das zweite Element $J_2 = J - J_1 = 2{,}0$ A.

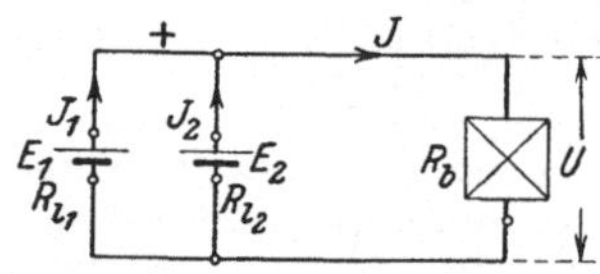

Abb. 42 Stromkreis mit parallelgeschalteten Elementen.

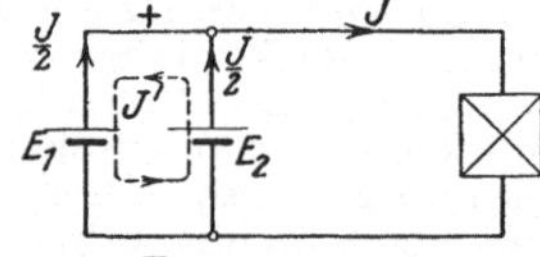

Abb. 43. Ausgleichsstrom bei
parallelgeschalteten Elementen.

II. Aus den zuletzt entwickelten Gleichungen berechnet sich für $E_1 = E_2$:

$$\frac{J_1}{J_2} = \frac{R_{i2}}{R_{i1}},$$

ferner $E - J_1 \cdot R_{i1} = (J_1 + J_2) \cdot R_b,$

daraus $J_1 = \dfrac{E}{\left(1 + \dfrac{R_{i1}}{R_{i2}}\right) \cdot R_b + R_{i1}} = \dfrac{1{,}50}{(1 + 2) \cdot 0{,}40 + 0{,}30} = 1{,}0$ A,

ferner $J_2 = J_1 \cdot \dfrac{R_{i1}}{R_{i2}} = 1{,}0 \cdot \dfrac{0{,}30}{0{,}15} = 2{,}0$ A.

III. Mit Rücksicht auf spätere Anwendungen soll hier noch das Verfahren des Ausgleichsstromes angewendet werden. Wir nehmen zunächst an, daß der nach I berechnete Gesamtstrom $J$ sich gleichmäßig auf die beiden Elemente verteilt, daß also jedes derselben einen Strom $\frac{J}{2} = 1{,}50$ A liefert. In diesem Falle wäre in dem von den beiden Elementen gebildeten Kreis die Summe aller erzeugten Spannungen und aller Spannungsverluste nicht gleich Null, wie die zweite Kirchhoffsche Regel es fordert; es muß daher ein Ausgleichsstrom $J'$ zwischen den Elementen fließen (Abb. 43). Nehmen wir nun an, daß $J'$ auf der positiven Seite von dem zweiten Element zum ersten, also in letzterem entgegengesetzt wie $\frac{J}{2}$ fließt, so ist

$$J_1 = \frac{J}{2} - J' \ \text{und} \ J_2 = \frac{J}{2} + J',$$

ferner ist die gemeinsame Klemmenspannung

$$U = E_1 - J_1 R_{i1} = E_2 - J_2 R_{i2}.$$

Daraus folgt, da in unserem Fall $E_1 = E_2$ ist:

$$\left(\frac{J}{2} - J'\right) \cdot R_{i1} = \left(\frac{J}{2} + J'\right) \cdot R_{i2};$$

daraus berechnet sich

$$J' = \frac{J}{2} \cdot \frac{R_{i_1} - R_{i_2}}{R_{i_1} + R_{i_2}} = 1{,}50 \cdot \frac{0{,}15}{0{,}45} = 0{,}50 \text{ A.}$$

Es ist dann

$$J_1 = \frac{J}{2} - J' = 1{,}0 \text{ A und } J_2 = \frac{J}{2} + J' = 2{,}0 \text{ A.}$$

Falls sich für $J'$ ein negativer Wert ergibt, so bedeutet das, daß die Richtung des Ausgleichsstromes verkehrt angenommen wurde.

IV. Schließlich sei hier noch das Verfahren der **Übereinanderlagerung** verwendet. Dieses besteht darin, daß man die Kräfte nicht gleichzeitig, sondern nacheinander wirken läßt und dann die einzelnen Wirkungen, im vorliegenden Fall also die Ströme, übereinandergelagert (Abb. 44). Ist die EMK des zweiten Elementes $E_2 = 0$, so liefert die EMK $E_1$ einen Gesamtstrom

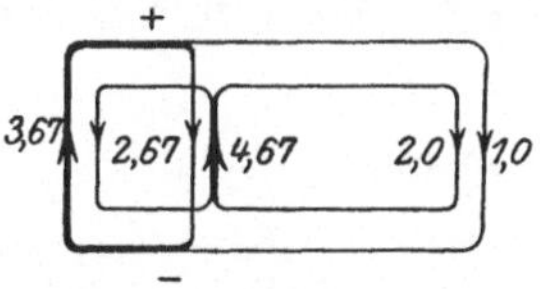

$$J_{A_1} = \frac{1.5}{0{,}3 + \dfrac{0{,}15 \cdot 0{,}4}{0{,}15 + 0{,}4.}} = 3{,}67 \text{ A,}$$



Abb. 44. Übereinanderlagerung der Ströme bei Parallelschaltung.

Dieser verteilt sich auf die beiden Widerstände, die durch das Element und den Belastungswiderstand gegeben sind, im umgekehrten Verhältnis der Widerstände, d. h. in den Teilen 2,67 A und 1,0 A; dabei ist die Klemmenspannung $U_A = 0{,}4$ V. Für $E_1 = 0$ berechnet sich der von dem zweiten Element gelieferte Gesamtstrom $J_{B\,2} = 4{,}67$ A, der sich in 2,67 A und 2,0 A teilt; die Klemmenspannung ist dann $U_B = 0{,}8$ V. Sind beide Elemente wirksam, so ist unter Berücksichtigung der Stromrichtungen

$$J_b = 1{,}0 + 2{,}0 = 3{,}0\,\text{A}, \quad J_1 = 3{,}67 - 2{,}67 = 1{,}0\,\text{A},$$
$$J_2 = 4{,}67 - 2{,}67 = 2{,}0 \text{ A}, \quad \text{ferner } U = U_A + U_B = 1{,}2 \text{ V,}$$

wie vorher gefunden.

Die Berechnung von verzweigten Stromkreisen mit elektromotorischen Kräften verschiedener Größe oder größerer Anzahl ist sinngemäß mit den entwickelten Gleichungen durchzuführen.

Im Abschnitt 8 wurde die **Spannungsteilung** erläutert, bei der man an einem Teil eines dauernd eingeschalteten Widerstandes einen Teilbetrag der Gesamtspannung abgreifen kann. Wird nun diese Teilspannung zur Lieferung eines im Verhältnis zu dem Hauptstrom erheblichen Stromes verwendet, so entspricht die Schaltung einer unsymmetrischen Gruppenschaltung und ist als solche zu berechnen. Ein Beispiel wird die Verhältnisse am besten klarlegen.

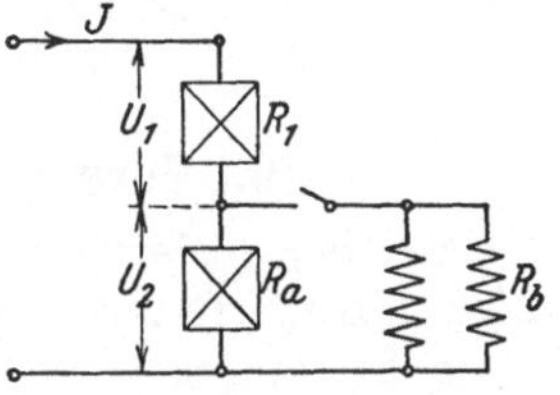

Abb. 45. Stromverzweigung mit Spannungsteilung.

**Beispiel:** Die Stromkreise zur Betätigung von Relais und ähnlichen Apparaten müssen oft an geringer Spannung liegen, um mit möglichst kleinem Schaltweg eine Unterbrechung zu erzielen. Als Ersatz für eine besondere Stromquelle von geringer Spannung wird gelegentlich eine Teilung der Netzspannung angewendet. Letztere betrage 120 V, an ihr liegen in Reihe geschaltet (Abb. 45) die Widerstände $R_1 = 18\ \Omega$ und $R_a = 6\ \Omega$, parallel zu $R_a$ liegt der Nutzstromkreis mit den Belastungswiderständen vom Gesamtohmwert $R_b$. Es soll nun berechnet werden, in welchem Maße sich die Teilspannung mit dem Belastungswiderstand andert. Die Rechnung vereinfacht sich hier, wie auch in anderen Fallen, wenn man nicht von bestimmten Ohmwerten, sondern von bestimmten Stromstarken $J$ im Hauptstromkreis ausgeht und die Widerstande berechnet, welche diesen Stromstarken entsprechen.

Betragt der Hauptstrom $J = 5$ A, so ist $U_1 = J \cdot R_1 = 90$ V. $U_2 = U - U_1 = 30$ V und $J_a = \dfrac{U_2}{R_a} = \dfrac{30}{6} = 5$ A. Da der angenommene Hauptstrom $J$ ebenso groß ist, so ist in diesem Fall der Belastungsstrom $J_b = 0$, der Belastungswiderstand $R_b = \infty$

Betragt der Hauptstrom $J = 5{,}25$ A, so ist $U_1 = 94{,}5$ V, es bleibt $U_2 = 25{,}5$ V übrig, und dieses liefert

$$J_a = \frac{25{,}5}{6} = 4{,}25 \text{ A};$$

also muß

$$J_b = J - J_a = 1 \text{ A} \quad \text{und} \quad R_b = \frac{25{,}5}{1} = 25{,}5 \ \Omega \ \text{ sein.}$$

Fur $J = 5{,}5$ A berechnet sich entsprechend $U_2 = 21$ V, $J_b = 2$ A und $R_b = 10{,}5 \ \Omega$.

Betragt $J = 6{,}0$ A, so wird $U_2 = 12$ V, $J_b = 4$ A und $R_b = \dfrac{12}{4} = 3 \ \Omega$.

Für $R_b = 0$ wird $U_2 = 0$ und $J_b = J = \dfrac{120}{18} = 6{,}67$ A.

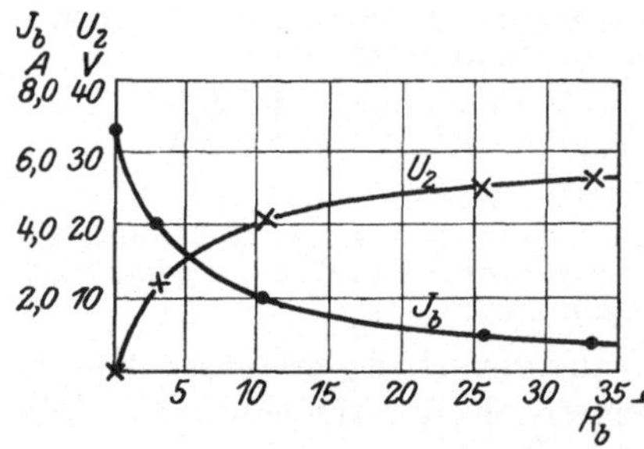


Abb. 46. Spannung und Strom der Belastung bei der Schaltung Abb. 45.

Tragt man die Werte der Spannung $U_2$ und des Stromes $J_b$ abhangig von den Werten $R_b$ in ein Koordinatensystem auf (Abb. 46), so kann man die Punkte durch eine Kurve verbinden und daraus für einen beliebigen Wert von $R_b$ die zugehörigen Werte $U_2$ und $J_b$ entnehmen. Man ersieht aus der Kurve, daß sich im Gegensatz zu der einfachen Reihenschaltung die Spannung an dem Belastungswiderstand infolge der Spannungsteilung nur wenig andert.

## 10. Vorschaltwiderstand und Nebenschluß.

Aus den bisherigen Entwicklungen, besonders aus dem Abschnitt 8 folgt, daß die Reihenschaltung von Widerstanden in einen Stromweg, dessen Spannung einen bestimmten Wert hat, zur Beschränkung der Stromstarke dient, wobei die überschussige Spannung in diesen Widerstanden verbraucht wird. Auch hierüber findet man vielfach irrtümliche Ansichten, die durch die mißverstandliche Bezeichnung „Vorschalt‘‘-widerstand und eine irrige Vorstellung von dem Strom veranlaßt werden. Wir haben es, wie schon mehrfach betont wurde, in unseren Stromkreisen mit einer geschlossenen Strömung zu tun, im einfachen Stromkreis ist die Stromstärke in einem bestimmten Augenblick an jeder Stelle dieselbe, es muß also für diesen dauernden Ausgleichsvorgang einerlei sein, an welcher Stelle ein Widerstand eingeschaltet ist. Nur in dem später bei den Überspannungserscheinungen zu betrachtenden Fall, daß in dem Augenblick einer Stromänderung, beispielsweise bei Einschaltung des Stromkreises, der Strom sich in die Leitung ergießt wie eine Wasserwelle in ein leeres Rohr, ist der zunächst der Stromeintrittsstelle gelegene Teil dem vollen Anprall des Druckes ausgesetzt, während die dahinter liegenden Teile nur mehr einen verminderten Druck auszuhalten haben. Ferner ist die Reihenfolge der Einschaltung in gewissen Fällen insofern von Bedeutung, als die Spannung der einzelnen Teile zueinander sowie gegen Erde je nach der Anordnung der Widerstände verschieden sein kann. Wird z. B. in der Dreileiteranlage (vgl. Abb. 25) eine Bogenlampe in Reihe mit einem Widerstand zwischen je einen Außenleiter und den geerdeten Mittelleiter gelegt, so hat die Lampe während des Stromdurchgangs geringere Spannung gegen Erde, wenn sie unmittelbar an den Mittelleiter gelegt und von dem Außenleiter durch den Vorschaltwiderstand „getrennt" ist.

Die Berechnung des Ohmwertes eines Vorschaltwiderstandes, wie man ihn in Reihe mit einem Voltmeter, mit Bogenlampen, mit Maschinenwicklungen und dergleichen zur Beschränkung oder Regelung des Stromes benutzt, ergibt sich durch Anwendung des Ohmschen Gesetzes nach Abschnitt 8. Dort ist bereits als Beispiel die Berechnung eines Vorschaltwiderstandes zu einer Bogenlampe durchgeführt worden. Besonderes Interesse bieten die Schaltungen zur Erhöhung des Anzeigebereiches von Meßgeräten.

Soll ein Spannungsmesser vom Anzeigebereich $U_1$ und dem Ohmwert $R_1$ zur Messung einer höheren Spannung $U$ dienen, so muß der Überschuß $U_2$ in einem „Vorschalt"widerstand $R_2$ bei dem Strom $J$, der im Spannungsmesser zur Wirkung kommen soll, verbraucht werden (Abb. 47). Aus

$$J = \frac{U_1}{R_1} = \frac{U_2}{R_2} \quad \text{und} \quad U_2 = U - U_1$$

folgt

$$R_2 = R_1 \cdot \frac{U - U_1}{U_1} = R_1 \cdot \left( \frac{U}{U_1} - 1 \right) = R_1 \cdot (C - 1) \quad \ldots \text{(21)}$$

Das Verhältnis der Gesamtspannung $U$ zu der am Spannungsmesser liegenden Spannung $U_1$ wird Meßkonstante $C$ genannt.

Schaltet man z. B. mit einem Voltmeter für 150 Volt einen Vorschaltwiderstand von doppeltem Ohmwert in Reihe, so ist damit der Gesamt-Ohmwert und daher auch die insgesamt zulässige Spannung verdreifacht. Der Spannungsmesser zeigt dann den vollen Ausschlag von 150 Teilstrichen bei einer Gesamtspannung von 450 Volt, die Ablesung ist demnach mit der Meßkonstante 3 zu multiplizieren, um die Gesamtspannung zu erhalten.

Häufig kann man sich in Ermangelung eines passenden und geeichten Vorschaltwiderstandes dadurch helfen, daß man zwei oder mehr Spannungsmesser in Reihe schaltet. Dabei ist jedoch zu beachten, daß die höchste meßbare Spannung nicht ohne weiteres gleich der Summe

der einzelnen Anzeigebereiche, sondern kleiner als diese ist, sobald
die Empfindlichkeit der Spannungsmesser, d. h. die einem bestimmten
Ausschlag entsprechende Stromstärke oder der Widerstand des Meß-
gerates für die Einheit der Spannung, verschieden ist.

**Beispiel:** Es sei der Anzeigebereich zweier Spannungsmesser je 150 Volt.
der Widerstand des einen Spannungsmessers 2000 $\Omega$, der des andern
3000 $\Omega$. Legen wir beide in Reihe an 250 Volt Spannung (Abb. 48), so
ist entsprechend dem Gesamtwiderstand von 5000 $\Omega$ der Strom, der durch
beide der Reihe nach fließt, $J = \dfrac{U}{R} = \dfrac{250}{5000} = 0{,}05 \, A$, daher der Spannungsverbrauch und dementsprechend der Ausschlag

des ersten Instruments . . $U_1 = J \cdot R_1 = 0{,}05 \cdot 2000 = 100 \, V$,
des zweiten Instruments . $U_2 = J \cdot R_2 = 0{,}05 \cdot 3000 = 150 \, V$.

Mit diesen beiden Instrumenten zusammen kann also höchstens eine
Spannung von 250 Volt, nicht etwa von 300 Volt, gemessen werden, da
das zweite Instrument bei 250 Volt Gesamtspannung bereits vollen Ausschlag zeigt.

Legt man jedoch einen Widerstand parallel zu demjenigen der
beiden Spannungsmesser, der im Verhaltnis zum Anzeigebereich den

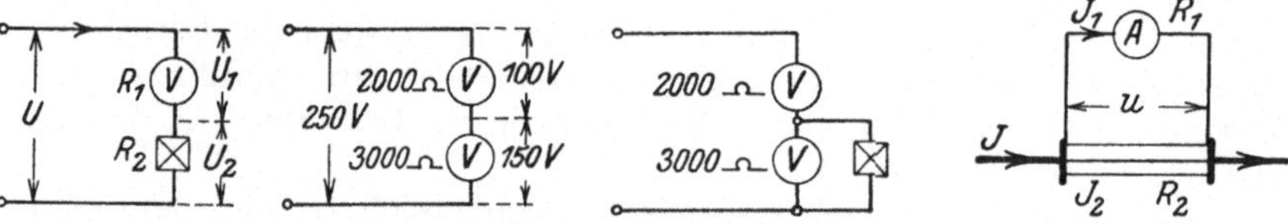

Abb. 47—49. Verwendung von Spannungsmessern     Abb. 50. Strommesser
zur Messung höherer Spannung.     mit Nebenschluß.

hoheren Ohmwert hat (Abb. 49), so wird dadurch der Gesamtwiderstand
verkleinert, der Strom in dem andern Spannungsmesser vergroßert;
bei passender Einstellung des Ohmwertes dieses Parallel-Widerstandes
kann dann bei beiden Instrumenten voller Ausschlag, daher auch Ausnutzung des ganzen Anzeigebereiches erreicht werden.

Hat dagegen in einem Stromweg nicht die Spannung, sondern
die Stromstarke einen bestimmten Wert, so kann der Strom eines in
diesem Weg liegenden Körpers, z. B. einer Hauptstromspule, nicht durch
Vorschalten, sondern nur durch Parallelschalten eines Widerstandes,
also durch einen „Nebenschluß", verringert werden. Wie der Anzeigebereich eines Spannungsmessers durch Reihenschaltung mit einem
Widerstand, der die überschüssige Spannung aufnimmt, erweitert wird,
so ist entsprechend zur Messung eines Stromes, der den höchst zulassigen
Strom eines gegebenen Strommessers übersteigt, ein Widerstand
parallel zu demselben zu legen, der den überschüssigen Strom durch-
laßt (Abb. 50). In der Regel wird dieser Nebenschluß den großten
Teil des gesamten Stromes führen müssen, der Strommesser liegt
dann gewissermaßen als Spannungsmesser an der von dem Nebenschluß
verbrauchten Spannung.

Nach Abschnitt 9 folgt dann aus $J = J_1 + J_2$ und
$u = J_1 \cdot R_1 = J_2 \cdot R_2$ der insgesamt meßbare Strom

$$J = J_1 \cdot \left(1 + \frac{R_1}{R_2}\right) = J_1 \cdot C. \quad \ldots \ldots \quad (22)$$

Umgekehrt berechnet sich der Ohmwert des Nebenschlusses der erforderlich ist, um einen Strom $J$ mit einem Strommesser vom Anzeigebereich $J_1$ messen zu können, zu

$$R_2 = R_1 \cdot \frac{J_1}{J - J_1} = R_1 \cdot \frac{1}{\dfrac{J}{J_1} - 1} = R_1 \cdot \frac{1}{C - 1} \quad \ldots \ldots \quad (23)$$

$C$ ist wieder die Meßkonstante, welche die Vervielfachung des Anzeigebereiches angibt. Da sie meistens ein Vielfaches von 10 ist, ist es genauer und kürzer, den Faktor $\dfrac{1}{C - 1}$ nicht als Dezimalbruch, sondern als echten Bruch anzugeben.

Bei der Ausführung von Schaltungen mit einem Strommessernebenschluß ist besonders zu beachten, daß die Widerstände $R_1$ und $R_2$ dauernd genau in dem Verhältnis zu einander stehen müssen, das sie bei der Bestimmung der Meßkonstanten hatten. Die Kontakte am Nebenschluß und am Instrument müssen daher besonders gut sein, die zwischen diesen beiden Teilen verwendeten Verbindungsschnüre müssen genauen Ohmwert behalten. Nebenschlüsse für große Stromstärke haben meistens mehrere Schraubenbolzen zur Verbindung mit den Schienen oder Kabeln;

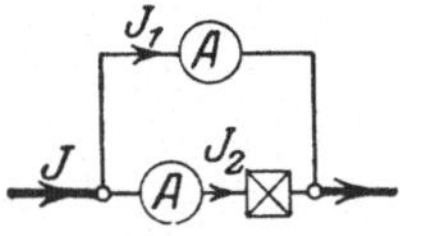

Abb. 51. Parallelschaltung von Strommessern.

werden einzelne derselben locker, so ändert sich der Stromweg über den Nebenschluß und damit auch sein Widerstand.

In ähnlicher Weise wie bei der Spannungsmessung kann man sich auch bei der Strommessung mit zwei Instrumenten behelfen, wenn der Wert der Meßgröße den Anzeigebereich eines Instrumentes überschreitet. Es ist leicht einzusehen, daß man hier die Strommesser nebeneinander schalten muß und daß sich der Strom dann im umgekehrten Verhältnis der Widerstände auf die beiden Instrumente verteilt. Will man den Anzeigebereich der beiden Instrumente voll ausnutzen, so kann man in Reihe mit dem Strommesser von geringerem Ohmwert einen Widerstand schalten, dessen Ohmwert am günstigsten gleich der Differenz der beiden Instrumentenwiderstände ist (Abb. 51).

Während man einen Spannungsmesser mit Hilfe eines Umschalters leicht für verschiedene Anzeigebereiche einrichten kann, bereitet dies bei den Strommessern Schwierigkeiten, da bei Anwendung der gewöhnlichen Nebenschlüsse nicht nur der Hauptstrom, sondern auch der Instrumentenstrom umgeschaltet werden muß. Dabei kann letzterer wegen des geringen Instrumentenwiderstandes durch schlechten Kontakt sehr leicht in erheblichem Maße geändert werden. Dieser Fehler wird vermieden durch eine besondere Schaltung, bei der allerdings die

Abgleichung der Nebenschlüsse auf den genauen Wert schwierig ist. Wie Abb. 52 zeigt, sind die Nebenschlüsse — es seien deren drei angenommen — mit dem Strommesser zu einem geschlossenen Kreis verbunden. Die Leitung, deren Strom zu messen ist, wird durch einen einpoligen Umschalter je nach dem erforderlichen Anzeigebereich über einen oder mehrere dieser Nebenschlüsse geschaltet. Wenn z. B. der Umschalter auf Kontakt II steht, so ist

$$u = J_1 \cdot (R_1 + R_c) = J_2 \cdot (R_a + R_b), \text{ ferner } J_2 = J_{II} - J_1.$$

Für die anderen Stellungen des Umschalters lassen sich entsprechende Gleichungen für den Spannungsverlust $u$ und die zu messenden Ströme $J_I$ bzw. $J_{III}$ aufstellen, so daß der Ohmwert der Nebenschlüsse $R_a$, $R_b$ und $R_c$ berechnet werden kann.

## 11. Messung von Widerständen.

Die wichtigsten Verfahren, die hier besprochen werden sollen, können wir in zwei Gruppen einteilen und zwar in solche, bei denen der Widerstand nach dem Ohmschen Gesetz berechnet wird und in solche, bei denen er nach einem Verfahren gefunden wird, das mit der Bestimmung eines Gewichtes durch Wägung zu vergleichen ist.

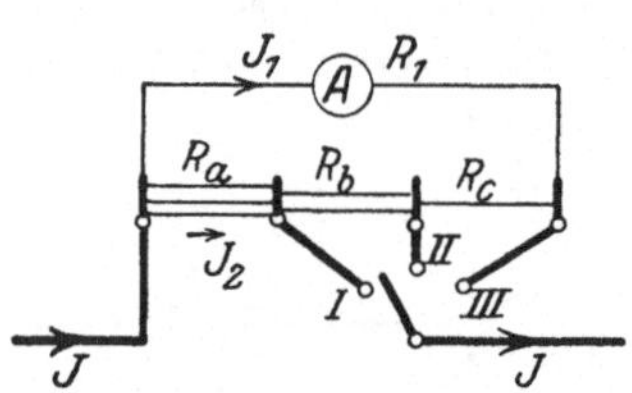

Abb. 52. Strommesser mit umschaltbaren Nebenschlüssen.

Steht eine konstante Spannung und ein passender Spannungsmesser von bekanntem Ohmwert zur Verfügung, so können Widerstände, deren Ohmwert dieselbe Größenordnung wie derjenige des Spannungsmessers hat, mit diesem Instrument allein bestimmt werden. Zeigt ein Spannungsmesser vom Widerstand $R_1$, in Reihenschaltung mit dem zu messenden Widerstand $R_2$ an die Gesamtspannung $U$ gelegt, die Spannung $U_1$, so folgt (vgl. S. 35)

$$R_2 = \frac{U_2}{J} = R_1 \cdot \frac{U - U_1}{U_1} = R_1 \cdot \left(\frac{U}{U_1} - 1\right) \quad \dots \dots \quad [21]$$

Da in dieser Gleichung nur das Verhältnis der Spannungen vorkommt, so ist es nicht erforderlich deren Größe in Volt zu kennen, sondern es genügt die Ablesung der Ausschläge; die Messung kann also statt mit einem Spannungsmesser auch mit einem Strommesser oder Galvanometer und einem passenden Vorschaltwiderstand von bekanntem Ohmwert ausgeführt werden.

Stehen ein Spannungsmesser und ein Strommesser zur Verfügung, so mißt man den Strom und die Spannung an dem zu bestimmenden Widerstand, woraus sich dieser in einfacher Weise angenähert zu

$$R = \frac{U}{J}$$ berechnen läßt. Hierbei sind zweierlei Schaltungen möglich.

Legt man (Abb. 53 a) den Spannungsmesser unmittelbar an die Klemmen des Widerstandes, so zeigt dieser genau die gesuchte Spannung, der vom Strommesser angezeigte Strom $J$ ist aber die Summe aus dem Strom in dem unbekannten Widerstand $R_x$ und dem Strom $J_V$ des Spannungsmessers. Je geringer $J_V$ im Verhältnis zu $J$ ist, desto genauer wird offenbar die Messung; man wird also diese Schaltung anwenden, wenn mit großer Stromstärke bzw. mit einem Spannungsmesser von verhältnismäßig hohem Ohmwert gemessen werden kann. Den Einfluß des Spannungs-messers kann man durch Abschalten desselben prüfen. Die andere Schaltung (Abb. 53b), bei welcher der Strommesser zwar genau denselben Strom wie der gesuchte Widerstand führt, der Spannungsmesser aber den Spannungsverlust in dem Strommesser vom Widerstand $R_A$ mit-

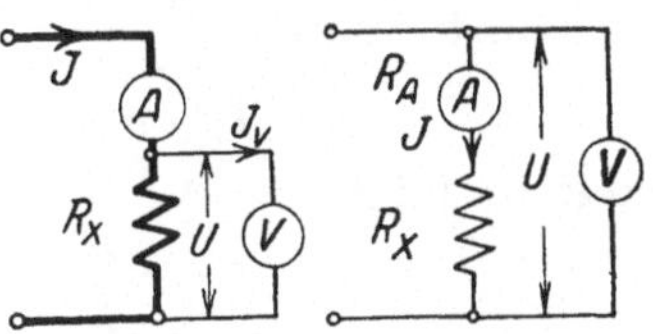

Abb. 53a.     Abb. 53b.
Schaltungen für Widerstands-
messung.

mißt, verwendet man zweckmäßig bei der Messung von Widerständen von so großem Ohmwert, daß der geringe Widerstand des Strom-messers nicht in Betracht kommt. Soll der gesuchte Widerstand genau bestimmt werden, so berechnet sich, wie aus diesen Er-läuterungen leicht einzusehen ist:

bei Schaltung nach Abb. 53a

$$R_x = \frac{U}{J - J_V}. \qquad \ldots \ldots \ldots \ldots (24)$$

bei Schaltung nach Abb. 53b

$$R_x = \frac{U}{J} - R_A. \qquad \ldots \ldots \ldots \ldots (25)$$

Das Meßverfahren der andern Gruppe hat den Vorteil, daß zu seiner Durchführung nicht eine Stromquelle von erheblicher Spannung und Stromstärke nötig ist, sondern nur eine solche von ganz geringen Abmessungen, z. B. einige kleine Trockenelemente, ferner Meß-widerstände und ein Galvanometer. Mit einer solchen Einrichtung können Widerstände von geringem und auch von großem Ohmwert gemessen werden; sie wird nach ihrem Erfinder die Wheatstone-sche Brücke genannt. Sie beruht auf der Spannungs- und Stromteilung und besteht aus zwei durch Widerstände gebildeten Strom-wegen, die nebeneinander an dieselbe Strom-quelle angeschlossen werden. Da einerseits die Anfänge, andererseits die Enden der beiden Stromwege, die in Abb. 54 als einfache Drähte angedeutet sind, an gemeinsame Punkte $A$ bzw.

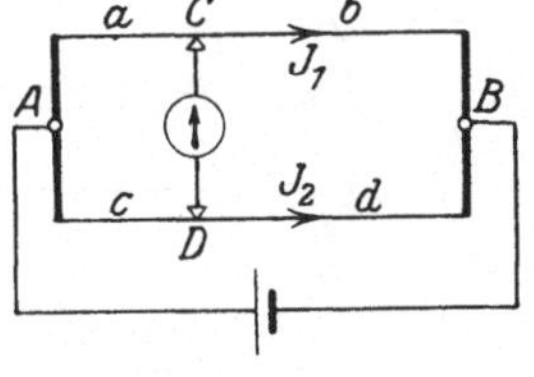

Abb. 54.
Brückenschaltung.

$B$ angeschlossen sind, so muß es auch längs der Drähte eine beliebige Zahl von Punkten, z. B. $C$ und $D$ geben, die den gleichen elektrischen Zu-stand, also gegeneinander keine Spannung haben; ein zwischen solche Punkte geschaltetes Galvanometer zeigt daher keinen Ausschlag. Dann ist der Spannungsabfall bis zu den Anschlußpunkten des Galvanometers auf beiden Wegen derselbe, also von $A$ nach $C$ gleich dem von $A$ nach $D$, und ebenso von $C$ nach $B$ gleich dem von $D$ nach $B$. Bei stromlosem Galvanometer ist ferner der Strom in $A$—$C$ gleich dem in $C$—$B$, er sei gleich $J_1$, und der Strom in $A$—$D$ gleich dem in $D$—$B$, er sei gleich $J_2$. Dann ist der Ausdruck dieser Beziehungen, wenn mit $a$, $b$, $c$ und $d$ die Ohmwerte obiger vier Strecken bezeichnet werden:

$$J_1 \cdot a = J_2 \cdot c \quad \text{und} \quad J_1 \cdot b = J_2 \cdot d;$$

daraus folgt

$$\frac{a}{b} = \frac{c}{d} \quad \text{oder} \quad a = b\,\frac{c}{d} \quad \ldots \ldots \ldots \quad (26)$$

Wird also die Brückenschaltung nach Abb. 55 mit einem unbekannten Widerstand $a$ und drei Widerständen, von denen der eine, $b$, dem

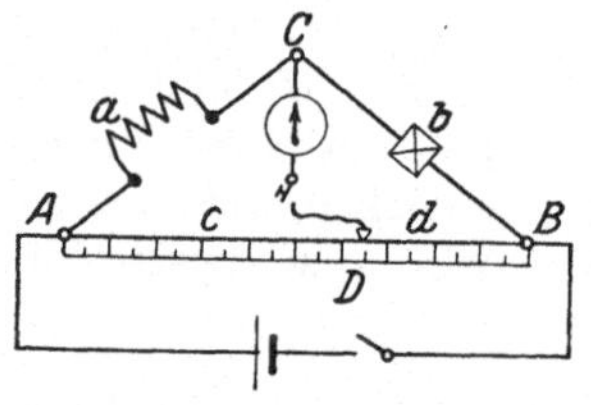

Abb. 55.  Wheatstonesche Brücke.

Ohmwert nach bekannt ist, während von den anderen das Verhältnis der Ohmwerte, $\dfrac{c}{d}$, bekannt ist, ausgeführt, so kann der unbekannte Widerstand dadurch bestimmt werden, daß der Widerstand $b$ oder das Verhältnis $\dfrac{c}{d}$ so lange verändert wird, bis das Galvanometer keinen Ausschlag mehr zeigt.

Zur Veranschaulichung der Spannungs- und Stromverhältnisse kann man auch hier eine Wasserströmung heranziehen und sich etwa eine Insel in einem Fluß vorstellen, die von einem Kanal quer durchschnitten ist. Das Wasser in dem Kanal wird nicht fließen, sondern ruhig stehen, sobald die Mündungen des Kanals an beiden Flußarmen auf gleicher Wasserhöhe liegen.

Gute Dienste kann die Meßbrücke zur Feststellung des Ortes eines Isolationsfehlers, z. B. in Kabelleitungen, leisten. Man ver

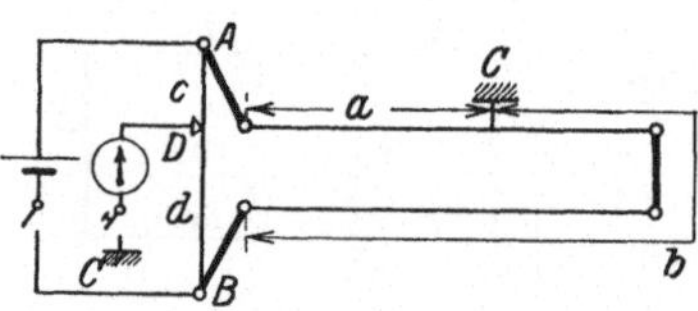

Abb. 56.  Bestimmung des Fehlerortes.

bindet die fehlerhafte Leitung möglichst widerstandslos an einem Ende mit einer fehlerfreien Rückleitung und die anderen Enden der beiden mit dem Schleifdraht, ferner schaltet man das Galvanometer und die Stromquelle nach Abb. 56 ein. Ist $a$ der Widerstand der Leitung vom Anfang bis zur Fehlerstelle, $b$ derjenige des übrigen Stückes und der Rückleitung, so liefert die Messung $\dfrac{a}{b} = \dfrac{c}{d}$; aus Länge und Querschnitt der verwendeten Leitungen folgt der Wert $a + b$, so daß $a$ und damit der Abstand der Fehlerstelle vom Anfang der Leitung berechnet werden kann.

Sollen feuchte Widerstände gemessen werden, so darf Gleichstrom wegen der chemischen Wirkung nicht als Meßstrom verwendet werden.' Man verwandelt dann den Gleichstrom durch ein Induktorium oder eine schwingende Feder in Strom wechselnder Richtung und ersetzt das Galvanometer durch ein Telephon (Abb. 57). In der Starkstromtechnik wird dieses Verfahren am häufigsten zur Untersuchung von Erdungen (vgl. S. 16) benutzt. Durch solche wird die Erde als Leiter in einen Stromkreis eingeschaltet, der Widerstand der Erdung besteht also, ähnlich wie der innere Widerstand eines Elementes, aus demjenigen der beiden Elektroden, dem Übergangswiderstand der beiden gegen Erde und dem Widerstand der Erde; letzterer hängt auch von dem Verlauf der Stromfäden ab, ist also je nach Lage und Größe der Elektroden verschieden. Da bei den üblichen Erdungen der Übergangswiderstand und der Erdwiderstand dicht um die Elektrode den größten Einfluß haben und in gewissen Fallen nur mit einer einzigen Elektrode geerdet wird, so legt man in der Praxis einer Elektrode einen bestimmten Widerstand zu, ohne Rücksicht auf den weiteren Weg, den der Strom in der Erde nimmt.

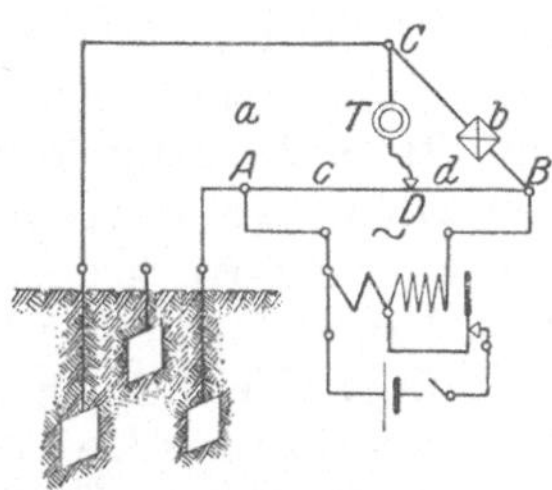

Abb. 57. Messung von Erdungswiderständen mit Telephon-Meßbrücke.

Zur Prüfung von Erdungen mißt man den Gesamtwiderstand zwischen der zu untersuchenden Erdleitung und einer zweiten bzw. dritten Erdung, die man nötigenfalls behelfsmäßig herstellt. Unter obiger Voraussetzung kann dann, mittels dreier Messungen zwischen je zweien der Erdleitungen, aus

$$a_1 = x + y, \quad a_2 = x + z \quad \text{und} \quad a_3 = y + z$$

der „Erdungswiderstand" der einzelnen Elektroden $x$, $y$ und $z$ berechnet werden.

## 12. Isolationswiderstand.

Bei der ersten Besprechung des einfachen Stromkreises hatten wir diesen mit einem Wasserkreislauf verglichen und gesagt, daß die durchfließende Wassermenge an jeder Stelle dieselbe ist, solange nirgends ein Leck, d. h. eine Undichtigkeit, in dem Rohrsystem oder den Maschinen auftritt. Der Dichtigkeit einer solchen Leitung entspricht der Begriff des Isolationswiderstandes in einem Stromkreis. Unter Isolationswiderstand versteht man demnach im allgemeinen den Widerstand, den ein Nichtleiter, z. B. die isolierende Umhüllung eines Drahtes, dem mehr oder weniger lang dauernden Durchfluß des Stromes entgegensetzt. Der Ohmwert eines solchen Widerstandes ist in der Regel sehr hoch und wird daher häufig in Megohm, d. i. Millionen Ohm, angegeben. Der Isolationswiderstand hat also eine andere Bedeutung als die Durchschlagsfestigkeit, d. i. diejenige Spannung, die ein Nichtleiter aushalten kann, ehe plötzlich ein Durchschlag durch den Nichtleiter — oder allenfalls ein Überschlag längs seiner Oberfläche — stattfindet.

Ein wesentlicher Unterschied zwischen dem elektrischen Stromkreis und dem Wasserkreislauf sei sofort betont. In letzterem genügt eine einzige undichte Stelle, um ein Entweichen des Wassers herbeizuführen. Wird dagegen der elektrische Stromkreis an einer einzigen Stelle undicht, hat nur ein Punkt eine schlechte Isolation gegen Erde d. h. einen Erdschluß, während alle anderen Teile des Stromkreises vollkommen dicht, also sehr gut isoliert sind, so entweicht kein Strom. Der Stromkreis nimmt nur an dieser Stelle den elektrischen Zustand — das Potential — der Erde an, er wird geerdet. Nur wenn mehrere Punkte von verschiedenem Potential, die also Spannung gegeneinander haben, undicht werden oder geerdet sind, kann zwischen diesen Punkten ein Stromübergang außerhalb der gewollten Strombahn stattfinden, den wir als Leckstrom bezeichnen. Je nachdem zwei solche Punkte nur unmittelbar gegeneinander oder jeder derselben gegen Erde ein Leck haben, kann der Leckstrom entweder ohne Berührung der Erde oder über diese fließen, man muß daher zwischen dem Isolationswiderstand eines Leiters gegen einen anderen und dem Isolationswiderstand gegen Erde unterscheiden.

Kein sogenannter Nichtleiter oder Isolator besitzt die in diesem Namen ausgedrückte Eigenschaft in vollkommenem Maße, vielmehr hat der Isolationswiderstand jedes Körpers stets einen endlichen, wenn auch manchmal außerordentlich hohen Wert. Praktisch ist zu beachten, daß die Isolation, mag sie nun durch die Isolierhülle eines Leiters, durch das Porzellan der Isolatoren oder sonst einen Körper gegeben sein, durch Feuchtigkeit, Staub und dergleichen vermindert wird.

Überlegen wir uns, durch welche Faktoren der Isolationswert z. B. einer isolierten Leitung bedingt ist. Es gilt zunächst ein ähnliches Gesetz wie für die Zusammensetzung des Leitungswiderstandes, nämlich $R = \varrho \cdot \dfrac{l}{q}$. Da der Weg des Leckstromes von einer Leitung quer durch die isolierende Hülle führt, so ist hier $l$ durch die Dicke der letzteren gegeben. Der Durchgangsquerschnitt für den Leckstrom ist die gesamte Oberfläche des Leiters. Je länger also die Leitung ist, desto größer wird im allgemeinen die Zahl der Leckstellen sein, desto geringer daher der Isolationswiderstand; ebenso verringert sich dieser, wenn mehrere Leitungsstränge parallel zueinander geschaltet sind. Von erheblichem Einfluß auf die Größe des Isolationswiderstandes ist nun die Spannung, unter welcher er steht. Auch hier liegen Vergleiche nahe. Bei einem Kessel, bei einem Luftschlauch oder dergleichen werden die Stellen geringer Dichtigkeit bei Anwendung hohen Druckes eher zum Vorschein kommen als bei geringem Druck. Daher geschieht auch bekanntlich die Prüfung solcher Teile auf Dichtigkeit möglichst mit einem Druck, welcher dem Betriebsdruck mindestens gleich ist. In gleicher Weise muß man auch zur Prüfung des elektrischen Isolationswiderstandes eine Spannung verwenden, deren Wert mindestens der Betriebsspannung gleich ist, da bei geringerer Spannung die Zahl der Leckstellen kleiner und damit die Güte der Isolation größer erscheint, als sie im Betriebszustand tatsächlich ist. Bei isolierten Leitungen, die nicht frei von jeglicher Feuchtigkeit sind, ist wegen der chemischen

Wirkung auch die Richtung des Stromes von Einfluß auf den Wert des Isolationswiderstandes. Hat namlich eine solche Leitung zwei oder mehrere Fehlerstellen verschiedenen Potentials, so tritt ein Leckstrom an der Stelle hoheren Potentials aus der Leitung aus und an einer Stelle geringeren Potentials in die Leitung zurück Liegt nun eine Gleichstromquelle an der Leitung, so findet an feuchten Fehlerstellen eine Zersetzung statt. Die Austrittsstelle des Stromes wird oxydiert, an der Stromeintrittsstelle dagegen wird der sich bildende Wasserstoff die Leitung blank machen und ihre Isolation vermindern. Da die Austrittsstelle des Leckstromes meistens die Plusleitung, die Eintrittsstelle meistens die Minusleitung ist, so ist dadurch die Tatsache erklart, daß in den Gleichstromanlagen nach einiger Betriebszeit in der Regel die Minusseite des Netzes geringeren Isolationswiderstand aufweist als die Plusseite.

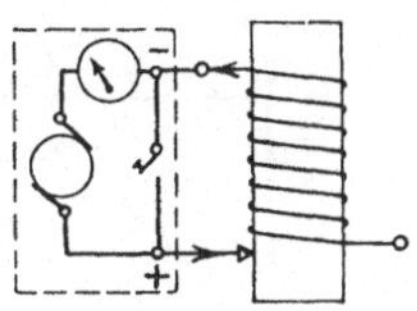

Abb. 58. Isolationsmessung an einer Spule.

Zur Messung des Isolationswiderstandes, die besonders an Leitungsanlagen ofters vorzunehmen ist, brauchen wir nach dem Gesagten eine die Betriebsspannung mindestens erreichende Spannung, ferner ein Meßinstrument, das einerseits sehr empfindlich sein muß, um den oft sehr geringen Leckstrom anzeigen zu können. anderseits einen so hohen Widerstand haben muß, daß es im Falle vollkommenen Erd- oder Kurzschlusses die volle Meßspannung aushalten kann Da Drehspulinstrumente die größte Empfindlichkeit haben, verwendet man solche. Damit ist Gleichstrom als Meßstrom bedingt, den wir der Anlage selbst oder einem kleinen, durch Handkurbel zu betatigenden Generator, Kurbelinduktor genannt, entnehmen Man schaltet Stromquelle, Instrument und den gesuchten Widerstand in Reihe (Abb. 58); wird der letztere durch einen Schalter

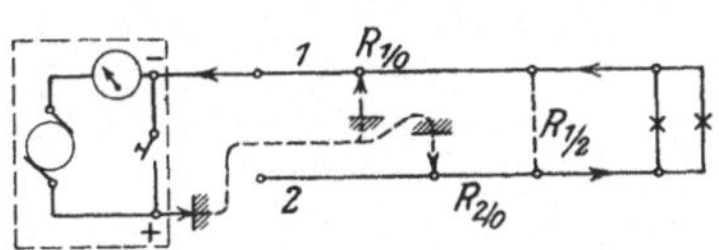

Abb. 59. Isolationsmessung bei eingeschalteten Lampen.

kurzgeschlossen, so zeigt das Instrument einen der vollen Spannung entsprechenden Ausschlag; bei eingeschaltetem Isolationswiderstand ist der Ausschlag desto kleiner, je großer der Widerstand ist. Die Berechnung geschieht nach Gleichung [21] S 38, falls das Instrument nicht bereits eine Skala mit dem Ohmwert der Meßgroße besitzt.

Besondere Überlegung ist vor allem bei der Untersuchung von Leitungsanlagen erforderlich, damit man sich ganz klar darüber ist, was für einen Isolationswiderstand man tatsáchlich mißt. Sind, wie es bei Glühlampen aus praktischen Gründen meistens der Fall ist, die Verbrauchskörper an dem zu untersuchenden vom übrigen Netz getrennten Leitungsabschnitt nicht abgeschaltet, so ist der Isolationswiderstand der Leitungen gegeneinander, der mit $R_{1/2}$ bezeichnet sei, durch die Verbrauchskorper überbrückt. Legt man nach Abb. 59 das Meß-

gerät zwischen eine der Leitungen und Erde, und zwar wegen der oben
erwähnten chemischen Wirkung die Plusklemme an Erde, so kann der
Leckstrom von der Erde in beide Leitungen eintreten. Die Summe der
Ströme fließt durch das Instrument, die Isolationswiderstände der
Leitungen gegen Erde $R_{1/0}$ und $R_{2/0}$ sind also parallel geschaltet, so
daß nur der Gesamtwiderstand dieser Parallelschaltung, nicht der Einzel-
wert der Isolationswiderstände gemessen wird. Schaltet man dagegen
(Abb. 60) alle Verbrauchskörper mindestens einpolig ab, trennt den

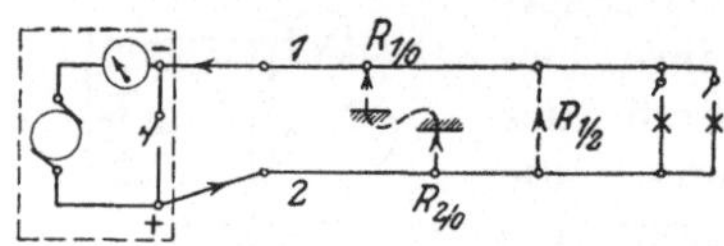

Abb. 60. Isolationsmessung bei
ausgeschalteten Lampen.

Leitungsabschnitt vom Netz und legt
den gut isolierten Isolationsprüfer an
die Leitung, so liegen die Isolationswiderstände der Hin- und Rückleitung
gegen Erde, $R_{1/0}$ und $R_{2/0}$, untereinander in Reihe und beide zusammen
mit dem Isolationswiderstand der einen
Leitung gegen die andere, $R_{1/2}$, pa-
rallel an der vollen Spannung. Sind schließlich (Abb. 61) die Verbrauchskörper abgeschaltet, die Leitungen des Abschnittes aber
mit dem Netz verbunden, so hat die Hin- und Rückleitung des Abschnittes diejenige Spannung gegen Erde, die durch den Isolationswiderstand des ganzen Netzes gegeben ist. Die Isolationswiderstände
der Leitungen gegen Erde liegen dann an diesen Teilspannungen, während
der Isolationswiderstand $R_{1/2}$ an der vollen Netzspannung liegt. Die
Errichtungsvorschriften des V. D. E. für Starkstromanlagen verlangen

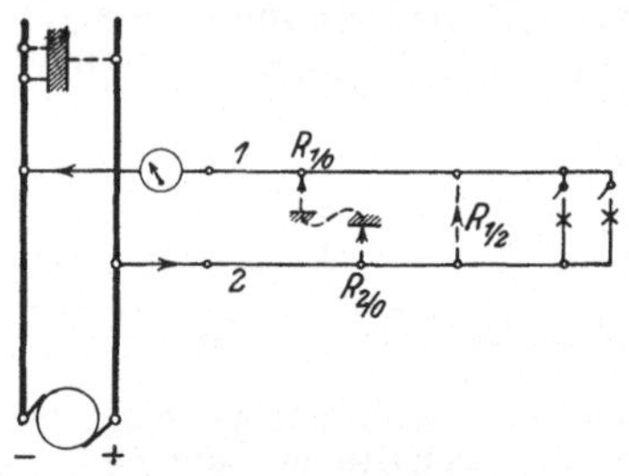

Abb. 61. Isolationsmessung mit
Netzspannung bei ausgeschalteten Lampen.

nun für jede Anlage im Interesse der
Sicherheit, vor allem gegen Brand, einen
angemessenen Isolationswiderstand, und
zwar soll nach § 5 Nr. 4 der Stromverlust auf jeder Teilstrecke bei der
Betriebsspannung die Stärke von 1 Milliampere nicht überschreiten. Der Isolationswert einer solchen Strecke muß
also z. B. bei 110 Volt Netzspannung
mindestens 110000 $\Omega$ betragen. Da
bei der Nachprüfung fertiger Anlagen
die Abtrennung aller Verbrauchskörper,
besonders der Glühlampen, von den
Leitungen in der Regel nur mit großer Mühe und großem Aufwand möglich ist, so gilt obige Vorschrift des V. D. E. für den zuerst
erwähnten Fall (Abb. 59), daß sämtliche Leitungen einer Teilstrecke in Parallelschaltung gegen Erde geprüft werden. Dabei
wird allerdings, wie erwähnt, der Isolationswiderstand der Leitungen
gegeneinander nicht gemessen, da er durch die Verbrauchskörper
kurzgeschlossen ist. Bei Mehrfachleitungen, wie Kabeln, Panzerleitungen
oder Rohrdraht, ist es immerhin möglich, daß eine Leckstelle nur
zwischen den Leitungen, nicht aber gegen Erde auftritt; bei der jetzt
weitaus häufigsten Verlegungsart von isolierten Einzelleitungen in
Rohren oder auf Rollen wird fast immer jeder solche Fehler auch

gleichzeitig als Fehler gegen Erde auftreten und daher auch bei dem Meßverfahren nach Abb. 59 sich bemerkbar machen.

Ist kein Kurbelinduktor vorhanden, so kann die Messung nach Abb. 62 durch Anschluß an das Netz vorgenommen werden. Ein passender, möglichst empfindlicher Spannungsmesser wird dabei zwischen Netzleitung und die zu prüfende Leitungsstrecke gelegt, die andere Netzleitung wird geerdet, und zwar über einen Sicherheitswiderstand, z. B. eine Glühlampe. Letzterer verhindert, daß durch die Erdung der zweiten Leitung ein Kurzschluß entsteht, falls in der andern Netzleitung ein starker Erdschluß vorhanden ist.

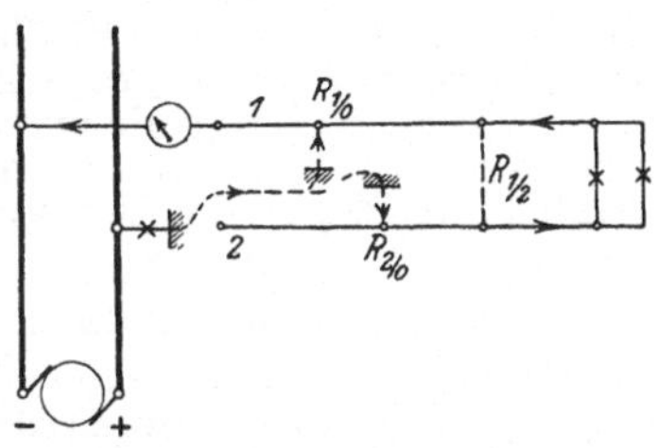

Abb. 62. Isolationsmessung mit Netzspannung bei eingeschalteten Lampen.

Soll nicht der Isolationswiderstand einer Teilstrecke, sondern derjenige des ganzen Netzes während des Betriebes, also ohne irgend welche Unterbrechung, geprüft werden, so legt man einen Spannungsmesser zwischen eine Leitung und Erde (Abb. 63). Er liegt dann mit dem Isolationswiderstand dieser Netzseite gegen Erde, $R_{1/0}$, parallel und in Reihe mit demjenigen der anderen Netzseite, $R_{2/0}$, an der Betriebsspannung $U$. Der durch $R_{2/0}$ fließende Strom ist daher, wenn der Spannungsmesser vom Ohmwert $R_V$ die Spannung $U_1$ zeigt,

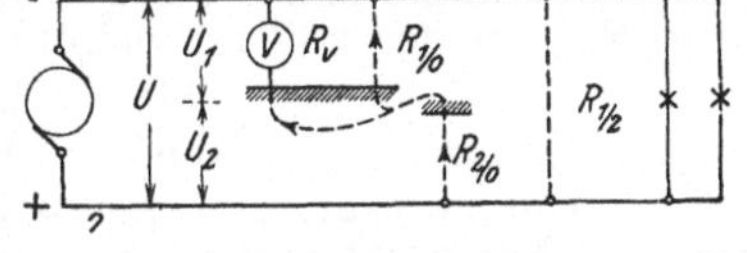

Abb. 63. Isolationsmessung während des Betriebes.

$$J = \frac{U - U_1}{R_{2/0}} = \frac{U_1}{R_{1/0}} + \frac{U_1}{R_V}.$$

Entsprechend folgt, wenn der Spannungsmesser an Leitung 2 angelegt wird und dabei die Spannung $U_2$ zeigt.

$$\frac{U - U_2}{R_{1/0}} = \frac{U_2}{R_{2/0}} + \frac{U_2}{R_V}.$$

Die Isolationswiderstände berechnen sich daraus zu

$$R_{1/0} = R_V \cdot \frac{U - (U_1 + U_2)}{U_2} \quad \text{und} \quad R_{2/0} = R_V \cdot \frac{U - (U_1 + U_2)}{U_1} \quad . (27)$$

Das Verfahren ist nicht anwendbar, wenn der Widerstand des Spannungsmessers gegenüber den Isolationswiderständen groß ist. Man beachte, daß bei dieser Schaltung das Instrument desto größeren Ausschlag zeigt, je kleiner der Isolationswiderstand der anderen Leitung ist.

Zur Erläuterung dieser Ausführungen über den Einfluß der verschiedenen Isolationsfehler und der Spannung der Leitung gegen Erde auf die Größe des Stromverlustes mag folgendes Beispiel dienen.

**Beispiel:** Eine Teilstrecke soll drei Fehlerstellen haben und zwar sei der Isolationswiderstand

der Leitung 1 gegen Erde $R_{1/0}$ . . . . . . $= 165\,000\ \Omega$
der Leitung 2 gegen Erde $R_{2/0}$ . . . . . $= 220\,000\ \Omega$
der Leitung 1 gegen Leitung 2 $R_{1/2}$ . . $= 1\,100\,000\ \Omega$.

Die Spannung sei 110 Volt, die Verbrauchskörper der Teilstrecke seien in den Fällen $a$, $b$ und $c$ abgeschaltet.

a. Ist die Stromquelle und die Meßleitung gegen Erde vollkommen isoliert (Abb. 60), so liegen $R_{1/0}$ und $R_{2/0}$ untereinander in Reihe und beide parallel mit $R_{1/2}$ an der Netzspannung, der gesamte Stromverlust ist daher

$$\frac{110}{385} + \frac{110}{1100} = 0{,}285 + 0{,}10 = \text{rd. } 0{,}39 \text{ mA.}$$

b. Das Netz habe gegen Erde beiderseits gleichen und zwar sehr geringen Isolationswiderstand (Abb. 61). Die Isolationsfehler beider Leitungsstücke gegen Erde liegen dann an der halben Netzspannung, der Fehler $R_{1/2}$ dagegen an der vollen Spannung. Dann ist der Stromverlust

$$\text{der Leitung 1:} \qquad \frac{55}{165} + \frac{110}{1100} = 0{,}43 \text{ mA,}$$

$$\text{der Leitung 2:} \qquad \frac{55}{220} + \frac{110}{1100} = 0{,}35 \text{ mA.}$$

c. Leitung 2 habe vollen Erdschluß, der Fehler $R_{1/0}$ liegt dann parallel mit $R_{1/2}$ an der vollen Spannung. Der Stromverlust ist

$$\frac{110}{165} + \frac{110}{1100} = 0{,}77 \text{ mA.}$$

d. Die Verbrauchskörper der Teilstrecke sind eingeschaltet, dadurch ist $R_{1/2}$ kurzgeschlossen, die Meßschaltung sei diejenige der Abb. 62. Die Isolationsfehler $R_{1/0}$ und $R_{2/0}$ liegen also parallel zueinander an der vollen Spannung von 110 Volt, der Stromverlust berechnet sich zu

$$\frac{110}{165} + \frac{110}{220} = 1{,}17 \text{ mA.}$$

Nach der oben erwähnten Auslegung des § 5 Nr. 4 der Errichtungsvorschriften ist daher der Isolationswiderstand der Teilstrecke als nicht angemessen zu bezeichnen, da der Stromverlust größer als 1 mA ist.

## 13. Leistung und Arbeit des Gleichstromes.

Betrachten wir zunächst wieder die schon mehrfach als Vergleich herangezogene Wasserdruckanlage und zwar mit zwei genau gleich gebauten und betriebenen Pumpen oder Turbinen, die nach Abb. 5 bzw. 6 einmal hintereinander, das andere Mal parallel geschaltet seien. Im ersten Fall ist die gesamte Pressung, im zweiten Fall die gesamte Wassermenge, welche in der Zeiteinheit durch die Leitung fließt, das Doppelte der Pressung bzw. Wassermenge jeder Pumpe oder Turbine. In beiden Fällen ist die Pressung und die sekundliche Wassermenge jeder Pumpe oder jeder Turbine dieselbe geblieben, daher auch die von jedem Einzelteil und von der ganzen Anlage gelieferte bzw. verbrauchte Leistung. Diese berechnet man bekanntlich als Produkt aus der Pressung, d. h. dem Gefälle, und der sekundlichen Wassermenge.

Um dieselbe Betrachtung in einem elektrischen Stromkreis anzustellen, denken wir uns als Verbrauchskörper z. B. 6 kleine Glühlampen für je 2 Volt und 1 Ampere. Soll jede der Lampen bei den verschiedenen Schaltungen, die ähnlich den Abb. 37 bis 40 auszuführen sind, stets mit derselben Lichtstärke, also derselben Spannung und daher auch derselben Stromstärke brennen, so muß die Leitung liefern

a. bei Reihenschaltung: eine Spannung von $6 \cdot 2 = 12$ Volt und einen Strom von 1 Ampere,

b. bei Parallelschaltung: 2 Volt und $6 \cdot 1 = 6$ Ampere,

bei Gruppenschaltung und zwar:

c. bei 3 Lampen in Reihe und 2 solcher Gruppen parallel: $3 \cdot 2 = 6$ Volt und $2 \cdot 1 = 2$ Ampere,

d. bei 2 Lampen in Reihe und 3 solcher Gruppen parallel: $2 \cdot 2 = 4$ Volt und $3 \cdot 1 = 3$ Ampere.

In allen vier Fällen ist das Produkt der Gesamtwerte von Spannung und Stromstärke dasselbe und zwar $= 12$.

Verwenden wir für die Zahl der in Reihe bzw. parallel geschalteten Körper dieselben Bezeichnungen wie auf S. 30, so ist allgemein die gesamte Spannung und Stromstärke

$$\begin{aligned}
\text{bei Reihenschaltung} &\quad\ldots\quad U = z \cdot u, \quad J = i \\
\text{bie Parallelschaltung} &\quad\ldots\quad U = u, \quad J = z \cdot i \\
\text{bei Gruppenschaltung} &\quad\ldots\quad U = m \cdot u, \quad J = n \cdot i.
\end{aligned}$$

Da $z = m \cdot n$ ist, so ist bei allen Schaltungen $U \cdot J = z \cdot u \cdot i$. Das **Produkt aus gesamter Spannung und Stromstärke hat also in allen Fällen denselben Wert.**

Wir haben in dieser gleichbleibenden Größe einen neuen Begriff gefunden, den man elektrische Leistung nennt. Wenn wir von den später in der Wechselstromtheorie zu erläuternden Ausnahmen absehen, können wir also setzen:

$$\text{Leistung} = \text{Spannung} \cdot \text{Strom.}$$

Der Begriff der elektrischen Leistung, die wir mit $N$ bezeichnen, ist demnach ebenso gebildet wie derjenige der mechanischen Leistung, z. B. in unserer Wasserdruckanlage; die Spannung entspricht ja der Pressung, die Stromstärke entspricht der Wassermenge in der Sekunde. Auch die in der Mechanik fester Körper angewendete Beziehung: „Leistung = Kraft $\cdot$ Geschwindigkeit" deckt sich mit den obigen, da ja Pressung $\cdot$ Querschnitt $=$ Kraft und $\dfrac{\text{sekundliche Menge}}{\text{Querschnitt}} =$

$=$ Geschwindigkeit gesetzt werden kann.

Die Gleichung für die elektrische Leistung lautet daher

$$N = U \cdot J \quad \ldots \ldots \ldots \quad (28)$$

(VI. Grundgleichung).

Die Einheit für die elektrische Leistung heißt Watt (Zeichen $W$), und zwar ist unter der oben für Wechselstrom erwähnten Einschränkung: 1 Watt = 1 Volt $\cdot$ 1 Ampere. Viel gebraucht wird die größere Einheit: 1000 Watt = 1 Kilowatt (Zeichen kW).

Setzt man in vorstehender Gleichung nach dem Ohmschen Gesetz $U = J \cdot R$ bzw. $J = \dfrac{U}{R}$ ein, so wird

$$N = J^2 \cdot R \quad \dots \dots \dots \dots \quad (29)$$

und

$$N = \dfrac{U^2}{R} \quad \dots \dots \dots \dots \quad (30)$$

**In einem bestimmten Widerstand wächst also die verbrauchte Leistung mit dem Quadrat des Stromes bzw. der Spannung.**

**Beispiel.** Eine Magnetspule nimmt bei 108 V Netzspannung einen Strom von 6 A auf, darf aber nur mit 72 Watt belastet werden. Was ist zu tun?

Der Widerstand der Spule ist $R = \dfrac{108}{6} = 18\ \Omega$.

Ein Leistungsverbrauch von 72 Watt tritt in der Spule auf, wenn ihr Strom, nach der Gleichung $J^2 = \dfrac{N}{R}$, auf $J = \sqrt{\dfrac{72}{18}} = 2$ A herabgesetzt wird. Daher muß ein „Vorschalt"widerstand mit der Spule in Reihe geschaltet werden, der $\dfrac{108}{2} - 18 = 36\ \Omega$ hat.

Bei 6 A würde der Leistungsverbrauch der Spule $6^2 \cdot 18 = 648$ Watt, d. h. das Neunfache des zulässigen Wertes betragen. (Von der Änderung des Spulenwiderstandes durch die Erwärmung ist hier abgesehen.)

In der Mechanik fester Körper wird in der Regel zunächst der Begriff „Arbeit = Kraft $\cdot$ Weg" und dann der Begriff „Leistung $= \dfrac{\text{Arbeit}}{\text{Zeit}}$" eingeführt; aus letzterem folgt die Beziehung: Arbeit = Leistung $\cdot$ Zeit.

Dementsprechend ist die elektrische Arbeit als Produkt aus Leistung und Zeit bestimmt. Wenn wir für die Arbeit das Zeichen $A$, für die Zeit das Zeichen $t$ verwenden, so ist folglich

$$A = N \cdot t = U \cdot J \cdot t = J^2 \cdot R \cdot t = \dfrac{U^2}{R} \cdot t \quad . \quad (31)$$

(VII. Grundgleichung).

Als Einheiten für die elektrische Arbeit verwendet man die **Wattsekunde** (Zeichen Ws), auch **Joule** genannt, ferner die Wattstunde (Zeichen Wh) oder Kilowattstunde (Zeichen kWh). Wie z. B. das Meterkilogramm die Einheit für das Produkt aus der Länge in Metern und dem Gewicht in Kilogramm ist, so ist die Kilowattstunde die Einheit für das Produkt aus der Leistung in Kilowatt und der Zeit in Stunden. Die häufig zu findende Schreibweise „kW/Stde" sowie „PS/Stde" ist falsch und irreführend.

Da stets die Arbeit und nicht die Leistung bezahlt wird — man denke an den Stücklohn —, so wird auch als Maß für die Berechnung der gelieferten Elektrizität in der Regel die verbrauchte Arbeit (auch kurz „Verbrauch" genannt), die Anzahl der Kilowattstunden, zugrunde gelegt.

**Beispiel:** Eine Glühlampe für $U = 110$ Volt und $J = 0,5$ Ampere brennt $t = 4$ Stunden lang. Die verbrauchte Leistung ist daher $N = U \cdot J = 55$ W, der Arbeitsverbrauch $A = N \cdot t = 55 \cdot 4 = 220$ Wh oder 0,22 kWh. Bei einem „Strom"-Preis von 400 Mk/kWh betragen also die Brennkosten für 4 Stunden $0,22 \cdot 400 = 88$ Mk.

An Stelle des Wortes Leistung kann auch der Ausdruck **Effekt** gebraucht werden; der Begriff **Energie** wird häufig demjenigen der Arbeit gleich geachtet, bedeutet aber eigentlich das Arbeitsvermögen, das zu einem gewissen Zeitpunkt in einem Körper, z. B. einem hochgehobenen Gewicht, in einem Stück Kohle oder in einem galvanischen Element vorhanden ist. Auf Grund seiner Energie kann ein solcher Körper eine Zeit lang eine gewisse Leistung liefern, also Arbeit verrichten.

Wie das Gesetz von der Erhaltung des Stoffes, genauer gesagt der Erhaltung der Masse, als Grundlage der Chemie, so ist das Gesetz **der Erhaltung der Energie** als Grundlage der Physik und damit auch der Technik anzusehen. Arbeitsvermögen kann ebensowenig aus dem Nichts entstehen wie spurlos verschwinden, nur seine Form kann sich wandeln. Verbrennt man ein Stück Kohle, so wird dasjenige Arbeitsvermögen frei, das die Sonne vor Jahrtausenden darein versenkt hat, es wandelt sich chemische Energie wieder in Wärme. Daß durch Bewegung Wärme entsteht, kann jedermann erproben; ein Blick auf eine Dampfmaschine zeigt, daß Wärme sich in Bewegung, in mechanische Energie, verwandeln kann.

Die Wirkungen des elektrischen Stromes (Abschnitt 3) lehren uns, wie elektrische Energie sich in Wärme, wie sie sich in Bewegung umsetzt; nun ist es am Platze, diese Verwandlungen und ihre Umkehrung zahlenmäßig zu verfolgen, also die Beziehungen zwischen elektrischer Energie einerseits und mechanischer sowie Wärmeenergie anderseits zu verfolgen. Die praktischen Anwendungen lassen es jedoch zweckmäßig erscheinen, erstere Beziehung nicht in der Form der Arbeit, sondern als Leistung auszudrücken, da diese bei den elektrischen Maschinen augenfälliger und leichter zu messen ist als die Arbeit.

Für den Leistungsbedarf einer Arbeitsmaschine oder die Leistungsabgabe einer Kraftmaschine ist bekanntlich die Einheit **Pferdestärke** (PS) üblich, wobei $1\ \text{PS} = 75$ mkg/sec ist. In dieser Einheit ist, dem technischen Maßsystem entsprechend, das Kilogramm als Gewicht eingeführt; die elektrischen Einheiten gehören dagegen dem **absoluten Maßsystem** an, in dem das Kilogramm bzw. Gramm als Masse eingeführt sind. Da die Beschleunigung der Schwerkraft an der Erdoberfläche bekanntlich $9,81$ m/sec$^2$ ist, so ist nach dem Gesetz der Mechanik „Kraft = Masse $\cdot$ Beschleunigung":

1 kg im technischen Maßsystem $= 9,81$ kg im absoluten Maßsystem. Daher ist die technische Leistungseinheit 1 mkg/sec $= 9,81$ Watt und

$$1\ \text{PS} = 75 \cdot 9,81 = 736\ \text{W} = 0,736\ \text{kW}$$

Bezeichnen wir die mechanische Leistung, in PS ausgedrückt, mit $N'$, so ist demnach die elektrische Leistung in Watt

$$N = N' \cdot 736 \quad . \quad . \quad . \quad . \quad . \quad . \quad . \quad (32)$$

Unrichtig ist die haufig anzutreffende Schreibweise $N = \mathrm{PS} \cdot 736$, da $N$ das Zeichen für einen Begriff, PS das Zeichen für eine Einheit ist.

Die Elektrotechniker haben vorgeschlagen, auch die Einheit der mechanischen Leistung in das absolute Maßsystem zu bringen und dafür das Kilowatt zu verwenden.

Als Einheit für die Wärmeenergie verwendet man bekanntlich die Grammkalorie, d. i. die bei Temperaturanderung von 1 g Wasser um $1^0$ C aufzuwendende oder gelieferte Wärmemenge, oder den tausendfachen Betrag derselben, die Kilogrammkalorie, auch kurz Wärmeeinheit (WE) genannt.

Um das Verhältnis zwischen den Einheiten der elektrischen und der Wärmeenergie zu bestimmen, taucht man nach dem Vorgang von Joule einen Widerstand in ein mit bestimmter Menge Wasser gefülltes Gefäß (Abb. 64), das gegen Warmeaustausch mit der Umgebung geschützt ist und schickt einen Gleichstrom durch den Widerstand. Mißt man den Strom $J$, die Spannung $U$ an dem eingetauchten Widerstand, die Zeit $t$ des Stromdurchflusses und die Temperaturerhöhung $(\vartheta_2 - \vartheta_1)$, die das Wasser erfahrt, so erhält man sowohl die in dem Widerstand verbrauchte elektrische Arbeit $A = U \cdot J \cdot t$ als auch die in dem Wasser vom Gewicht $G$ erzeugte Wärmemenge $Q = G \cdot (\vartheta_2 - \vartheta_1)$. Man findet, daß bei verlustloser Umsetzung von einer Wattsekunde eine Warmemenge von 0,239 Grammkalorien erzeugt wird. Das Joule-sche Gesetz, welches die Beziehung zwischen elektrischer und Wärme-Energie angibt, wird daher ausgedrückt durch die Gleichung

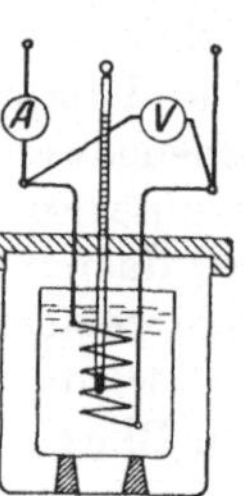

Abb. 64. Joulescher Versuch.

$$Q = 0{,}239 \cdot A = 0{,}239 \cdot J^2 \cdot R \cdot t, \quad . \quad . \quad . \quad (33)$$

wenn $A$ die elektrische Arbeit bedeutet und $t$ in Sekunden, $Q$ in Grammkalorien berechnet wird. Die Zahl $0{,}239 = \dfrac{1}{4{,}18}$ heißt das elektrische Wärmeäquivalent; dieser Wert kann auch aus dem mechanischen Wärmeäquivalent 1 WE = 427 mkg und der Beziehung 1 mkg = 9,81 Ws berechnet werden. Häufig ist es bequemer, mit den größeren Arbeitseinheiten, nämlich Wh und WE zu rechnen; für diese erhalt man

$$1 \text{ Wh} = 0{,}239 \cdot \frac{3600}{1000} = 0{,}86 \text{ WE}. \quad . \quad . \quad . \quad (34)$$

Bei der Umsetzung einer Energieform in die andere, ebenso wie bei der Übertragung von Energie, ist nun in der Regel die nutzbar abgegebene Leistung — kurz „Abgabe" genannt — kleiner als die aufgenommene Leistung — die „Aufnahme" —. Der Unterschied wird in eine nicht nutzbare Form, in der Regel in Wärme, umgesetzt, man bezeichnet ihn daher als Verlust. Nur eine Anwendung des elektrischen

Stromes, nämlich die Raumheizung, macht eine Ausnahme: da ein elektrischer Heizofen nur durch eine dünne Leitung mit dem Netz verbunden ist und keinen Schornstein braucht, so wird die zugeführte elektrische Energie ohne jeden Verlust in nutzbare Wärme umgesetzt.

Um für alle Umsetzungen eine einheitliche Formel verwenden zu können, bezeichnen wir die Aufnahme als „Primärleistung" $N_I$, die Abgabe als „Sekundärleistung" $N_{II}$. Der Verlust ist dann $= N_I - N_{II}$. Das Verhältnis der Abgabe zur Aufnahme in Form von Leistung oder Arbeit nennt man bekanntlich Wirkungsgrad; bezeichnet man diesen mit $\eta$, so ist

$$\eta = \frac{\text{Abgabe}}{\text{Aufnahme}} = \frac{\text{Abgabe}}{\text{Abgabe} + \text{Verlust}} = \frac{N_{II}}{N_I} \text{ bzw. } \frac{A_{II}}{A_I} \quad . \quad (35)$$

Häufig werden die Verluste auf die Abgabe bezogen und in Prozenten oder als Verhältniswert ausgedrückt. Daher ist, wenn wir das Verhältnis $\dfrac{N_I - N_{II}}{N_{II}}$ mit $p$ bezeichnen

$$\eta = \frac{1,00}{1,00 + p}, \text{ oder } p = \frac{1,00}{\eta} - 1,00 \quad . \quad . \quad . \quad (36)$$

Wenn der Verlust bezogen auf die Abgabe, 25 % beträgt, so ist daher der Wirkungsgrad $\eta = \dfrac{1,00}{1,00 + 0,25} = 0,80$.

**Beispiele:** 1. Ein Elektromotor für 110 Volt sei 5 Stunden mit 8 PS und dann 1 Stunde mit 6 PS Leistungsabgabe in Betrieb, der Wirkungsgrad sei bei beiden Belastungen $\eta = 0,82$. Wie groß ist a) die insgesamt gelieferte mechanische Arbeit, b) der gesamte Verbrauch an elektrischer Energie, c) die gesamte Verlustwärme, d) die jeweils aufgenommene Stromstärke?

Zu a: Der Motor liefert insgesamt eine mechanische Arbeit $A' = 8 \cdot 5 + 6 \cdot 1 = 46$ PS-Stunden.

Zu b: Bei der ersten Belastung ist die Abgabe in elektrischen Einheiten $N_{II} = 8 \cdot 0,736 = 5,89$ kW, die Aufnahme $N_I = \dfrac{N_{II}}{\eta} = 7,18$ kW; bei der zweiten Belastung ist die Abgabe $N_{II} = 4,41$ kW, die Aufnahme $N_I = 5,39$ kW. Der gesamte Verbrauch beträgt daher $A = 7,18 \cdot 5 + 5,39 \cdot 1 = 41,3$ kWh.

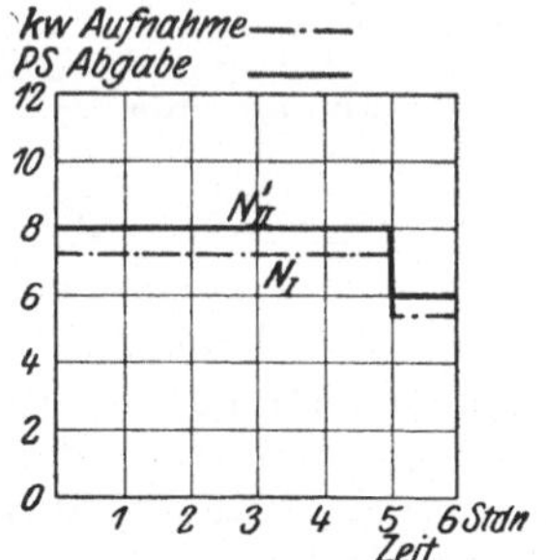


Abb. 65. Abgabe und Aufnahme eines Motors.

Zu c: Der Verlust ist bei der ersten Belastung 1,29 kW, bei der zweiten Belastung 0,98 kW, daher die Verlustarbeit $1,29 \cdot 5 + 0,98 \cdot 1 = 7,43$ kWh und die dadurch in dem Motor erzeugte Wärme $7430 \cdot 0,86 = 6400$ WE.

Zu d: Die Stromaufnahme beträgt bei der ersten Belastung $\dfrac{7180}{110} = 65,3$ A, bei der zweiten Belastung $\dfrac{5390}{110} = 49$ A.

In Abb. 65 ist die Abgabe in PS und die Aufnahme in kW abhängig von der Zeit aufgetragen. Eine solche Darstellung zeigt anschaulich den Verlauf der Belastung und durch die Fläche zwischen der Zeitlinie und den betreffenden Größen den Betrag der geleisteten bzw. verbrauchten Arbeit.

2. Ein unveranderlicher Widerstand von 2 $\Omega$ sei nach Abb. 64 mit einem Strom von 5,0 $A$ eine Zeit von 210 Sekunden eingeschaltet. Wie groß ist bei verlustloser Umsetzung die Erwarmung von 500 g Wasser? Die verbrauchte Arbeit ist $A = J^2 \cdot R \cdot t = 5,0^2 \cdot 2 \cdot 210 = 10\,500$ Ws, die erzeugte Warmemenge daher $Q = 0,239 \cdot 10\,500 = 2510$ gr-cal.

Die Erwarmung $(\vartheta_2 - \vartheta_1)$ ist daher $= \dfrac{Q}{G} = \dfrac{2510}{500} = 5,02^{\circ}$ C.

3. In einer dampfelektrischen Anlage betrage der Verbrauch an Kohle von 7000 WE Heizwert im Durchschnitt 1 kg fur jede erzeugte Kilowattstunde. Wie groß ist der Wirkungsgrad?

$$\eta = \frac{860}{7000} = 0,123.$$

## 14. Magnetismus.

Im Abschnitt 3 hatten wir kurz die Eigenschaften aufgezahlt, die als Kennzeichen eines Magneten gelten und durch Versuche gefunden, daß ein elektrischer Stromleiter ahnliche Wirkungen wie ein Stahlmagnet ausüben kann. Wir wollen nun die magnetischen Erscheinungen naher betrachten.

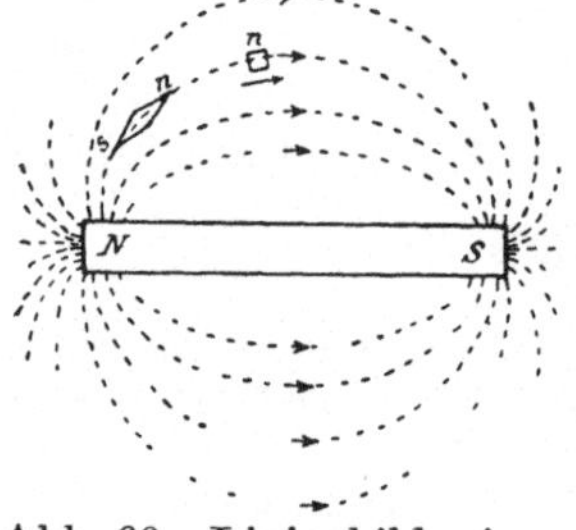

Abb. 66. Linienbild eines Stabmagneten.

Nehmen wir einen Stahlmagneten z. B. von Stabform zur Hand, so konnen wir feststellen, daß an seinen Enden Nagel oder ahnliche kleinere Eisenstücke aus geringer Entfernung angezogen und festgehalten werden. Befestigen wir den Stab so, daß er sich um eine senkrechte Achse drehen kann, so stellt er sich bekanntlich in eine Richtung ein, die nahezu mit der Nordsüdrichtung übereinstimmt. Man nennt daher das nach Norden zeigende Ende den Nordpol, das andere den Südpol des Magneten. Nahern wir diesem drehbaren Magneten einen andern, dessen Pole wir in gleicher Weise festgestellt haben, so beobachten wir, daß die gleichnamigen Pole einander abstoßen, die ungleichnamigen einander anziehen. Die Erde ist demnach, wie auch aus anderen Wirkungen zu schließen ist, selbst ein Magnet, dessen Südpol in der Gegend des geographischen Nordpols liegt.

Die Umgebung des Magneten, in der diese Wirkungen auftreten, nennt man sein Feld; dieses muß sich also unter dem Einfluß des Magneten in einem besonderen Zustand befinden, ähnlich wie die Umgebung eines warmen Körpers unter dem Einfluß der Warmestrahlen oder die Umgebung eines „schweren" Körpers unter dem Einfluß der Masse Bei letzterem spricht man ja auch von einem Schwerefeld.

Legen wir ein Blatt Papier auf einen Stabmagneten und streuen in feiner Verteilung Eisenfeilicht auf, so ordnet sich dieses durch die Anziehung, welche die Pole auf jedes Eisenteilchen ausüben, in bogenförmigen Linien an (Abb. 66). In die Richtung dieser Linien stellt sich auch eine Magnetnadel ein; sie geben uns ein Bild des Feldes, das den Magneten rings umgibt, in einer Schnittebene parallel zu seiner Magnetachse. Die Richtung und die verschiedene Dichte dieser Linien, die Faraday magnetische Kraftlinien genannt hat, geben uns ein Maß für Richtung und Starke des „Feldes" Man bezeichnet die das Feld durchsetzenden Linien als Feldlinien oder Induktionslinien und ihre Gesamtheit als magnetischen Fluß. Dieser Ausdruck ist allerdings insofern irreführend, als wir es, wie später nachgewiesen werden wird, keineswegs mit einer Strömung, einer Bewegung irgend welcher Teile, sondern nur mit einem ruhenden Spannungszustand, also mit einem magnetischen Druck und Zug zu tun haben. Auch sei betont, daß das Eisenfeilicht nur einen Teil der Feldlinien zum Vorschein bringt, wie etwa von der Sonne beschienener Staub oder feuchte Luft einzelne „Sonnenstrahlen" sichtbar macht. Die Richtung der Feldlinien ist an jeder Stelle bestimmt durch die Resultierende der Anziehungs- und

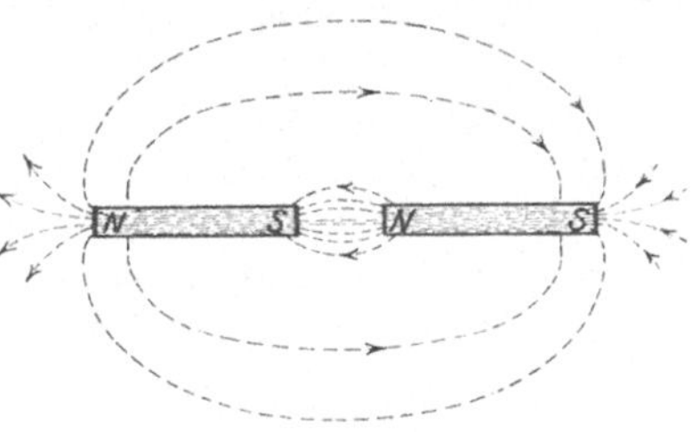

Abb. 67. Linienbild eines durchschnittenen Stabmagneten.

Abstoßungskraft, die von den Polen des Magneten auf einen einzelnen Magnetpol eines sehr langen Magneten oder auf beide Pole einer kleinen Magnetnadel in seinem Felde ausgeübt wird. An den Begrenzungsflächen des Magneten stehen die Linien nahezu senkrecht zu den Flächen. Schneiden wir den Magneten irgendwo quer durch, und entfernen die Teile ein wenig voneinander (Abb. 67), so wird der Luftspalt auch von Feldlinien durchsetzt; diese durchlaufen also das Innere des Magneten von einem Pol zum andern, jede Linie ist in sich geschlossen. Gleichzeitig entnehmen wir dem Bild, daß aus dem einem Magneten jetzt zwei geworden sind.

Bringt man den Nordpol eines sehr langen beweglichen Magneten in das Feld unseres Stabmagneten, so wird er in der Richtung derjenigen Feldlinie, auf welcher er sich gerade befindet, von dem Nordpol abgestoßen und vom Südpol angezogen (vgl. Abb. 66). Diese Bewegungsrichtung

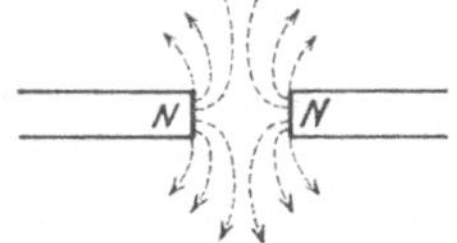

Abb. 68. Linienbild zwischen gleichnamigen Polen.

hat man als Richtungssinn des Feldes angenommen, man betrachtet also den Nordpol eines Magneten, ähnlich wie die positive Klemme einer elektrischen Stromquelle, als Druckstelle, den Südpol wie die negative Klemme als Saugstelle des magnetischen „Flusses"; im Innern des Magneten ist danach die Richtung des magnetischen Druckes vom Südpol zum Nordpol angenommen (vgl. Abb. 67). Mit Hilfe von Eisenfeilichtbildern können wir auch eine anschauliche Vorstellung für die Erscheinung der Abstoßung und Anziehung gewinnen. Erzeugt man ein Bild des Feldes zwischen gleichnamigen Polen (Abb. 68), so erkennt man, daß die beiderseits ausströmenden Linien einander zur Seite drängen wie zwei gegeneinander fließende Wasser-

oder Luftströmungen. Die Wirkung ist hier wie dort ein Auseinander-
treiben der beiden Druckstellen, man kann also den Feldlinien eine
Druckwirkung quer zu ihrer Richtung zuschreiben. Das Feld ungleichnamiger Pole (vgl. Abb. 67) zeigt den Verlauf der Linien im Raum
zwischen den Polen; die Anziehung der Pole wird veranschaulicht durch
die Annahme, daß ein Zug längs der Feldlinien wie in einem ge-
spannten elastischen Körper wirkt. Hier wie überall verteilen sich die
Linien derart, daß der ganze für den Fluß von einem Pol zum andern
verfügbare Raum möglichst zweckmäßig ausgenutzt wird, also möglichst
geringen Widerstand bietet.

Wie gibt man nun die Stärke eines Magnetfeldes, die Dichte der
Feldlinien, zahlenmäßig an? Die von zwei Magnetpolen aufeinander
ausgeübte Kraft muß offenbar von der Stärke derselben und ihrem
gegenseitigen Abstand abhangen. Nach dem Coulomb'schen Gesetz
ist sie dem Produkte der Polstärken direkt und der zweiten Potenz
des Abstandes umgekehrt proportional. Durch
Beziehung auf die Einheit der Kraft und der
Lange hat man die Einheiten für die Pol-
stärke und für die Dichte des Feldes festgelegt; es folgt aus diesen Ableitungen, die
hier nicht wiedergegeben werden sollen, daß
der Einheitspol eine Linienzahl $\Phi = 4 \cdot \pi$ hat.
Die auf einen Quadratzentimeter Flache fallen-
de Linienzahl nennt man Liniendichte oder
Induktion $\mathfrak{B}$. Die Einheit der Liniendichte
heißt Gauß.

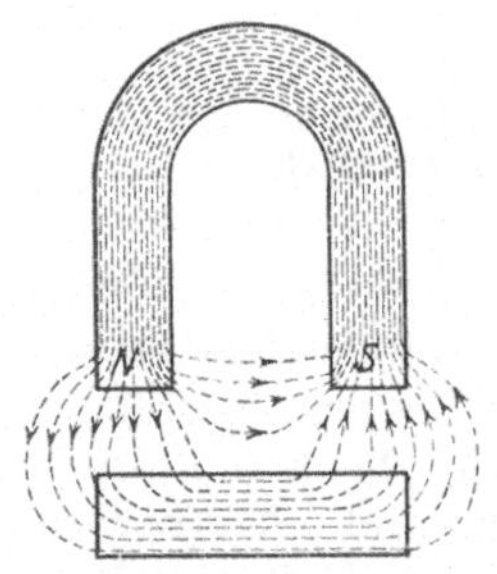

Abb. 69. Linienbild eines
Hufeisenmagneten
mit einem Eisenstück im
Felde.

Bei dem zu Anfang dieses Abschnittes
erwähnten Anhängen von Eisenstücken an
einen Magneten beobachtet man, daß z B
ein angehängter Eisenstift mit seinem freien
Ende einen andern anziehen kann, der aus gleicher Entfernung
von dem Magneten allein nicht angezogen wird. Das Eisen wird
also im Felde des Magneten selbst stark magnetisch. Man findet
weiter, daß Stahl den Magnetismus dauernd beibehalt, also ein
„permanenter" Magnet wird, Schmiedeeisen und Gußeisen dagegen den Magnetismus leicht verlieren. Auch diese Magnetisierung
des Eisens wird durch ein Eisenfeilichtbild anschaulich gemacht.
Abb. 69 zeigt das Linienbild eines Hufeisenmagneten, in dessen Feld
sich ein „ferromagnetischer" Körper befindet. Diese Körper, zu
denen vor allem Eisen, ferner Nickel, Kobalt und einige andere Metalle
und Legierungen gehören, zeigen als Träger des magnetischen Feldes
ein besonderes Verhalten. Wie Abb. 69 zeigt, sammelt das Eisen die
Feldlinien, es bietet ihnen einen geringeren Widerstand als die umgebende Luft. Durch das Einsaugen an der Seite gegenüber dem
Nordpol des Magneten bildet sich in dem Eisenstück hier ein Südpol,
auf der gegenüberliegenden Seite entsteht ein Nordpol; das früher
unmagnetische Eisen zeigt nunmehr selbst das Bild eines Magneten.
Liegt das Eisen genau in der Mitte zwischen Polen gleicher Stärke,

so halten die Zugkräfte, welche jene auf das Eisen ausüben, einander das Gleichgewicht. Wird das Eisen dagegen etwas aus der Mittellage herausgebracht, so wird es ganz nach dem näher liegenden Pol hingezogen.

Die anderen Körper dagegen, die man kurz „unmagnetische" nennen kann, verursachen nur sehr geringe, praktisch zu vernachlässigende Abweichungen des Linienverlaufes im Vergleich zu dem Verlauf im luftleeren Raum.

Die Teilbarkeit der Magnete und das sonstige im folgenden zu erläuternde Verhalten des Eisens hat zu der Vorstellung geführt, daß das Innere jedes Eisens aus unendlich kleinen Magneten besteht, die bunt durcheinander gewürfelt in verschiedenen Richtungen liegen, solange das Eisen nicht magnetisiert ist. Die Magnetisierung bedeutet dann ein Gleichrichten dieser Molekularmagnete, so daß alle Nordpole nach der einen, alle Südpole nach der andern Richtung zeigen. Im Gegensatz zu Stahl bedarf es bei weichem Eisen nur geringer Kraft, z. B. einer leichten Erschütterung, um nach dem Verschwinden der äußeren magnetisierenden Kraft diese Molekularmagnete wieder in ihre ursprüngliche Lage zu bringen.

## 15. Elektromagnetismus.

Bedeckt man einen geraden stromdurchflossenen Leiter mit Eisenfeilicht, so ordnet sich dieses in parallelen Linien quer zu dem Leiter an. Streuen wir das Eisenfeilicht auf eine Ebene, die senkrecht um den Leiter liegt, so bildet es konzentrische Kreise um diesen, der Abstand dieser Kreise voneinander wird desto größer, je größer ihr Radius ist (Abb. 70). Auch hier gibt das Feilicht ein Bild von der Richtung und Dichte der Feldlinien Der Richtungssinn dieser Linien wurde, wie bei den Stahlmagneten, nach der Bewegung eines freien Nordpols festgesetzt. Von den Regeln, welche den Zusammenhang zwischen dem Sinn der Strom- und der Feldrich-

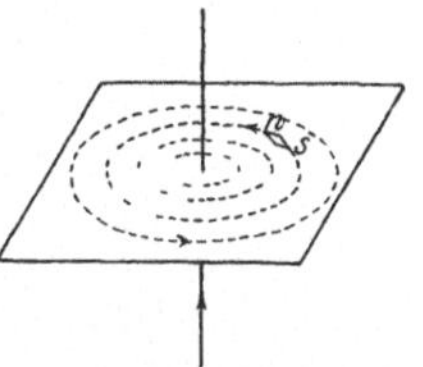

Abb. 70. Feld eines geraden Strom-leiters.

tung ausdrücken, soll hier die „Rechtsgewinderegel" als die der Technik geläufigste verwendet werden. Sie besagt, daß ein vom Beschauer wegfließender Strom von rechtsdrehenden Feldlinien umschlossen ist. Deutet man die Stromrichtung auf den Beschauer zu durch die Spitze eines Pfeils an, die man von vorn als Punkt ($\cdot$) sieht, die umgekehrte Richtung durch die Pfeilfiederung an, die man als Kreuz ($+$) sieht, so gibt z. B. Abb. 73a eine Darstellung der Rechtsgewinderegel. Die Ablenkung der Magnetnadel in Abb. 18, erklärt sich nun leicht; die Nadel stellt sich in die Richtung der Resultierenden aus dem Erdfeld und dem Stromfeld ein.

Bringt man einen von Gleichstrom durchflossenen Leiter in ein Magnetfeld (Abb. 71a), so lagert sich das Stromfeld mit seinen kreisformigen Linien über die parallelen Linien des Magnetfeldes, das wir Grundfeld nennen wollen; die beiden Felder müssen sich vereinigen, da an jeder Stelle nur eine Flußrichtung möglich ist. Bei den in Abb. 71a angenommenen Richtungen werden sich also die Linien rechts von dem Leiter addieren, da sie gleiche Richtung haben, links von demselben werden sie sich subtrahieren; es entsteht ein gemeinsames (resultierendes) Feld von der Form der Abb. 71b. Durch den Zug langs und den Druck quer zu den Linien wird dann offenbar eine Kraft auf den Leiter ausgeübt; sie wirkt bei den gewahlten Richtungen für Feld und Strom horizontal nach links. Der Zusammenhang zwischen den drei zu einander senkrechten Richtungen des Stromes, des Feldes und der Bewegung des Leiters laßt sich durch die Linke-Hand-Regel ausdrücken. Halt man die flache linke Hand mit der inneren Flache derart gegen den Fluß, daß die Finger in Richtung des Stromes zeigen, so gibt der senkrecht zu den

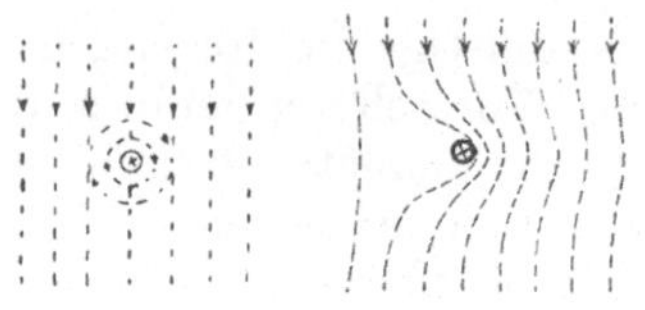

Abb. 71 a.      Abb. 71 b.
Stromleiter
in einem Magnetfeld.

anderen Fingern ausgestreckte Daumen den Sinn des Bewegungsantriebes an, der auf den Stromleiter ausgeübt wird (Abb. 72).

Die Größe der auf den Stromleiter ausgeübten Kraft muß offenbar der Dichte des Feldes $\mathfrak{B}$, dem Strom $J$ und der im Feld liegenden Leiterlange $l$ proportional sein, wie Versuche auch zeigen.

Für die Kraftwirkung zwischen Stromleiter und Magnetfeld, die wir als eine der beiden Hauptwirkungen des magnetischen Feldes noch näher zu betrachten haben werden, kann daher das Gesetz aufgestellt werden·

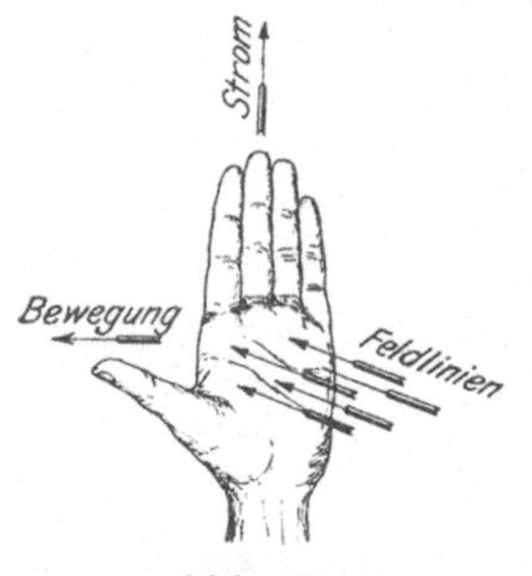


Abb. 72.
Linke-Hand-Regel.

$$\boldsymbol{Kraft\ P = Konstante \cdot \mathfrak{B} \cdot J \cdot l} \quad . . \quad (37)$$
(VIII. Grundgleichung).

In elektrischen Anlagen mit großer Stromstärke kann man beobachten, daß nach starken, wenn auch nur einen Augenblick dauernden Kurzschlüssen die Leiter entgegengesetzter Stromrichtung auseinander, diejenigen gleicher Stromrichtung zueinander gebogen sind. Auch für diese Kraftwirkung des Stromes liefert das Linienbild des Feldes senkrecht zu dem Leiter die Erklarung. Bei entgegengesetzt gerichteten Strömen (Abb. 73 b) drangen sich die Linien im Raume zwischen den Leitern in gleicher Richtung durch; der Querdruck zu den Linien verursacht eine Abstoßung zwischen den Leitern. Bei gleicher Stromrichtung (Abb. 74) haben die Feldlinien zwischen den Leitern entgegengesetzten Sinn, das Feld wird hier geschwacht; die Linien größerer Ausdehnung vereinigen sich zu Kurven, die beide Leiter umfassen; der Zug langs dieser Linien verursacht die Anziehung zwischen den Leitern.

Bisher haben wir das Feld gerader Leiter betrachtet. Wir wenden uns nun zu demjenigen von Spulen, d. h. schraubenförmig neben-

und übereinander gewickelten Drahtwindungen. Schickt man Strom durch eine solche Spule (Abb. 75), so liegen Leiter gleicher Stromrichtung am Umfang nebeneinander, wahrend man bei Betrachtung einer in der Achse liegenden Schnittebene auf den beiden Seiten Ströme entgegengesetzer Richtung die Ebene durchdringen sieht. Die Linien der gleichgerichteten Ströme vereinigen sich größtenteils; im Innern der Spule verlaufen sie im wesentlichen parallel zur Achse und schließen sich außen um die Spule  Das Linienbild hat Ähnlichkeit mit dem

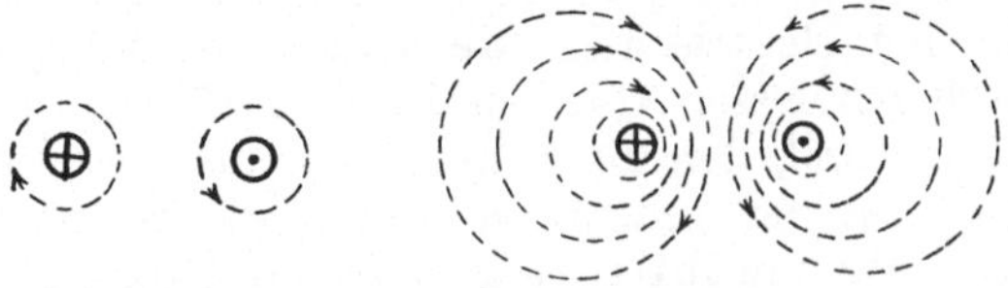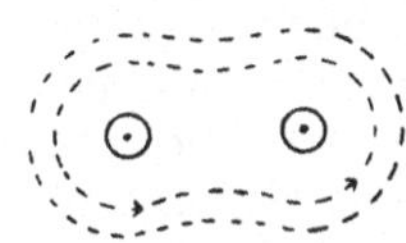

Abb. 73a.  Abb. 73b.
Linienbild bei entgegengesetzter
Stromrichtung.

Abb. 74. Linienbild
bei gleicher Strom-
richtung.

eines Stabmagneten; die Pole liegen an den Achsenenden der Spule, wie man bei Anwendung von Gleichstrom mit einer Magnetnadel nachweisen kann. An welchem Ende der Nord- bzw. der Südpol liegt, hängt von dem Richtungssinn des Stromes und dem Wicklungssinn der Spule ab und ist durch die Rechtsgewinderegel festzustellen.

Man spricht bei einem Elektromagneten nicht von seiner Polstarke, sondern von seiner **magnetomotorischen Kraft** (abgekürzt (MMK), die wir uns als den Druck vorstellen, der den magnetischen Spannungszustand im Felde verursacht. Wodurch ist nun diese MMK eines Elektromagneten bestimmt? Es ist klar, daß sie zunächst dem Strom proportional ist; da aber eine Windung dicken Drahtes bei z. B. 10 A Stromstarke offenbar die gleiche Wirkung hat wie 10 dicht aneinander liegende Windungen dünnen Drahtes, die in gleichem Sinn einen Strom von 1 A führen, so muß die MMK dem Produkt aus dem Strom $J$ und der Windungszahl $w$, d. h. der Anzahl

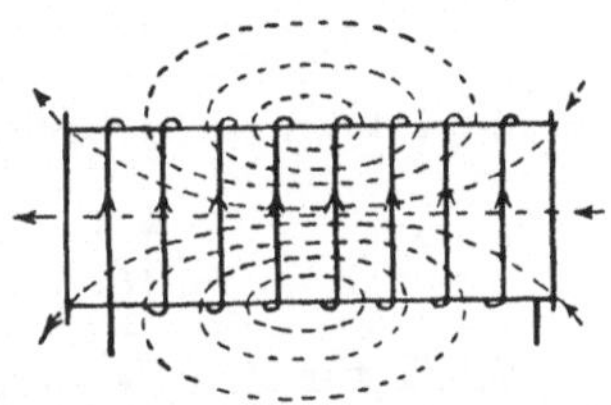

Abb. 75.  Linienbild einer
Spule.

der **Stromwindungen**, die man auch **Durchflutung** $D$ nennt, proportional sein. Die Einheit der Durchflutung ist die **Amperewindung** (Zeichen $A W$). Da der Einheitspol, wie erwähnt, eine Linienzahl von $4\,\pi$ hat und das Ampere der zehnte Teil der absoluten Einheit der Stromstärke ist, so folgt

$$\text{MMK} = \frac{4\,\pi}{10} \cdot J \cdot w = \frac{4\,\pi \cdot D}{10} \qquad \qquad . \qquad . \ (38)$$

Wie schon der Name sagt, betrachtet man die MMK als Ursache des magnetischen Flusses. Die Wirkung der MMK, der Fluß oder die Feldlinienzahl $\Phi$, ist nun ähnlich wie der elektrische Strom abhängig einerseits von der „motorischen" Kraft, anderseits von dem Widerstand $\mathfrak{R}$, der sich dem Fluß auf seiner geschlossenen Bahn bietet, Man kann daher nach Art des Ohmschen Gesetzes für den magnetischen Kreis die Gleichung aufstellen:

$$\mathbf{MMK} = \frac{4\,\pi}{10} \cdot \boldsymbol{J} \cdot \boldsymbol{w} = \boldsymbol{\Phi} \cdot \mathfrak{R} \quad \ldots \quad \ldots \quad (39)$$

(IX. Grundgleichung).

Für den magnetischen Widerstand $\mathfrak{R}$ gelten die entsprechenden Bestimmungsgrößen wie für den elektrischen. Je größer die Länge $\mathfrak{L}$ des Linienweges und je geringer dessen Querschnittsfläche $\mathfrak{F}$ ist, desto größer ist offenbar der Widerstand, den die Feldlinien finden. Schließlich ist letzterer abhängig von der magnetischen Leitfähigkeit des Feldträgers. Diese wird Permeabilität genannt und mit $\mu$ bezeichnet. Für Luft ist $\mu = 1$, ungefähr denselben Wert hat die Permeabilität für alle unmagnetischen Stoffe, während sie für die ferromagnetischen Körper sehr viel größer ist. Der magnetische Widerstand ist demnach bestimmt durch die Gleichung

$$\mathfrak{R} = \frac{\mathfrak{L}}{\mu \cdot \mathfrak{F}} \quad \ldots \quad \ldots \quad \ldots \quad (40)$$

und zwar ist $\mathfrak{L}$ in Zentimetern und $\mathfrak{F}$ in Quadratzentimetern einzusetzen. Für sehr lange gerade Spulen ist $\mathfrak{L}$ gleich der Achsenlänge; bei ringförmigen Spulen und sonstigen Formen magnetischer Kreise ist $\mathfrak{L}$ die gesamte Länge des mittleren Linienweges. Der Fluß $\Phi$ steht schließlich zu der Feldliniendichte $\mathfrak{B}$ in der Beziehung

$$\Phi = \mathfrak{B} \cdot \mathfrak{F} \quad \ldots \quad \ldots \quad \ldots \quad (41)$$

Vereinigt man diese Gleichungen, so ist

$$\frac{4\,\pi}{10} \cdot J \cdot w = \frac{\Phi \cdot \mathfrak{L}}{\mu \cdot \mathfrak{F}} = \frac{\mathfrak{B}}{\mu} \cdot \mathfrak{L} \quad \ldots \quad \ldots \quad (42)$$

Die MMK für den Zentimeter Länge des Linienweges, also das magnetische Spannungsgefälle, nennt man Feldstärke $\mathfrak{H}$; es ist also mit $\dfrac{4\,\pi}{10} = 1{,}25$ :

$$\mathfrak{H} = 1{,}25 \cdot \frac{J \cdot w}{\mathfrak{L}} = \frac{\mathfrak{B}}{\mu} \quad \ldots \quad \ldots \quad \ldots \quad (43)$$

Da für Luft $\mu = 1$ ist, so ist die Feldstärke in Luft zahlenmäßig, jedoch nicht dem Begriffe nach, gleich der Liniendichte.

Eine bedeutende Rolle spielt gerade bei Elektromagneten das Eisen als Feldträger. Wie früher (Abb. 69) gezeigt, sammelt es die Feldlinien; aus den vorstehenden Gleichungen erkennt man ferner, daß bei Anwendung von Eisen als Feldträger der magnetische Widerstand des Feldes infolge der hohen Permeabilität verringert, die Linienzahl vergrößert wird. Die Liniendichte im Eisen sowie an den Ein- und Austrittsflächen des Flusses wächst daher aus beiden Gründen, wenn Eisen im Felde liegt. Wie sich durch einen einfachen Versuch leicht nachweisen läßt, wird die magnetische Zugkraft einer Spule durch Anwendung eines Eisenkerns erheblich gesteigert, zumal sie mit der zweiten Potenz der Liniendichte wächst. Versieht man einen Elektromagneten, etwa nach Abb. 76, mit einem vollständigen Eisenschluß, so ist letzterer in magnetischer Hinsicht der Luft oder den sonstigen in der Umgebung befindlichen Körpern parallel geschaltet; die Linien werden sich auf diese beiden Arten von Feldträgern im Verhältnis der Permeabilitäten verteilen; daher werden sich nur wenige Linien durch die Luft schließen. Man nennt diejenigen Feldlinien, die sich auf anderen als den nutzbaren Wegen schließen, die Streulinien des Magneten. Unter dem Streuungskoeffizienten verstehen manche das Verhältnis der Streulinienzahl zu der nutzbaren Linienzahl, andere das Verhältnis der Streulinienzahl zu der gesamten Linienzahl.

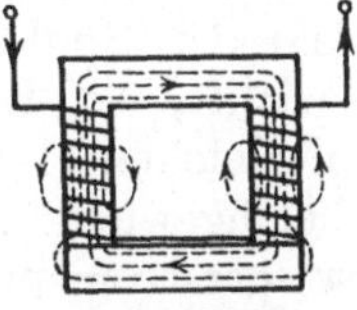

Abb. 76. Elektromagnet mit Eisenschluß.

Steigert man bei einem Elektromagneten mit Eisenschluß von verhältnismäßig geringem Querschnitt die Erregung, d. h. die Stromwindungszahl, immer mehr, so kann man beobachten, daß die Tragkraft desselben nicht in gleichbleibendem Maße mit der Erregung zunimmt. Wenn die doppelte Erregung die vierfache Zugkraft liefert, so ist letztere bei der dreifachen Erregung kleiner als das Neunfache des Betrages, den die Zugkraft bei dem einfachen Wert der Erregung hat. Bei sehr starker Erregung ist nur noch eine geringe Vergrößerung der Zugkraft zu bemerken; es muß daher die Wirkung der Magnetisierung, nämlich der Fluß oder die Liniendichte, bei der Zunahme der Erregung im Bereich hoher Werte weniger wachsen als bei geringen Erregerstromstärken. Die Permeabilität der ferromagnetischen Körper nimmt also bei starker Erregung ab.

Zur genauen Untersuchung dieses Verhaltens des Eisens dienen Apparate und Instrumente verschiedener Bauart, z. B. die

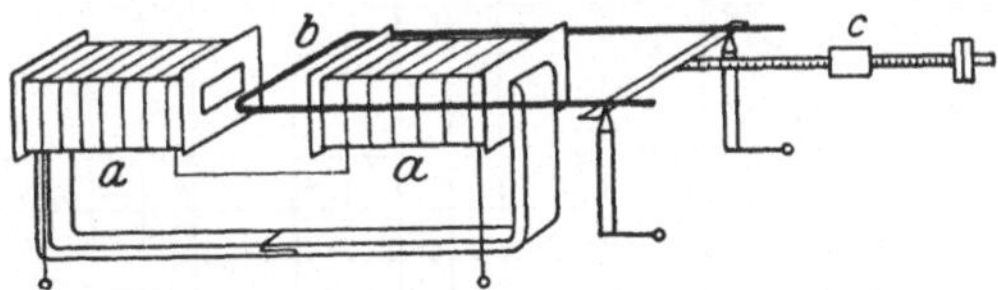

Abb. 77. Elektromagnetische Wage.

jenigen von Köpsel oder Epstein. Hier sei eine Art magnetischer Wage erläutert, die sich zwar nicht für genaue Messungen eignet, jedoch leicht hergestellt werden kann und das magnetische Verhalten der Luft, des Eisens oder sonstiger Körper anschaulich erkennen läßt (vgl. Ztschrft. f. phys. u. chem. Unt. 1909 Heft 3). Abb. 77 zeigt diesen Apparat in vereinfachter Darstellung, wobei der Deutlichkeit halber der Luftspalt zwischen den Spulen größer gezeichnet ist, als er ausgeführt wird. Zwei Spulen $a$ von rechteckigem Querschnitt liegen in gleicher Achsenrichtung mit ungleichnamigen Polen nahe an einander; zwischen ihnen schwingt die Querseite eines ⊏-förmigen Drahtbügels $b$, der in der Höhe der Spulenachse drehbar in stabilem Gleichgewicht gelagert ist. Schickt man Gleichstrom einerseits durch die Spulen, anderseits durch den Bügel, so wirkt bei entsprechender Schaltung eine abwärts gerichtete Kraft auf den Bügel. Diesen kann man durch ein Laufgewicht $c$ im Gleichgewicht halten. Die Große der Kraft ist der Dichte des Feldes im Luftspalt und der Stromstärke im Leiter proportional (s. Gleichung **37** S. 56). Halten wir letztere konstant, so gibt die größte Verschiebung des Laufgewichtes, bei welcher noch Gleichgewicht herrscht, ein Maß für die Dichte des Feldes im Luftspalt. Diese kann durch Widerstande. die in den Spulenstromkreis eingeschaltet werden, stufenweise verandert werden. Stellen wir den Versuch zunachst so an, daß das Feld der Spulen nur in Luft oder anderen unmagnetischen Korpern verlauft, so beobachten wir, daß der Hebelarm des Laufgewichtes im gleichen Maße wie die Erregerstromstärke größer werden muß, um Gleichgewicht herzustellen. Die Liniendichte ist also in Luft dem Erregerstrom proportional; die Permeabilitat ist konstant. Nun führen wir von rechts und links die oberen Schenkel zweier ⊏-formiger Eisenstücke in die Spulen ein, die so bemessen sind, daß sie einen schmalen Luftspalt zwischen den Spulen frei lassen, sich dagegen mit dem unteren Schenkel überlappen. Wir wiederholen nun den Versuch, wobei wir den Strom von Null an stufenweise bis zu einem Höchstwert steigern, ohne ihn zwischendurch zu vermindern und finden beispielsweise. daß zur Herstellung des Gleichgewichts

bei einem Strom von . . 0   0,2   0,4   0,65    1,0   1,55   2,0 A
eine Gewichtsstellung von 0    4    6,5    8,5     10   11,5   12,5 cm

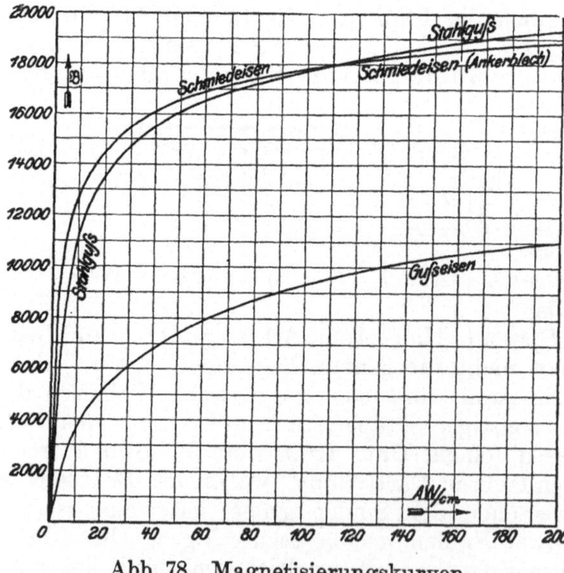


Abb. 78. Magnetisierungskurven.

erforderlich ist. Der Hebelarm wächst also jetzt nicht mehr proportional mit dem Erregerstrom, sondern seine Zunahme wird desto kleiner, je größer die Erregung wird. Dasselbe gilt nach obigen Ausführungen für das Verhaltnis der Liniendichte und der sie erzeugenden Durchflutung oder Feldstärke; die Permeabilitat des Eisens nimmt also mit höheren Werten der Erregung immer mehr ab. Diese Erscheinung nennt man die Sattigung des Eisens und stellt sie, da ein mathematischer Zusammenhang zwischen der Liniendichte und der

Erregung sich nicht allgemein aufstellen läßt, durch die Magnetisierungskurve dar, die man durch Auftragen der Liniendichte $\mathfrak{B}$ in Abhangigkeit von der Feldstarke (oder von der Durchflutung für den Zentimeter Eisenlange) erhalt. Der Verlauf der Magnetisierungskurve zeigt für jede Eisenart verschiedene Werte (Abb. 78).

Gehen wir nun mit der Stromstarke von dem Hochstwert stufenweise zurück, so finden wir bei Luft genau dieselben, bei Weicheisen und besonders bei Stahl aber hohere Werte für den Hebelarm, also für die Liniendichte, als bei steigender Erregung derselben Starke. Schalten wir den Erregerstrom ganz aus, so ist trotzdem noch ein Antrieb auf den stromdurchflossenen Bügel vorhanden: es muß also Magnetismus im Eisen zurückgeblieben sein. Man bezeichnet diesen Magnetismus, der nach Aufhoren der magnetisierenden Kraft noch vorhanden ist, als Remanenz. Wollen wir den Antrieb ganz aufheben, so müssen wir die Richtung des Erregerstromes umkehren und diesen dann wieder steigern, und zwar bei Weicheisen auf einen geringen, bei Stahl auf einen erheblichen Wert. Daraus schließen wir, daß Weicheisen den remanenten Magnetismus leicht verliert, Stahl dagegen ihn mit großer Kraft zurückhalt. Schalten wir nun auch den Strom in dem Bugel um, steigern den Erregerstrom weiter bis auf den Hochstwert, verringern ihn dann wieder bis auf Null, schalten den Erregerstrom wieder um usw, so erhalten wir Beobachtungswerte, deren Aufzeichnung eine geschlossene Kurve liefert. Der Unterschied in den Werten der Liniendichte für irgend einen Betrag der Erregung, also der senkrechte Abstand je zweier Punkte der Kurve, die zu derselben Erregung gehoren, gibt die Große des

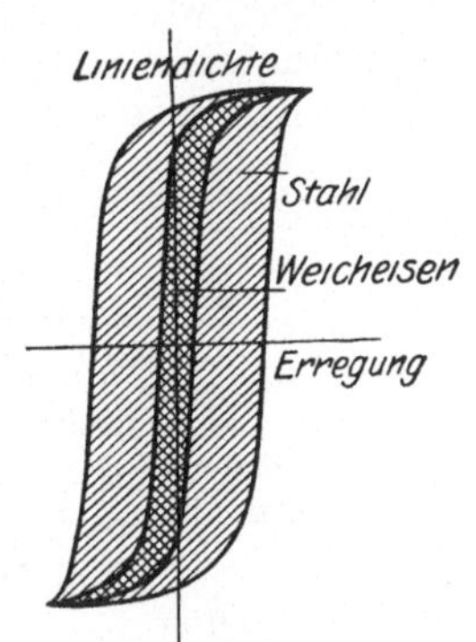



Abb. 79.
Hysteresis-Kurven.

jeweils zurückgebliebenen Magnetismus, die sogenannte Hysteresis, an. Abb. 79 zeigt die Hysteresisschleife für Weicheisen und für Stahl. Die beschriebene Erscheinung wird unserer Anschauung naher gebracht, wenn wir an die Vorstellung der Molekularmagnete (S 55) denken und annehmen, daß sie bei ihrer unter dem Einfluß der Magnetisierung erfolgenden Drehung einer Reibung unterworfen sind. Diese verhindert, daß die kleinen Magnete ohne weiteres genau in die Ruhelage zurückkehren, welche sie im unmagnetischen Zustand unter dem Einfluß irgend einer im Eisen wirkenden Gegenkraft einnehmen.

## 16. Berechnung von Widerständen und Spulen.

Im Abschnitt 13 hatten wir die Umsetzung der in einem Stromleiter verbrauchten elektrischen Arbeit in Warme besprochen. Wir wollen nun untersuchen, wohin diese Warme kommt.

Dauert die „Belastung", wie man den Stromdurchfluß auch nennt, nur verhältnismaßig kurze Zeit, so wird die Warme im wesentlichen durch den Stromleiter selbst, allenfalls durch solche Korper, die mit ihm in inniger Berührung stehen und große Wärmeaufnahmefähigkeit haben, z. B. Wasser, Öl oder die keramische Masse, auf welcher die Widerstandsdrähte häufig liegen, aufgenommen. Die erzeugte Warme erhöht die Temperatur des Stromleiters und der genannten Körper, ohne daß während der kurzen Dauer der Einschaltung eine erhebliche Wärmeabfuhr nach außen stattfindet. Die Temperatur steigt daher porportional mit der Zeitdauer der Belastung; die graphische Darstellung liefert eine gerade Linie. Dauert dagegen die Belastung längere Zeit, so wird eine merkliche, mit der Temperatur des Widerstandes wachsende Wärmemenge nach außen, in der Regel unmittelbar oder mittelbar an die umgebende Luft, abgeführt. Die Differenz zwischen erzeugter und abgeführter Warme wird dann immer kleiner; die Übertemperatur (Erwärmung) des Stromleiters erreicht schließlich einen konstanten Wert, sobald in jeder Sekunde ebenso viel Warme abgegeben wie zugeführt wird. Trägt man für den Fall längerer Belastung den zeitlichen Verlauf der Erwärmung graphisch auf, so erhält man eine Kurve, deren Steigung immer mehr abnimmt.

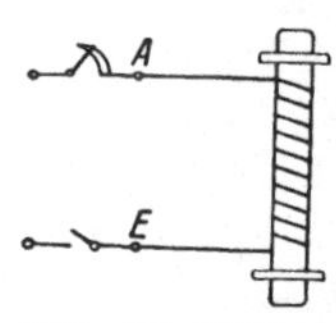


Abb. 80. Widerstandselement.

Den Unterschied zwischen diesen beiden Arten der Belastung und der Warmeabfuhr kann ein einfacher Versuch zeigen. Wir nehmen einen Widerstandsdraht, wickeln ihn mit dicht aufliegenden Windungen auf einen Körper aus Porzellan oder dergleichen (Abb. 80), lassen Anfang und Ende des Drahtes mehrere Zentimeter frei abstehen und verbinden dieses Widerstandselement mit einer Stromquelle. Schalten wir auf kurze Zeit, etwa 1 Sekunde, einen Strom von passender Stärke ein, so werden die nur von Luft umgebenen Drahtenden weniger abgekühlt als der auf den Isolierkörper aufgewickelte Teil des Drahtes, da der kalte Isolierkorper die im Draht erzeugte Wärme rascher aufnimmt als die Luft. Daher glühen bei einer gewissen Stromstärke zwar die freien Drahtenden, nicht aber der aufgewickelte Draht. Wird dagegen ein geringerer Strom lange Zeit eingeschaltet, so wird bei einer entsprechenden Stromstärke der aufgewickelte Teil zum Glühen kommen, die freien Drahtenden dagegen nicht, da diese eine größere kühlende Oberfläche haben als der aufgewickelte Draht.

In beiden Fällen ist die zulässige Belastung, die man Belastbarkeit nennt, begrenzt durch diejenige Temperatur, welche dem Stromleiter ohne Schaden zugemutet werden darf. Unter der Voraussetzung, daß die Raumtemperatur einen Wert von 35° C nicht überschreitet, hat man die zulässige Übertemperatur, z. B. für Drähte mit imprägnierter Baumwollisolierung eine solche von 50 bzw. 60°, festgesetzt. Für Widerstände wird je nach der Art der Kühlung eine Übertemperatur bis 200° am Widerstandskörper zugelassen. (Vgl. Regeln des V. D. E.)

In dem Fall kurzzeitiger Belastung, wo lediglich Körper von gegebener Masse die erzeugte Wärme aufnehmen, ist, wie die Physik lehrt, die Erwärmung $\vartheta$ von der Wärmemenge $Q$, dem Gewicht $G$

des Körpers und einem ihm eigentümlichen Festwert $c$ abhängig, den man spezifische Wärme nennt. Handelt es sich um einen einzigen Körper, z. B. die Gußelemente eines Anlaßwiderstandes für kurzzeitige Einschaltung, so ist die Wärmemenge in Kilogrammkalorien:

$$Q = \frac{0{,}239}{1000} \cdot J^2 \cdot R \cdot t = c \cdot G \quad \ldots \ldots \quad (44)$$

Wird die Wärme noch durch einen zweiten Körper aufgenommen, so ist

$$Q = c_a \cdot G_a \cdot \vartheta_a + c_b \cdot G_b \cdot \vartheta_b \quad \ldots \ldots \quad (45)$$

zu setzen. Daraus kann man für verschiedene Einschaltzeiten in Sekunden $t$ die jeweils zulässige Stromstärke $J$ berechnen.

Im Falle der Dauerbelastung rechnet man, da nach dem Erreichen der Endtemperatur in jeder Sekunde die gleiche Wärmemenge abgegeben wird, einfacher mit der verbrauchten Leistung; die Übertemperatur $(\vartheta_2 - \vartheta_1)$ des Körpers ist dann von dieser Leistung, der Größe seiner kühlenden Oberfläche $O$ und einem Festwert abhängig, der in erster Linie von dem Zustand der Oberfläche abhängt. Benutzt man als Festwert die Zahl der Wärmeeinheiten, die 1 cm² Oberfläche bei 1° Übertemperatur in der Sekunde abgibt und bezeichnet ihn mit $C$, so erhält man als Beziehung zwischen der sekundlich erzeugten und abgeführten Wärmemenge

$$\frac{Q}{t} = \frac{0{,}239}{1000} \cdot J^2 \cdot R = C \cdot O \cdot (\vartheta_2 - \vartheta_1) \quad \ldots \ldots \quad (46)$$

Die Größe des Festwertes $C$ und der Körperoberfläche, die als kühlend in Betracht zu ziehen ist, muß durch Versuche an den Apparaten und Maschinen festgestellt werden. Für die Praxis ist es zweckmäßiger, den Festwert nicht in Wärmeeinheiten, sondern durch die Leistung je Oberflächeneinheit anzugeben, welche für die jeweils zulässige Übertemperatur aufgenommen werden kann. Demgemäß rechnet man z. B., wenn die Kühlung durch Luft erfolgt, die nicht künstlich bewegt wird, für Spulen bei 50° zulässiger Erwärmung mit einer Belastbarkeit von 0,1 Watt auf den Quadratzentimeter kühlende Spulenfläche, bei Widerständen, die auf porzellanartigen Körpern liegen, mit etwa 1 Watt auf den Quadratzentimeter kühlende Körperfläche, bei Sammelschienen oder ähnlichen Leitern mit etwa 0,03 Watt auf den Quadratzentimeter Oberfläche.

Auf Grund der entwickelten Gleichungen soll noch erörtert werden, welchen Einfluß bei Dauerbelastung der Stoff und die Form des Leiters auf die Belastbarkeit haben. Nach dem Jouleschen Gesetz ist die verbrauchte Leistung der zweiten Potenz des Stromes und dem Widerstand proportional. Wenn die Abkühlungsverhältnisse und die Abmessungen der Leiter die gleichen, die Leitfähigkeiten $k$ aber verschieden sind, so folgt für Dauerbelastung aus der obigen Gleichung und derjenigen für den Widerstand, daß der Quotient $\dfrac{J^2}{k}$ gleichbleibenden Wert haben muß. Daher darf z. B. ein Draht aus Aluminium, dessen Leitfähigkeit etwa 57 % derjenigen des Kupfers ist, in Dauerbelastung nur mit $75\%$ des Stromes belastet werden, der für einen Kupferdraht zulässig ist.

Die Abstufung der für die verschiedenen Leiterquerschnitte gleichen Stoffes zulässigen Belastung ist am einfachsten, wenn man annimmt, daß die Stromdichte $\dfrac{J}{q}$ stets denselben Wert haben kann. Ist diese Voraussetzung in allen Fallen zulässig? Setzt man $R = \dfrac{l}{k \cdot q}$ ein, so folgt aus der Gleichung für **kurzzeitige Belastung**, daß $J^2 \cdot \dfrac{l}{q}$ proportional $G$ sein muß. Da $G$ proportional $l \cdot q$ ist, so folgt: $J$ proportional $q$. Man kann also mit konstanter Stromdichte rechnen, wenn die Wärme nur von dem Stromleiter aufgenommen wird.

Aus der Gleichung für **Dauerbelastung** folgt $\dfrac{J^2 \cdot l}{q}$ proportional $O$, und daraus $\left(\dfrac{J}{q}\right)^2$ proportional $\dfrac{O}{l \cdot q}$ Da das Volumen proportional $l \cdot q$ ist, so folgt, daß bei Dauerbelastung die Annahme konstanter Stromdichte statthaft ist, wenn das Verhaltnis der kühlenden Oberflache zum Volumen des Leiters sich mit seiner Form gar nicht oder nur wenig andert. Das ist z. B. bei flachen Schienen und langen Spulen der Fall.

Für gerade ausgespannte Drahte folgt, da die Oberflache $O$ proportional $l \cdot d$ ist, daß $\dfrac{J^2 \cdot l}{d^2}$ proportional $l \cdot d$, daher $J$ **proportional** $\sqrt{d^3}$ ist.

Werden Drähte verschiedenen Durchmessers nur mit einer einzigen Lage auf eine bestimmte Fläche eng aufgewickelt, wie es bei Widerständen der Fall ist, so bleibt die kühlende Oberflache, sowie die Lange einer Windung nahezu dieselbe; es ist also $\dfrac{J^2 \cdot w}{d^2}$ konstant, daher $J^2$ proportional $\dfrac{d^2}{w}$ Nimmt man die Windungszahl umgekehrt proportional dem Drahtdurchmesser, so wird wieder $J$ **proportional** $\sqrt{d^3}$.

Wird dagegen der Draht, wie bei den meisten **Spulen**, in mehreren Lagen aufgewickelt, so ist für eine Spule bestimmter Große ihre Oberflache sowie die mittlere Lange einer Windung $l'$ konstant, daher $\dfrac{J^2 \cdot w}{q}$ konstant, also $\left(\dfrac{J}{q}\right)^2$ proportional $\dfrac{1}{w \cdot q}$. Wenn man davon absieht, daß die Drahtisolierung je nach der Drahtstarke einen etwas verschiedenen Anteil der Wickelfläche beansprucht, so kann auch hier **konstante Stromdichte** angenommen werden.

Die Untersuchung von Widerstanden, die mit verschiedenen Drahtstarken hergestellt sind, zeigt, daß die nach der Beziehung

$$J \text{ proportional } \sqrt{d^3}$$

berechnete Belastung für dünne Drähte, die als Spiralen oder Rahmen in Luft gewickelt sind, zu groß wird, während für Drähte, die auf oder in porzellanartiger Masse eingebettet sind, bei geringem Durchmesser eine höhere Belastung als die aus obiger Beziehung berechnete zulässig ist.

Während bei den „Widerständen" der Ohmwert und die zu verbrauchende Leistung oder Arbeit gegeben sind, liegt für die Berechnung von Magnetspulen vor allem die zu liefernde MMK, d. h. die Stromwindungszahl $J \cdot w$, vor, oder es wird die zulässige Stromdichte $\dfrac{J}{q}$ vorausgesetzt. Die für die Spulenberechnung nötigen Gleichungen lassen sich aus den von uns entwickelten leicht ableiten. Bezeichnen wir wieder die mittlere Länge einer Windung mit $l'$, so folgen aus

$$U = J \cdot R \quad \text{und} \quad R = \frac{w \cdot l'}{k \cdot q}$$

die Gleichungen
$$q = \frac{w \cdot l'}{k \cdot R} = \frac{J \cdot w \cdot l'}{U \cdot k}, \quad \ldots \ldots \ldots \ldots \quad (47)$$

daraus
$$J \cdot w = \frac{U \cdot k \cdot q}{l'}, \quad \ldots \ldots \ldots \ldots \quad (48)$$

ferner
$$w = \frac{R \cdot k \cdot q}{l'} = \frac{U \cdot k}{\dfrac{J}{q} \cdot l'} \quad \ldots \ldots \ldots \quad (49)$$

Die Windungszahl muß also bei einer bestimmten Spule im geraden, der Drahtquerschnitt im umgekehrten Verhältnis mit der Spannung geändert werden. Ist die Oberfläche der Spule und daraus die zulässige Belastung in Watt bekannt, so folgen, wenn die Produkte $J \cdot w$ als Stromwindungszahl und $w \cdot q$ als gesamter Drahtquerschnitt zusammengefaßt werden, unter Verwendung von:

$$N = U \cdot J = J^2 \cdot R = \frac{U^2}{R}$$

die Gleichungen:
$$w = \frac{(J \cdot w) \cdot U}{N} \quad \ldots \ldots \ldots \ldots \quad (50)$$

$$J \cdot w = \sqrt{\frac{N \cdot k \cdot (w \cdot q)}{l'}} \quad \ldots \ldots \ldots \quad (51)$$

und
$$N = \frac{U^2 \cdot k \cdot q^2}{l' \cdot (w \cdot q)} \quad \ldots \ldots \ldots \ldots \quad (52)$$

schließlich folgt aus (49) die Gleichung
$$\frac{J \cdot w}{N} = \frac{k}{\dfrac{J}{q} \cdot l'} \quad \ldots \ldots \ldots \ldots \quad (53)$$

Der gesamte Leiterquerschnitt $w \cdot q$ ist nun, je nachdem welcher Betrag der Wickelfläche $F$ von der Leiterisolierung und dem zwischen den Windungen freibleibenden Zwischenraum eingenommen wird, ein verschiedener Teil der Wickelfläche. Ist der Ausnutzungsfaktor $a = \dfrac{w \cdot q}{F}$ bekannt, so kann mit Hilfe von Gleichung 51 berechnet werden, welche Stromwindungszahl eine Spule liefern kann, deren Abmessungen bekannt sind. Nimmt man in erster Annaherung $w \cdot q$ als festen Wert an, so ist aus den Gleichungen 52 bzw 48 zu entnehmen, daß sich bei gleicher Form der Spule der Leistungsverbrauch mit der zweiten Potenz, die Stromwindungszahl mit der ersten Potenz des Querschnittes andert. Wenn dagegen die Drahtstarke ebenso wie die Spannung, die Leitfahigkeit und die mittlere Windungslange einen bestimmten Wert hat, so ist die Stromwindungszahl festgelegt; eine Vergroßerung der Windungszahl würde den Strom in gleichem Maße vermindern.

**Beispiele:** 1. Es wird zur Belastung eines Generators oder zur Regelung eines Motors ein Widerstand gebraucht, der eine Dauerbelastung von 40 Ampere bei 110 Volt Spannung aufnehmen kann. Zu seiner Herstellung seien gußeiserne Widerstandselemente vorhanden, deren Ohmwert bei $220^0$ Temperatur je $R' = 0{,}50\ \Omega$ ist. Durch Versuch sei festgestellt, daß bei einem Zusammenbau dieser Widerstande, wie er für obige Leistung in Betracht kommt, und bei $20^0$ Umgebungstemperatur die genannte Temperatur auftritt, wenn jedes Element mit 200 Watt dauernd belastet wird.

Die erforderliche Gesamtzahl der Elemente berechnet sich dann zu $z = \dfrac{110 \cdot 40}{200} = 22$. Der für jedes Element in heißem Zustand zulassige Strom ist

$$\imath = \sqrt{\frac{200}{0{,}50}} = 20\ \text{A}.$$

Fur einen Strom von 40 Ampere müssen daher je zwei Elemente parallel und $\dfrac{22}{2} = 11$ solcher Gruppen in Reihe geschaltet werden. Zur Nachprüfung berechnen wir den Widerstand dieser Schaltung Der Gesamtwiderstand soll $\dfrac{110}{40} = 2{,}75\ \Omega$ sein. Der Widerstand jeder Gruppe ist $\dfrac{0{,}50}{2} = 0{,}25\ \Omega$; 11 Gruppen in Reihe haben dann $11 \cdot 0{,}25 = 2{,}75\ \Omega$, wie verlangt war. Weniger anschaulich, aber rascher kann auch nach S. 30, berechnet werden:

$$n = \sqrt{z \cdot \frac{R'}{R}} = \sqrt{22 \cdot \frac{0{,}50}{2{,}75}} = 2 \ \text{Elemente parallel,}$$

$$\text{und } m = \sqrt{z \cdot \frac{R}{R'}} = \sqrt{22 \cdot \frac{2{,}75}{0{,}50}} = 11 \ \text{Gruppen in Reihe}$$

Soll der Widerstand auch fur kurzzeitige Belastung benutzt werden, so muß man durch Versuche bestimmen, welcher Anteil des gesamten Gewichtes der Elemente für die Warmeaufnahme voll in Frage kommt

Dieser sei zu 0,50 kg für jedes Element gefunden. Ferner muß hier der Ohmwert für die mittlere Temperatur eingesetzt werden. Wenn der Temperaturkoeffizient $\alpha$ der Gußeisenelemente bei 20° Temperatur 0,00125 beträgt, dann ist der Widerstand eines Elementes bei 20°

$$R'_1 = \frac{R'_2}{1 + \alpha \cdot \vartheta} = \frac{0,50}{1 + 0,00125 \cdot 200} = 0,40 \ \Omega.$$

Der Ohmwert eines Elementes ist also bei der mittleren Temperatur von 120° gleich 0,45 $\Omega$, derjenige des ganzen Widerstandes $\frac{0,45 \cdot 11}{2} = 2,47 \ \Omega$.

Für eine Belastungszeit von 30 Sekunden, 200° Übertemperatur und eine spezifische Wärme $c = 0,11$ berechnet sich dann die zulässige Gesamtstromstärke nach S. 63 zu

$$J = \sqrt{\frac{c \cdot G \cdot \vartheta \cdot 1000}{0,239 \cdot R \cdot t}} = \sqrt{\frac{0,11 \cdot 22 \cdot 0,50 \cdot 200 \cdot 1000}{0,239 \cdot 2,47 \cdot 30}} = 117 \ A.$$

2. Für Dauerbelastung einer zylindrischen Spule von 80 mm innerem und 150 mm außerem Durchmesser und 130 mm Höhe des Wickelraumes soll die Windungszahl und der Drahtquerschnitt für verschiedene Spannungen berechnet werden. Von der Höhe der Wickelfläche seien 2 mm für die Einführung des gut zu isolierenden Spulenanfangs abgerechnet, ferner sei angenommen, daß die Drahtlagen nicht ineinander greifen, d. h. daß jeder Draht eine quadratische Fläche einnimmt, die seinem äußeren Durchmesser entspricht. Der Ausnutzungsfaktor ist dann gleich dem Verhältnis des Leiterquerschnittes zu dem Quadrat des äußeren Durchmessers Die Isolierung sei zweifache Baumwollumspinnung von 0,1 mm einfacher Stärke. Mit Rücksicht auf die Beschränkung der Kühlung durch den Spulenkasten sollen für die Belastbarkeit, die zu 0,10 Watt pro Quadratzentimeter angenommen wird, die beiden Stirnflächen und die innere Mantelfläche nur mit der Hälfte, die äußere Mantelfläche voll in Rechnung gezogen werden. Dann berechnet sich:
die Dauerbelastbarkeit $N = 90$ W, die mittlere Windungslänge $l' = 0,36$ m, die Wickelfläche $F = 4500$ mm². Die Leitfähigkeit des Kupferdrahtes bei 65° sei mit $k = 48$ eingesetzt  Nehmen wir den Ausnutzungsfaktor $a = 0,5$ an, so ist die erzielbare Stromwindungszahl nach Gleichung 51:

$$J \cdot w = \sqrt{N \ \frac{k}{l'} \ a \cdot F} = 5200 \ AW$$

Für eine Spulenspannung $U = 110$ V berechnet sich dann nach Gleichung 47

$$q = \frac{J \cdot w \cdot l'}{U \cdot k} = 0,355 \ mm^2,$$

demnach der Durchmesser des blanken Drahtes $d_l = 0,67$ mm.

Berechnet man nun für verschiedene normale Drahtstärken aus der Wickelhöhe, in unserem Fall 128 mm, die Zahl der Windungen in einer Lage und aus der Wickelbreite, in unserem Fall 35 mm, die Zahl der Lagen, die auf die Spule gebracht werden können und daraus die Gesamtwindungszahl $w$, den Widerstand $R$ der warmen Spule, ferner aus der zulässigen Belastung $N$ die zulässige Stromstärke $J = \sqrt{\dfrac{N}{R}}$, die zulässige Spannung $U$, die dabei erzielte Stromwindungszahl $J \cdot w$, die Stromdichte $\dfrac{J}{q}$ und den Ausnutzungsfaktor $a$, so erhält man für Kupferdrähte von dem inneren bzw. außeren Durchmesser 0,4/0,6, 0,5/0,7, 0,7/0,9, 1,0/1.2 mm folgende Werte:

| $d_i$ | $w$ | $R$ | $J$ | $U$ | $J \cdot w$ | $\dfrac{J}{q}$ | $a$ |
|---|---|---|---|---|---|---|---|
| mm | | $\Omega$ | A | V | AW | A/mm² | |
| 0,4 | 12 300 | 735 | 0,35 | 257 | 4 300 | 2,8 | 0,35 |
| 0,5 | 9 150 | 350 | 0,51 | 178 | 4 650 | 2,6 | 0,40 |
| 0,7 | 5 550 | 108 | 0,91 | 107 | 5 000 | 2,35 | 0,47 |
| 1,0 | 3 100 | 29,5 | 1,74 | 51,5 | 5 400 | 2,2 | 0,54 |

Trägt man die berechneten Werte abhängig von der Drahtstärke auf, so erhält man die Kurven der Abb. 81. Wie man aus der Zahlentafel erkennt, ist infolge des für jede Drahtstärke verschiedenen Ausnutzungsfaktors die Windungszahl nicht genau proportional der Spannung, ferner die Stromwindungszahl und die Stromdichte nicht konstant. Tatsächlich werden, besonders bei dünnen Drähten, die Drahtlagen ineinander greifen; der Ausnutzungsfaktor wird daher größer sein. Sein Grenzwert wäre das Verhältnis des blanken zu dem isolierten Leiterquerschnitt. Soll die Spule unter den gegebenen Voraussetzungen z. B. für 220 V Spannung gebraucht werden, so muß ein Teil derselben mit 0,5 und ein anderer Teil mit 0,4 mm Draht gewickelt werden, falls es nicht gelingt, eine genügend größere Windungszahl von 0,5 mm Draht aufzubringen.

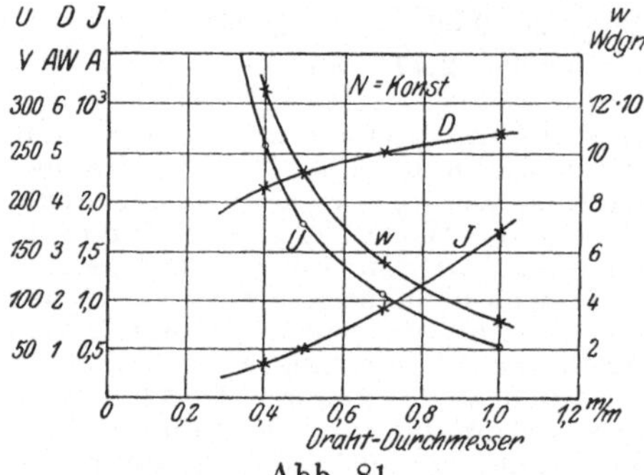


Abb. 81.
Kennlinien der Spulenberechnung.

# Grundgesetze des Wechselstromes.

## 17. Erzeugung von EMK durch Bewegung. Frequenz.

In der Besprechung der Stromwirkungen hatten wir erwähnt (S. 11), daß diese Vorgänge ebenso wie sonstige physikalische Erscheinungen umkehrbar sind. Ferner hatten wir bei Behandlung des Elektromagnetismus gefunden, daß zwischen einem Magnetfeld und einem stromdurchflossenen Leiter, der senkrecht zu jenem steht, quer zu den Richtungen dieser beiden eine Kraft und unter Umständen eine Bewegung des einen oder andern der beiden Teile auftritt (S. 56).

Kehren wir diesen Vorgang um, d. h. bewegen wir einen geschlossenen Leiter quer zu den Linien eines Magnetfeldes, oder bewegen wir einen Magneten quer zu dem Leiter, so daß, wie der Fachausdruck lautet, die Feldlinien geschnitten werden, so muß ein Strom entstehen. Um die Erscheinung näher zu untersuchen, gehen wir einige Versuche durch. Wir verbinden die Enden einer Spule mit einem Galvanometer, am besten einem solchen, dessen Nullpunkt in der Mitte der Skala liegt (Abb. 82). Stoßen wir nun einen Pol eines Stab- oder Hufeisen-

magneten in das Innere der Spule, so zeigt das Galvanometer während
der Bewegung einen Ausschlag, die Richtung desselben ändert sich,
wenn wir die Bewegungsrichtung oder die Pole wechseln. Die Spule
muß also während der Bewegung des Magneten zu einer Stromquelle geworden sein. Da ein solcher Strom wie jeder andere nur
die Folge einer EMK sein kann, so kann man allgemein sagen:
Durch Schneiden von Feldlinien entsteht in einem Leiter
eine EMK. Man bezeichnet sie als „induzierte
EMK" oder induzierte Spannung. Den Vorgang nennt man Induktion. Nach dieser In-
duktionserscheinung, die neben der Kraftwirkung zu den wichtigsten Wirkungen des
magnetischen Feldes gehört, hat man der Liniendichte (vgl. Abschnitt 14), also einer physika-
lischen Größe, denselben Namen wie dem Vorgang, Induktion, gegeben.

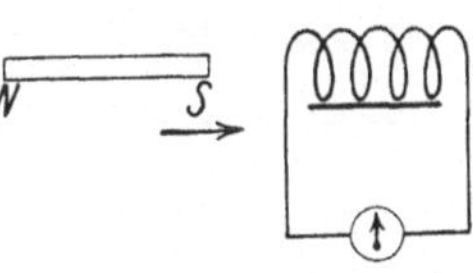

Abb. 82. Induktions-
versuch.

Der Zusammenhang der Erscheinungen wird übersichtlicher, wenn
wir einen kräftigen Hufeisenmagneten mit schmalem Luftspalt zwischen
den Polen, am besten einen Gleichstrommagneten, und einen einfachen
Draht nehmen (Abb 83). Die Enden des Drahtes verbinden wir mit
einem Galvanometer und bewegen ihn quer zu den Feldlinien zwischen
den Polen hindurch. Wie der Versuch zeigt, fließt der dabei induzierte
Strom nach hinten, wenn die Feldlinien von links nach rechts gerichtet
sind und wir den Draht nach oben bewegen. Bei derselben Feld- und
Stromrichtung erhalten wir durch die zwischen Magnetfeld und Stromleiter auftretende Kraftwirkung eine Be-
wegung des Leiters nach unten. Demnach
hat der induzierte Strom, wie nach dem
Gesetz von der Erhaltung der Energie zu
erwarten ist und von Lenz zuerst ausgesprochen wurde, eine solche Richtung,
daß er sich der dem Leiter von außen
erteilten Bewegung entgegenstemmt.
Den Zusammenhang zwischen den Richtungen der Bewegung, des Feldes und des
induzierten Stromes können wir daher wieder
durch eine Handregel ausdrücken, und

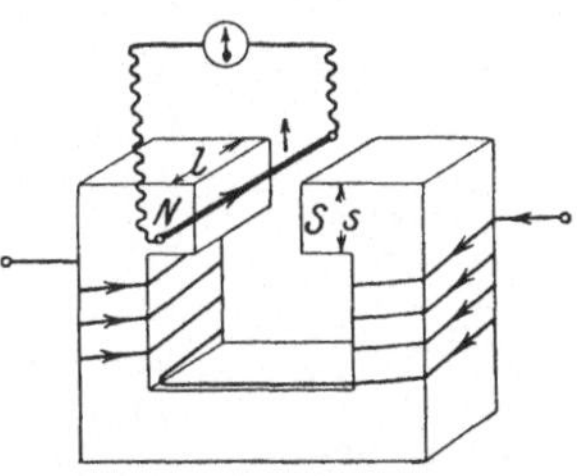

Abb. 83. Schneiden von
Feldlinien.

zwar müssen wir die rechte Hand nehmen, wenn wir die Bewegungsrichtung des Leiters zu Grunde legen. Wird dagegen, wie in unserem
ersten Versuch, der Magnet bewegt, so ist die linke Hand zu verwenden. Hält man die innere Fläche der rechten Hand gegen den
Fluß und den abstehenden Daumen in die Richtung der Bewegung
des Leiters, so zeigen die Spitzen der gestreckten anderen Finger
die Richtung der induzierten Spannung an (vgl. Abb. 72 S. 56).

Da die EMK durch das Schneiden der Feldlinien entsteht, so ist
zu erwarten, daß ihre Größe proportional der Zahl der in der
Zeiteinheit geschnittenen Feldlinien ist. Durch Versuche mit
dem Apparat der Abb. 83 läßt sich zeigen, daß der Ausschlag des

Galvanometers desto größer ist, je stärker das Feld und je größer die Geschwindigkeit der Bewegung quer zu diesem ist. Ferner können wir die induzierte Spannung dadurch erhöhen, daß wir mehrere Drähte hintereinanderschalten, indem wir den Draht in mehreren Windungen durch das Feld und außerhalb desselben wieder zurück führen, also eine Spule bilden, von der nur eine Seite zwischen den Polen liegt. Bezeichnen wir mit $s$ die Breite des Pols in der Bewegungsrichtung, mit $l$ die induzierte Länge eines Drahtes, beide in Zentimetern, und mit $w$ die Zahl der Windungen des geschnittenen Leiters, so ist $\Phi = \mathfrak{B} \cdot s \cdot l$ die Zahl der in Frage kommenden Feldlinien; ferner ist $\dfrac{w}{t}$ ein Maß für die von $w$ Windungen in der Zeiteinheit geschnittenen Linien dieses Feldes, wenn die Bewegung senkrecht zu diesem erfolgt und $t$ die Zeit ist, in welcher der Weg $s$ zurückgelegt wird. Daher ist die induzierte EMK proportional $\Phi\,\dfrac{w}{t}$ oder E proportional $\dfrac{\mathfrak{B} \cdot s \cdot l \cdot w}{t}$.

Die Einheit Volt ist nun so festgelegt worden, daß die Spannung in Volt den hundertmillionsten Teil ($10^8$-ten Teil) der in der Sekunde geschnittenen Linienzahl beträgt.

Mit Einführung der Geschwindigkeit $v = \dfrac{s}{t}$ in cm/Sek. ist dann für senkrechtes Schneiden:

$$E = \Phi\,\frac{w}{t} \cdot 10^{-8} = \mathfrak{B} \cdot l \cdot w \cdot v \cdot 10^{-8} \quad \text{Volt} \ldots (54)$$

Erfolgt die Bewegung zwischen Feldlinien und Leiter unter irgend einem Winkel $\alpha$ gegen die Feldlinien, so ist offenbar die induzierte EMK $= 0$, wenn $\alpha = 0$ ist; sie ist am größten, wenn $\alpha = 90^0$ ist, während bei $\alpha = 30^0$ auf der gleichen Wegstrecke $s$ halb so viel Linien geschnitten werden als bei dem Winkel von $90^0$. Man erkennt aus der Geometrie der Abb. 84, daß die Zahl der geschnittenen Linien, also auch die EMK, dem $\sin \alpha$ proportional ist. Die allgemeine Gleichung lautet daher

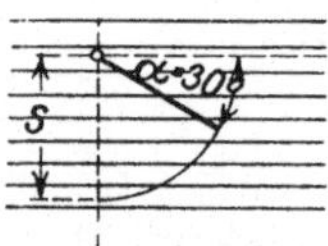

Abb. 84. Schräges Schneiden von Feldlinien.

$$E = \mathfrak{B} \cdot l \cdot w \cdot v \cdot \sin \alpha \cdot 10^{-8}\ \text{Volt.} \ldots (55)$$
$$(X.\ \text{Grundgleichung}).$$

Welches ist der zeitliche Verlauf der induzierten EMK, wenn man die geradlinige Bewegung des Leiters durch eine umlaufende ersetzt? Wir nehmen einen Magneten mit zylindrisch ausgedrehten Polen (Abb. 85) und lagern einen drehbaren Eisenzylinder, Anker genannt, mit geringem Luftspalt in die Mitte zwischen den Polen, um das Feld möglichst stark zu machen. Auf dem Anker ist eine Drahtschleife (Spule) angebracht, deren Seiten $a$ und $b$ genau um eine Polteilung voneinander abstehen. Die Enden der Spule sind durch Schleifringe sowie durch Bürsten, das sind bei unserem Versuchsmodell zwei feststehende Kontaktfedern, die auf den Ringen schleifen, mit dem schon früher gebrauchten Galvanometer verbunden. Drehen wir den Anker langsam, so zeigt das Galvanometer Ausschlag, solange die Drähte sich unter den Polen bewegen. Die auf dem Mantel des Ankers liegenden Drahtstücke der Spule schneiden ja dabei die von den Polen in den Anker tretenden Feldlinien, in ihnen wird EMK induziert. Die Spannungen der Spulenseiten sind, wie man durch Anwendung der Handregel erkennt, hintereinander geschaltet. Würde man dagegen zwei unmittelbar nebeneinander liegende Drähte auf einer Seite verbinden, so hätten ihre Spannungen gleiche Richtung, wären also gegeneinander geschaltet; ihre Summe wäre gleich Null. Nähern sich die Drähte $a$ und $b$ unserer Spule bei dem Umlauf des Ankers der Mitte zwischen den Polen, die man neutrale Zone nennt, so schneiden sie immer weniger Linien; der Galvanometerausschlag nimmt bis auf Null ab. Drehen wir weiter, so kommen die Drähte unter die entgegengesetzten Pole; die Spannung wechselt ihre Richtung, ihre Größe nimmt wieder zu. Es entsteht also eine EMK von wechselnder Richtung und Größe, d. h. Wechselspannung. Ein im Magnetfeld umlaufender Anker der erläuterten Bauart kann demnach als Wechselstromquelle dienen.

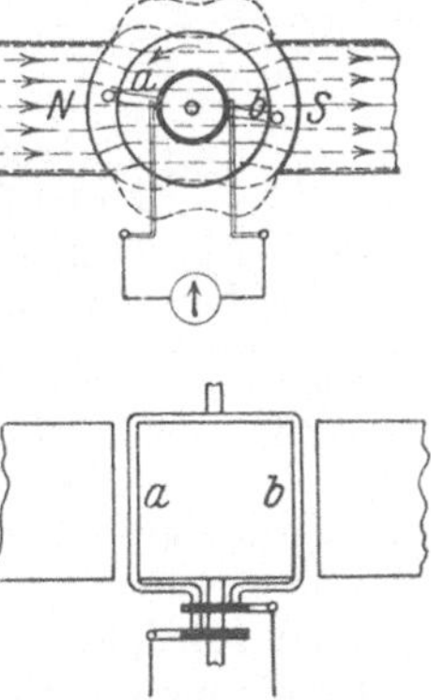

Abb. 85. Induzierung von Wechselstrom.

Der Strom wechselt seine Richtung jedesmal, wenn der Draht durch die Neutrale geht, also bei einer Umdrehung so oft, wie Pole vorhanden sind; bei einer Umdrehung ist also die Zahl der Wechsel gleich der Zahl der Pole. Da nach zwei Wechseln der Verlauf des Stromes sich stets wiederholt, so bezeichnet man die Zeitspanne zweier Wechsel als Periode. Die Zahl der Perioden ist demnach bei einer Umdrehung gleich der Zahl der Polpaare $p$, bei $n$ Umdrehungen also gleich $p \cdot n$. Wenn $n$ die Drehzahl des Ankers in der Minute ist, so ist die Periodenzahl je Sekunde, die man auch Frequenz nennt und mit $f$ oder $\sim$ bezeichnet,

$$f = \frac{p \cdot n}{60} \qquad \ldots \ldots \ldots \quad (56)$$

(XI. Grundgleichung).

**Beispiel:** Soll der Anker eines Generators Wechselstrom von 50 Perioden, der in der Starkstromtechnik üblichsten Frequenz, liefern, so muß er also, wenn der Generator 1   2   3 Polpaare besitzt, mit einer Drehzahl von 3000 1500 1000 in der Minute laufen.

## 18. Der Verlauf des Wechselstromes.

Um den Verlauf des Wechselstromes näher zu untersuchen, denken wir uns (Abb. 86) einen Draht mit gleichbleibender Geschwindigkeit in einem Felde umlaufend, dessen Linien parallel zu einander und in gleicher Dichte liegen, nehmen also ein homogenes Feld an. Es sei senkrecht von oben nach unten gerichtet; der Umlauf des Drahtes erfolge entgegengesetzt dem Uhrzeiger, also in Linksdrehung. Als Ausgangspunkt der Bewegung nehmen wir die rechte Neutrale an und bezeichnen diese Stelle mit $0^0$. Hier wie in der linken Neutralen, die entsprechend mit $180^0$ bezeichnet ist, wird der Leiter keine Linien schneiden; die induzierte EMK ist also in diesen Augenblicken gleich Null, während sie in den Punkten $90^0$ und $270^0$ den höchsten Wert, den Scheitelwert, erreicht. Betrachten wir an verschiedenen

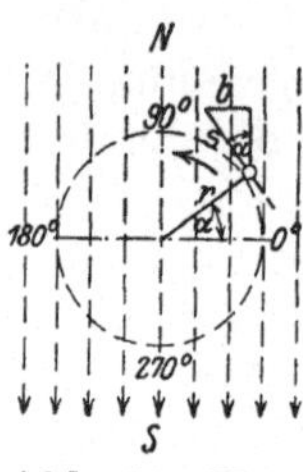

Abb. 86. Umlauf eines Leiters in einem homogenen Feld.

Stellen ein so kleines Stück $s$ des Drahtweges, daß wir es als gerade Linie ansehen können, so ist die senkrecht zu den Feldlinien liegende Projektion dieses Stückes $b = s \cdot \sin \alpha$, wenn wir mit $\alpha$ den Winkel zwischen der Bewegungsrichtung des Drahtes und den Feldlinien bezeichnen. Geben wir der Strecke $s$ stets dieselbe Größe, so ist die Strecke $b$ ein Maß für die an beliebiger Stelle geschnittenen Feldlinien. Daher ändert sich auch die Größe der in irgend einem Augenblick induzierten EMK, d. h. der Augenblickswert der EMK, mit dem $\sin \alpha$. Das gleiche gelte auch von dem Strom, der durch das Galvanometer oder einen an die Schleifringe angeschlossenen Verbrauchskörper fließt (vgl. Abb. 85). Der Wechselstrom verläuft also unter diesen Voraussetzungen nach dem Sinusgesetz; seine Schwingungen haben den gleichen zeitlichen Verlauf wie diejenigen eines reinen Tones.

Bezeichnen wir den Augenblickswert der EMK bzw. des Stromes mit $e$ bzw. $i$, den Scheitelwert mit $\overline{E}$ bzw. $\overline{J}$, so wird der Verlauf des reinen Wechselstromes ausgedrückt durch die Gleichungen

$$e = \overline{E} \cdot \sin \alpha, \quad \text{bzw.} \quad i = \overline{J} \cdot \sin \alpha \quad \ldots \ldots \quad (57)$$

Stellen wir obige Betrachtung bei einem vier- oder mehrpoligen Feld an, so stoßen wir auf eine Schwierigkeit. Bei dem in Abb. 87 dargestellten vierpoligen Magnetkörper liegt zwar die eine neutrale Linie in der Horizontalen, die andere aber im rechten Winkel dazu. Würden wir die Punkte der zweiten neutralen Linie mit $90^0$ und $270^0$ bezeichnen, so würde die obige Gleichung für das Sinusgesetz nicht mehr stimmen, da ja die EMK in der Neutralen den Augenblickswert Null haben muß. Um diesen Widerspruch zu beseitigen, hat man den Begriff der elektrischen Grade ($^0$ el.) eingeführt. Der Abstand von einer Neutralen zur nächsten, also eine Polteilung, wird

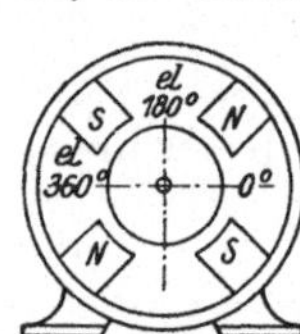

Abb. 87. Vierpoliger Magnetkörper.

stets gleich 180 elektrische Grade gesetzt, einerlei wieviel räumliche Grade er beträgt, wieviel Pole also die Maschine hat. In Abb. 87 ist somit die Neutrale oben mit $180^0$ el., links mit $360^0$ el. oder $0^0$ el., und die Neutrale unten, die genau wie die obere von einem Nordzu einem Südpol führt, wieder mit $180^0$ el. zu bezeichnen.

Zur graphischen Darstellung des Wechselstromes sind zwei Wege üblich. Am anschaulichsten ist die Darstellung durch Kurven in rechtwinkligen Koordinaten (Abb. 88). Wir denken uns den vom

Leiter beschriebenen Kreis abgewickelt und mit der Stelle $0^0$ beginnend horizontal nach rechts ausgelegt, so daß die Abszisse in elektrische Grade oder in Sekundenteile gleichmäßig geteilt ist. Sodann tragen wir die an der betreffenden Stelle in dem Leiter induzierte EMK als senkrechte Strecke dort an. Dabei nimmt man am besten den Maßstab so, daß der Scheitelwert gleich dem Radius $r$ des Kreises ist, da dann die senkrechte Höhe des Leiters über der Nullinie, die ja gleich $r \cdot \sin \alpha$ ist, ohne weiteres als Maß für den Augenblickswert $e$ bzw. $i$ benutzt werden kann. Die Verbindungslinie der Ordinaten-Endpunkte, die Sinuskurve, stellt dann den zeitlichen Verlauf der EMK bzw. des Stromes nach der Gleichung 57 als Kurvendiagramm dar. Statt die Kurve zu konstruieren,

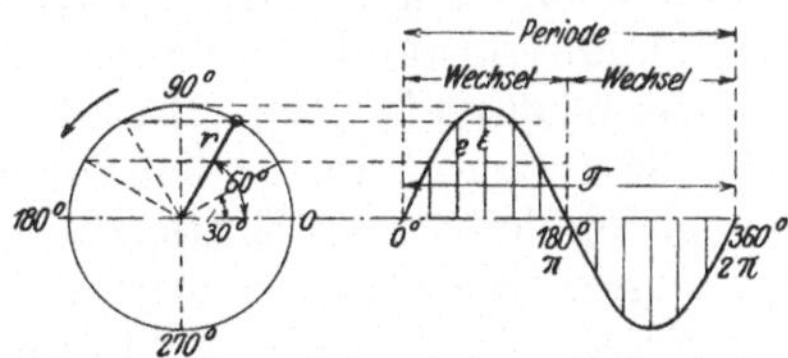

Abb. 88. Kurvendiagramm.

kann man auch einige Punkte aus der Sinusfunktion berechnen, z. B. die Werte $\sin 0 = \sin 180 = 0$, $\sin 90 = 1$, $\sin 30 = 0,5$, $\sin 45 = 0,707$, $\sin 60 = 0,865$.

Die Abszisse kann, statt in Zeit- oder Winkelmaß, auch in Bogenmaß angegeben werden, wobei bekanntlich $360^0 = 2\,\pi$ ist. Bezeichnet man nun die dem Augenblickswert $\alpha$ des Winkels entsprechende Zeit mit $t$, die Zeit für den Verlauf einer Periode mit $T$ in Sekunden, so ist

$T = \dfrac{1}{f}$, da ja $f$ die Zahl der Perioden in der Sekunde ist. Ferner gilt die Proportion $\alpha : 2\pi = t : T$, also ist $\alpha = 2\,\pi \cdot \dfrac{t}{T} = 2\,\pi \cdot f \cdot t$.

Führen wir nun die Winkelgeschwindigkeit $\omega = \dfrac{\alpha}{t}$ ein, so folgt

$$\omega = 2 \cdot \pi \cdot f \quad\ldots\ldots\ldots\ldots\ldots\ldots (58)$$

$\omega$ wird daher auch Kreisfrequenz genannt.

Die Gleichung für den Verlauf der EMK bzw. des Stromes kann dann auch geschrieben werden:

$$e = \overline{E} \cdot \sin 2\,\pi\,f\,t = \overline{E} \sin \omega\,t, \text{ bzw. } i = \overline{J} \sin 2\,\pi\,f\,t = \overline{J} \sin \omega\,t \quad (59)$$

Einfacher ist die Darstellung in Polarkoordinaten, durch Vektoren oder Zeiger, d. h. Strecken von bestimmter Größe und Richtung, wie sie in der Mechanik zur Darstellung von Kräften benutzt werden. Sie ergibt sich aus der Abb. 86. Tragen wir in Abb. 89 eine Strecke mit dem Scheitelwert der EMK $\overline{E}$ unter irgend einem Winkel $\alpha$ gegen die Nullinie an, so ist damit der Augenblickswert $e = \overline{E} \cdot \sin \alpha$ festgelegt. Er ist ja gleich dem senkrechten Abstand des Vektor-Endpunktes von der Horizontalen, oder gleich der Projektion des Vektors auf die Ordinate. Man nimmt dabei Linksdrehung des Vektors an und bezeichnet den rechten Schnittpunkt des Kreises mit der

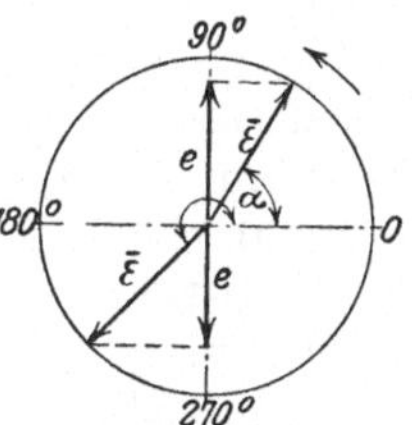

Abb. 89. Vektordiagramm.

Horizontalen als Nullpunkt. Der Augenblickswert ist dann von 0 bis 180° nach oben gerichtet, also positiv, und von 180 bis 360° nach unten gerichtet, also negativ. Bei 90 bzw. 270° ist die Projektion gleich dem Radius, der Augenblickswert gleich dem Scheitelwert.

Die Sinuskurven und das Vektordiagramm sind genau genommen nur dann zu verwenden, wenn die Spannung bzw. der Strom reiner Wechselstrom ist, d. h. tatsächlich den durch das einfache Sinusgesetz bestimmten Verlauf hat. Dieses ist aber zunächst nur bei homogenem Feld und vollständig konstanter Geschwindigkeit der Fall. Bei den praktisch ausgeführten Maschinen verlaufen die Feldlinien, wie es Abb. 85 andeutet, unter den Polen bis nahe an die Polkanten radial und bei gleichbleibendem Luftspalt in gleicher Dichte; nach der Neutralen hin nimmt die Dichte stark ab. Die in einem Leiter induzierte EMK hat daher einen dieser Feldform entsprechenden, von der Sinusform abweichenden Verlauf. Durch besondere Ausgestaltung der Ankerwicklung (vgl Abschnitt 56) trachtet man, an den Klemmen der Wechselstromgeneratoren trotzdem eine möglichst reine Wechselspannung zu erhalten.

## 19. Der Effektivwert.

Wie durch die Versuche des Abschnittes 3 zu erkennen ist, kann mit Wechselstrom dieselbe Wärmewirkung erzielt werden wie mit Gleichstrom, z. B. kann eine Glühlampe ebenso hell brennen, ein Hitzdrahtinstrument denselben Ausschlag zeigen. Liefert nun ein Wechselstrom oder ein Strom, der sich nach irgend einem andern Gesetz periodisch ändert, in solcher Weise die gleiche Leistung, denselben Effekt wie ein konstanter Gleichstrom, so schreibt man jenem Strom den Wert dieses Gleichstromes zu  Dieser sogenannte Effektivwert des Wechselstromes ist offenbar ein Durchschnittswert aus den Augenblickswerten. Ein Wechselstrom hat also z. B den Effektivwert 1 A, wenn eine Glühlampe dabei ebenso hell brennt wie bei 1 A Gleichstromstärke; entsprechendes gilt von der Spannung.

Da die in einem Widerstand verbrauchte Leistung nach dem Jouleschen Gesetz dem Quadrat des Stromes proportional ist, so muß der Effektivwert ein quadratischer Mittelwert sein. In besonderen Fällen, z B. für die Bestimmung der durchschnittlich in einem Felde induzierten EMK oder für die chemische Wirkung eines Wellenstromes (so nennt man einen Strom, dessen Stärke sich periodisch ändert, während die Richtung gleich bleibt), kommt der einfache. arithmetische Mittelwert in Frage. Ein arithmetischer Mittelwert ist z. B. in der Maschinentechnik die mittlere Geschwindigkeit eines Kolbens mit Kurbelgetriebe. Die gebräuchlichen Meßinstrumente werden bei den üblichen Frequenzen von selbst einen Durchschnittswert zeigen, da ihr bewegliches System zu große Trägheit besitzt, als daß es der raschen Änderung des Meßwertes folgen könnte, sie werden in Effektivwerten geeicht. Nur ein Instrument mit sehr geringer Trägheit des Systems, z B. der Oszillograph, kann dem raschen Verlauf des technischen

Wechselstromes folgen. Bei diesem Meßgerät schwingt eine feine Drahtschleife mit einem kleinen Spiegel im Felde eines kraftigen Stahl- oder Gleichstrommagneten; an Stelle eines festen Zeigers wird ein auf den Spiegel geworfener Lichtstrahl verwendet.

Durch einen einfachen Apparat kann mittels Gleichstrom das Wesen des arithmetischen und des quadratischen Mittelwertes erläutert und ihre Größe angenähert bestimmt werden[1]). Wir schalten ein Drehspulinstrument und ein Hitzdrahtinstrument von möglichst gleichem Anzeigebereich untereinander parallel und schicken

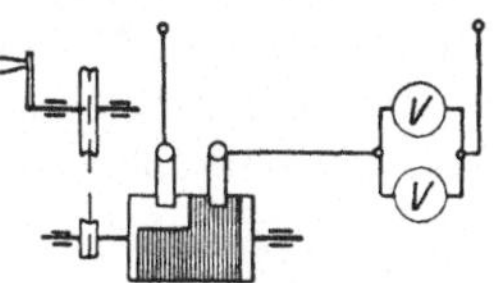

Abb. 90. Demonstration der Mittelwerte.

Gleichstrom passender Stärke durch, den wir über einen rotierenden Unterbrecher führen (Abb 90). Ist dieser so eingerichtet, daß bei jeder Umdrehung die Dauer der Unterbrechung gleich derjenigen des Stromschlusses ist, so wird der zeitliche Verlauf des Stromes in den Instrumenten durch den Linienzug der Abb. 91 dargestellt. Bei langsamem Drehen des Unterbrechers werden die Zeiger dem Strom folgen, bei rascher Drehung sich dagegen auf einen Durchschnittswert einstellen. Betragt der Ausschlag jedes Instruments bei Dauerstrom z B 100 Volt, so zeigt bei rascher Drehung das Drehspulinstrument 50 Volt, das Hitzdrahtinstrument

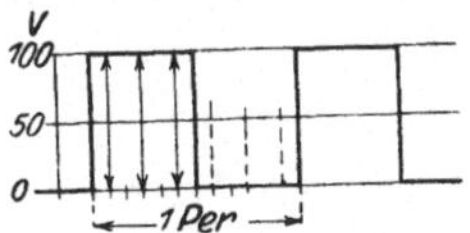

Abb. 91. Unterbrochener Gleichstrom.

dagegen 71 Volt. Der Ausschlag des ersteren ist direkt proportional dem Strom, der durch die Drehspule fließt; teilen **wir** die Periode in 6 gleiche Teile, so berechnet sich der arithmetische Mittelwert der Spannung zu

$$\frac{100 + 100 + 100 + 0 + 0 + 0}{6} = 50 \text{ V}.$$ Der Antrieb auf den Zeiger

des Hitzdrahtinstruments ist dagegen dem Quadrat des Stromes proportional: der **Mittelwert** des Antriebs ist also =

$$\sqrt{\frac{100^2 + 100^2 + 100^2 + 0^2 + 0^2 + 0^2}{6}} = \sqrt{\frac{30\,000}{6}} = 70{,}7 \text{ V}.$$

Verandert man die Dauer des Stromschlusses gegenüber derjenigen der Unterbrechung, also die Kurvenform des Stromes, so verändern sich auch die Ausschläge der Instrumente Laßt man ferner den Strom nicht sofort auf den vollen Wert anwachsen und von diesem abfallen, sondern — durch Einbau passender Widerstände in den Unterbrecher — mehrere Werte der Sinuskurve eines Wechsels

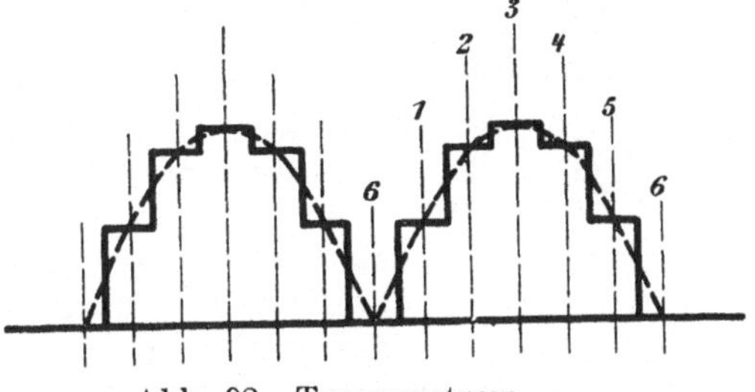

Abb. 92. Treppenstrom.

[1]) Vgl. Zeitschr. f. phys. u. chem. Unterricht 1910. H. 3 u. 4

durchlaufen, wie es z. B. Abb. 92 darstellt, so zeigt das Drehspulinstrument 62 V, das Hitzdrahtinstrument 70,7 V als Durchschnittswert. Diese Angaben kommen den Werten schon sehr nahe, die sich aus der genauen Berechnung ergeben würden; diese betragen für den arithmetischen Mittelwert 63,7 und für den quadratischen 70,7 V.

Der Effektivwert eines sinusförmigen Wechselstromes ist also gleich dem 0,707-fachen des Scheitelwertes, daher

$$E = 0{,}707 \cdot \overline{E}, \quad J = 0{,}707 \cdot \overline{J} \quad\ldots\ldots\ldots (60)$$

Für sinusförmigen Wechselstrom kann der Wert dieses sogenannten Scheitelfaktors auch in einfacher Weise zeichnerisch bestimmt werden (Abb. 93). Trägt man nämlich die Quadrate der Stromwerte, also $i^2$

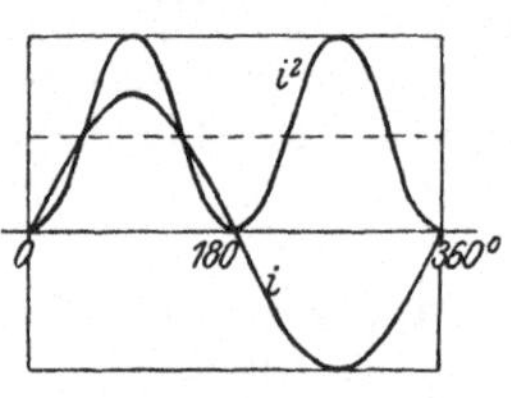

Abb. 93. Kurvendiagramm zur Bestimmung des Effektivwertes.

in einem Kurvendiagramm auf, so erkennt man, daß die dadurch bestimmte $\sin^2$-Kurve, die ja auch für die negativen Augenblickswerte des Stromes positiv ist, in Bezug auf die in halber Höhe ihres Scheitelwertes liegende Horizontale symmetrisch ist. Die halbe Höhe $\dfrac{\overline{J}^2}{2}$ ist also der Mittelwert der $i^2$-Kurve; folglich ist der Wert $\dfrac{\overline{J}}{\sqrt{2}} = 0{,}707 \cdot \overline{J}$ der quadratische Mittelwert der reinen Wechselstromkurve.

Für die meisten Anwendungen und Berechnungen der Wechselstromtechnik kommt der Effektivwert der Spannung bzw. des Stromes in Frage. Der Scheitelwert ist nur in besonderen Fällen maßgebend, z. B. derjenige der Spannung für den Durchschlag eines Isolators.

Dementsprechend verwendet man auch, gewissermaßen unter Änderung des Maßstabes, nicht die Scheitelwerte sondern die **Effektivwerte zur Zeichnung von Vektordiagrammen.**

## 20. Zweiphasenstrom und seine Verkettung.

Auf dem Anker Abb. 94, der wie der Draht in Abb. 86 in einem homogenen Feld umläuft, seien zwei gleich lange Drähte unter einem

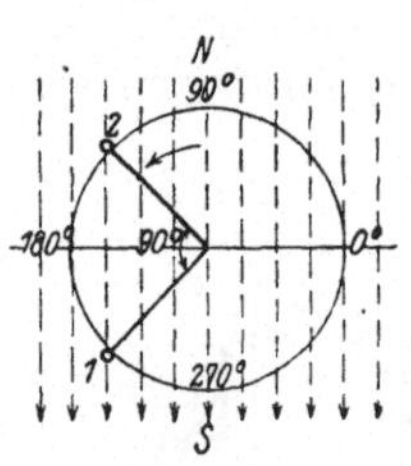

Abb. 94.
Zweiphasenanker.

Winkel von 90° gegeneinander versetzt längs der Mantellinie angebracht, so daß in dem durch die Skizze dargestellten Augenblick der eine Draht zwischen der Mitte des Nordpols und der Neutralen, der andere zwischen der Neutralen und der Südpolmitte sich befindet. In einem andern Augenblick wird der eine Draht in der Polmitte liegen, der andere sich in der Neutralen befinden. Die in beiden Drähten erzeugten Spannungen haben, da das Feld, die induzierte Drahtlänge und die Geschwindigkeit gleich sind, denselben Verlauf, unterscheiden sich jedoch darin voneinander, daß sie bestimmte Augenblickswerte, z. B. ihren Nullwert, zu verschiedenen Zeiten erreichen, man sagt: sie haben verschiedene **Phase.** Durch die **räumliche**

Versetzung der beiden Drähte entstehen zeitlich gegeneinander verschobene Spannungen. Die Phasenverschiebung betragt bei beliebiger Polzahl des Feldes $90^0$, wenn die räumliche Versetzung eine halbe Polteilung, d. h. 90 el. Grade, beträgt. Das Kurvendiagramm (Abb. 95) und das Vektordiagramm (vgl. Abb. 97) bringen dies zum Ausdruck; die Kurve bzw. der Vektor der zweiten Spannung $E_2$ ist um $90^0$ hinter die erste Spannung $E_1$ verschoben. Die Gradeinteilung im Kurvendiagramm kann sich jetzt natürlich nur auf eine der Kurven beziehen.

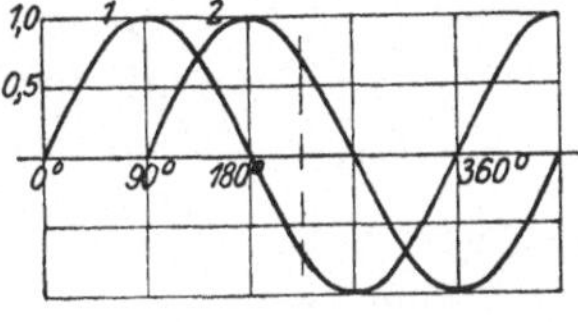

Abb. 95  Kurvendiagramm des Zweiphasenstromes.

Verbindet man Anfang und Ende jedes Drahtes mit je einem Schleifring, so treten demnach an den beidenSchleifringpaaren zwei Spannungen verschiedener Phase auf; der Anker kann Zweiphasenwechselstrom liefern. Im Gegensatz zu den Mehrphasenstromen bezeichnet man den einfachen Wechselstrom, bei dem nur eine Hin- und eine Rückleitung nötig ist, als Einphasenstrom. Will man für den Zweiphasenstrom einen Vergleich aus anderen Gebieten heranziehen, so kann man an eine Zweizylinderkolbenmaschine, z. B. eine Pumpe, denken, deren Kurbeln um $90^0$ zueinander versetzt sind. Es befindet sich dann der eine Kolben in der Mitte des Hubes, wenn der andere im Totpunkt ist.

Verbinden wir auf einer der Stirnseiten des Ankers die Drahtenden untereinander, so werden die Drahte dadurch verkettet und zwar gegeneinander geschaltet. Die Spannung an den freien Drahtenden, die man verkettete Spannung nennt, ist dann die Resultierende aus den Spannungen der beiden Drähte. Die Drähte selbst nennt man auch Phasen; die beiden Spannungskomponenten heißt man daher Phasenspannungen.

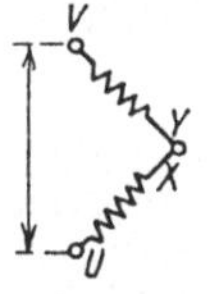

Abb. 96. Schema einer verketteten Zweiphasenwicklung.

Zur Bestimmung der verketteten Spannung halten wir uns zunächst am besten an den wörtlichen Sinn des Begriffes „Spannung", wie er uns in „Spannweite" und ähnlichen Wortbildungen begegnet. Stellen wir die Drähte als zwei zu einander senkrechte Spulen gleicher Länge $U\!-\!X$ und $V\!-\!Y$ dar und legen die Enden $X$ und $Y$ zusammen, so gibt die Verbindungslinie der freien Klemmen $U\!-\!V$ ein Maß für die Größe und Phase der verketteten Spannung (Abb. 96). Soll diese im Vektordiagramm bestimmt werden, so ist zu beachten, daß die Drähte bzw. Spulen mit ihren gleichliegenden Enden, sozusagen ihren gleichnamigen Klemmen, verkettet, also gegeneinander geschaltet sind. Sie werden daher, wenn die Klemmen $U\!-\!V$ über irgend einen Stromweg geschlossen werden, von dem gemeinsamen Strom in verschiedenem Sinn durchflossen, z. B. die erste Spule in der Richtung vom Anfang $U$ zum Ende $X$, die zweite Spule vom Ende $Y$ zum Anfang $V$. Um die verkettete Spannung als Resultierende des Parallelogramms darzustellen, muß daher ein Vektor umgekehrt werden (Abb. 97). Führt man diese Konstruktion für verschiedene Stellungen des Ankers, also für verschiedene Lagen der um einen rechten Winkel voneinander abstehenden Vektoren $E_1$ und $E_2$, durch und bildet jeweils die Augenblickswerte, so erkennt man, daß der Augenblickswert der verketteten Spannung stets gleich der Summe der Augenblickswerte der Einzelspannungen ist und sich wie diese nach dem Sinusgesetz ändert. Ebenso gibt die Addition der Phasenwerte im Kurvendiagramm, die nach Umkehrung einer der beiden Kurven durchzuführen ist, wieder eine Sinuskurve (Abb. 98). Aus der Geometrie des Vektordiagramms und aus dem Kurvendiagramm folgt, daß der Scheitelwert, also auch der Effektivwert der verketteten Spannung, $\sqrt{2}$ - mal oder 1,4-mal so groß ist wie der Scheitelwert bzw. Effektivwert der Phasenspannung, also

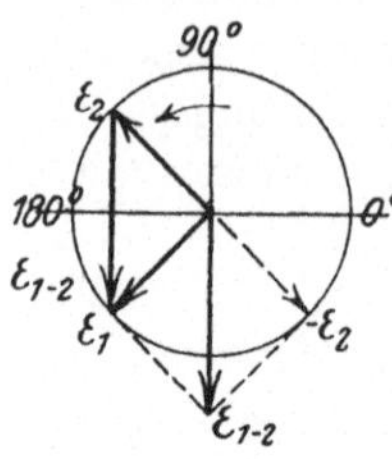

Abb. 97. Vektordiagramm der Spannungen bei verkettetem Zweiphasenstrom.

$$E_{1-2} = 1,4 \cdot E_1 = 1,4 \cdot E_2 \ldots \ldots \ldots (61)$$

Dasselbe Verhältnis bekommt man bekanntlich, wenn man zwei zu einander senkrechte Kräfte nach den Regeln der Mechanik zu einer einzigen Kraft zusammensetzt.

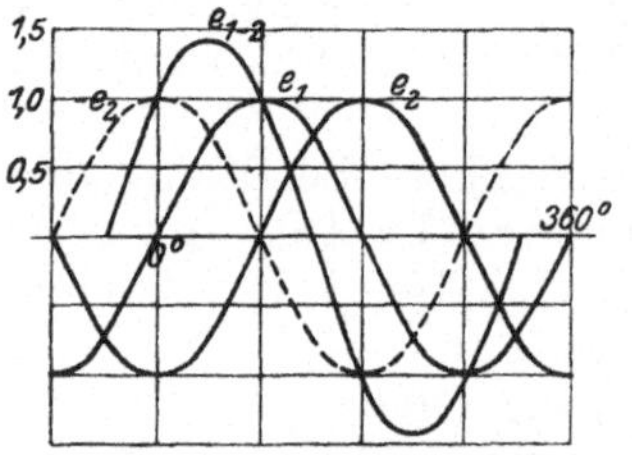

Führt man die freien Enden $U$ und $V$ der Drähte bzw. Spulen sowie den Verkettungspunkt $XY$ durch je einen Schleifring nach außen und verbindet diese mit zwei in Reihe geschalteten Verbrauchskörpern von untereinander gleichem Ohmwert nach Abb. 99, so bildet dieser Stromkreis ein symmetrisches Zweiphasensystem mit zwei Außenleitern $R$ und $T$ und einem Mittel- oder Nulleiter $O$. Die Ströme in den beiden Spulen haben dann wie die Spannungen gegeneinander eine Phasenverschiebung von $90^0$ Durch den Nulleiter muß dann ein Strom fließen, dessen Augenblickswert nach der ersten Kirchhoffschen Regel entgegengesetzt gleich der Summe der augenblicklichen Phasenströme und dessen Effektivwert gleich der geometrischen Summe der beiden Phasenströme ist. Aus dem Vektordiagramm ist der Wert und die gegenseitige Lage der Größen zu ersehen (Abb. 100). Unterbricht man den Mittelleiter, so fließt nur noch ein einziger Strom in Reihe durch die beiden Spulen; man hat dann Einphasenstrom, der von der Resultierenden zweier um $90^0$ verschobener Spannungen geliefert wird.

Abb. 98. Kurvendiagramm der Spannungen bei verkettetem Zweiphasenstrom.

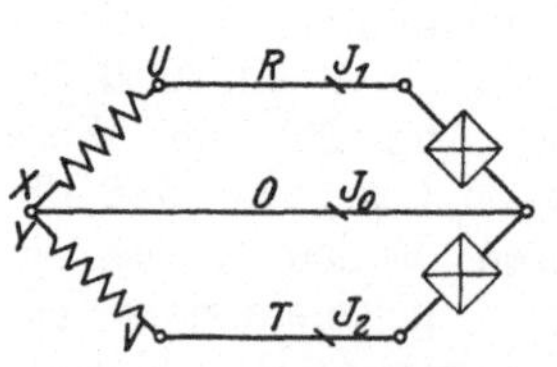

Abb. 99. Verkettetes Zweiphasensystem.

**Beispiel:** Die beiden Ankerspulen mögen eine EMK von je 50 V liefern. Wird eine Verbindung der beiden Spulen nach Abb. 96 hergestellt, so tritt an den freien Klemmen eine verkettete Spannung von $1,4 \cdot 50 =$

$= 70$ V auf. Verbindet man nun die Spulen durch drei Leitungen nach Abb. 99 mit zwei ebenso geschalteten Widerstanden, so tritt an jedem der letzteren die Phasenspannung von 50 Volt auf, wenn wir den Widerstand der Spulen und Leitungen vernachlassigen. Nehmen wir die beiden Widerstande mit je 5 $\Omega$ an, so werden diese und die beiden Außenleiter von einem Strom von $\frac{50}{5} = 10$ A durchflossen. Der Strom im gemeinsamen Mittelleiter ist dann $1{,}4 \cdot 10 = 14$ A. Wird der Mittelleiter unterbrochen, so liegen die Widerstände in Reihe an der verketteten Spannung von 70 V; der Strom betragt dann

$$\frac{70}{5 + 5} = 7 \text{ A}$$

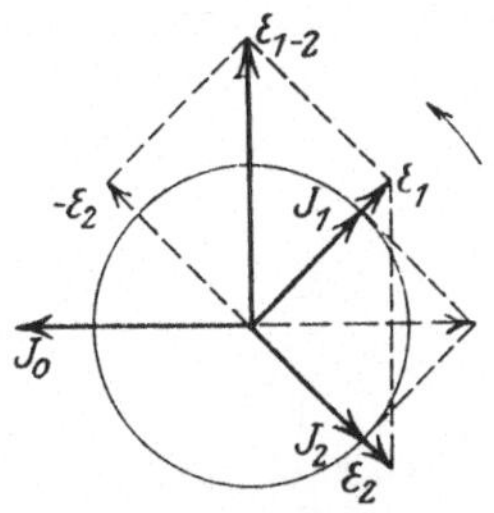

Abb. 100.
Vektordiagramm der Spannungen und Ströme im verketteten Zweiphasensystem

## 21. Dreiphasenstrom und seine Verkettung.

Weitaus gebrauchlicher als der Zweiphasenstrom ist der Dreiphasenstrom. Wir erhalten ihn, wenn wir drei Drahte oder Spulen, 1, 2 und 3 in Abb. 101, unter je 120° el., also um je $\frac{2}{3}$ Polteilung gegeneinander versetzt auf dem Anker anbringen. Es entstehen dann bei Drehung des Ankers im Magnetfeld drei Spannungen, die um einen entsprechenden Betrag zeitlich gegeneinander verschoben sind. Wenn sich z. B. der Draht 1 unter der Mitte des Nordpols befindet, also die Spannung $e_1$ den positiven Scheitelwert hat, so liegen die Drahte 2 und 3 im Bereich des Südpols und zwar Draht 2 bei 330°, Draht 3

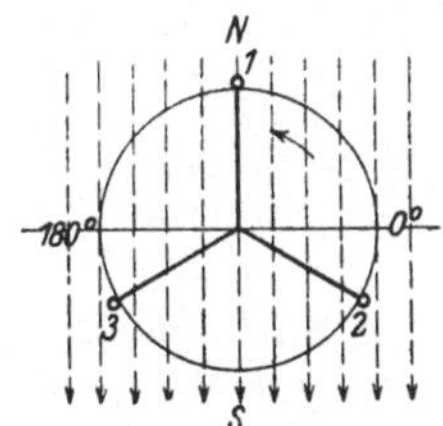

Abb. 101.
Dreiphasenanker.

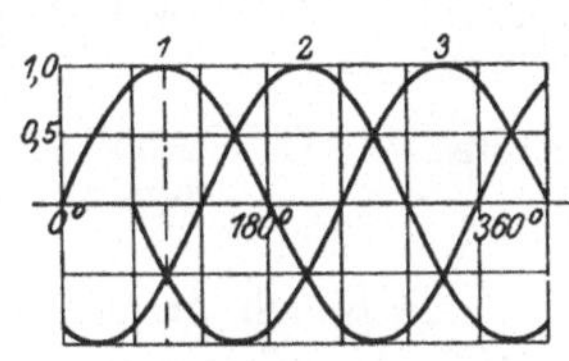

Abb. 102. Kurvendiagramm

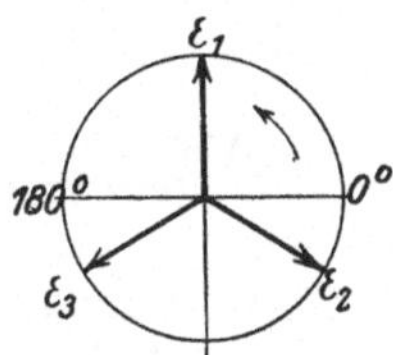

Abb. 103. Vektordiagramm

des Dreiphasenstromes.

bei 210°. Die Spannungen 2 und 3 sind dann negativ; ihr Augenblickswert ist gleich der Halfte des Scheitelwertes, da sin 330 und sin 210 $= -0{,}5$ ist. Dreht man den Anker weiter, so erreicht offenbar die Spannung im Draht 2 den positiven Scheitelwert und irgend welchen andern Augenblickswert um 120° spater als die Spannung von Draht 1, ebenso die Spannung von Draht 3 um 120° spater als die von Draht 2. Die drei Spannungen laufen also mit denselben Werten stets um je 120° el. hintereinander her, im Kurven- bzw Vektor-Diagramm (Abb. 102 bzw. 103) sind sie um einen Abstand von je 120° gegeneinander verschoben zu zeichnen. Verbinden wir die drei Drahte oder drei ebenso zu einander versetzte Spulen, deren Weite nach früher Gesagtem am

günstigsten gleich der Polteilung gemacht wird (Abb. 104), mit ihren beiden Enden mit je zwei Schleifringen — letztere sind der Deutlichkeit halber nicht gezeichnet —, so können dem Anker drei Ströme ent-
nommen werden, die eine Phasenverschiebung von je 120° zu einander haben Um die Darstellung zu vereinfachen, zeichnen wir die drei Spulen in radialer Lage und verbinden sie unmittelbar mit drei untereinander gleichen Verbrauchskorpern, z. B. Lampen (Abb. 105). Dann fließen in dem System drei Ströme, deren Größe und Phase durch Diagramme in gleicher Weise wie die Spannungen darzustellen sind. Zum Vergleich betrachte man die Kolbenstellungen einer Dreizylinderpumpe oder einer andern Kolbenmaschine, deren Kurbeln um je 120° versetzt sind.

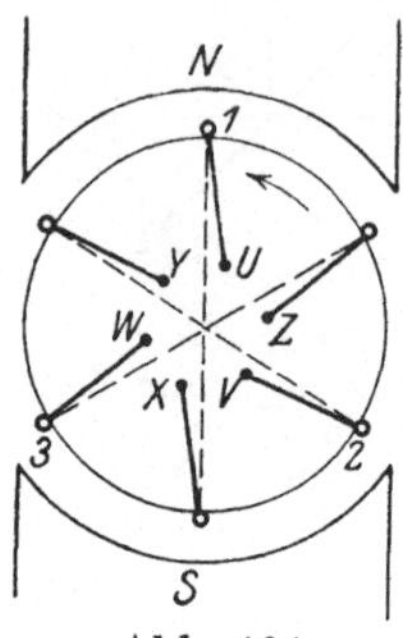

Abb. 104.
Dreiphasenanker
mit Spulen.

In dem Dreiphasensystem der Abb. 105 können nun die drei mit den gleichliegenden Klemmen $XYZ$ verbundenen Leitungen zu einem einzigen Leiter,
dem Mittelleiter, zusammengefaßt werden (Abb. 106), ohne daß durch diese einseitige Verbindung etwas an dem Stromlauf geändert wird (vgl. auch S. 42). Haben ferner die drei Strome genau sinus-

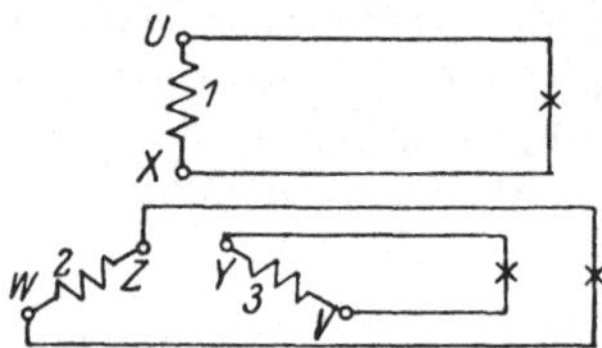

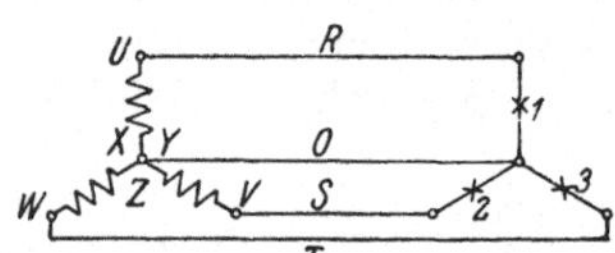

Abb. 105.  Unverkettetes
Dreiphasensystem.

Abb. 106.  Verkettetes Dreiphasensystem mit Nulleiter.

förmigen Verlauf und sind sie gleich groß, so ist, wie aus den Dia-
grammen Abb. 102 und 103 zu erkennen ist, die Summe der drei Augenblickswerte der Ströme stets gleich Null. Hat z. B. der Strom 1 den positiven Scheitelwert sin 90° = 1, so ist der Augenblickswert der beiden anderen je — 0,5. Hat der Strom 1 den Nullwert, so hat der Strom 2 den Wert sin 120° = 0,865, der Strom 3 den Wert sin 210° = — 0,865. Daraus folgt, daß unter den gemachten Voraussetzungen der Mittelleiter dauernd stromlos ist, also über-haupt entbehrt werden und der verkettete Dreiphasenstrom durch drei Leitungen

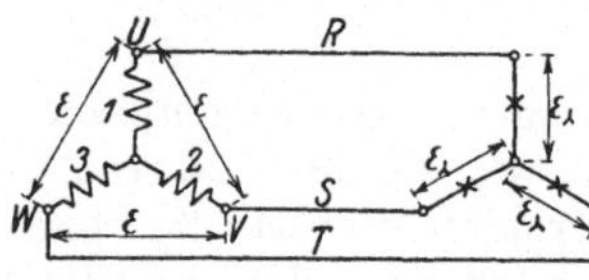

Abb. 107.  Sternschaltung.

übertragen werden kann (Abb. 107). Das durch Verkettung von Drei-
phasenstrom entstehende System trägt den Namen Drehstrom und ist gekennzeichnet durch drei Leitungen, in denen Ströme von je 120° gegenseitiger Phasenverschiebung übertragen werden. Die im vorstehenden beschriebene Art der Verkettung heißt Sternschaltung.

Man verwendet für sie das Zeichen ⋏ und nennt die Spannung jeder Phase die Sternspannung, den Verbindungspunkt der drei Spulen den Sternpunkt. Aus der Darstellung erkennt man, daß die Sternschaltung in die Gruppe der Reihenschaltungen (vgl. Abschnitt 2) gehört; es sind stets je zwei Spulen in Reihe und zwar gegeneinander geschaltet. Die verkettete Spannung zwischen je zweien der drei freien Klemmen, die nach den Regeln des V. D. E. auch kurz „Spannung" genannt wird, ist auf ähnliche Art wie bei dem Zweiphasensystem zu bestimmen. Ein Maß für sie gibt der Abstand der Sternspitzen (vgl. Abb. 107). Ihre Größe und Phase wird in dem Kurvendiagramm (Abb. 108) durch Umkehrung je einer Kurve und Addition der Augenblickswerte, im Vektor-

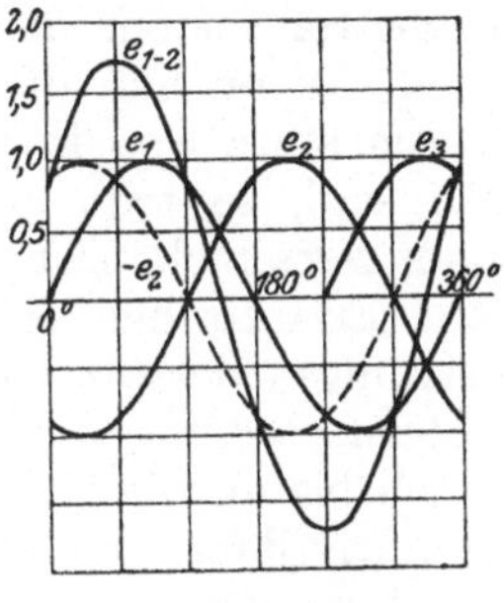

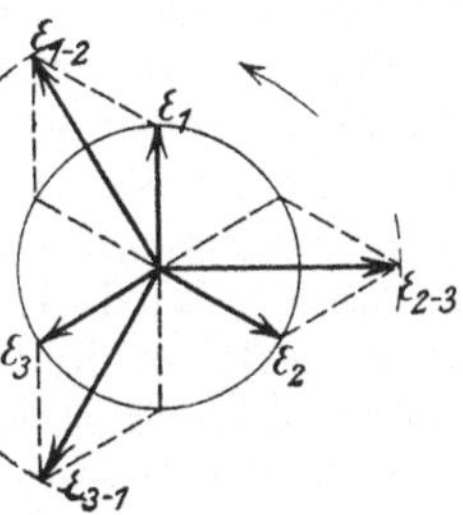

Abb. 108.
Kurvendiagramm

Abb. 109.
Vektordiagramm

der Spannungen bei Sternschaltung.

diagramm (Abb. 109) durch Umkehrung je eines Vektors und Konstruktion der Resultierenden mit einem andern Vektor oder durch Verbindung der Endpunkte zweier Phasenvektoren bestimmt. Aus beiden Diagrammen ist zu entnehmen, daß die drei verketteten Spannungen $\sqrt{3} = 1{,}73$-mal so groß sind wie die Sternspannung, wenn die gemachten Voraussetzungen, nämlich sinusförmiger Verlauf, gleiche Größe und gleiche Phasenverschiebung, zutreffen. Bezeichnet man die Sternspannung mit $E_\lambda$, die verkettete Spannung mit $E$, so ist demnach

$$E = 1{,}73 \cdot E_\lambda. \qquad\qquad (62)$$

Diese Spannung ist dreimal, zwischen je zwei Leitungen vorhanden. Wird das System durch drei ebenfalls in Stern geschaltete Verbrauchskörper von untereinander gleichem Ohmwert (vgl. Abb. 107) belastet, so teilt sich hier die Spannung in entsprechender Weise; jeder Verbrauchskörper liegt dann an der Sternspannung $E_\lambda = \dfrac{E}{1{,}73}$.

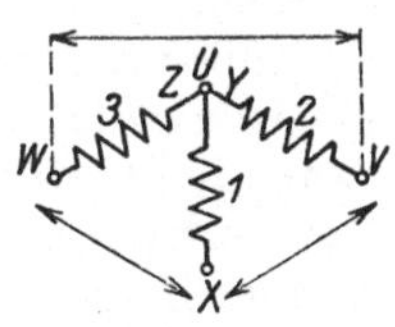

Abb. 110. Falsche Sternschaltung.

Da man gelegentlich in die Lage kommt, eine derartige Schaltung an unbezeichneten Klemmen ausführen zu müssen, so sei noch erörtert, wie sich eine falsche Verbindung zeigt. Wir nehmen an, daß die Verbindung der Spulen 2 und 3 richtig ist, bei Spule 1 aber die Anschlüsse vertauscht sind. Es ist also, statt $X$, die mit $U$ zu bezeichnende Klemme mit $Y$ und $Z$ verbunden; die Spule oder der Vektor 1 ist daher vom Sternpunkt aus nach unten zu zeichnen (Abb. 110). Schon aus der Betrachtung des Spulenbildes ist zu entnehmen, was durch Konstruktion des Diagramms leicht zu beweisen ist, daß dann nur zwischen den freien Klemmen der Spulen 2 und 3 der richtige Wert der verketteten Spannung auftritt, während die Spannung zwischen den freien Klemmen der Spulen 1 und 3 sowie 1 und 2 ebenso groß ist wie die Sternspannung, da die Spannungen derselben unter einem Winkel von 60° zu einander liegen.

In dem Dreileiter-Drehstromsystem der Abb. 107 waren Lampen als Belastung angenommen. Wenn nun die Zahl oder die Starke der Lampen in den drei Phasen stark voneinander abweicht, so daß die Phasenstrome verschieden sind, so tritt eine Unsymmetrie auf; der Sternpunkt des Diagramms verschiebt sich, die Lampen brennen mit ungleicher Spannung. Zur Erlauterung seien nur die zwei Grenzfälle erwähnt. Wird der Belastungswiderstand der Phase 3 bis auf Null verringert, so sinkt die Sternspannung der Phase 3 immer mehr; der Sternpunkt rückt allmahlich bis an die Leitung $T$ heran, die Lampen der Phasen 1 und 2 brennen dann schließlich mit der verketteten Spannung statt mit der Sternspannung. Wenn dagegen der Wider-

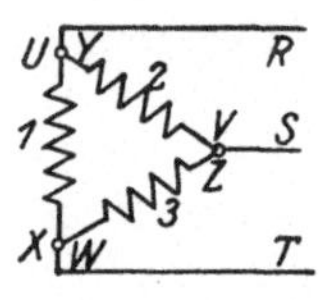

Abb. 111. Dreieckschaltung.

stand der Belastung in Phase 3 unendlich groß, d. h die Phase unterbrochen ist, so wird Leitung $T$ stromlos, das System verwandelt sich in ein Einphasensystem mit zwei in Reihe geschalteten Teilen, die Lampen 1 und 2 brennen dann nicht mehr mit der Sternspannung, sondern nur mit der Hälfte der verketteten Spannung. Um bei ungleicher Belastung diese Spannungsunterschiede zu vermeiden und sowohl die verketteten als auch die Sternspannungen ausnutzen zu konnen, verwendet man das Vierleitersystem, bei welchem neben den drei Außenleitern noch der Mittelleiter verlegt ist (vgl. Abb. 106).

Will man einen Vergleich für die Sternschaltung heranziehen, so denke man sich an Stelle der drei in Stern geschalteten Spulen des Generators drei Kolbenpumpen mit drei um je 120° versetzten Kurbeln.

Außer der Reihenschaltung ist auch bei Drehstrom eine Parallelschaltung der Stromquellen bzw. der Verbrauchskörper moglich, und zwar die Dreieckschaltung, für die man das Zeichen △ verwendet. Man erhalt sie, wenn man durch Verbindung „ungleichnamiger" Klemmen der verschiedenen Phasen. z B. von $U$ mit $Y$, $V$ mit $Z$ und $W$ mit $X$ (Abb. 111), diese zu einem geschlossenen Kreis verbindet und an die Verbindungspunkte die Leitungen anschließt. Hier taucht zunächst die Frage auf, ob eine solche geschlossene Schaltung überhaupt ausgeführt werden darf. Betrachtet man das Spulendreieck, so ist klar, daß nach Herstellung der zwei ersten Verbindungen bei genau gleichen Längen und Winkeln der Punkt $W$ genau auf $X$ fallt; zwischen diesen ist kein Abstand, also auch keine Spannung vorhanden. Zu demselben Ergebnis führt das Vektordiagramm der Spannungen. Da die Phasen mit ungleichnamigen Klemmen verbunden, also hintereinander geschaltet werden, so ergibt sich die verkettete Spannung von Phase 1 und 2 durch Konstruktion der Resultierenden aus diesen Spannungen ohne deren Umkehrung (Abb. 112). Die Resultierende $E_{1+2}$ der Phasenspannungen $E_1$ und $E_2$ hat demnach hier dieselbe Größe wie die Phasenspannung und liegt in der Mitte zwischen diesen, ist also der Spannung 3 entgegengesetzt gleich. Die Summe aller drei Spannungen ist daher gleich Null; das Dreieck kann geschlossen werden, ohne daß dadurch ein Strom innerhalb desselben entsteht. Sind die schon erwähnten Voraussetzungen reiner Sinusform, gleicher Größe und gleicher Verschiebung der Phasenspannungen nicht erfüllt, so hat die Summe der letzteren einen gewissen Wert, der einen **Ausgleichsstrom** innerhalb des Dreiecks hervorruft.

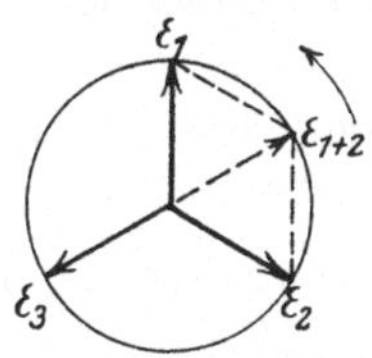

Abb. 112. Vektordiagramm der Spannungen bei Dreieckschaltung.

Bei falscher Dreieckschaltung tritt nach Herstellung von zwei Verbindungen zwischen dem letzten Klemmenpaar stets die doppelte Phasenspannung auf. Ist beispielsweise nicht die Klemme $Z$, sondern $W$ mit $V$ verbunden (Abb. 113), so entspricht die Spannweite

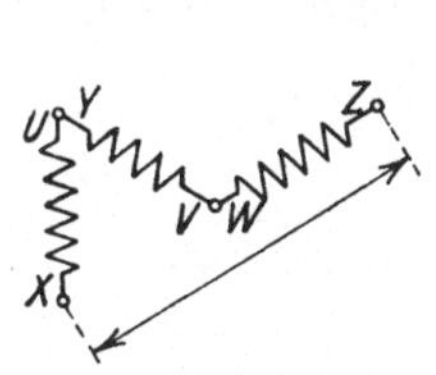

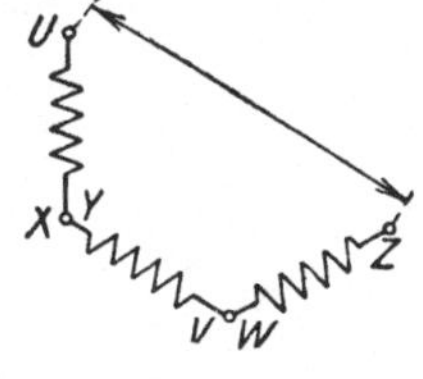

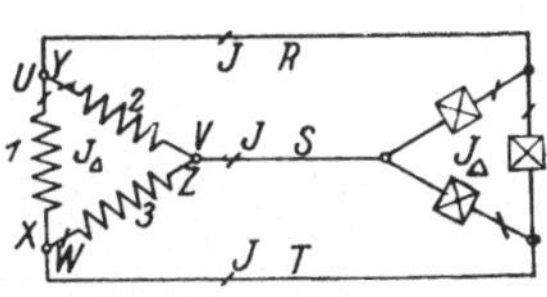

Abb. 113.  Abb. 114.
Falsche Dreieckschaltungen.

Abb. 115.
Dreieckschaltung.

zwischen $X$ und $Z$ der Spannung, die zwischen diesen Klemmen gemessen werden kann. Sind auch die Klemmen $U$ und $X$ vertauscht, ist also $X$ mit $Y$ und $V$ mit $W$ verbunden, so entsteht das Bild 114, zwischen $U$ und $Z$ tritt ebenfalls die doppelte Phasenspannung auf. Das dritte Klemmenpaar darf dann selbstverständlich nicht kurzgeschlossen werden.

Wird die in Dreieck geschaltete Stromquelle durch drei Widerstände belastet, so wird jede Leitung aus zwei Phasen gespeist (Abb. 115); die Dreieckschaltung ist also tatsächlich eine Parallelschaltung. Um den Leitungsstrom zu bestimmen, ist zu beachten, daß der Strom in den zugehörigen beiden Phasen, der als Dreieckstrom $J_\triangle$ bezeichnet sei, in verschiedener Richtung durch die Spulen fließt, nämlich in der einen Spule vom Anfang nach dem Ende, in der andern vom Ende nach dem Anfang. So setzt sich der in der Leitung $R$ abfließende Strom aus dem

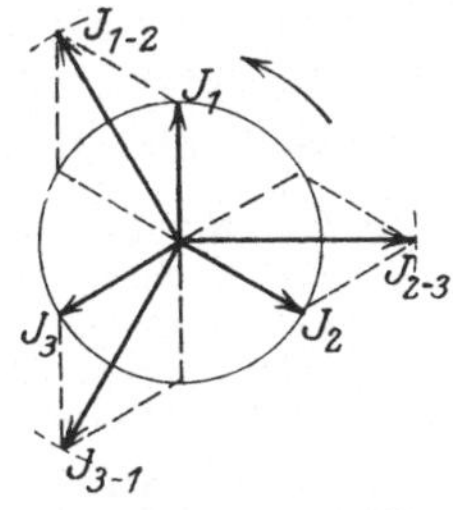

Abb. 116. Vektordiagramm der Ströme bei Dreieckschaltung.

Strom der Phase 1, der in Richtung von $X$ nach $U$, und dem Strom der Phase 2, der in Richtung von $V$ nach $Y$, also umgekehrt, fließt, zusammen. Der verkettete Strom ist demnach bei der Dreieckschaltung durch Umkehrung je einer Phase zu finden (Abb. 116), wie die verkettete

Spannung bei der Sternschaltung. Man berechnet daher bei Belastung der drei Phasen mit Verbrauchskörpern von gleichem Ohmwert den Leitungsstrom $J$ aus dem Dreieckstrom $J_\triangle$ der Stromquelle mittels der Gleichung

$$J = 1{,}73 \cdot J_\triangle. \qquad\qquad (63)$$

Sind die Verbrauchskörper ebenfalls in Dreieck geschaltet, so wird hier der Strom in entsprechender Weise geteilt; es ist also der Strom in jeder Phase $J_\triangle = \dfrac{J}{1{,}73}$. Es ist ohne weiteres klar, daß bei der Dreieckschaltung eine Unterbrechung in einem Verbrauchskörper die Spannung und den Strom der beiden anderen Belastungszweige nicht beeinflußt.

Dem Anfänger wird es vielleicht unerklärlich erscheinen, daß bei Einschaltung je eines Strommessers in die drei Leitungen einer Drehstromschaltung jedes dieser drei Instrumente bei gleichmäßiger Belastung denselben Wert zeigt, obwohl doch stets ebenso viel Strom von den Verbrauchskörpern zurückfließen muß wie nach ihnen hinfließt. Der scheinbare Widerspruch erklärt sich dadurch, daß ja die

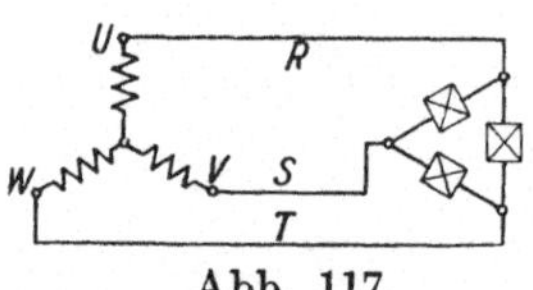

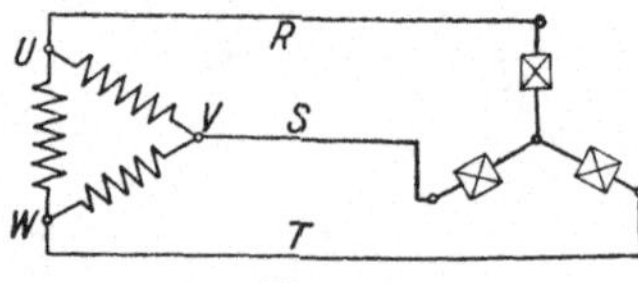

Abb. 117.           Abb. 118.<br>Drehstromsystem in gemischter Schaltung.

Instrumente einen Mittelwert zeigen. In jedem Augenblick fließt natürlich nach der ersten Kirchhoffschen Regel an jedem Punkt des Systems insgesamt ebensoviel Strom zu als ab.

Wie bei Gleichstrom, so können auch bei Drehstrom die Stromquelle einerseits, die Verbrauchskörper anderseits beliebig geschaltet werden; es ist also möglich, die Stromquelle in Stern und die Verbrauchskörper in Dreieck oder umgekehrt zu schalten.

**Beispiele:** 1. Der Anker eines Dreiphasengenerators habe 3 Spulen, die je 220 V Spannung liefern; zur Belastung sind 3 Widerstände von je 11 Ω vorhanden. Der Widerstand der Spulen und Leitungen soll vernachlässigt werden. Welche Spannungen und Ströme erhält man bei den verschiedenen Schaltungen?

a. **Stromquelle und Verbrauchskörper in Stern** (vgl. Abb. 107): Die Stromquelle hat 220 V Sternspannung, die Spannung zwischen je 2 Leitungen ist daher $1{,}73 \cdot 220 = 380$ V, die Spannung an jedem Belastungswiderstand $\dfrac{380}{1{,}73} = 220$ V. Diese werden daher nach dem Ohmschen Gesetz von einem Strom von je $\dfrac{220}{11} = 20$ A durchflossen, ebenso jede Leitung sowie jede Spule des Generators, wie aus der Skizze zu ersehen ist. Tritt in einem der Verbrauchskörper oder in einer Leitung Unterbrechung auf, so liegen die beiden anderen Verbrauchskörper in Reihe zwischen zwei Leitungen; die Spannung an jedem Verbrauchskörper ist dann $\dfrac{380}{2} = 190$ V, es fließt in dem System nur ein

Einphasenstrom von $\dfrac{380}{11 + 11} = 17,3$ $A$.

   b. Stromquelle und Verbrauchskörper in Dreieck (vgl. Abb. 115):
Die Leitungsspannung und die Spannung an jedem Widerstand ist gleich
der Phasenspannung = 220 V. Der Strom $J_\triangle$ in jedem Widerstand
ist nach dem Ohmschen Gesetz $J_\triangle = \dfrac{220}{11} = 20$ A, der Leitungsstrom
$J = 1,73 \cdot 20 = 34,6$ A, der Strom in jeder Phase des Generators
$J_\triangle = \dfrac{34,6}{1,73} = 20$ $A$. Tritt eine Unterbrechung in einem Widerstand auf,
so bleibt die Spannung an den Anschlußpunkten, daher auch der Strom
in den beiden anderen Widerstanden unverändert; es fließt dann durch
eine Leitung wie oben ein Strom von 34,6 A, durch die beiden anderen
Leitungen ein Strom von je 20 A; die beiden letzteren Ströme haben gegeneinander eine Phasenverschiebung von 120°. Wird dagegen eine Leitung
unterbrochen, z. B. in Abb. 115 die Leitung $S$, so ist nur noch eine einzige
Spannung $R - T$ wirksam; an dieser liegt der Widerstand 1 parallel
mit der aus der Reihenschaltung der Widerstande 2 und 3 gebildeten Gruppe.
Der Strom in 1 ist dann $\dfrac{220}{11} = 20$ A; in 2 und 3 ist er $= \dfrac{220}{11 + 11} = 10$ A;
in den beiden Leitungen fließt also Einphasenstrom von 20 + 10 = 30 A,
der von den drei Phasen des Generators geliefert wird. Sind die Widerstände der Generatorphasen untereinander gleich, so verteilt sich der
Strom in gleicher Weise wie in den Verbrauchskörpern, es werden also
Spule 1 einen Strom von 20 A, die in Reihe geschalteten Spulen 2 und
3 einen Strom von je 10 A führen.

   c. Stromquelle in Stern, Verbrauchskörper in Dreieck
(Abb. 117): Die Leitungsspannung ist 380 Volt wie bei a, der Strom in jedem
Widerstand ist $\dfrac{380}{11} = 34,6$ $A$, der Leitungsstrom und der Strom in den
Spulen des Generators daher je $1,73 \cdot 34,6 = 60$ A.

   d. Stromquelle in Dreieck, Verbrauchskörper in Stern
(Abb. 118): Die Leitungsspannung ist 220 V wie bei b, jeder Widerstand
liegt an der Sternspannung $\dfrac{220}{1,73} = 127$ V, führt also einen Strom von
$\dfrac{127}{11} = 11,5$ A. Derselbe Strom fließt durch jede der drei Leitungen.
Die Spulen des Generators müssen daher einen Strom von je $\dfrac{11,5}{1,73} = 6,7$ $A$
liefern.

   Um das Spannungs- und Stromdiagramm für den Fall d zu zeichnen,
gehen wir von den Verbrauchskörpern aus. Falls diese induktionsfrei
sind, ist der Strom in jedem derselben in Phase
mit der Spannung (vgl. ff. Abschnitte). Wir zeichnen also (Abb. 119) drei Spannungen von 127 V
unter je 120° gegeneinander und in gleicher Richtung die drei Ströme von 11,5 A. Zwischen den
Leitungen und an den Spulen der Stromquelle
liegen dann die verketteten Spannungen von je
220 V, deren Lage nach Abb. 109 zu konstruieren ist. Die Ströme in den drei Spulen erhält
man durch Teilung, also durch Umkehrung der
Konstruktion von Abb. 116. Es zeigt sich,
daß der Strom in jeder Spule in gleicher
Richtung mit seiner Spannung liegt, was bei
der induktionsfreien Belastung ja auch zu erwarten war.

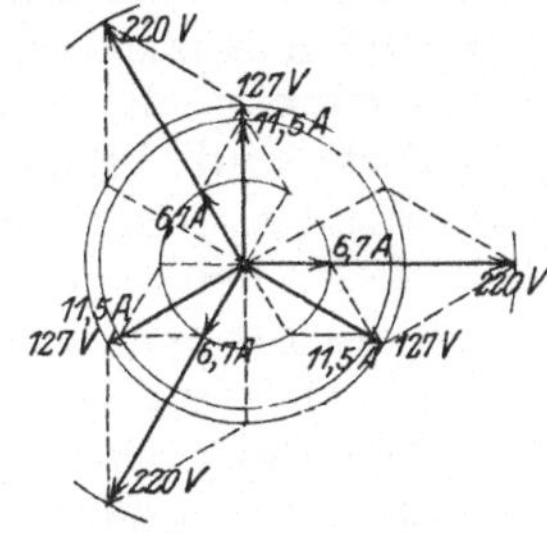


Abb. 119. Vektor-
diagramm zu dem Bei-
spiel 1 d.

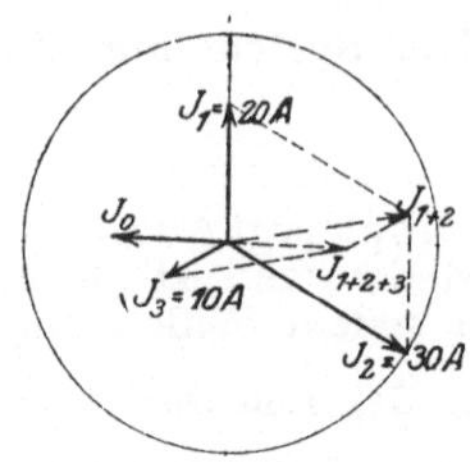

Abb. 120. Vektordiagramm der Ströme zu dem Beispiel 2.

2. Ein Drehstromsystem mit Nulleiter (vgl. Abb. 106) sei ungleich belastet, und zwar seien die Ströme in den Außenleitern bei einer Phasenverschiebung von genau $120^0$ gegeneinander: $J_1 = 20$ A, $J_2 = 30$ A, $J_3 = 10$ A. Der Nulleiterstrom soll nach Größe und Phase bestimmt werden. Nach der ersten Kirchhoffschen Regel muß die Summe aller Ströme in einem Verzweigungspunkt, also auch im Nullpunkt, $= 0$ sein. Der Nulleiterstrom muß folglich der Resultierenden von $J_1$, $J_2$ und $J_3$ entgegengesetzt gleich sein. Die Konstruktion liefert in unserem Fall einen Strom $J_0$ von etwa 16 A, der im Diagramm ungefähr horizontal nach links gerichtet ist (Abb. 120).

## 22. Selbst- und Fremdinduktion bei Gleichstrom.

In der Folge müssen wir unterscheiden zwischen solchen Verbrauchskörpern, in denen der Strom keine oder eine im Verhaltnis zur Warmewirkung nur sehr geringe magnetische Wirkung hat, und solchen, die bei Stromdurchfluß ein verhältnismaßig starkes magnetisches Feld liefern. Zu den ersteren gehoren bifilar gewickelte Spulen, wie man sie zu Meßwiderständen verwendet, Glühlampen, ferner auch Vorschalt- und Regulierwiderstande, gegeneinander wirkende Magnetspulen usw. Sie werden, mehr oder weniger genau, induktionsfreie Widerstande oder kurz „Widerstande" genannt Zu der zweiten Art gehoren vor allem die verschiedenen Zwecken dienenden Magnetspulen; sie heißen induktive Widerstande.

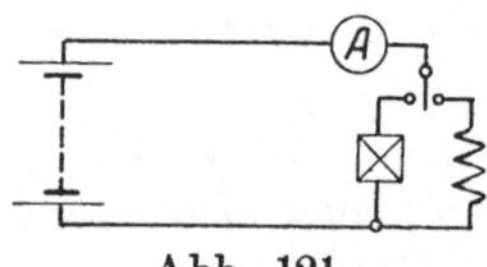

Abb. 121.          Abb. 122.
Öffnen und Schließen eines Gleichstromkreises

Die Beschreibung einiger Versuche soll zunachst das Verhalten dieser Körper bei Gleichstrom erläutern. Wir nehmen einen induktionsfreien Widerstand und legen ihn unter Einschaltung eines etwas gedämpften Strommessers, am besten eines Drehspulinstrumentes, und eines Schalters an eine Gleichstromquelle (Abb. 121). Schließen wir den Stromkreis, so erreicht der Zeiger des Strommessers rasch seinen dem Ohmwert des Widerstandes entsprechenden Ausschlag. Beim Ausschalten zeigt sich an der Unterbrechungsstelle ein Funke, der desto geringer ist, je rascher ausgeschaltet wird. Schließt man unter Vorschaltung eines zweiten Widerstandes, der einen Kurzschluß der Stromquelle verhindert (Abb. 122), den ersten Widerstand unter Strom kurz, so geht der Zeiger des Strommessers rasch in die Nullstellung zurück. Schalten wir nun eine Magnetspule von großer Windungszahl, am besten die Magnetwicklung einer Maschine, statt des ersten Widerstandes ein und wiederholen die Versuche, so beobachten wir beim Einschalten ein langsames Ansteigen des Stromes, beim Kurzschließen ein langsames Abnehmen desselben. Beim Ausschalten zeigt sich an der Unterbrechungsstelle ein Funke, der desto länger ist, je rascher wir unterbrechen. Legen wir parallel zur Spule eine Glühlampe von passendem Widerstand (vgl. Abb. 124), so wird sie im Augenblick des Ausschaltens verloschen, dann aber für einen Augenblick wieder stark aufleuchten. Diese Erscheinung tritt nicht auf, wenn wir die Lampe parallel zu dem zuerst benutzten Widerstand legen.

Zur Erklärung dieser Erscheinungen müssen wir auf den Elektromagnetismus zurückgreifen. In einem induktionsfreien Widerstand erzeugt der Strom im wesentlichen Wärme, während ein Strom gleicher Stärke in einer Spule von demselben Ohmwert die gleiche Wärmemenge, außerdem aber noch ein magnetisches Feld liefert. Die Linienzahl des Feldes andert sich mit dem Strom; bei jeder Verstarkung des Stromes entsteht also eine Anzahl neuer Linien. Wir konnen uns vorstellen, daß die Feldlinien bei wachsendem Strom aus dem Leiter herausquellen wie das Wasser aus einer trichterformigen Öffnung; sie schneiden also dabei den Leiter (Abb. 123). Bei jeder Schwachung des Stromes zieht sich eine Anzahl von Feldlinien in den Leiter zurück; sie schneiden ihn ebenfalls, jedoch in umgekehrter Richtung wie bei der Verstarkung. Nach dem Induktionsgesetz wird dabei in dem Leiter, in jedem von Feldlinien umfaßten Stück der Spule, durch den eigenen Strom eine EMK induziert; man nennt daher die Erscheinung Selbstinduktion. Die Richtung der EMK der Selbstinduktion kann aus der Handregel (vgl. S. 69) bestimmt werden; dabei ist jedoch zu beachten, daß nicht der Leiter, sondern sozusagen das Feld in Bewegung ist. Betrachtet man z. B. die linke

Abb. 123.
Stromleiter
mit Feld-
linien.

Halfte des Leiterquerschnittes in Abb. 123, so bewegen sich wahrend des Anwachsens der Stromstärke die Linien nach links; die Relativbewegung ist also dieselbe, wie wenn bei ruhendem Feld der Leiter nach rechts bewegt würde. Fließt also der Strom vom Beschauer weg, so daß die Linien nach der Rechtsgewinderegel den Uhrzeigersinn haben, so wird die induzierte EMK wahrend der Verstärkung des Stromes nach dem Beschauer zu, also dem Strom entgegengesetzt gerichtet sein, bei Schwachung des Stromes vom Beschauer weg, also dem Strom gleichgerichtet sein. Die EMK widersetzt sich also im ersten Fall dem Entstehen, im zweiten Fall dem Verschwinden des Stromes; sie widersetzt sich demnach jeder Änderung desselben. Man spricht daher von einer Gegen-EMK der Selbstinduktion. Zu dem gleichen Ergebnis führt eine Überlegung, die auf dem Gesetz von der Erhaltung der Energie fußt. Wäre die EMK dem entstehenden Strom gleichgerichtet, so würde dieser immer mehr verstärkt; es würde also von selbst eine immer größere Leistung entstehen, was jenem Gesetz widerspricht.

Die Große der EMK der Selbstinduktion ist ebenso wie bei der Induzierung durch mechanische Bewegung proportional der in der Sekunde geschnittenen Linienzahl. Sind daher die Drahte der Spule mit einer bestimmten Linienzahl verkettet, so ist die EMK desto größer, je rascher eine Änderung, z. B. das Ausschalten, erfolgt. Ist umgekehrt die Größe und Zeitdauer der Stromänderung gegeben, so ist die EMK der Selbstinduktion desto größer, je größer die von der Stromeinheit gelieferte Feldlinienzahl, d. h. je größer die Induktivität des stromdurchflossenen Körpers ist. Fassen wir die besprochenen Erscheinungen zusammen, so kann man allgemein sagen, daß durch die EMK der Selbstinduktion, die man auch als Extraspannung, nicht aber als Extrastrom bezeichnen kann, das Anwachsen und Abnehmen des Stromes verzögert wird. Bei dem Ausschalten eines induktiven Widerstandes ist diese Extraspannung mit der angelegten Spannung hintereinander geschaltet und liefert den langen Unterbrechungsfunken In dem letzten der vorstehend geschilderten Versuche wird die zu der Spule parallel geschaltete Lampe zunächst von einem aus

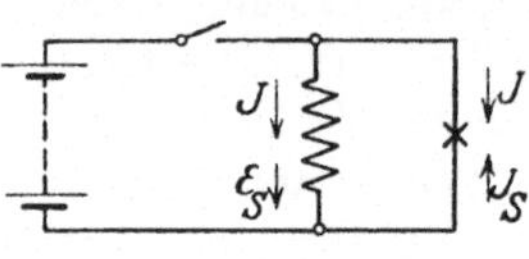

Abb. 124. Extrastrom.

dem Netz kommenden Strom durchflossen (Abb. 124). Im Augenblick der Unterbrechung der Netzleitung wird die Lampe stromlos; durch das Verschwinden des Stromes in der Spule wird eine diesem Strom gleichgerichtete EMK $E_S$ induziert. Da die Verbindung nach der früheren Stromquelle unterbrochen ist, so liefert diese EMK der Selbstinduktion nach dem Ausschalten einen Stromstoß $J_S$, der in der Spule in gleicher Richtung, in der Lampe aber in entgegengesetzter Richtung fließt wie vorher der aus dem Netz entnommene Strom. Hier kann man mit Recht von einem Extrastrom sprechen. Eine ähnliche Erscheinung kann man beobachten, wenn man bei der Messung des Widerstandes von Magnetspulen mit der Wheatstoneschen Brücke den Schalter der Stromquelle bei geschlossenem Galvanometer schließt bzw. öffnet.

Sucht man nach Vergleichen für die Erscheinung der Selbstinduktion, so findet man solche in dem Verhalten irgend eines schweren Körpers, dessen Ruhe- bzw. Bewegungszustand geändert wird, also z. B. in dem Anfahren und Bremsen eines Wagens oder in dem Andrehen und Stillsetzen eines Schwungrades. Der Induktivität der Spule entspricht die Masse des Wagens bzw. das Trägheitsmoment des Schwungrades. Diese sind ja die Ursache dafür, daß unter Umständen eine viel größere Kraft erforderlich ist, um einen solchen Körper von großer Trägheit in Bewegung zu setzen, als um ihn in Bewegung zu erhalten.

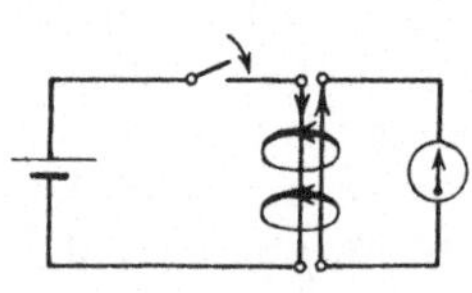

Abb. 125. Fremdinduktion bei Gleichstrom.

Bringt man in das Feld eines Stromleiters einen andern in solcher Weise, daß auch dieser von den Linien des ersten umfaßt wird (Abb. 125), so wird in dem zweiten Leiter ebenfalls eine EMK induziert, sobald das Feld des ersten Stromleiters sich ändert; man spricht dann von Fremdinduktion. Im Gegensatz zu der durch mechanische Bewegung des Leiters oder des Magnetkörpers induzierten EMK heißt die EMK der Fremd- oder Selbstinduktion auch EMK der Ruhe. Die Richtung dieser EMK muß offenbar wechseln. sobald die von dem Strom erzeugten Feldlinien ihre Bewegungsrichtung ändern, sobald also z. B. ein Strom, der zunächst zunimmt, wieder abnimmt. Verbindet man Anfang und Ende des zweiten Leiters mit einem Galvanometer für beidseitigen Ausschlag, so wird dieses jedesmal beim Schließen bzw. Öffnen des Gleichstromes im ersten Leiter, des Primärstromes, einen kurzzeitigen Ausschlag verschiedener Richtung zeigen; der in dem zweiten Leiter induzierte Sekundärstrom ist also ein Wechselstrom. Zur Erzeugung solchen Wechselstromes aus veränderlichem Gleichstrom dienen Apparate, die ähnlich wie die später besprochenen Transformatoren aus einer Primär- und einer Sekundärspule mit gemeinsamem Feld bestehen. Wie bei einer Klingel wird bei einem solchen Induktorium der Primarstrom unmittelbar nach dem Schließen des Schalters durch die Anziehung eines „Ankers" unterbrochen, durch das Zurückschnellen des Ankers wieder geschlossen und so fort (Abb. 126). Einen solchen Apparat benutzt man unter anderem für den Betrieb der Telephonmeßbrücke (vgl. S. 41).

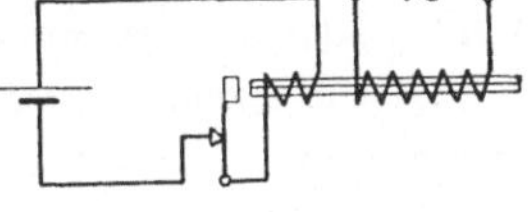

Abb. 126.   Induktorium.

Die Selbstinduktion in Gleichstromkreisen ist meistens störend; ihre Folgen können durch verschiedene Mittel unschädlich gemacht werden. Erwahnt seien die besonderen Schalter oder Kontakte, welche die Magnetwicklung langsam ausschalten oder nach Vorschaltung eines Widerstandes kurzschließen, die dritte Klemme an den Anlassern von Nebenschlußmotoren, welche einen dauernden Schluß der Magnetwicklung über Anker und Anlasser herstellt, ferner der Schutzwiderstand, welcher zu einer Magnetspule dauernd parallel geschaltet ist. Ist ein rasches Anwachsen des Magnetstromes nach dem Einschalten erwünscht, so kann dieses durch dauernde Vorschaltung eines induktionsfreien Widerstandes und Anwendung entsprechend höherer Spannung herbeigeführt werden (Schnellerregung). Soll eine Leitung ganz induktionsfrei sein, so verdrillt man die zusammengehörigen Hin- und Rückleitungen miteinander. Induktionsfreie Meßwiderstände werden durch bifilares Wickeln oder dadurch hergestellt, daß man bei dem Aufwickeln den Drehsinn nach jeder Lage wechselt

## 23. Selbst- und Fremdinduktion bei Wechselstrom.

Schalten wir einen stark induktiven Widerstand, eine Magnetspule, langere Zeit an eine passende Gleichstromquelle, sodann an eine Wechselstromquelle von derselben Spannung, so fühlen wir in letzterem Fall eine erheblich geringere Erwarmung der Spule; daher ist auch ohne Messung zu vermuten, daß die durch die Spule fließende Stromstärke bei Wechselstrom kleiner ist als bei Gleichstrom. Zur genaueren Untersuchung bauen wir noch einen Spannungs- und einen Strommesser sowie einen Regulierwiderstand ein (Abb. 127) und schalten die Spule bei jeder Stromart zunächst ohne jegliches Eisen, dann mit

Eisenkern, schließlich mit vollständigem Eisenschluß ein. Bei Gleichstrom bleiben die Angaben der Instrumente hierbei unbeeinflußt;
man kann nur bei dem Einführen des Kernes in die stromdurchflossene
Spule eine kurzzeitige Verringerung, bei dem
Herausziehen des Kernes eine kurzzeitige Verstärkung des Ausschlages am Strommesser beobachten; aus den Entwicklungen der
Abschnitte 15 und 22 ist diese Erscheinung
leicht zu erklären. Bei Wechselstrom dagegen
beobachten wir, daß das Verhältnis von
Spannung zu Strom schon bei der eisen-
losen Spule größer ist als bei Gleichstrom,
und daß dieses Verhältnis desto größer ist, je mehr Eisen in und um
die Spule gelegt, ferner je größer die Frequenz des verwendeten
Wechselstromes gemacht wird.

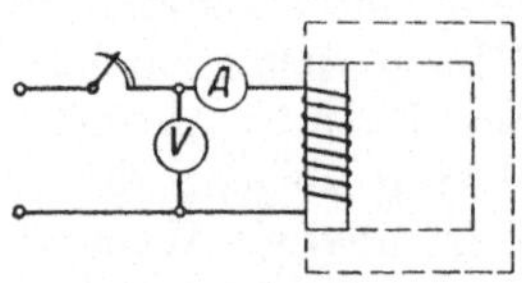

Abb. 127. Strom- und
Spannungsmessung an
an einer Spule.

Beispielsweise seien die Werte beobachtet:

|  | Spannung V | Strom A | Spannung / Strom |
|---|---|---|---|
| bei Gleichstrom: |  |  |  |
| mit oder ohne Eisen . . . . . . . . . . . | 6,0 | 3,0 | 2,0 |
| bei Wechselstrom von 50 ∿: |  |  |  |
| ohne Eisen . . . . . . . . . . . . . . . | 21,0 | 3,0 | 7,0 |
| mit Eisenkern . . . . . . . . . . . . . . | 60,0 | 3,0 | 20,0 |
| mit vollständigem Eisenschluß . . . . . | 219,0 | 3,0 | 73,0 |

Der Quotient $\dfrac{\text{Spannung}}{\text{Strom}}$ wird also immer größer. Die Ursache für diese
scheinbare Vergrößerung des Widerstandes kann nur in der
Induktionswirkung des Magnetfeldes liegen. Fließt Wechselstrom
durch die Spule, so hat das Feld in jedem Augenblick einen andern
Wert, die Linienzahl ändert sich gleichzeitig mit dem Strom. Dadurch
wird dauernd eine EMK der Selbstinduktion induziert, die sich
jeder Änderung des Stromes widersetzt, also der angelegten Spannung
stets entgegenwirkt. Sie setzt dadurch die wirksame Spannung herab,
wie wir es im Gleichstromkreis bei Gegenschaltung zweier Stromquellen
beobachtet hatten (vgl. S. 26).

Zerlegen wir wieder, wie auf S. 70, das Induktionsgesetz in seine
Teile, so erkennen wir, daß die EMK der Selbstinduktion der Feldlinienzahl $\Phi$, der Windungszahl $w$ der Spule und der Geschwindigkeit
der Feldänderung, also der Frequenz $f$ des Wechselstromes, proportional
sein muß. Für sinusförmigen Strom ist der Scheitelwert der induzierten
EMK

$$\overline{E} = \overline{\Phi} \cdot w \cdot 2\,\pi \cdot f \cdot 10^{-8}\ \text{Volt},$$

daher ihr Effektivwert

$$E = 0{,}707 \cdot \overline{\Phi} \cdot w \cdot \omega \cdot 10^{-8}\,\text{Volt} \quad \text{oder}$$

$$\mathbf{E = 4{,}44 \cdot \overline{\Phi} \cdot w \cdot f \cdot 10^{-8}\ Volt} \ . \ . \ . \ . \ . \ . \ . \ (64)$$

Anderseits gilt (vgl. Abschnitt 15) für den magnetischen Kreis vom Widerstand $\Re$ die Formel

$$\frac{4 \cdot \pi}{10} \cdot J \cdot w = 0{,}707 \cdot \overline{\Phi} \cdot \Re, \text{ daher}$$

$$J = 0{,}56 \frac{\overline{\Phi} \cdot \Re}{w} \quad \dots \dots \dots \dots \quad (65)$$

Die Vereinigung dieser beiden Gleichungen liefert

$$E = J \cdot \omega \left( 4\,\pi \cdot \frac{w^2}{\Re} \cdot 10^{-9} \right) \text{ Volt} \quad \dots \dots \quad (66)$$

Die EMK der Selbstinduktion ist nach dieser Gleichung gleich dem Produkt aus dem Strom, der Kreisfrequenz und einem Faktor, welcher dem Quadrat der Windungszahl der Spule direkt und dem magnetischen Widerstand ihres Feldes umgekehrt proportional ist. Man nennt diese in vorstehender Formel in Klammern gesetzte Größe die Induktivität oder den Selbstinduktionskoeffizienten der Spule und bezeichnet sie mit $L$; ihre Einheit heißt Henry (Zeichen $H$).

Es ist also

$$L = 4\,\pi \cdot \frac{w^2}{\Re} \cdot 10^{-9} \quad \dots \dots \dots \dots \quad (67)$$

(XII. Grundgleichung).

Die Gleichung 66 geht dann über in

$$E = J \cdot \omega \cdot L \quad \dots \dots \dots \dots \dots \quad (68)$$

Da die Induktivität von dem magnetischen Widerstand des Feldes abhängt, ist sie offenbar bei einer Spule ohne Eisen konstant, bei einer Spule mit Eisenschluß dagegen von der Sättigung abhängig. Man kann die Induktivität nach der letzten Gleichung auch als diejenige EMK auffassen, welche durch die Einheit des Stromes und der Kreisfrequenz in einer Spule induziert wird.

Um auch bei Wechselstrom das Ohmsche Gesetz anwenden zu können, faßt man das Produkt aus Kreisfrequenz und Induktivität zu einem Begriff zusammen und nennt es den induktiven Widerstand $R_L$ der Spule, zum Unterschied von dem Gleichwiderstand $R$, der durch den Draht zu $R = \dfrac{l}{k \cdot q}$ bestimmt ist.

Es ist also

$$R_L = \omega \cdot L = \frac{E}{J} \quad \dots \dots \dots \dots \quad (69)$$

(XIII. Grundgleichung).

Die Einheit des induktiven Widerstandes ist ebenfalls das Ohm.

Man denkt sich demnach die Gegenwirkung der Spule nicht mehr durch die in derselben induzierte Gegen-EMK, sondern durch einen Widerstand verkörpert, der wie der Gleichwiderstand jedem Leiterelement der Spule zukommt.

Welche Folgerungen können wir aus den erläuterten Erscheinungen und den entwickelten Gleichungen ziehen, wenn wir einstweilen den Gleichwiderstand der Spule ganz vernachlässigen? Legen wir eine Spule an eine bestimmte Wechselspannung, so läßt sie so viel Strom durch, daß durch das entstehende Wechselfeld eine Gegen-EMK induziert wird, welche der angelegten Spannung das Gleichgewicht hält. Vermindern wir nun die Windungszahl der Spule, so wird die Gegen-EMK zunächst kleiner, der aus dem Netz eindringende Strom also größer; dieser und die Linienzahl müssen so lange wachsen, bis wieder die frühere EMK entsteht. Da jetzt die Windungszahl kleiner ist, so muß offenbar das Feld in gleichem Maße größer werden; der Strom muß aber noch stärker als die Linienzahl wachsen, da er mit der verminderten Windungszahl ein verstärktes Feld liefern muß. Die Gleichungen gestatten eine genauere Verfolgung dieses Zusammenhanges.

Nach Gleichung 64 ist die Linienzahl $\Phi$ proportional der EMK $E$ und umgekehrt proportional der Windungszahl $w$ und der Kreisfrequenz $\omega$. Daraus folgt, daß bei bestimmter Spannung und Frequenz das Feld mit abnehmender Windungszahl proportional zunehmen muß. Aus Gleichung 66 folgt, daß $J$ proportional $\dfrac{E \cdot \Re}{w^2 \cdot \omega}$ ist. Daher wird $J$ mit der zweiten Potenz der abnehmenden Windungszahl wachsen, wenn der magnetische Widerstand des Feldes $\Re$ konstant bleibt.

Wenn daher beispielsweise ein an bestimmter Spannung liegender Wechselstrom-Hubmagnet nicht genügend Zugkraft entwickelt, so kann man sie durch Abrollen von Windungen steigern, falls dies mit Rücksicht auf die mit dem Strom steigende Erwärmung zulässig ist. Aus der Gleichung für den induktiven Widerstand folgt ferner, daß bei Wechselstrom sehr hoher Frequenz schon eine Spule von geringer Windungszahl, sogar jede Krümmung der Leitung, einen erheblichen induktiven Widerstand hat, wie man bei den Hochfrequenzströmen der Funken-Telegraphie, bei Blitzentladungen und ähnlichen Schwingungen beobachten kann.

Hat ein von Wechselstrom durchflossener Leiter großen Querschnitt, so liegt eine merkliche Zahl der Feldlinien in seinem Innern (vgl. Abb. 123). Die in nächster Nähe der Achse liegenden ringförmigen Zonen des Leiters werden dann bei wechselndem Strom von erheblich mehr Linien geschnitten als die dem Umfang benachbarten Zonen. Infolgedessen hat ein Leiterstück im Innern einen größeren induktiven Widerstand als am Umfang, die Stromdichte wird innen kleiner sein als außen; der Strom verteilt sich so auf den Leiter, als ob dieser im Innern aus einem Stoff geringerer Leitfähigkeit bestünde. In einem massiven Leiter von großem Querschnitt entsteht daher bei Durchfluß eines sich ändernden Stromes mehr Wärme, als dem Gleichwiderstand entspricht. Man bezeichnet den vergrößerten Widerstand als Echtwiderstand und die Erscheinung als Hautwirkung. Um letztere abzuschwächen, verwendet man bei hoher Frequenz Leiter von flachem

Querschnitt oder solche, die aus dünnen Einzelleitern durch Verseilung über eine nicht leitende Seele hergestellt sind.

Bringt man in das Feld einer von Wechselstrom durchflossenen Primärspule eine zweite Spule, eine Sekundärspule, in solche Lage, daß die Windungen der letzteren von den Linien der ersteren geschnitten werden (Abb. 128), so wird in der Sekundärspule eine EMK der Fremdinduktion induziert; diese kann nun ihrerseits einen Strom durch einen Verbrauchskörper schicken. Ohne hier weiter auf diese Erscheinung einzugehen, sei hervorgehoben, daß die EMK der Fremdinduktion in der Sekundärspule gleiche Richtung hat wie die EMK der Selbstinduktion in der Primärspule, da ja beide von dem gleichen Feld induziert werden. Da aber der Sekundärstrom von der sekundären

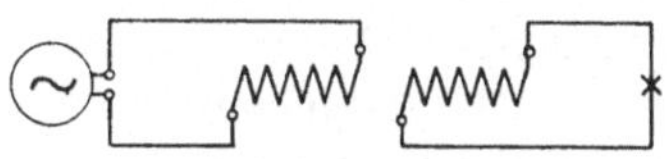

Abb. 128. Fremdinduktion bei Wechselstrom.

EMK, der Primärstrom von der Klemmenspannung, welche der primären EMK entgegengesetzt ist, geliefert wird, so sind der Sekundär- und der Primärstrom einander entgegengesetzt. Dies hat unter anderem die Folge, daß zwischen diesen beiden Strömen, also zwischen Primär- und Sekundarspule, eine abstoßende Kraft auftritt (vgl. Abb. 73).

Weiteren Aufschluß über das Verhalten einer Magnetspule bei Wechselstrom erhalten wir, wenn wir eine solche in Reihe mit einem induktionsfreien Widerstand an eine Wechselspannung legen und diese sowie die Teilspannungen messen (Abb. 129). Es zeigt z. B. der Spannungsmesser am Netzanschluß 110 V, am Widerstand 70 V, an der Spule 80 V. Die Summe der Teilspannungen ist also größer als die Gesamtspannung, während bei Gleichstrom sowie bei Reihenschaltung von zwei genau gleichartigen Widerständen, z. B. von zwei gleichen Spulen, diese Summe gleich der Gesamtspannung ist. Da wir bei dem Mehrphasenstrom auf eine ähnliche Erscheinung gestoßen waren, müssen offenbar auch hier die drei Spannungen verschiedene Phase haben und in einem Parallelogramm zusammengesetzt werden.

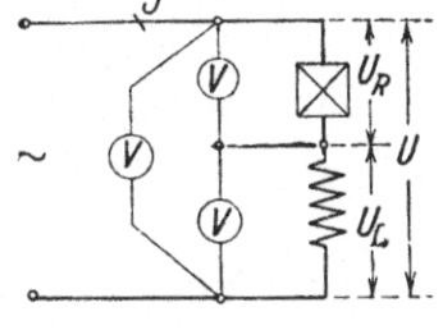

Abb. 129. Reihenschaltung von induktionsfreiem und induktivem Widerstand.

Hat die Spule einen äußerst geringen Gleichwiderstand, ist sie also als rein induktiv zu betrachten, und ist der mit ihr in Reihe geschaltete Widerstand ganz induktionsfrei, so bilden die Spannungen ein Rechteck, der Winkel zwischen den Teilspannungen ist also $90°$ (vgl. Abb. 131). Um die Erklärung für diese Erscheinung zu finden, müssen wir beachten, daß der Strom — die Ströme der Spannungsmesser werden vernachlässigt — in Spule und Widerstand derselbe ist; ferner ist es klar, daß in dem Augenblick, wo der Strom seinen Nullwert hat, die Spannung am Widerstand auch gleich Null ist, d. h. die Spannung am Widerstand und der Strom in demselben sind in Phase. Die Spannung am rein induktiven Widerstand dient aber nur zur Überwindung der Gegen-EMK. Diese ist gleich Null, wenn das Feld sich nicht ändert, also in dem Augenblick, wo Feld und Strom den Höchstwert haben. Sinkt der Strom, so entsteht nach den früheren Entwicklungen eine gleichgerichtete EMK. Wenn der sinusförmige Strom durch den Nullwert geht, ist die Neigung seiner Kurve und die Änderung des Feldes am stärksten, d. h. die EMK hat in diesem Augenblick den Scheitelwert. Bei zunehmendem Strom ist die EMK diesem entgegengesetzt gerichtet und nimmt in ihrer Größe wieder ab. Man erkennt also, daß der Strom — und mit ihm auch das Feld — der von ihm erzeugten Gegen-EMK stets um einen halben Wechsel, um 90°, vorauseilt. Die an die rein induktive Spule angelegte Spannung muß der EMK entgegengesetzt gleich sein, der Strom muß also um 90° hinter der Klemmenspannung kommen (Abb. 130). Im Vektordiagramm für die Reihenschaltung ist folglich der gemeinsame Strom in Richtung der Spannung am Widerstand, die Spannung an der Spule mit einer Phasenverschiebung von 90° voreilend zu zeichnen (Abb. 131).

Die Wirkung der Selbstinduktion ist demnach eine doppelte: sie vermindert den aufgenommenen Strom und verschiebt ihn zeitlich nach rückwärts.

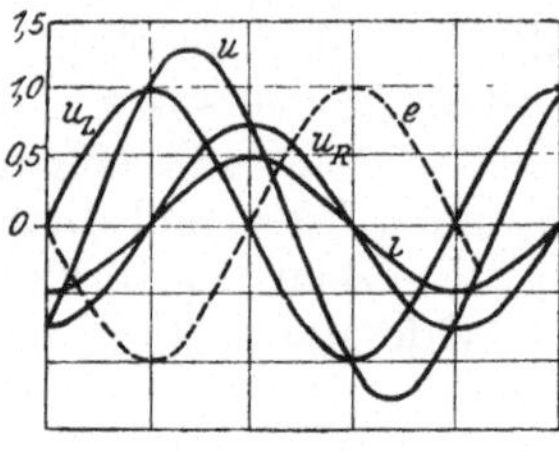

Abb. 130.
Kurvendiagramm zu
Abb. 129.

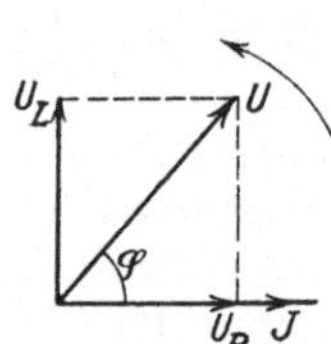

Abb 131. Vektor-
diagramm zu
Abb. 129.

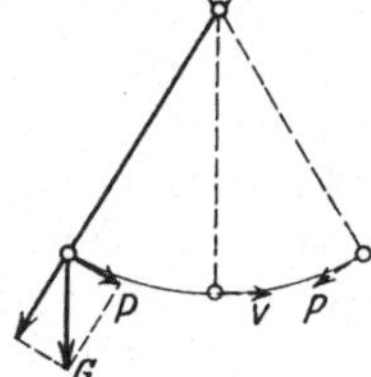

Abb 132. Kraft und
Geschwindigkeit
bei einem Pendel.

Zur Veranschaulichung dieses Verhaltens durch einen Vergleich eignet sich die Betrachtung jeder in wechselnder Richtung bewegten Masse, am besten des einfachen Pendels oder eines Schwungrades. Einer Bewegung von wechselnder Größe oder Richtung setzt bekanntlich jede Masse einen erheblich größeren Widerstand entgegen als einer Bewegung von gleichbleibender Geschwindigkeit, letzterer wirkt nur der Reibungswiderstand, ersterer auch der Trägheitswiderstand entgegen (vgl. auch S 88). Betrachten wir ein hin und her schwingendes einfaches Pendel (Abb 132), so sehen wir, daß die bewegende Kraft, d. i. die senkrecht zum Faden liegende Komponente $P$ des Gewichtes $G$, in den Totpunkten, wo die Geschwindigkeit gleich Null ist, jeweils am größten ist. Sie hat hier dieselbe Richtung wie die darauf folgende Bewegung, z. B. in der gezeichneten Stellung nach rechts. Schwingt das Pendel durch die Nullage, so hat die Kraft $P$ den Nullwert und wechselt dann ihre Richtung, während die Geschwindigkeit hier den Höchstwert hat.

## 24. Wechselstromkreis mit induktionsfreiem und rein induktivem Widerstand.

Die Beobachtungen und Ableitungen des vorigen Abschnittes geben uns die Möglichkeit, das Ohmsche Gesetz auch für den Wechselstromkreis anzuwenden. Wir setzen für die in Abb. 129 dargestellte Schaltung

die Spannung an dem induktionsfreien Widerstand $U_R = J \cdot R$,
die Spannung an dem induktiven Widerstand $\quad U_L = J \cdot R_L$.

Der Quotient aus der Gesamtspannung $U$ und dem Strom $J$ stellt nun einen neuen Begriff dar, den Scheinwiderstand

$$R_s = \frac{U}{J} \quad \ldots \ldots \ldots \ldots \quad (70)$$

Die Einheit desselben ist ebenfalls das Ohm.

Bei Reihenschaltung von induktionsfreiem und rein induktivem Widerstand ist nun nach dem Vektordiagramm (vgl. Abb. 131) zu setzen

$$U^2 = U^2{}_R + U^2{}_L = J^2 \cdot (R^2 + R^2{}_L) \quad \ldots \ldots \quad (71)$$
$$\text{(XIV. Grundgleichung).}$$

Daraus folgt

$$R_s = \sqrt{R^2 + R^2{}_L} \quad \ldots \ldots \ldots \ldots \quad (72)$$

Das Quadrat des Scheinwiderstandes ist also gleich der Quadratsumme der Teilwiderstände.

Der Winkel $\varphi$ zwischen der Gesamtspannung und dem Strom ist bestimmt durch die Funktion

$$\cos \varphi = \frac{U_R}{U} = \frac{R}{R_s} \quad \ldots \ldots \ldots \ldots \quad (73)$$

Wenn die Teilwiderstände nicht rein induktionsfrei bzw. induktiv sind, so ist ihre Quadratsumme kleiner als das Quadrat des Scheinwiderstandes. Aus den Messungen S. 90 läßt sich der Scheinwiderstand und die Induktivität der Spule, die ja Ohmschen und induktiven Widerstand besitzt, berechnen. Dabei denken wir uns die in jedem Stück der Windungslänge enthaltenen beiden Widerstandsarten in Reihe geschaltet. Die erste Messung ergibt den Gleichwiderstand $R = \dfrac{6{,}0}{3{,}0} = 2{,}0 \ \Omega$. Aus der zweiten Messung folgt der Scheinwiderstand der Spule ohne Eisen $R_s = \dfrac{21{,}0}{3{,}0} = 7{,}0 \ \Omega$. Daher ist der induktive Widerstand $R_L = \sqrt{R_s{}^2 - R^2} = 6{,}7 \ \Omega$ und bei 50 Perioden die Induktivität $L = \dfrac{6{,}7}{314} = 0{,}021 \ H$. Schließlich ist $\cos \varphi = \dfrac{R}{R_s} = \dfrac{2{,}0}{7{,}0} = 0{,}286$.

Schaltet man Widerstände beider Art parallel an dieselbe Spannung (Abb. 133), so vollzieht sich die Teilung bzw. Zusammensetzung der

Ströme in entsprechender Weise wie diejenige der Spannungen bei der Reihenschaltung. Die Summe der Teilströme ist größer als der Gesamtstrom, sie sind in einem Parallelogramm zusammenzusetzen. Bei rein induktionsfreiem Widerstand ist der Strom in Phase mit der Spannung, bei rein induktivem Widerstand folgt er um 90° hinter der Spannung. Das Vektordiagramm ist ein Rechteck (Abb. 134), daher ist

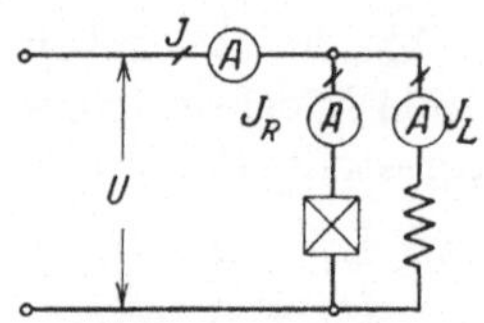

Abb. 133. Parallelschaltung von induktionsfreiem und rein induktivem Widerstand.

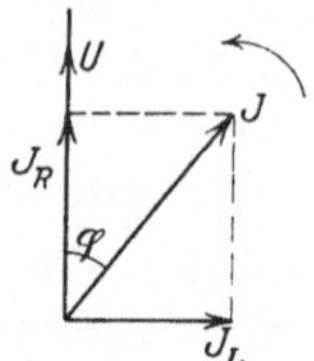

Abb. 134. Vektordiagramm zu Abb. 133.

$$J^2 = J^2_R + J^2_L \quad \ldots \ldots \ldots \ldots \ldots \quad (74)$$

(XV. Grundgleichung).

Daraus folgt

$$\left(\frac{U}{R_s}\right)^2 = \left(\frac{U}{R}\right)^2 + \left(\frac{U}{R_L}\right)^2 \quad \text{und}$$

$$\frac{1}{R_s} = \sqrt{\frac{1}{R^2} + \frac{1}{R^2_L}} \quad \ldots \ldots \ldots \ldots \quad (75)$$

Das Quadrat des Gesamtleitwertes ist also gleich der Quadratsumme der Teilleitwerte (vgl. Abschnitt 9).

Durch Gruppenschaltung von Widerständen und Spulen kann die Phasenverschiebung zwischen den Spannungen bzw. Strömen der einzelnen Teile vergrößert oder verkleinert werden, wie es für besondere Zwecke erforderlich ist. Soll z. B. der Strom in einer Spule um mehr als 90° gegen eine gegebene Spannung verschoben sein, so kann dies

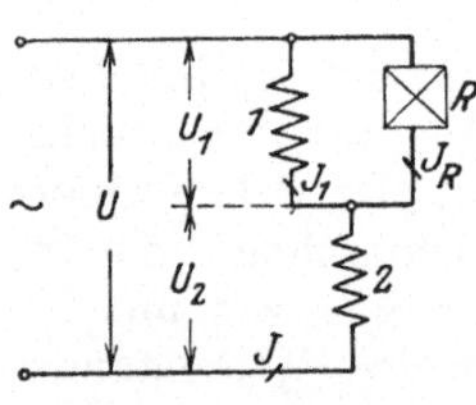

Abb. 135. Gruppenschaltung von verschiedenartigen Widerständen.

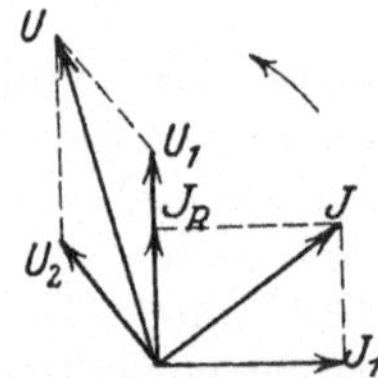

Abb. 136. Vektordiagramm zu Abb. 135.

dadurch erreicht werden, daß man nach Abb. 135 parallel zu der Spule 1 einen Widerstand $R$ und mit beiden in Reihe eine andere Spule 2 schaltet. Es seien rein induktive bzw. induktionsfreie Widerstände angenommen. Dann ist (Abb. 136) $J_R$ in Phase mit $U_1$, $J_1$ um 90° hinter $U_1$, die Spannung $U_2$ um 90° vor dem Gesamtstrom $J$ verschoben. Schließlich findet man die Lage von $U$ als Resultierende von $U_1$ und $U_2$. Der Strom $J_1$ ist also wie verlangt um mehr als 90° hinter die Spannung $U$ verschoben.

**Beispiele:** 1. Drei Bogenlampen für je 35 V sollen in Reihe mit einer Drosselspule an 220 V Wechselspannung gelegt werden. Wie groß wird die Spannung an der Drosselspule und die Phasenverschiebung des Stromkreises, wenn die Lampen als induktionsfrei, die Spule als rein induktiv betrachtet werden?

Die Lampen verbrauchen zusammen eine Spannung $U_R = 3 \cdot 35 = 105$ V, daher muß die Drosselspule eine Spannung $U_L = \sqrt{U^2 - U^2_R} = \sqrt{220^2 - 105^2} = 193$ Volt verbrauchen

Die Phasenverschiebung läßt sich bestimmen aus

$$\cos \varphi = \frac{U_R}{U} = \frac{105}{220} = 0{,}48.$$

2. Bei dem Versuch S. 93 hatten wir bei Reihenschaltung von Widerstand und Spule gemessen: Gesamtspannung $U = 110$ V, Spannung am induktionsfreien Widerstand $U_1 = 70$ V, an der Spule $U_2 = 80$ V. Das Diagramm dieser Spannungen (Abb. 137) gibt kein Rechteck, die Spule hat demnach einen merklichen Ohmschen Spannungsverlust $U_{R2}$. Der Wert desselben berechnet sich aus

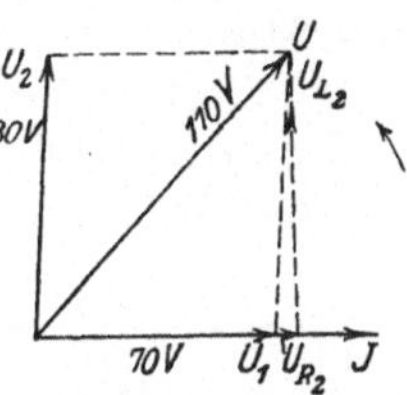


Abb. 137. Vektordiagramm zu Beispiel 2.

$$U^2 = U^2_{L_2} + (U_1 + U_{R2})^2 \quad \text{und} \quad U_2{}^2 = U^2_{L_2} + U^2_{R_2} \quad \text{zu}$$

$$U_{R2} = \frac{U^2 - U^2_2 - U_1{}^2}{2\,U_1} = \frac{110^2 - 80^2 - 70^2}{2 \cdot 70} = 5{,}7 \text{ V}$$

Beträgt der Strom $J = 2{,}5$ A, so ist

der Scheinwiderstand der Spule $R_s = \dfrac{80}{2{,}5} = 32\ \Omega$,

der Echtwiderstand der Spule $R = \dfrac{5{,}7}{2{,}5} = 2{,}28\ \Omega$,

der induktive Widerstand derselben $R_L = \sqrt{R_s{}^2 - R^2} = 31{,}9\ \Omega$.

Der Winkel $\varphi$ zwischen der Gesamtspannung $U$ und dem Strom $J$ ist bestimmt durch $\cos\varphi = \dfrac{U_1 + U_{R2}}{U} = \dfrac{70 + 5{,}7}{110} = 0{,}69$.

## 25. Der Kondensator.

An Apparaten oder Maschinen für die üblichen Wechselspannungen, die einerseits aus elektrischen Stromleitern, anderseits aus Metallkörpern von größerer Oberfläche, z. B. eisernen Kasten oder Gehäusen bestehen, bemerkt man oft eigentümliche Erscheinungen. Berührt man, während ein solcher Apparat an eine Wechselstromleitung angeschlossen ist, das von der Erde und von den Stromleitern isolierte Gehäuse, so empfindet man ein Prickeln, ähnlich wie bei dem Berühren spannungführender Teile. Unter Umständen erhalt man auch einen empfindlichen elektrischen Schlag, ebenso auch bei dem Berühren ausgedehnter elektrischer Stromleiter, die man von einem Stromkreis hoher Spannung allerseits abgeschaltet hat. Hier begegnet sich die Starkstromtechnik mit der ruhenden Elektrizitat, die Erscheinungen sind ähnlicher Art wie diejenigen, die als Wirkungen der Reibungselektrizität allgemein bekannt sind; die Körper sind elektrisch geladen.

In einem Nichtleiter sind die elektrischen Teilchen, wie wir uns laut Abschnitt 1 vorstellen, elastisch festgehalten, sie konnen also nicht fortfließen, wohl aber einen elektrischen Druck übertragen und kleine Pendelbewegungen um ihre Nullage ausführen, wenn der Nichtleiter mittels zweier Leiter unter Spannung gesetzt wird. Die beiden Leiter nennt man Elektroden, den Nichtleiter nennt man das Dielektrikum, den ganzen Apparat einen Kondensator (vgl. Abb. 139).

Legen wir einen Kondensator, der z. B. aus einer Anzahl von Blättern aus Stanniol und paraffiniertem Papier besteht, welche abwechselnd geschichtet und parallel geschaltet sind, unter Einschaltung eines Drehspulinstruments an eine Gleichstromquelle (Abb. 138), so beobachten wir, daß im Augenblick des Einschaltens ein kurzer Stromstoß entsteht, ein Dauerstrom aber nicht auftritt. Trennen wir den Kondensator von der Stromquelle und schließen ihn kurz (Stellung II des Umschalters), so entsteht wieder ein Stromstoß, jedoch von entgegengesetzter Richtung. Ersetzen wir das Drehspulinstrument durch einen passenden Wechselstrommesser und legen den Kondensator an eine Wechselstromquelle, wobei wir, um Durchschlag zu verhüten, die Spannung am Kondensator durch einen Vorschaltwiderstand allmahlich steigern, so beobachten wir einen dauernden Ausschlag. Die Vorstellung der elastischen Beweglichkeit der elektrischen Teilchen kann diese Erscheinungen sehr anschaulich erläutern.

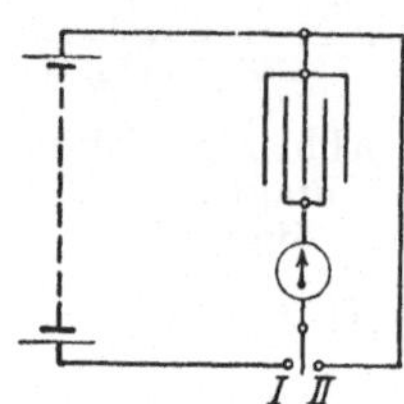

Abb. 138.
Kondensator mit
Gleichstromquelle.

Legen wir den Kondensator an eine dauernd konstante Gleichstromspannung, so werden im Augenblick des Einschaltens an der positiven Elektrode, wo nach unserer Vorstellung die Stromquelle einen Druck in Richtung auf den Verbrauchskorper ausübt, die elektrischen Teilchen in das Dielektrikum hineingedrückt, an der Saugseite treten sie etwas aus dem Nichtleiter heraus und in die negative Elektrode hinein (Abb. 139) In den Leitungen und in der Stromquelle erfahren die elektrischen Teile eine entsprechende Bewegung. Diese kann aber nur in einer geringen Verschiebung bestehen, da ja die elektrischen Teile des Nichtleiters nach unserer Vorstellung an die Stoffmoleküle elastisch gebunden sind. Dieser Verschiebungsstrom zeigt sich als Stromstoß an dem Instrument. Wird der Kondensator von der Stromquelle abgeschaltet, so bleiben die elektrischen Teile, da kein geschlossener Stromweg vorhanden ist, weiter in dem Zwangszustand, sie suchen an der positiven

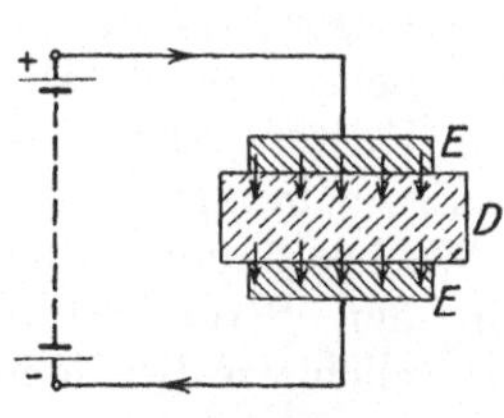

Abb. 139.
Verschiebungsstrom im
Kondensator.

Elektrode nach außen, an der negativen nach innen in ihre Ruhelage zurückzukehren. Der Kondensator hat Spannung oder Ladung, die positive Elektrode ist positiv, die negative ist negativ geladen. Legen wir nun den Kondensator an einen Verbrauchskorper oder schließen wir ihn kurz, so gleicht sich der Spannungszustand aus, die elektrischen Teile kehren in ihre Ruhelage zurück, es entsteht also wieder ein Verschiebungsstrom und zwar in umgekehrter Richtung. Wechselt dagegen die Größe oder Richtung der angelegten Spannung in rascher Folge, so werden die elektrischen Teile ständig hin und her gezerrt, sie führen im Nichtleiter wie im sonstigen Stromkreis Pendelbewegungen aus, es tritt also eine dauernde Verschiebung ein; das Instrument zeigt den Effektivwert dieses Verschiebungsstromes als dauernden Ausschlag an. In der Starkstromtechnik finden wir die Eigenschaften des Kondensators bei den Leitungen, vor allem bei den Kabeln, in denen die Leiter sowie der Bleimantel durch Isolierung voneinander getrennt sind, ferner bei Maschinen, Spulen usw., deren Wicklungen gegeneinander und gegen den Eisenkörper isoliert sind.

Wovon hängt nun die Stärke dieses Verschiebungsstromes ab? Es ist vorauszusehen, daß er proportional mit der Spannung und der Häufigkeit der Stromänderung, also bei Wechselstrom mit der Frequenz, wächst. Außerdem findet man, daß die Stromstärke von der Art und den Abmessungen des Kondensators und zwar von dem Stoff und der Dicke des Nichtleiters sowie von der Größe der Berührungsfläche zwischen den Elektroden und dem Dielektrikum abhängt. Überlegung und Versuche zeigen, daß der Strom mit der Fläche $q$ und umgekehrt proportional mit der Dicke $l$ des Nichtleiters wächst, ferner ist er einem Faktor proportional, der die dielektrische Leitfähigkeit des Nichtleiters darstellt und als Dielektrizitätskonstante $\varepsilon$ bezeichnet wird. Die Zahlentafel **im Anhang** gibt die Werte von $\varepsilon$ für einige der wichtigsten Nichtleiter an.

Es ist also $J$ proportional $U \cdot \omega \dfrac{q \cdot \varepsilon}{l}$.

Aus Gründen, die nicht weiter dargelegt werden sollen, kommt noch der schon bei dem magnetischen Stromkreis angeführte Faktor $4\,\pi$ hinzu. Man bezeichnet als **Kapazität** des Kondensators die Größe

$$C = \frac{q \cdot \varepsilon}{4\,\pi \cdot l} \quad \ldots \ldots \ldots \ldots \ldots \quad (76)$$

(XVI. Grundgleichung).

Die Einheit der Kapazität heißt Farad, das Zeichen ist $F$; der millionste Teil derselben heißt Mikrofarad, Zeichen $\mu F$.

Dann gilt die Gleichung:

$$J = U \cdot \omega \cdot C \quad \ldots \ldots \ldots \ldots \ldots \quad (77)$$

Setzen wir noch $\dfrac{1}{\omega C} = R_C$ und nennen diese Größe den **kapazitiven Widerstand**, so erhält man als **Ohmsches Gesetz** für den Kondensator bei Wechselstrom die Gleichung:

$$R_C = \frac{1}{\omega \cdot C} = \frac{U}{J} \quad \ldots \ldots \ldots \ldots \quad (78)$$

(XVII. Grundgleichung).

Wir schalten jetzt einen Kondensator von genügend großer Kapazität in Reihe mit einem Widerstand und einer Spule in einen Wechselstromkreis und messen die Teilspannungen an diesen Körpern mit einem Spannungsmesser (Abb. 140). Der Widerstand des letzteren soll groß sein, damit der Instrumentenstrom die Verhältnisse nicht merklich ändert. Wir finden dann, daß die Spannung an Widerstand und Kondensator zusammen größer ist als die Teilspannungen an diesen

Körpern, aber kleiner als die arithmetische Summe derselben. Die Spannungen sind also in einem Parallelogramm zusammenzusetzen, wie früher die Spannungen bei Reihenschaltung von Spule und Widerstand. Dagegen findet man, daß die Gesamtspannung an Kondensator und Spule kleiner ist als jede der beiden Teilspannungen Aus diesen Beobachtungen folgt, daß im Kondensator ebenfalls eine Phasenverschiebung zwischen Strom und angelegter Spannung auftritt, und daß letztere entgegengesetzte Richtung wie die Spannung an der Spule haben muß. Da der Strom in dem ganzen Versuchsstromkreis in Phase mit der Spannung am Widerstand ist, so ist also die Spannung am Kondensator nach rückwarts gegen den Strom verschoben, der **Strom im Kondensator eilt also der Spannung voraus** (Abb. 141).

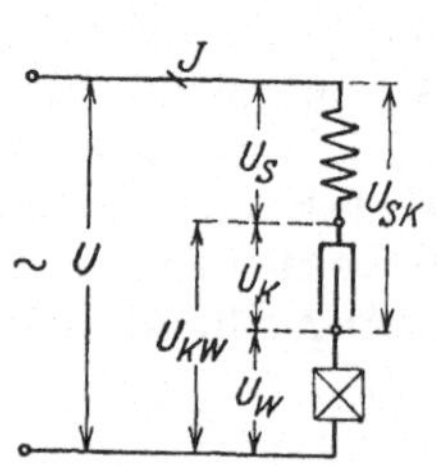

Abb. 140. Reihenschaltung von Spule, Kondensator und Widerstand.

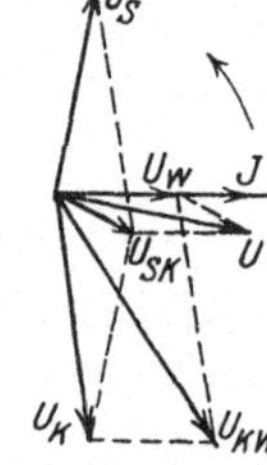

Abb. 141. Vektordiagramm zu Abb. 140.

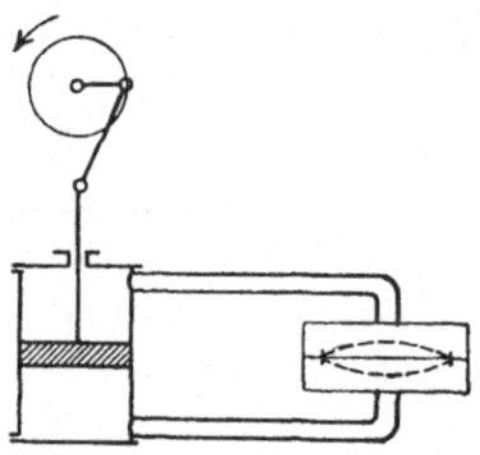

Abb. 142. Vergleichsmodell zum Kondensator.

Bei einem reinen Kondensator, d. h. einem solchen mit unendlich großem Widerstand, würde die Verschiebung 90° betragen (**vgl.** Abb. 143).

Wollen wir dieses Verhalten durch einen Vergleich anschaulich machen, so finden wir ähnliche Verhältnisse, wenn wir in dem früher verwendeten Wasserstromkreis die Leitung durch eine elastische Membran absperren (Abb. 142). Bewegt sich der Pumpenkolben durch die Mittellage nach oben, so ist in diesem Augenblick die Wassergeschwindigkeit am größten, und zwar an der Membran nach unten gerichtet, die Spannung der letzteren dagegen gleich Null. Geht der Kolben in die obere Totlage, so geht die Wassergeschwindigkeit auf den Nullwert zurück, die Membran hat die höchste Spannung, und zwar äußert sich diese in der Richtung nach oben, während der äußere Druck des Wassers mit seinem Höchstwert nach unten gerichtet ist. Der Strom eilt also bei diesem Modell dauernd dem aufzuwendenden Druck um einen halben Hub voraus.

## 26. Wechselstromkreis mit induktionsfreiem, induktivem und kapazitivem Widerstand. Resonanz.

Wir hatten soeben Widerstand, Kondensator und Spule in Reihe geschaltet, um die Art der Phasenverschiebung zwischen Strom und Spannung des Kondensators zu ergründen. Wählt man in dieser Schaltung die Induktivität und die Kapazität so, daß die Spannungen an Spule und Kondensator gleichen Wert haben, so ist die Summenspannung sehr gering, im idealen Fall von 90° Phasenverschiebung ist sie gleich Null, der induktive und der kapazitive Widerstand heben dann einander auf. Man kann daher in einem Stromkreis, der nur reine Selbstinduktion und Kapazität enthält, mit einer unendlich kleinen Gesamtspannung einen unendlich großen Strom, daher auch unendlich hohe Teilspannungen erzeugen. Diese Erscheinung nennt man Resonanz; die Bedingungen für ihr Auftreten folgen aus dem Ohmschen Gesetz für den Wechselstromkreis. Für Reihenschaltung von induktionsfreiem, rein induktivem und rein kapazitivem Widerstand folgt aus den entwickelten Gleichungen:

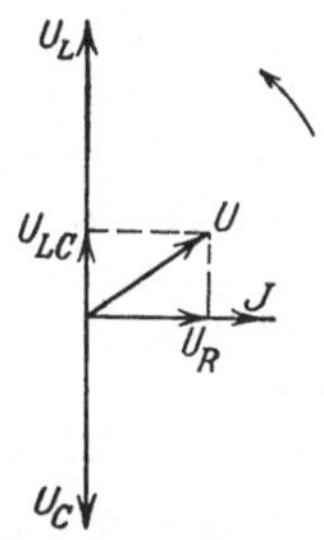

Abb. 143. Reihenschaltung von induktionsfreiem, rein induktivem und rein kapazitivem Widerstand.

$$J = \frac{U_R}{R} = \frac{U_L}{R_L} = \frac{U_C}{R_C} = \frac{U}{R_s} \quad \ldots \ldots \ldots \quad (79)$$

Ferner ist wegen der Phasenverschiebung der Spannungen von je 90° nach vorwärts bzw. rückwärts (Abb. 143)

$$U^2 = U_R{}^2 + (U_L - U_C)^2 \quad \ldots \ldots \ldots \ldots \quad (80)$$

daraus folgt

$$U = J \sqrt{R^2 + (R_L - R_C)^2} \quad \ldots \ldots \ldots \quad (81)$$

Diese Gleichung stellt das Ohmsche Gesetz für den allgemeinen Wechselstromkreis dar.

Ist $R = 0$ und $R_L = R_C$, so wird die Gesamtspannung für eine beliebige Stromstärke gleich Null, wir haben vollkommene Resonanz. Aus $\omega L = \dfrac{1}{\omega C}$ folgt der „kritische" Wert für die Frequenz in einem solchen Stromkreis

$$\omega = \sqrt{\frac{1}{L \cdot C}} \quad \text{oder} \quad f = \frac{1}{2\pi} \sqrt{\frac{1}{L \cdot C}} \cdot \quad \ldots \ldots \quad (82)$$

Hat der Stromkreis, wie es praktisch stets der Fall ist, einen mehr oder weniger großen Widerstand $R$, so ist die Stromstärke durch ihn begrenzt, sie hat aber bei der kritischen Frequenz einen weniger oder mehr scharf ausgeprägten höchsten Wert.

Entsprechende Erscheinungen beobachtet man, wenn Spule und Kondensator parallel an eine Wechselspannung gelegt werden (Abb. 144). Man erhält dann Teilströme, die weit über der Stärke des zugeführten Ge-

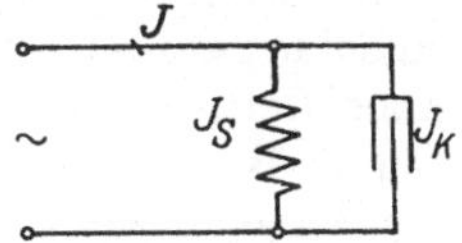

Abb. 144. Parallelschaltung von Spule und Kondensator.

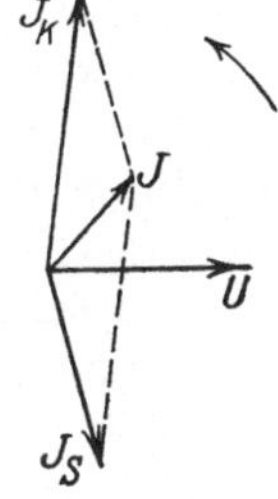

Abb. 145. Vektordiagramm zu Abb. 144.

samtstromes liegen können. Man spricht in diesem Fall von Stromresonanz im Gegensatz zu der Spannungsresonanz bei Reihenschaltung. Bei der Parallelschaltung ist der Strom in der Spule um nahezu 90° nach rückwärts, der Strom im Kondensator ebenso nach vorwärts gegen die Gesamtspannung verschoben (Abb. 145). Ihre Resultierende, der Gesamtstrom, ist daher kleiner als die Teilströme; im idealen Fall, d. h. wenn Induktivität und Kapazität rein und gleich groß sind, wäre er gleich Null

## 27. Leistung und Arbeit des Wechselstromes.

Legen wir an eine Wechselspannung einen induktionsfreien Widerstand und eine Spule, und wählen wir die Ohmwerte derart, daß Spannung und Strom in beiden Verbrauchskörpern gleich sind, so konnen wir fühlen, daß trotzdem in der Spule bedeutend geringere Warme als im Widerstand entsteht. Es kann demnach die für Gleichstrom im Abschnitt 13 entwickelte Beziehung: $N = U \cdot J$, nach welcher die in einem Widerstand verbrauchte Leistung und die dadurch entstehende Warme durch das Produkt aus Spannung und Strom bestimmt ist, nicht ohne weiteres auch für Wechselstrom gelten  Die Erscheinung der **Phasenverschiebung** zwischen Spannung und Strom der Spule, durch die der Augenblickswert der einen Große negativ sein kann, wahrend derjenige der anderen positiv ist, laßt vermuten, daß die in einem Wechselstromkreis verbrauchte Leistung auch durch die **Phasenverschiebung** bedingt ist. Es liegt nahe, ın allen Fallen, wo die Spannung und der Strom kurzzeitigen periodischen Änderungen unterworfen sind, also in erster Linie bei Wechselstrom, außer dem Spannungs- und dem Strommesser noch ein Instrument zu

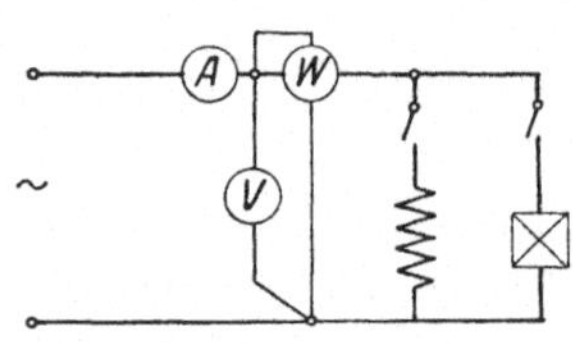

Abb. 146. Leistungsmessung an Spule bzw. Widerstand.

verwenden, in welchem diese beiden Größen gleichzeitig mit dem Produkt ihrer Augenblickswerte zur Wirkung kommen. Die Bauart eines solchen Instrumentes, das man **Leistungsmesser** oder auch **Wattmeter** nennt, soll spater naher besprochen werden. Hier sei nur angedeutet, daß es in der Regel zwei Spulen enthalt, von denen die eine wie ein Strommesser, die andere wie ein Spannungsmesser geschaltet wird. Der Ausschlag des Instrumentenzeigers entsteht dann durch die Wirkung dieser beiden Spulen.

Wir legen nun zunächst einen induktionsfreien Widerstand, sodann eine Spule, schließlich beide parallel unter Einschaltung eines Spannungs-, eines Strom- und eines Leistungsmessers (Abb 146) an eine Wechselstromquelle und lesen z. B folgende Werte an den Instrumenten ab:

|  | Spannung<br>V | Strom<br>A | Leistung<br>W |
|---|---|---|---|
| bei Einschaltung des Widerstandes . . . | 110 | 5 | 550 |
| bei Einschaltung der Spule . . . . . . | 110 | 5 | 100 |
| bei Einschaltung des Widerstandes und der Spule . . . . . . . . . . . . . . . . | 110 | 7 | 650 |

Diese Beobachtungen zeigen, daß im ersten Fall die Angabe des Leistungsmessers gleich dem Produkt aus Spannung und Strom ist, genau wie bei Gleichstrom; bei Einschaltung der Spule dagegen ist die Angabe des Leistungsmessers erheblich **kleiner** als jenes Produkt.

Die Ursache dieser Erscheinung ist tatsächlich die Phasenverschiebung. Ihre Folgen erkennen wir am besten aus einem Kurvendiagramm. Zeichnen wir Spannung und Strom in Phase miteinander, was bekanntlich für den induktionsfreien Widerstand zutrifft, so ist das Produkt der Augenblickswerte dieser beiden Größen, also der Augenblickswert der Leistung, stets positiv, da ja auch das Produkt zweier negativer Größen positiv ist (Abb. 147). Auf den Zeiger des Leistungsmessers wirken daher Kräfte von dauernd gleicher Richtung, die nach der Kurve $l$ verlaufen, sein Ausschlag entspricht bei der raschen Änderung dem arithmetischen Mittelwert dieser Kräfte. Ist dagegen der Strom gegen die Spannung nach- oder voreilend verschoben, sind also Spulen oder Kondensatoren als Verbrauchskörper eingeschaltet, so ist zeitweise

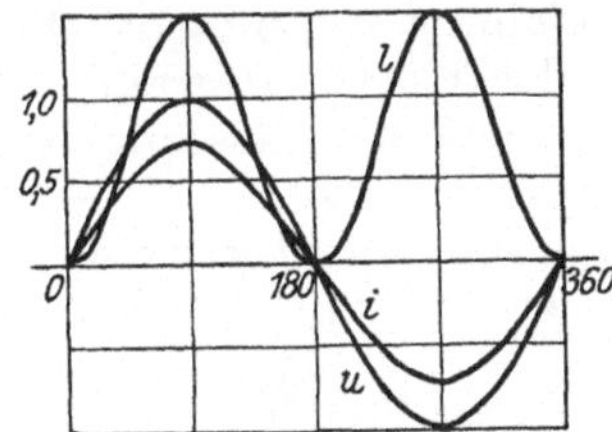

Abb. 147. Kurvendiagramm
bei Phasengleichheit von
Strom und Spannung.

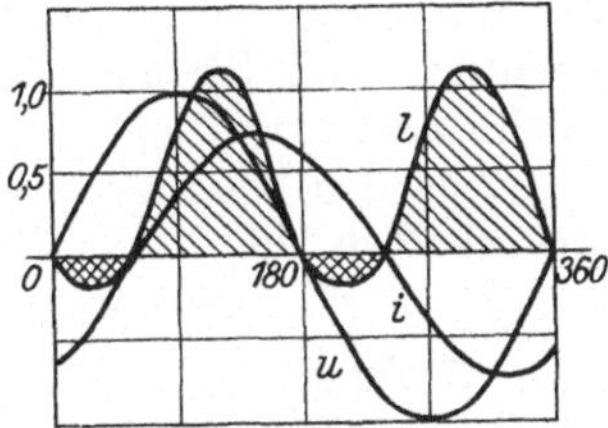

Abb. 148. Kurvendiagramm
bei Phasenverschiebung
zwischen Strom und Spannung.

die Spannung negativ, der Strom dabei aber positiv und umgekehrt. Das Produkt der Augenblickswerte ist dann zeitweise negativ (Abb. 148), auf den Zeiger wirken also Kräfte wechselnder Richtung. Der Mittelwert aller Augenblickswerte der Leistung während eines Stromwechsels ist dann kleiner als bei Phasengleichheit zwischen Spannung und Strom. Beträgt die Phasenverschiebung $90°$, so sind, wie man durch Aufzeichnung der Kurven erkennen kann, die negativen Teile der Leistungskurve genau so groß wie die positiven. Auf das bewegliche System des Leistungsmessers wirken in diesem Fall innerhalb eines Stromwechsels rechtsdrehende und linksdrehende Zugkräfte gleicher Gesamtstärke, der Leistungsmesser zeigt daher den Mittelwert Null an. Vergleichen wir die Werte der drei obigen Messungen untereinander, so sehen wir, daß bei dem dritten Versuch, der Parallelschaltung von Widerstand und Spule, der Strommesser die geometrische Summe der Ströme (vgl. S. 96), der Leistungsmesser die arithmetische Summe des Leistungsverbrauches der beiden Körper anzeigt. Die früher entwickelte Gleichung für die Leistung muß demnach erweitert werden, um eine allgemeine, auch bei Wechselstrom in allen Fällen gültige Form zu erhalten.

Das Produkt aus Wechselspannung und -strom nennt man Scheinleistung und benutzt für diesen Begriff das Zeichen $N_s$, als Einheit gebraucht man das Voltampere (Zeichen VA), bzw. das Kilovoltampere (Zeichen kVA). Die von dem Leistungsmesser angezeigte Größe heißt dagegen Wirkleistung oder kurz Leistung, das Zeichen ist $N$, die Einheit das Watt. Um aus der Scheinleistung die Wirkleistung zu erhalten, multipliziert man erstere mit einem Faktor, dem Leistungsfaktor oder Wirkfaktor. Der Leistungsfaktor muß Null sein, wenn die Phasenverschiebung zwischen Spannung und Strom 90° beträgt, dagegen muß er den Wert 1 haben, wenn Spannung und Strom in Phase sind.

In der Mechanik ist bekanntlich die Arbeit einer Kraft, wenn der Körper sich nicht in der Richtung dieser Kraft bewegt, gleich derjenigen Komponente derselben, die in die Richtung des Weges fällt, den der Körper nimmt, multipliziert mit diesem Weg. Ist im elektrischen Stromkreis der Strom $J$ gegen die Spannung $U$ um einen Winkel $\varphi$ verschoben (vgl. Abb. 149), so kommt ebenso für die Wirkleistung nur diejenige Komponente der Spannung in Betracht, die in der Richtung des Stromes liegt; mittels der Kurvendiagramme ist dies leicht nachzuweisen. Daraus folgt nun, daß der Leistungsfaktor dem Cosinus des Winkels $\varphi$ gleich ist.

Wir erhalten demnach allgemein für Einphasenwechselstrom:

$$\text{Scheinleistung} \quad \boldsymbol{N_s = U \cdot J} \quad \ldots \ldots \ldots \quad (83)$$

$$\text{Wirkleistung} \quad \boldsymbol{N = N_s \cdot \cos\varphi = U \cdot J \cdot \cos\varphi} \quad \ldots \quad (84)$$
$$\text{(XVIII. Grundgleichung).}$$

Als Blindleistung $N_b$ bezeichnet man schließlich das Produkt aus der Scheinleistung und dem Sinus des Winkels zwischen Spannung und Strom. Es ist also

$$N_b = N_s \cdot \sin\varphi = U \cdot J \cdot \sin\varphi \quad \ldots \ldots \ldots \quad (85)$$

Die Funktion $\sin\varphi$ wird Blindfaktor genannt; sein Wert kann aus dem Leistungsfaktor durch die Gleichung $\sin\varphi = \sqrt{1 - \cos^2\varphi}$ berechnet werden.

Für Drehstrom mit gleicher Belastung der drei Phasen ist die gesamte Leistung gleich der dreifachen Phasenleistung, daher wird bei Sternschaltung, da $U = 1{,}73 \cdot U_\curlywedge$ ist,

$$N_s = 3 \cdot U_\curlywedge \cdot J = 1{,}73 \cdot U \cdot J;$$

bei Dreieckschaltung ist $J = 1{,}73 \cdot J_\triangle$, daher

$$N_s = 3 \cdot U \cdot J_\triangle = 1{,}73 \cdot U \cdot J.$$

Unabhängig von der Schaltung ist also bei Drehstrom mit gleichmäßiger Belastung der drei Phasen die Scheinleistung

$$\boldsymbol{N_s = 1{,}73 \cdot U \cdot J} \quad \ldots \ldots \ldots \ldots \quad (86)$$

und entsprechend die Wirkleistung

$$\boldsymbol{N = 1{,}73 \cdot U \cdot J} \cdot \cos\varphi \quad \ldots \ldots \ldots \quad (87)$$

Ebenso wie bei Gleichstrom erhält man auch bei Wechselstrom die abgegebene oder aufgenommene Arbeit als das Produkt der jeweiligen

Leistung mit der Zeitdauer und nennt diese kurz den Verbrauch. Dementsprechend ist allgemein für Wechselstrom

$$\text{der Scheinverbrauch } A_s = N_s \cdot t \quad \ldots \ldots \ldots \text{(88)}$$
$$\text{der Wirkverbrauch } A = N \cdot t \quad \ldots \ldots \ldots \text{(89)}$$
$$\text{und der Blindverbrauch } A_b = N_b \cdot t \quad \ldots \ldots \text{(90)}$$

In der Mechanik gewährt die Zerlegung von Kraft oder Geschwindigkeit tieferen Einblick. Ebenso kann man hier die Spannung oder die Stromstärke in zwei zu einander senkrechte Komponenten zerlegen. Man bezeichnet die in Richtung des Stromes liegende Spannungskomponente als Wirkspannung $U_w$ (Abb. 149). Es ist daher für Einphasenstrom bzw. für jede Phase des Mehrphasenstromes

$$U_w = U \cdot \cos \varphi = \frac{N}{J}. \quad \ldots \ldots \ldots \text{(91)}$$

Die Spannungskomponente, die senkrecht zu dem Strom liegt, heißt Blindspannung $U_b$. Es ist also

$$U_b = U \cdot \sin \varphi = U \sqrt{1 - \cos^2 \varphi} = \sqrt{U^2 - \left(\frac{N}{J}\right)^2} \quad \ldots \text{(92)}$$

Ist der Verbrauchskörper eine Spule ohne Eisenkern, so hat die Wirkspannung die Aufgabe, den Ohmschen Widerstand $R$ der Spule zu überwinden, die Blindspannung dient zum Ausgleich der Gegen-EMK der Selbstinduktion oder anders ausgedrückt, zur Überwindung des induktiven Widerstandes $R_L$.

Zerlegt man dagegen den Strom (Abb. 150), so erhält man in entsprechender Weise als Komponenten in Richtung der Spannung den Wirkstrom

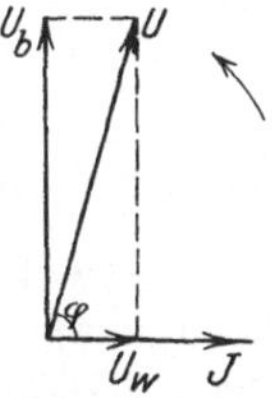

Abb. 149. Vektordiagramm der Spannungskomponenten.

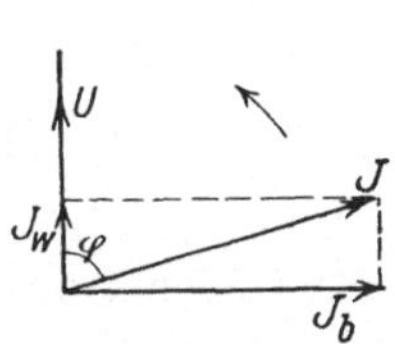

Abb. 150. Vektordiagramm der Stromkomponenten.

$$J_w = J \cdot \cos \varphi = \frac{N}{U} \quad \ldots \ldots \ldots \ldots \text{(93)}$$

und senkrecht zur Spannung den Blindstrom

$$J_b = J \cdot \sin \varphi = \sqrt{J^2 - \left(\frac{N}{U}\right)^2} \quad \ldots \ldots \text{(94)}$$

Die physikalische Bedeutung der Stromkomponenten bei Spulen soll später betrachtet werden (vgl. Abschn. 52).

Legt man einen Kondensator, dessen Isolationswiderstand nicht unendlich groß ist, an eine Wechselspannung, so hat der Strom $J$ eine Phasenverschiebung von weniger als 90°. Man kann dann den Wirkstrom $J \cdot \cos \varphi$ als Isolationsstrom, den Blindstrom $J \cdot \sin \varphi$ als Verschiebungsstrom betrachten.

**Beispiel:** Aus den Beobachtungswerten des zu Beginn dieses Abschnittes angeführten Versuches kann man berechnen:

für den induktionsfreien Widerstand

$$N_s = U \cdot J = 110 \cdot 5 = 550 \text{ VA}, \quad \cos \varphi = \frac{N}{N_s} = \frac{550}{550} = 1;$$

für die Spule

$$N_s = 550 \text{ VA}, \quad \cos \varphi = \frac{100}{550} = 0{,}18.$$

Die Wirkspannung der Spule ist

$$U_w = 110 \cdot 0{,}18 \quad \text{oder} \ = \frac{N}{J} = \frac{100}{5} = 20 \text{ V}.$$

Da die Spule laut Angabe kein Eisen hat, so wird die Aufnahme von Wirkleistung lediglich durch den Ohmschen Widerstand der Spule bedingt, es ist also $R = \dfrac{N}{J^2}$ oder $= \dfrac{U_w}{J} = \dfrac{20}{5} = 4 \ \Omega.$

Ferner ist die Blindspannung der Spule

$$U_b = \sqrt{U^2 - \left(\frac{N}{J}\right)^2} = \sqrt{110^2 - 20^2} = 108 \text{ V}$$

und der induktive Widerstand

$$R_L = \frac{U_b}{J} = \frac{108}{5} = 21{,}6 \ \Omega.$$

Schließlich ist der Scheinwiderstand

$$R_s = \sqrt{R^2 + R^2{}_L} = \sqrt{4^2 + 21{,}6^2} \quad \text{oder} \ = \frac{U}{J} = \frac{110}{5} = 22 \ \Omega.$$

## 28. Magnetische und elektrische Energie.

Wie im Abschnitt 23 erwähnt, ist der bei gegebener Spannung einen Gleichstrom-Elektromagneten durchfließende Strom unabhängig von der Stärke des Magnetfeldes; er ist lediglich durch den Gleichwiderstand $R$ bedingt, bleibt also unverändert, wenn ein bestimmter Draht einmal zu einer Spule aufgewickelt wird, die ein kräftiges Magnetfeld liefern kann, das andere Mal induktionsfrei gewickelt wird, so daß bei Stromdurchfluß kein Feld entsteht. Die Erhaltung eines Magnetfeldes erfordert demnach keinen Aufwand an Wirkleistung. Diese Tatsache ist auch ein Beweis dafür, daß der sogenannte magnetische Fluß tatsächlich keine Strömung ist, da eine solche ja stets Widerstand finden, also Wirkleistung verbrauchen würde. Wie liegen aber die Dinge bei dem Entstehen und Verschwinden eines Magnetfeldes? Im Abschnitt 22 wurde die Beobachtung erläutert, daß bei dem Einschalten einer Spule an eine Gleichstromquelle der Strom nicht sofort in voller Stärke fließt, sondern langsam entsteht. Bei der Spannung $U$ möge ein Dauerstrom $J$ durch die Spule vom Ohmwert $R$ fließen; in dieser wird dann eine Leistung $N = U \cdot J$ in Wärme umgesetzt. Kurz nach dem Einschalten wird der allmählich entstehende Strom in einem bestimmten Augenblick z. B. nur den Wert $\dfrac{J}{3}$ haben, obgleich die volle Spannung an den Klemmen der Spule liegt. Es wird dann in diesem Augenblick dem Netz eine

Leistung $U \cdot \dfrac{J}{3}$ entnommen, in der Spule aber nur eine Leistung $\left(\dfrac{J}{3}\right)^2 \cdot R = U \cdot \dfrac{J}{9}$ in Wärme umgesetzt. Wo kommt der Rest der Leistung hin, der in dem betrachteten Augenblick den Wert $\dfrac{U \cdot J}{3} - \dfrac{U \cdot J}{9} = \dfrac{2 \cdot U \cdot J}{9}$ hat? Woher nimmt ferner die Spule bei Unterbrechung des Gleichstromes die Leistung, die den früher beobachteten starken Lichtbogen speist? Wir finden durch solche Überlegungen, daß wahrend des Anwachsens des Stromes, also wahrend der Entstehung des Feldes, von der Spule Leistung aufgenommen und beim Verschwinden des Feldes Leistung von der Spule abgegeben wird. Der früher herangezogene Vergleich der Spule mit einer Masse erleichtert auch hier die Anschauung. Bei jeder Beschleunigung einer Masse wird Leistung verbraucht und als Energie der Bewegung in dem Körper aufgespeichert, bei jeder Verzögerung einer Masse wird Leistung gewonnen; die Erhaltung einer bestimmten Geschwindigkeit würde keine Leistung erfordern, wenn keinerlei Reibungswiderstände sich der Bewegung entgegenstellen würden. Eine stromdurchflossene Spule hat ähnlich wie eine bewegte Masse ein **Arbeitsvermögen**, sie verwandelt wahrend einer Stromverstärkung einen Teil der aus dem Netz entnommenen elektrischen Arbeit in **magnetische Energie** und gibt bei einer Schwachung des Stromes diese wieder in Form elektrischer Arbeit zurück.

Im Abschnitt 27 hatten wir für die Spule als Verbrauchskörper eines Wechselstromkreises gefunden, daß bei 90° Phasenverschiebung zwischen Spannung und Strom die Leistungskurve wahrend eines Stromwechsels periodisch positive und negative Werte gleicher Große hat. Dabei ist die von der Spule aufgenommene Leistung so lange positiv, es wird also so lange Leistung aus dem Netz aufgenommen, als die Stromstarke in positiver oder negativer Richtung ansteigt. Wahrend des Stromabfalls dagegen ist die Leistungskurve $l$ negativ, es findet also eine Abgabe von Leistung an das Netz statt, die Spule wirkt daher in dieser zweiten Halfte des Stromwechsels als Generator (Abb. 151). Die in der Spule sich aufspeichernde magnetische Arbeit nimmt demnach so lange zu, als der Strom ansteigt, sie wird bei abfallendem Strom kleiner und ist wieder gleich Null, wenn der Strom den Nullwert erreicht hat. Dieses Spiel wiederholt sich bei jedem Stromwechsel. Berechnet man für verschiedene Zeitabschnitte zwischen 0 und 90° die Fläche des betreffenden Abschnittes der Leistungskurve, also die Summe der Produkte von Leistung und Zeit, so erhält man

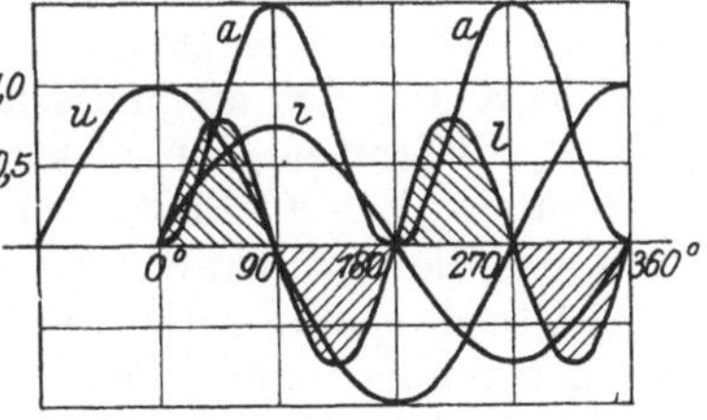


Abb. 151. Kurvendiagramm der Leistung und Arbeit bei rein induktiver Belastung.

den Verlauf der Arbeitskurve $a$ der Spule. Die Größe des elektromagnetischen Arbeitsvermögens muß offenbar von der Induktivität der Spule und der Stärke des Stromes abhängen; sie berechnet sich zu

$$A = \frac{L \cdot J^2}{2} \quad \ldots \ldots \ldots \ldots \ldots (95)$$

Diese Gleichung entspricht derjenigen für die Bewegungsenergie der Mechanik:

$$A = \frac{m \cdot v^2}{2}.$$

Das früher zur Veranschaulichung verwendete Pendel kann auch hier die Vorstellung erleichtern; in der Masse des Pendelgewichts wird in der ersten Hälfte der Schwingung, während das Pendel aus der äußersten Lage nach unten schwingt, die Geschwindigkeit also steigt, Bewegungsenergie aufgespeichert, in der zweiten Hälfte nimmt letztere ab und verwandelt sich in Energie der Lage.

Zeichnen wir in entsprechender Weise den Verlauf der Leistungskurve für eine Voreilung des Stromes gegenüber der Klemmenspannung, also für einen Kondensator auf, so finden wir, daß die Leistungskurve während des Ansteigens der Spannung positiv, während des Abfallens derselben negativ ist, der Kondensator nimmt also ebenfalls abwechselnd Arbeit auf und gibt sie wieder ab. Die vom Kondensator während des Spannungsanstiegs aufgenommene elektrische Energie wird in elektrostatische Energie verwandelt. Für diese erhält man eine Gleichung ähnlicher Form und zwar ist:

$$A = \frac{C \cdot U^2}{2} \quad \ldots \ldots \ldots \ldots \ldots (96)$$

wenn $C$ die Kapazität des Kondensators und $U$ die angelegte Spannung ist. Der Verlauf der aufgespeicherten Arbeit läßt sich wie bei der Spule als Kurve $a$ darstellen; diese hat jedoch bei dem Kondensator ihren Höchstwert in dem Augenblick, in welchem die Klemmenspannung den Scheitelwert erreicht.

Die Kurve der magnetischen Energie ist daher in Phase mit dem Strom, diejenigen der elektrostatischen Energie in Phase mit der Spannung. Bei 90° Phasenverschiebung zwischen Spannung und Strom sind also diese beiden Kurven untereinander um 90° verschoben. Unter dem Gesichtspunkte der Energie zeigt nun auch die Erscheinung der Resonanz eine neue Seite. Im Augenblick des Strommaximums hat die Spule den Höchstwert, der Kondensator den Nullwert an Energie. Mit dem Abfallen des Stromes nimmt die Energie der Spule ab, diejenige des Kondensators zu. Hat der Strom den Augenblickswert Null, so hat der Kondensator den Höchstwert, die Spule den Nullwert der Energie, kurz, es findet ein Hin- und Herpendeln der Energie zwischen Spule und Kondensator statt. Würden in beiden gar keine Verluste, also keinerlei Wärme auftreten, so würde eine unendlich kleine Spannung der Stromquelle genügen, um ein solches Pendeln der Energie, also Schwingungen zwischen Spule und Kondensator hervorzurufen und hohe Spannungen abwechselnd an den beiden zu erregen. Tatsächlich unterliegt jedoch jede mechanische Schwingung durch die Reibung, jede elektrische Schwingung durch den Ohmschen Widerstand des Schwingungskreises einer Dampfung, welche die Schwingungen allmählich abklingen laßt, wenn nicht periodisch ein neuer Anstoß erfolgt. Ein mechanisches Modell für solche Resonanzschwingungen bietet das vorhin erwähnte Pendel oder die Verbindung einer Feder mit einer Masse. Hängt man ein Gewicht an eine Schraubenfeder und stimmt diese beiden gegeneinander ab, so genügt ein ganz geringer Anstoß, um das Gewicht in starke Vertikalschwingungen um seine Ruhelage nach oben und unten zu versetzen. In der hochsten und tiefsten Lage ist dann die Bewegungsenergie des Gewichtes gleich Null, während die Spannungsenergie der Feder als Zug oder Druck den Höchstwert hat. Bei dem Durchgang durch die Ruhelage ist die Feder ungespannt, in dem Gewicht dagegen das Maximum an Bewegungsenergie aufgespeichert. Noch reiner sieht man die Erscheinung verkörpert, wenn man die Schwingungen der Unruhe einer Taschenuhr mit der an ihrer Welle befestigten Spiralfeder betrachtet.

Während bei Reihenschaltung von Spule und Kondensator die Schwingungen sich durch den ganzen Stromkreis schließen, bildet sich bei Parallelschaltung ein „kurz"geschlossener Stromkreis; dabei wird von der Stromquelle die gemeinsame Spannung, jedoch nur sehr geringe Stromstärke geliefert. In den elektrischen Starkstromanlagen bedeuten, abgesehen von einigen mit Absicht auf Resonanz gebauten Apparaten, solche Schwingungen eine gefürchtete Störung. Sie können z. B. auftreten, wenn unbelastete Kabel an Transformatoren angeschlossen sind, ferner konnen sie durch die Funken erregt werden, welche bei dem Ein- und Ausschalten von Stromkreisen, bei dem Ansprechen von Funkenableitern sowie bei dem Durchschlag von Isolierungen, dem Überschlag von Isolatoren und dgl. auftreten.

## 29. Das elektrische Feld.

Die Erscheinung der Schwerkraft, die jeden Körper einer nach dem Erdmittelpunkt gerichteten Kraft unterwirft, hat zu dem Begriff des Schwerefeldes oder Gravitationsfeldes geführt. Durch Größe und Richtung der Schwerkraft ist das Feld an der betreffenden Stelle bestimmt. Die von einem Magneten ausgeübten Krafte der Anziehung und Abstoßung gestatten es ebenso, das „Feld" eines solchen Magneten, also den in seiner Umgebung auf gewisse Körper ausgeübten Zwang, nach Größe und Richtung festzustellen.

Eine ahnliche Wirkung tritt nun in dem Bereich von Korpern auf, die elektrisch geladen sind, also eine elektrische Spannung gegeneinander haben, z. B. zwischen den Elektroden eines Kondensators, zwischen den einzelnen Leitern sowie den Leitern und der Erde in Anlagen hoher Spannung. Anziehung und Abstoßung, durch das Reiben von Harz bzw. Glas verursacht, waren die ältesten Beobachtungen elektrischer Fernwirkungen. Auf ihnen beruht die Unterscheidung von positiver und negativer Elektrizität in der Elektrostatik und die Unterscheidung zwischen positiver und negativer Klemme einer Stromquelle, die man sinngemäß in der Lehre von der strömenden Elektrizität anwandte.

Zur Messung solcher elektrischer Ladungen verwendet man elektrostatische Spannungsmesser. Bringt man nach Abb. 152 eine drehbare Metallplatte $F$ zwischen feste Metallplatten $Q$ und legt die drehbare Platte an die eine Klemme, die festen Platten an die andere Klemme einer elektrischen Spannung, so wird zwischen den ungleichnamig geladenen Platten eine Anziehung stattfinden. Wird die drehbare Platte durch die Gegenkraft einer Feder oder eines Gewichtes nach der Nulllage gezogen, so ist der Ausschlag des drehbaren Systems ein Maß für die Hohe der angelegten Spannung.

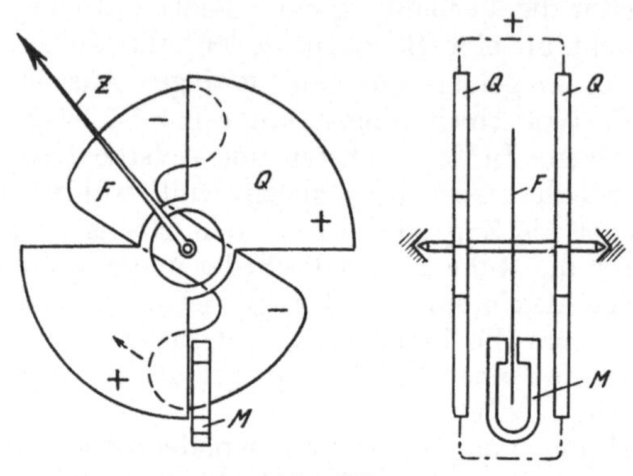

Abb. 152.
Elektrostatischer Spannungsmesser.

Der im Wirkungsbereich elektrisch geladener Körper liegende Raum, das elektrische Feld, befindet sich in einem Zwangszustand, dessen Größe und Richtung durch die elektrischen Feldlinien dargestellt werden kann. Das elektrische Feld kann durch staubformige Nichtleiter oder durch elektrische „Nadeln“ ebenso sichtbar gemacht werden wie das magnetische Feld durch Eisenfeilicht oder Magnetnadeln. Man spricht auch hier von einem „Fluß“, obgleich wie bei dem Magnetismus keine Strömung sondern nur ein ruhender Zug- und Druckzustand auftritt. Wir wollen nun verschiedene Formen des elektrischen Feldes, die für die Starkstromtechnik von Bedeutung sind, betrachten.

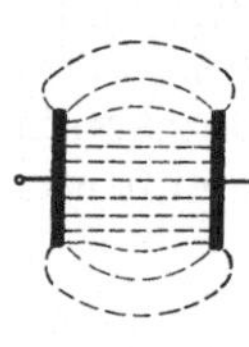

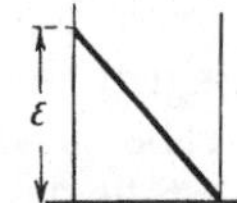

Abb. 153.
Feld und Spannungsgefälle zwischen Platten.

Sind die Elektroden (Abb. 153) eben und parallel zu einander und durch einen homogenen Nichtleiter getrennt, so verlaufen die elektrischen Feldlinien zwischen diesen Platten in der Hauptsache senkrecht zu denselben und in gleichbleibender Dichte, nur an den Rändern tritt eine solche Ausbiegung in den äußeren Raum auf, daß sich wie bei dem magnetischen Feld der geringste Gesamtwiderstand ergibt. Von den Randgebieten abgesehen, wird daher auf jede kleinste Langeneinheit des Linienweges zwischen den Platten der gleiche Anteil der gesamten Spannung entfallen, d. h. das Spannungsgefalle ist konstant. Der Verlauf der Spannung in Abhangigkeit von der Weglange laßt sich also durch eine gerade Linie darstellen. Nehmen wir dagegen zwei Kugeln als Elektroden, so hat das Linienbild des elektrischen Feldes eine ähnliche Gestalt wie dasjenige zweier kugelförmiger, ungleichnamiger Magnetpole, die Linien stehen nahezu senkrecht auf der Oberfläche der Kugeln, ihre Dichte ist daher an der Oberfläche der Kugeln am größten und nimmt mit wachsendem Abstand ab (Abb. 154). Die Betrachtung dieses Linienbildes oder der Vergleich mit irgend einer Strömung gleicher Form läßt erkennen, daß das Spannungsgefälle nicht mehr konstant ist, sondern daß es sich mit der Liniendichte ändert. An den Stellen, wo sich die Linien am stärksten zusammendrängen, wo der Querschnitt für jede Röhre des Flusses am geringsten, der Widerstand also am größten ist, muß die Spannung auf die Einheit der Länge, d. h das Spannungsgefälle, am größten sein. Die Höhe der Spannung längs einer Feldlinie muß daher in einer Kurve verlaufen, deren Neigung an den Elektroden am größten, in der Mitte des Weges am kleinsten ist. Schließlich betrachten wir das Feld eines geraden Leiters von kreisförmigem, verhältnismäßig kleinem Querschnitt, der sich im Mittelpunkt eines zweiten ringförmigen

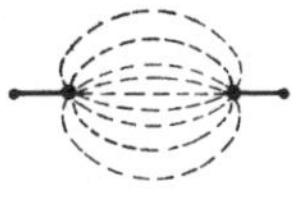
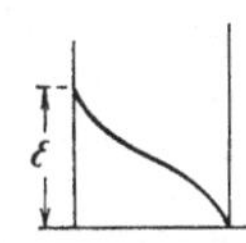

Abb. 154. Feld und Spannungsgefälle zwischen Kugeln.

Leiters befindet, wie dies bei einem Einleiterbleikabel oder einem Durchführungsisolator der Fall ist (Abb. 155). Die Feldlinien verlaufen radial, ihre Dichte nimmt daher von innen nach außen zunächst stark, allmählich immer weniger ab. Dementsprechend verlauft die Spannung; das Spannungsgefälle ist offenbar dicht am inneren Leiter am größten, und zwar desto größer, je kleiner der Radius dieses Leiters ist.

Was geschieht nun, wenn die Spannung zwischen solchen Elektroden immer mehr erhöht wird? Wie bereits im Abschnitt 1 erwähnt wurde, tritt bei übermäßiger Beanspruchung eines Nichtleiters ein Durchschlag, d. h. nach unserer Hilfsvorstellung ein Zerreißen des Zusammenhangs zwischen den elektrischen und den Stoffteilen auf und dadurch ein Stromübergang. Bleibt dabei die Spannung zwischen den Elektroden in ungefähr gleicher Höhe bestehen, so wird ein dauernder Lichtbogen auftreten, verschwindet dagegen die Spannung durch den Ausgleich, so besteht der Durchschlag nur in einem kurzzeitigen Funkenüberschlag. Wird die Spannung allmählich auf Werte erhöht, die noch unter der Durchschlagsspannung liegen, so wird zunächst an den Stellen des größten Spannungsgefalles, d. h. der größten Liniendichte, ein örtlicher

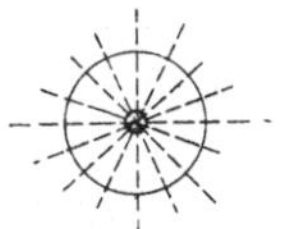
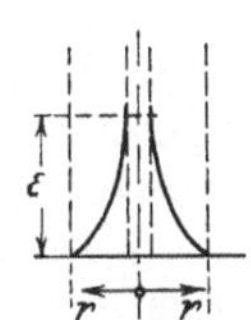

Abb. 155. Feld und Spannungsgefälle zwischen konzentrischen Leitern.

Durchschlag, ein sogenanntes Glimmen auftreten. Es zeigen sich bläuliche Lichtbüschel von mehr oder weniger großer Länge, die an den Kanten bzw. der Oberfläche der Elektroden beginnen und im freien Raume zwischen den Elektroden enden. Diese Entladungen erzeugen Wärme, ferner haben sie eine chemische Wirkung. Die Luft wird zersetzt, es bildet sich Ozon, das man an dem eigentümlichen Geruch er-

kennt, sowie salpetrige Säure, die eine Zerstörung von Faserstoffen, z. B.
der Drahtumspinnung von Drahten, zur Folge hat. Um das Glimmen
zu vermeiden, muß man den dielektrischen Widerstand an diesen
Stellen verringern, die Kapazität also erhohen. Zu diesem Zweck
vermeidet man in Hochspannungsanlagen scharfe Ecken und Kanten
an den Leitern sowie Leiter von sehr geringem Umfang.

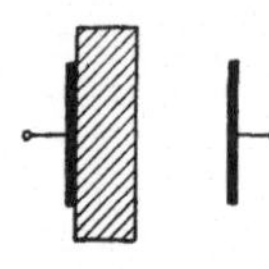

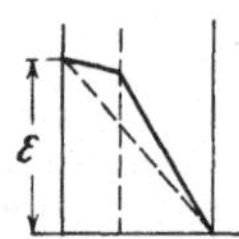

Abb. 156.
Spannungs-
gefälle bei ver-
schiedener
Dielektrizitäts-
konstante.

Da die Kapazität nach Abschnitt 25 von der Dielektrizitätskonstante des Stoffes abhangt, so muß auch
diese von Einfluß auf das Spannungsgefalle sein. Ersetzt man z. B. bei dem Kondensator der Abb. 153
einen Teil des Luftzwischenraumes durch eine Glasplatte, so hat man damit in der Bahn des Verschiebungsstromes einen Körper von größerer dielektrischer Leitfahigkeit, das Glas, und einen solchen von geringerer
Leitfahigkeit, die Luft, in Reihe geschaltet (Abb. 156).
In der Glasscheibe wird also ein kleineres Spannungsgefalle auftreten als vorher in der Luftschicht gleicher
Dicke, das Gefalle in der übrigen Luftschicht wird daher
größer sein als bei der ersten Anordnung ohne Glasplatte. Bei der Anordnung nach Abb. 156 wird also
schon bei geringerer Gesamtspannung ein Durchschlag
auftreten, sie hat geringere Festigkeit als diejenige der
Abb. 153.

Ganz anders ist die Wirkung einer ahnlichen Maßnahme bei dem
zylindrischen Kondensator der Abb. 155. Wird hier der innere Leiter
mit einem Nichtleiter von großer Dielektrizitatskonstante, z. B. einem
Glasrohr, umgeben, so wird zwar die auf die übrigen Teile des Kondensators entfallende Gesamtspannung wie in dem vorstehenden Fall
erhöht; das starke Spannungsgefalle jedoch, das früher an der Leiteroberfläche auftrat, ist jetzt durch das Einfügen des Glasrohres vermieden. Das Gefälle ist auf dem ganzen Wege gleichmäßiger geworden,
so daß ein Durchschlag erst bei höherer Spannung als vorher auftritt.

Vorstehende Gesichtspunkte gehören zu den Grundlagen der elektrischen Festigkeitsberechnung der Isolierkörper für Hochspannungsanlagen.

## 30. Wanderwellen.

Die Tatsache, daß ein Strömungszustand der bisher betrachteten
Art beliebig lange mit gleichbleibender Starke aufrecht erhalten werden
kann, das Ohmsche Gesetz und andere Beobachtungen zeigen, daß
bei einem solchen Kreislauf die Reihenfolge der Teile im Stromkreis
für die Größen innerhalb desselben belanglos ist, daß ein „Vorschalt"-
widerstand ebenso gut hinter dem Verbrauchskörper liegen kann.
Eine Ausnahme machen jedoch die Vorgange, die in dem Augenblick
von Belastungsänderungen, also besonders bei dem Ein- und Ausschalten von Stromwegen auftreten. Für diese treffen die früher
erwähnten Vorstellungen zu, nach denen der „Strom" als eine gewisse

Menge Elektrizität, als eine Welle angesehen wird, die sich in der Leitung fortpflanzt.

Um uns ein anschauliches Bild zu machen, greifen wir wieder auf unser Wassermodell zurück (vgl. Abb. 27), jedoch sollen die Rohre nicht mit Schrot gefüllt, sondern frei von Leitungswiderstand sein. Hahn $A$ sei geschlossen, das Rohr $BD$ sei entleert und Hahn $E$ fast ganz geschlossen. Wird nun der Hahn $A$ rasch geöffnet, so zieht eine Wasserwelle in das Rohr ein, wie man es z. B. bei Feuerwehrschläuchen beobachten kann. Vor der Stirn dieser Welle steht dann das Rohr noch nicht unter Druck, während in geringer Entfernung nach rückwärts, an einer Stelle, die bereits von der Welle erreicht ist, der volle Druck herrscht. Zwischen zwei nahe aneinander liegenden Punkten des Rohres tritt also während des Einziehens dieser Welle in einem bestimmten Augenblick der volle Druck auf; bei ständigem Wasserdurchfluß, im stationären Zustand, ist dagegen zwischen diesen Punkten kein nennenswerter Druckunterschied vorhanden. Die Wasserwelle wandert nun mit einer bestimmten Geschwindigkeit in dem Rohr fort. Ist der Hahn $E$ geschlossen, so wird die einziehende Welle hier plötzlich gehemmt, die Bewegungsenergie des Wassers wird aufgehoben und muß sich in Spannungsenergie umsetzen. Wenn keine Verluste auftreten würden, wäre der durch diese Umsetzung auftretende Druck ebenso groß wie der von der Pumpe erzeugte Druck. Er addiert sich zu diesem, so daß an dem geschlossenen Leitungsende während des Anpralles der doppelte Druck auftritt. Eine solche Überspannung entsteht ferner, wenn während dauernden Wasserdurchflusses der Hahn $E$ plötzlich geschlossen wird. Die Bewegungsenergie erzeugt dann an der Stelle $E$ je nach der Geschwindigkeit einen mehr oder weniger großen Überdruck, das Wasser wird in entgegengesetzter Richtung zurückgedrückt, es pendelt in dem Stromkreis hin und her, wobei jedesmal an der Trennstelle ein Überdruck auftritt, bis die Energie durch die Reibung aufgezehrt ist. Wird die Leitung langsam geöffnet oder liegen erhebliche Widerstände in dem Stromweg, so wird das Eindringen der Welle allmählich erfolgen, die Wellenstirn wird abgeflacht, es kann daher kein so starker Überdruck entstehen. Werden dagegen durch die Wanderwelle Massen beschleunigt oder elastische Kräfte geweckt, so kann ein Überdruck nicht nur an dem geschlossenen Ende, sondern auch längs des Rohres auftreten.

Übertragen wir diese Vorgänge auf einen elektrischen Stromkreis, so haben wir an Stelle des Rohres eine Leitung zu setzen, in die am Anfang und am Ende ein Schalter eingebaut ist. Wird bei offenem Leitungsende der Anfang der Leitung durch Schließen des Schalters plötzlich mit der Stromquelle verbunden, so tritt eine Wanderwelle in die Leitung ein, die Betriebsspannung pflanzt sich nach dem Ende hin fort, wobei zwischen Punkten der Leitung, die in geringer Leitungslänge voneinander entfernt liegen, auf einen Augenblick die volle Betriebsspannung herrscht. Bei Spulen von Maschinen, Transformatoren u. dgl. trifft dieses jedoch nur für Anfang und Ende zu, da die eindringende Wanderwelle durch den Scheinwiderstand der Spule teils abgeflacht, teils zurück-

geworfen wird. Zwischen den Eingangswindungen solcher Spulen
wird daher im Augenblick des Einschaltens ein Durchschlag erfolgen,
wenn die Drahtisolierung nur für den betriebsmäßigen geringen Spannungsabfall der Windungen, nicht aber für die Betriebsspannung bemessen ist. Am Ende einer offenen Leitung wird, wie bei dem Wasser-
rohr, bei plötzlichem Einschalten eine Überspannung auftreten, die
im Höchstfall die doppelte Größe der Betriebsspannung hat und
Schwingungen erzeugen kann. Um solche Überspannungen und Über-
ströme, deren weitere Erörterung zu weit führen würde, zu vermeiden,
verwendet man in Hochspannungsanlagen häufig besonders gebaute
Schalter, durch welche bei dem Übergang von der Ausschalt- in die
Einschaltstellung und umgekehrt ein Widerstand für kurze Zeit in
die Leitung eingeschaltet wird.

## 31. Wirbelströme. Hysteresisverluste.

Bringt man in eine von Wechselstrom durchflossene Spule einen
massiven Eisenkern, so wird er in kurzer Zeit stark erwärmt; dasselbe
geschieht mit einem metallenen in der Langsrichtung nicht geschlitzten
Spulenträger, überhaupt mit allen massiven Metallmassen, die im magnetischen Felde der Spulen liegen. Die Ursache dieser Erwärmung sind
Induktionsströme, die in den Metallkörpern durch die Änderung des
Feldes hervorgerufen werden. Solche Ströme entstehen auch, wenn
durch ein ruhendes Feld Leiter von großer Breite derart bewegt werden,
daß die einzelnen Längsstreifen des Leiters in einem bestimmten Augenblick in einem verschieden starken Felde liegen. In Abb. 157 wird in
dem unteren Teil des Leiterquerschnittes die induzierte EMK größer
sein als in dem oberen, es wird
daher, ohne daß die Enden des Leiters durch einen äußeren Stromweg
verbunden sind, durch den Unterschied der in den Langsstreifen induzierten Spannungen ein Strom in
dem Leiter zustande kommen, wie in
der Abbildung angedeutet ist.

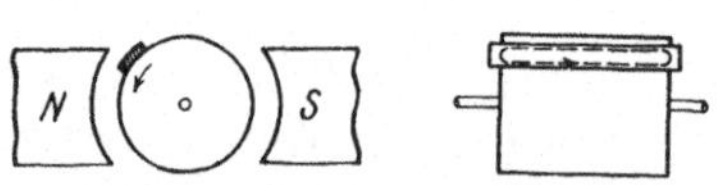

Abb. 157. Wirbelstrom
in einem breiten Ankerleiter.

Wahrend sonst die Stromwege durch die Leiter des Stromkreises eindeutig bestimmt sind, verlaufen hier die Ströme innerhalb der Metallmassen in kurzgeschlossenen Bahnen, daher nennt man sie Wirbelströme. Die im Abschnitt 23 erwahnte Abstoßung zwischen dem
induzierenden Feld und dem induzierten Strom, also auch den Wirbel-
strömen, kann man gut beobachten, wenn man eine Metallscheibe
derart durch ein Feld pendeln laßt, daß sie die Linien desselben schneidet.
Die Scheibe wird dann durch die Wirbelströme in ihrer Bewegung
stark gedämpft, sobald sie in das Feld eintritt. Wird das Feld durch
Wechselstrom erregt, so tritt eine Abstoßung der ruhenden Scheibe auf.

Der Verbrauch an Leistung, der durch die Wirbelströme entsteht,
kann auch nützlich verwendet werden, so zur Dämpfung des Systems
bei Hitzdraht- und Drehspulinstrumenten, zur Bremsung von Zähler-

scheiben und von kleineren Kraftmaschinen. Unerwünschte Wirbelströme vermindert man dadurch, daß man die von magnetischen Feldlinien geschnittenen Metallkörper unterteilt und die Teile voneinander isoliert, um den Widerstand in der Bahn der Wirbelströme möglichst groß zu machen. Aus diesem Grunde sind die Eisenkörper von Maschinen oder Apparaten, die in einem Feld umlaufen oder standig in einem Wechselfeld liegen, aus dünnen, durch Papier voneinander isolierten Blechen aufgebaut.

Eine andere Warmequelle in den von einem Wechselfeld durchsetzten Eisenkörpern sind die Hysteresisverluste, die bei der Ummagnetisierung auftreten. Die Hysteresis kann man sich als eine Reibung vorstellen, die sich der Umlagerung der Eisenmoleküle entgegensetzt (vgl. Abschn. 15). Je stärker die Kraft ist, mit der das Eisen seinen Magnetismus behalten will, desto größer wird der Arbeitsaufwand zur Ummagnetisierung sein müssen. Die Hysteresisverluste sind daher bei Weicheisen erheblich geringer als bei Stahl, aber doch noch von merklicher Größe

Eine Spule mit Eisenschluß wird infolgedessen bei Wechselstrom eine größere Wirkleistung verbrauchen als bei konstantem Gleichstrom von demselben Wert der Stromstärke. In letzterem Fall ist der Verbrauch an Wirkleistung nur durch den Gleichwiderstand der Spule bedingt; bei wechselndem Feld tritt zu dem Leistungsverlust in der Strombahn, deren Widerstand (Echtwiderstand) durch Hautwirkung an sich schon großer sein kann als der Gleichwiderstand, noch der Verlust durch Wirbelströme und Hysteresis hinzu. Man berücksichtigt dies dadurch, daß man einer solchen Spule oder einem sonstigen Leiter bei Wechselstrom einen größeren leistungsverzehrenden Widerstand zuschreibt, und zwar bezeichnet man den aus dem Quotienten von Wirkleistung und dem Quadrat der Stromstärke sich ergebenden Wert des Widerstandes als Wirkwiderstand des Körpers (vgl. Abschn. 27).

## 32. Das Drehfeld.

Im Abschnitt 17 hatten wir Versuchsanordnungen besprochen, bei denen durch Bewegung eines Leiters in einem Magnetfeld eine EMK der Bewegung induziert wird. Da dieser Vorgang auf dem „Schneiden von Feldlinien" beruht, so bleibt offenbar die Wirkung die gleiche, wenn man den Leiter festhält und den Magneten in entgegengesetzter Richtung bewegt. Ebenso kann auch die Anordnung der Teile vertauscht werden. Statt den Anker mit dem Leiter in den Innenraum zwischen die Pole zu bringen, kann man auch den Anker in Form eines Ringes außen um einen stab- oder sternförmigen Magneten legen (vgl. Abb. 158), so daß bei einer Drehung des Magneten die Ankerdrähte von den Feldlinien geschnitten werden, die in radialer Richtung den Luftspalt zwischen diesen beiden Teilen durchsetzen und sich beiderseits durch das Ankereisen zum nächsten ungleichnamigen Pol schließen.

Bei einer solchen Anordnung seien vier Drähte auf dem Anker um je eine halbe Polteilung, ähnlich wie die Drähte der Abb. 94, gegeneinander versetzt. Die um eine ganze Polteilung voneinander abstehenden Drähte *1* und *3* sowie *2* und *4* sind mit ihren Enden verbunden, also in Gegenschaltung zu einer Spule vereinigt. Setzen wir den Magneten in Umdrehung, so werden in der Augenblickslage der Abb. 158 die Drähte *1* und *3* von den Feldlinien geschnitten, die Drähte *2* und *4* liegen in der Neutralen. Nach einer Drehung des Magneten um eine halbe Polteilung sind umgekehrt die Drähte *2* und *4* am stärksten, *1* und *3* gar nicht induziert. In den beiden Spulen des Generators — einen solchen stellt ja der Apparat dar —, entsteht also Zweiphasenspannung.

Wir nehmen nun einen zweiten ebenso gebauten Anker und verbinden seine Drähte mit denen des Generators. Der zweite Anker wird dann als Verbrauchskörper von Zweiphasenstrom durchflossen, sobald das Polrad des Generators umläuft. Was für ein Feld entsteht nun durch den Zweiphasenstrom in dem zweiten Anker? Von der Rückwirkung dieser induktiven Belastung auf den Generator sei hier abgesehen, um die Darstellung möglichst einfach zu gestalten. Nach

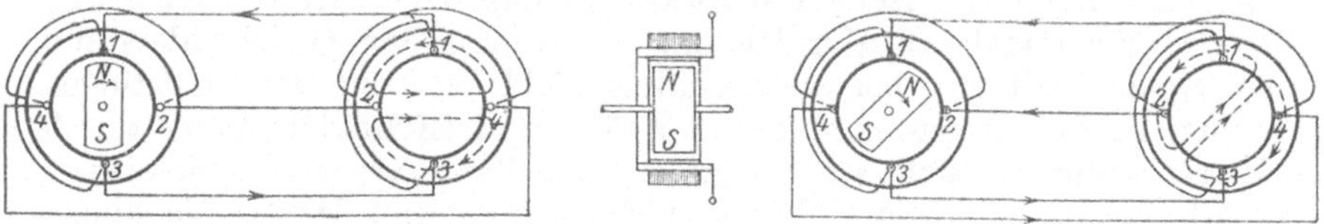

Abb. 158 und 159. Zweiphasen-Drehfeld.

der Rechtsgewinderegel liefert bei der Stromrichtung der Abb. 158 Draht *1* linksdrehende, Draht *3* rechtsdrehende Linien. Diese stoßen an der Stelle, wo der im gezeichneten Augenblick stromlose Draht *2* liegt, aufeinander, sie drängen einander aus dem Eisen heraus und schließen sich hauptsächlich durch den Raum innerhalb des Ringes nach rechts. Betrachten wir weiter den Augenblick, in welchem der Magnet unseres Generators unter $45^0$ geneigt ist (Abb. 159), so sind einerseits die Drähte *1* und *2*, anderseits *3* und *4* in gleicher Richtung und Stärke induziert. Die Einzeichnung der Ströme und Feldlinien im Verbrauchskörper zeigt, daß nun beide Spulen ein Feld liefern, das in dem Innenraum ebenfalls unter $45^0$ gegen die frühere Lage verdreht ist. Zeichnen wir das Feld im Verbrauchskörper für weitere Stellungen des Generatormagneten, so sehen wir, daß es sich wie der Magnet um seine Querachse dreht. Das Feld läuft synchron, d. h. in gleichem Takt mit dem Magneten um, der Zweiphasenstrom liefert ein Drehfeld.

Nehmen wir nun an, daß die Stärke des Feldes jeder Spule jeweils dem Strom proportional ist, so kann für sinusformigen Verlauf desselben leicht bestimmt werden, welche Richtung und Stärke das Feld in jedem Augenblick hat. Wir zeichnen in ein Polardiagramm die Felder beider Spulen als Vektoren in diejenige Richtung, welche durch die Lage der Spulen und den augenblicklichen Richtungssinn des Stromes bestimmt ist (Abb. 160), also in die Horizontale das Feld der Spule *1—3*, in die Vertikale dasjenige der Spule *2—4*. Wir geben nun dem Vektor dieser Felder eine Größe, die dem Augenblickswert des Stromes entspricht und bilden jeweils die Resultierende, wie früher bei der Zusammensetzung von Spannungen und Strömen (S. **78** und ff.).

In dem Augenblick der Abb. 159 haben die Felder demnach eine Größe, die dem Sinus des Winkels von 45° bzw. 135° entspricht, also das 0,707-fache des Scheitelwertes. Die Zusammensetzung für diesen und für jeden beliebigen Augenblick zeigt, daß das resultierende Feld stets dieselbe Größe und zwar diejenige des Scheitelwertes eines Feldvektors hat, das Drehfeld hat also konstante Stärke, es ist ein „kreisförmiges" Drehfeld.

Ein solches Drehfeld kann durch einen beliebigen Mehrphasenstrom in einem entsprechend gewickelten Anker erzeugt werden. Da der Dreiphasenstrom die größte Verbreitung hat und auf

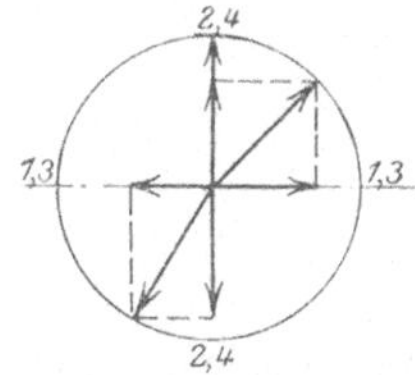

Abb. 160. Polardiagramm des Zweiphasen-Drehfeldes.

diesen auch die vom Drehfeld herrührende Bezeichnung „Drehstrom", die eigentlich jedem Mehrphasenstrom zukommt, angewendet wird, wollen wir auch die Entstehung des Drehfeldes bei Dreiphasenstrom betrachten. Wir nehmen zwei genau gleich gebaute Anker, von denen jeder mit drei um je 120 elektrische Grade versetzten Drähten *1, 2* und *3* versehen ist, und verbinden die Anker auf einer Seite durch drei Leitungen, während die Drahtenden der anderen Seite jedes Ankers in Stern oder Dreieck verkettet werden (Abb. 161). Der als Verbrauchskörper eingeschaltete zweite Anker wird also von Dreiphasenstrom durchflossen, sobald das Polrad des Generators umläuft. Betrachten wir den Stromlauf in dem abgebildeten Zeitpunkt, so fließt nach der Handregel der Strom im Draht 1 des Generators und zwar mit seinem Scheitelwert nach hinten, in der Leitung *1* also von rechts nach links. Die Ströme *2*

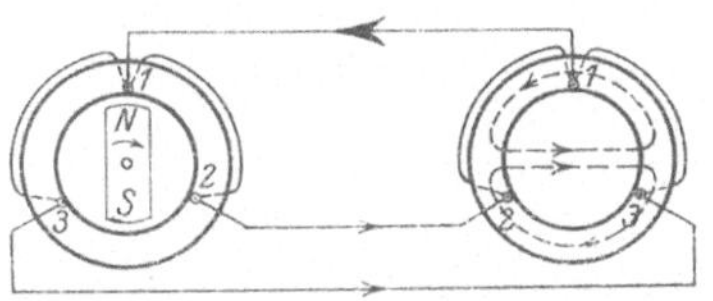

Abb. 161. Dreiphasen-Drehfeld.

und *3* fließen umgekehrt, d. h. vom Generator zum Verbrauchskörper, und zwar jeder mit der Hälfte des Scheitelwertes. In dem zweiten Anker sind also Draht *1* von linksdrehenden, die Drähte *2* und *3* von rechtsdrehenden Feldlinien umgeben. Letztere vereinigen sich und stoßen auf der linken Seite des Ringes gegen die Linien des Drahtes *1*. Beide Linienzüge schließen sich durch den Innenraum des Ringes; dieser wird demnach von einem Feld durchsetzt, das in dem betrachteten Augenblick von links nach rechts gerichtet ist. Kommt der Nordpol des Magneten im Generator während seiner Drehung vor den Draht *2*, so hat im zweiten Anker der Strom *2* die Richtung nach vorne, also linksdrehendes Feld und zwar in Stärke des Scheitelwertes, dagegen haben jetzt die Drähte *3* und *1* rechtsdrehende Linien wie vorhin *2* und *3*. Dementsprechend wird auch das Feld im Innenraum sich um 120°

gedreht haben. Durch Aufzeichnung weiterer Augenblicksstellungen
ist leicht nachzuweisen, daß auch hier das Feld in gleichem Takt wie
das Polrad umläuft, daß also ein Drehfeld entsteht.

Ebenso kann man erkennen, daß das Drehfeld in umgekehrter
Richtung umläuft, wenn man bei Zweiphasenstrom die Leitungs-
anschlüsse an einer Spule, bei Dreiphasenstrom zwei beliebige Leitungen
untereinander vertauscht.

Ähnlich wie vorher kann
unter gleichen Voraus-
setzungen auch für das Drei-
phasendrehfeld durch ein
Polardiagramm bestimmt
werden, wie die Lage und
Stärke des Feldes sich während einer Periode ändert.
An der Form des Feldes
wird nichts geändert, wenn
mit jedem der Drähte *1, 2*

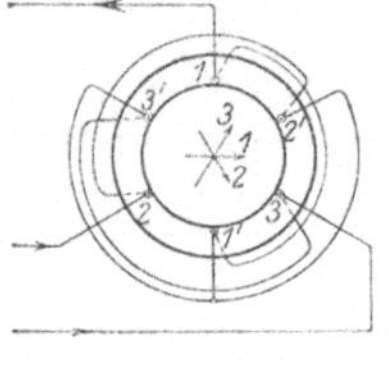

Abb. 162. Drehfeld
durch Anker mit
sechs Drähten er-
zeugt.

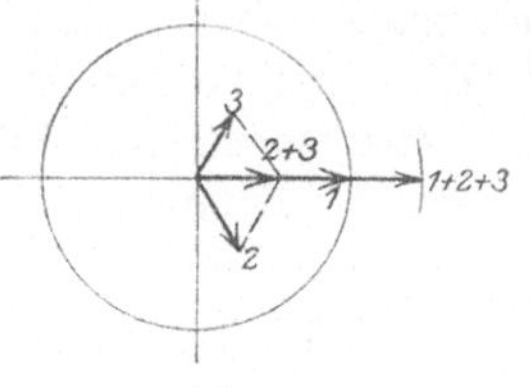

Abb. 163.
Polardiagramm
der Felder.

und *3* im Verbrauchsanker ein Draht *1', 2'* und *3'*, der je um eine
Polteilung versetzt ist, so verbunden wird, daß der Strom jeweils
in dem zweiten Draht umgekehrt fließt wie in dem ersten, daß
also die Drähte gleicher Nummer gegeneinander geschaltet sind
(Abb. 162). Befindet sich nun der Magnet des Generators in der Lage
der Abb. 161, so ist das Feld der Spule *1—1'* horizontal nach rechts
gerichtet und hat den Scheitelwert, das Feld der Spule *2—2'* ist nach
rechts abwärts, das der Spule *3—3'* nach rechts aufwärts gerichtet.
Die Stärke der beiden letzteren Felder entspricht dem Stromwert von

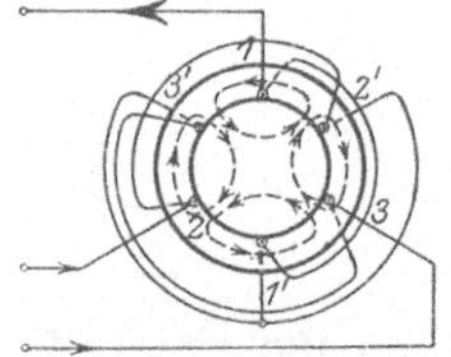

Abb. 164.

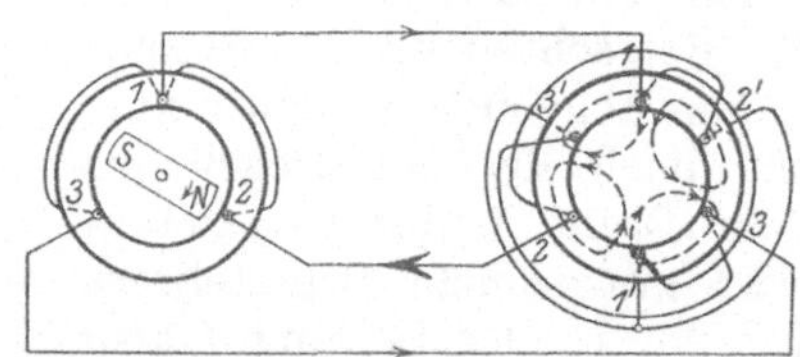

Abb. 165.

Vierpoliges Drehfeld.

sin 210⁰ bzw. sin 330⁰, also je der Hälfte des Scheitelwertes. Die Zusammensetzung der Augenblickswerte dieser drei Felder in der gegebenen Richtung liefert das resultierende Feld (Abb. 163). Die
Durchführung dieser Konstruktion für weitere Augenblickslagen zeigt,
daß der resultierende Vektor, d. h. das Drehfeld, stets denselben Wert
und zwar das 1,5-fache des Scheitelwertes eines einzelnen Feldes hat.

Verbinden wir im Gegensatz zu der vorstehenden Schaltung die
Drähte des Verbrauchsankers derart, daß in jedem Paar die Strom-
richtung jeweils dieselbe ist, schalten wir also die Drähte gleicher
Nummer hintereinander oder parallel, so ändert sich die Form des
Feldes. Es ist z. B. (Abb. 164) in Draht *1* und *1'* linksdrehend, in *2*

und *3'* sowie in *3* und *2'* rechtsdrehend; wir bekommen dann nicht zwei, sondern vier geschlossene Linienzüge, also ein vierpoliges Feld. Dreht sich nun der Magnet des unveränderten Generators von *1* nach *2*, so hat das Drehfeld in dem zweiten Anker seine Richtung nicht ebenfalls um 120, sondern nur um 60 räumliche Grade verschoben (Abb. **165**); es wird also jetzt bei einem Umlauf des Polrades nur eine halbe Umdrehung zurücklegen. Die Drehzahl des Feldes ist daher nicht nur von der Frequenz *f* des zugeführten Wechselstromes, sondern auch von der Schaltung des Verbrauchsankers abhängig, und zwar erhält man für die minutliche Drehzahl die in anderer Anordnung schon bekannte Gleichung

$$n = \frac{60 \cdot f}{p}, \quad \ldots \ldots \ldots \ldots \quad (97)$$

wobei *p* die Polpaarzahl des Drehfeldes ist, die durch Zahl und Schaltung der Drähte bzw. Spulen des Verbrauchsankers bestimmt ist. Bei einer Frequenz *f* = 50 würde also das zweipolige Drehfeld mit 3000, das vierpolige mit 1500 Umdrehungen in der Minute umlaufen.

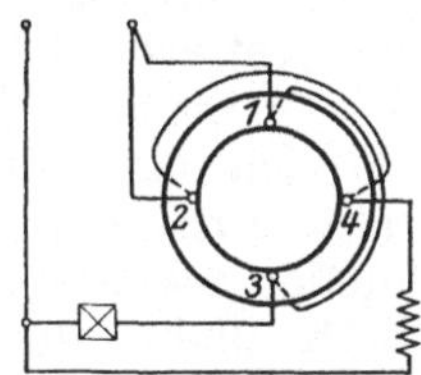

Abb. 166.
Kunstphase.

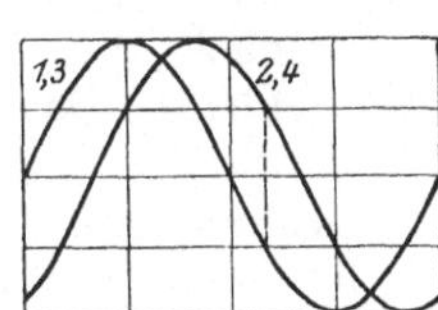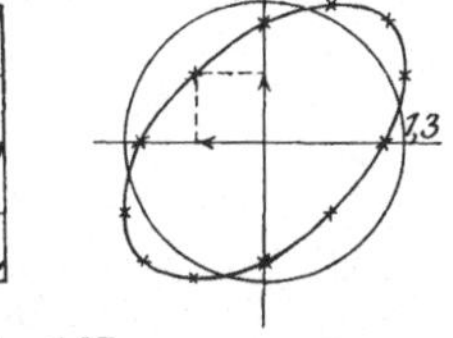

Abb. 167.
Elliptisches Zweiphasen-Drehfeld.

In manchen Motoren, Instrumenten, Zählern und verschiedenen Apparaten soll ein Drehfeld auch entstehen, wenn nur **Einphasen-strom** zur Verfügung steht. Die Verbindung verschiedenartiger Widerstände, nämlich von induktionsfreien Widerständen, Spulen und Kondensatoren bietet, wie wir in den Abschnitten **24** und **26** gesehen haben, die Möglichkeit, Spannungen bzw. Ströme gegeneinander zu verschieben und eine sogenannte **Kunstphase** herzustellen. Man versetzt auf dem Anker, welcher das Drehfeld liefern soll, zwei Spulen um 90° el. gegeneinander; ferner sorgt man durch Verwendung von induktionsfreien Widerständen, Drosselspulen oder Kondensatoren dafür, daß bei Anschluß an eine Einphasenstromquelle die Ströme in den beiden Spulen um genau 90° zeitlich gegeneinander verschoben sind. Dann erhält man ein kreisförmiges Drehfeld wie bei unmittelbarer Zuführung von Zweiphasenstrom. Bei der praktischen Herstellung einer Kunstphase ist die zeitliche Verschiebung häufig nicht 90°, sondern kleiner, z. B. bei der Schaltung nach Abb. **166**. Die Zusammensetzung der Augenblickswerte im Polardiagramm ergibt dann, wie Abb. **167** für den Fall zeigt, daß die Spulen um 90° el. versetzt, die Ströme aber nur um 60° verschoben sind, als Endpunkte der Resultierenden keinen Kreis, sondern eine Ellipse; das Drehfeld hat also in seinen verschiedenen Lagen verschiedene Stärke. Es schrumpft im Grenzfall einer zeitlichen Verschiebung oder raumlichen Versetzung von 0° zu einer Geraden, also zu einem Wechselfeld zusammen.

Welche Wirkungen kann nun ein Drehfeld ausüben? Legen wir einen Anker, in dem auf irgend eine Weise ein Drehfeld erzeugt wird, horizontal, bedecken ihn durch ein mit Eisenfeilicht bestreutes Papier und führen ihm Strom von geringer Frequenz zu, so können wir das Wandern des Feldes an der Bewegung der Feilichtspäne gut verfolgen. Bringen wir einen drehbaren Magneten so in das Feld, daß seine Drehachse mit derjenigen des Feldes zusammenfallt, so wird er bei geringer Umlaufzahl des Drehfeldes von diesem ohne weiteres mitgenommen. Bei großerer Masse des Magneten und größerer Umlaufzahl des Feldes läuft er mit, wenn wir ihn ungefähr bis zu der Umlaufzahl des Feldes andrehen. Seine Drehzahl muß offenbar genau mit derjenigen des Drehfeldes übereinstimmen, er läuft synchron mit.

Von größter Bedeutung für die Starkstromtechnik ist nun das Verhalten eines geschlossenen Leiters im Drehfelde. Wir bringen eine kurzgeschlossene Drahtschleife in der Achse des Feldes drehbar gelagert an (Abb. 168) und betrachten zunächst die Vorgänge bei Stillstand der Schleife. Das Feld dreht sich mit voller Umlaufzahl gegen die Drahte $a$ und $b$, diese werden also von den Feldlinien geschnitten; es wird in ihnen eine EMK und dadurch ein Induktionsstrom hervorgerufen, der bei der dargestellten Linien- und Bewegungsrichtung des Feldes im Leiter $a$ nach rückwarts, im Leiter $b$ nach vorn gerichtet ist. Diese Ströme liefern ihrerseits Feldlinien, die sich in bekannter Weise mit dem ursprünglichen Feld zu einem resultierenden Feld zusammensetzen (Abb. 169). Als zweite Wirkung tritt daher eine Kraft auf, die an dem Leiter $a$ nach unten, an $b$ nach oben gerichtet ist, also mit der Bewegungsrichtung des Drehfeldes übereinstimmt. Die von dem Induktionsstrom durchflossene Schleife wird daher vom Drehfeld mitgenommen. Sie kann jedoch nicht wie vorher der Stahlmagnet mit dem Feld synchron umlaufen, da in diesem Fall kein Schneiden zwischen Feldlinien und Leiter, also auch kein Induktionsstrom mehr auftreten würde. Die Schleife muß vielmehr ständig um einen solchen Betrag hinter dem Feld zurückbleiben, daß die zu ihrer Drehung erforderliche Stromstärke induziert wird, sie muß also asynchron oder mit Schlupf dem Drehfeld folgen  Wird der Leiter im Drehfeld durch eine äußere Kraft übersynchron, d. h. mit einer Drehzahl angetrieben, die größer als diejenige des Feldes ist, so ist seine Geschwindigkeit relativ zum Feld, daher auch der induzierte Strom umgekehrt wie vorher. Der Anker verwandelt sich dann in einen Generator, der einen Wirkstrom in das Netz liefert, diesem aber gleichzeitig Blindstrom für die Erzeugung des Drehfeldes entnimmt. Die Anwendung dieser Wirkungen des Drehfeldes soll in spateren Abschnitten noch näher besprochen werden.

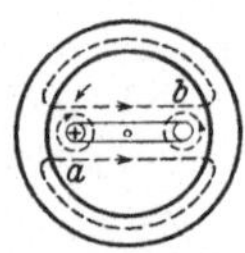 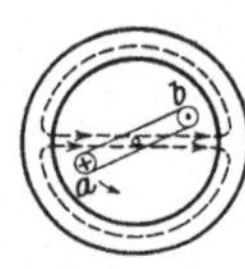

Abb. 168.        Abb. 169.
Geschlossener Leiter im Drehfeld.

## 33. Berechnungen an Wechselstromspulen.

Für Berechnungen an Wechselstromspulen kommen drei Hauptgleichungen in Betracht:

a. Nach dem Ohmschen Gesetz ist die Wirkspannung $U_w$ gleich dem Produkt aus dem Strom und dem Wirkwiderstand $R_w$, also

$$U_w = J \cdot R_w. \tag{98}$$

b. Unter Einsetzung der Scheitelwerte folgt aus Gleichung **43** (Abschnitt 15) die für 1 cm Linienweg erforderliche Stromwindungszahl

$$\frac{\overline{J \cdot w}}{\mathfrak{L}} = 0{,}80 \cdot \frac{\overline{\mathfrak{B}}}{\mu},$$

daraus der Effektivwert des Stromes

$$J = 0{,}56 \cdot \frac{\overline{\mathfrak{B}} \cdot \mathfrak{L}}{\mu \cdot w} \ldots \ldots \ldots \ldots \tag{99}$$

Für den in Luft oder einem andern unmagnetischen Stoff verlaufenden Teil des Linienweges wird man sich dieser Gleichung bedienen, wobei $\mu = 1$ gesetzt wird. Für Eisen als Feldträger rechnet man in der Regel nicht mit der Permeabilität, sondern entnimmt den Magnetisierungskurven für die betreffende Eisenart (S. 60) die Stromwindungszahl für den Zentimeter Eisenweg, die zur Erzeugung einer bestimmten Liniendichte $\mathfrak{B}$ erforderlich ist.

c. Aus den Gleichungen **41** (Abschnitt 15) und **64** (Abschnitt 23) folgt der Effektivwert der induzierten EMK zu

$$E = 4{,}44 \cdot \mathfrak{B} \cdot \mathfrak{F} \cdot w \cdot f \cdot 10^{-8} \ \text{Volt} \ldots \ldots \tag{100}$$

Die vorstehenden Gleichungen geben uns zunächst die Grundlage für verschiedene Methoden magnetischer Messungen. Nach der Gleichung 100 kann man die Linienzahl und bei bekannter Fläche des untersuchten Feldstückes die Liniendichte berechnen, wenn man die in einer Spule von bekannter Windungszahl induzierte EMK mißt. Nach Gleichungen 99 ist die Liniendichte einer Spule dem Strom und der Permeabilität, nach Gleichung 100 die EMK der Liniendichte proportional; wir erhalten daher ein Bild der Magnetisierungskurve, wenn wir einer Spule Wechselstrom verschiedener Stärke zuführen, jedesmal diese und die zugehörige Klemmenspannung der Spule messen und die Werte der Spannung abhängig von der betreffenden Stromstärke auftragen.

Im folgenden sind einige Rechnungen an Wechselstromspulen durchgeführt.

**Beispiele:** 1. Bei Zugspulen soll häufig der Strom nach dem Anheben des Kernes durch Vorschaltung eines induktionsfreien Widerstandes verringert werden, obgleich ja die Wechselstromstärke ohnedies schon durch die Verringerung des magnetischen Widerstandes sinkt. Eine Spule von 5,0 $\Omega$ Wirkwiderstand nehme bei 110 V und 50 $\sim$ einen Strom von 3,0 A auf. Der Strom soll durch einen Vorschaltwiderstand auf 1 A verringert werden. Der Wirkwiderstand verbraucht bei 3 A eine Spannung von 15 V. Durch die Gegen-EMK der Spule wird daher eine Spannung von $\sqrt{110^2 - 15^2}$ = rd. 109 V verbraucht, ihr

Blindwiderstand ist $\dfrac{109}{3,0} = 36,3\ \Omega$. Wird die Änderung der Permeabilität vernachlässigt, so verbraucht bei 1 A der Blindwiderstand eine Spannung von 36,3 V; der Rest der Spannung im Betrag von $\sqrt{110^2 - 36,3^2}$ = 104 V muß durch den Wirkwiderstand der Spule und den vorzuschaltenden „Sparwiderstand" verbraucht werden. Letzterer muß daher einen Ohmwert von $\dfrac{104}{1} - 5 = 99\ \Omega$ haben.

Wie groß wird die Stromaufnahme der Spule ohne Sparwiderstand, wenn die Frequenz $f = 25$ ist? Der Blindwiderstand ist nach Abschnitt 23 bei $f = 25$ nur halb so groß, also rd. 18,2 $\Omega$, der Scheinwiderstand daher $\sqrt{5^2 + 18,2^2} = 18,8\ \Omega$, der Strom $\dfrac{110}{18,8} = 5,85$ A. Je größer der Wirkwiderstand im Vergleich zum Blindwiderstand, desto geringer ist natürlich der Einfluß der Frequenz.

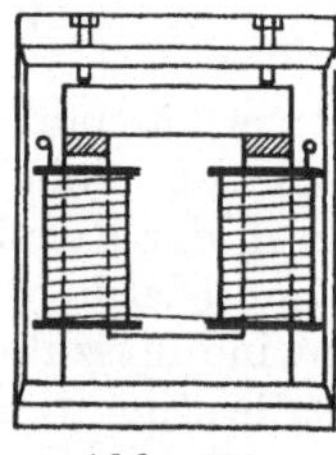

Abb. 170.
Drosselspule.

2. Die Gleichungen 98, 99 und 100 sollen zu der Berechnung der Einstellung einer Drosselspule mit Eisenschluß angewendet werden (Abb. 170). Eine Spule mit $w = 200$ Windungen und einem Wirkwiderstand $R_w = 0,25\ \Omega$, die einen Eisenschluß von 5 · 5 cm Querschnitt hat, soll durch Einfügen eines Luftspaltes oder einer unmagnetischen Zwischenlage in den Eisenschluß so eingestellt werden, daß sie bei 100 V Klemmenspannung und 50 Perioden einen Strom von $J = 10$ A aufnimmt.

Der Wirkwiderstand verbraucht eine Spannung $J \cdot R_w = 10 \cdot 0,25 = 2,5$ V. Da die Spannung zur Überwindung der Gegen-EMK, die Blindspannung, mit dieser geringen Spannung im rechten Winkel liegt, so betragt die Blindspannung auch rd. 100 V. Aus Gleichung 100 berechnet sich dann der Scheitelwert der Liniendichte

$$\mathfrak{B} = \frac{E \cdot 10^8}{4,44 \cdot \mathfrak{F} \cdot w \cdot f} = \frac{100 \cdot 10^8}{4,44 \cdot 25 \cdot 200 \cdot 50} = 9000,$$

ferner aus Gleichung 99 in erster Annäherung die gesamte Länge des Luftspaltes

$$\mathfrak{L} = \frac{J \cdot w}{0,56 \cdot \mathfrak{B}} = \frac{10 \cdot 200}{0,56 \cdot 9000} = 0,4\ \text{cm}.$$

Der mittlere Linienweg im Eisen sei bei obiger Spule 44 cm lang. Für $\mathfrak{B} = 9000$ ist nach der Magnetisierungskurve von Dynamoblech auf den Zentimeter Eisenweg eine Stromwindungszahl von etwa 2 AW nötig; die Überwindung des magnetischen Eisenwiderstandes erfordert demnach rund 90 AW, für den Luftspalt würde daher eine um diesen Betrag geringere Durchflutung übrig bleiben. Bei einer genauen Berechnung wäre auch zu berücksichtigen, daß die Feldlinien im Luftspalt sich nach außen allerseits etwas ausbauchen, sowie daß sie sich nicht nur durch das Eisen und den Spalt schließen, sondern infolge der Streuung teilweise aus dem Eisen austreten und sich durch die Luft schließen. Dadurch wird der Gesamtwiderstand des Feldes herabgesetzt, so daß für eine Überschlagsrechnung, wie die vorliegende, der Widerstand des Eisenweges und die Streuung gegeneinander vernachlassigt werden können.

Sind die Abmessungen des Eisenkörpers und die Windungszahl einer Spule nicht bekannt, sondern sollen sie für gegebene Werte von Spannung, Strom und Frequenz neu berechnet werden, so ist die Liniendichte und der Eisenkorper anzunehmen und danach die Windungszahl zu berechnen. Die Wahl dieser Größen sowie des Drahtquerschnittes muß so erfolgen, daß die Erwärmung durch die Verluste im Eisenkörper und in der Wicklung in den zulässigen Grenzen bleibt. Es würde zu weit führen, auf diese Berechnungen hier näher einzugehen.

## 34. Leitungsberechnung.

Die Berechnung der Leitungen, welche den Strom von der Stromquelle zu den Verbrauchskörpern und von da wieder zur Stromquelle zurück führen, betrifft in erster Linie die Bestimmung desjenigen Querschnittes, der verschiedene mechanische, elektrische und wirtschaftliche Bedingungen nach Moglichkeit erfüllt. Hier sollen nur die elektrischen Bedingungen erörtert werden.

Vor allem darf die Erwärmung der Leitung durch den Strom dasjenige Maß nicht überschreiten, das mit Rücksicht auf die Sicherheit der Isolierung und der sonstigen Umgebung des Leiters, natürlich auch der Festigkeit desselben, zulassig ist. Ferner muß der unvermeidliche, durch den Leitungswiderstand verursachte Spannungsverlust so gering sein, daß die bei Veränderung der Belastung eintretenden Schwankungen der Spannung und damit auch der Leistung an den Verbrauchskörpern keine storenden Erscheinungen verursachen. Diese bestehen bei Glühlampen hauptsächlich in Lichtschwankungen, bei Motoren in Schwankungen des lieferbaren Drehmomentes und der Drehzahl. Der durch diese beiden Bedingungen naheliegenden Verwendung sehr starker Querschnitte stehen die wirtschaftlichen Gesichtspunkte entgegen, die besonders bei Fernleitungen von maßgebendem Einfluß auf die Wahl des Leitungsquerschnittes sind. Die Vorschriften und Normalien des V. D. E. enthalten die Mindestquerschnitte, welche für die verschiedensten Verhaltnisse mit Rücksicht auf mechanische Festigkeit und Erwärmung erforderlich sind. Um ein befriedigendes Verhalten der Verbrauchskorper zu ermöglichen, schreiben die Elektrizitätswerke in der Regel vor, daß der Spannungsabfall vom Anschluß an das Netz des Werkes bis zu demjenigen Verbrauchskorper, an welchem die geringste Spannung auftritt, ein bestimmtes Maß bei voller Belastung nicht überschreiten darf, und zwar beträgt dieses in der Regel für Glühlampen 2 %, für Motoren und Bogenlampen 4 % der Netzspannung. Für Fernleitungen kann, um einen rohen Anhalt zu geben, ein Leistungsverlust durch den Wirkwiderstand der Leitung von 10 % als Durchschnittswert angenommen werden.

Der Widerstand von Leitungskupfer darf nach den Normalien für 1 km Länge und 1 mm² Querschnitt bei 15⁰ C nicht höher als 17,5 Ω, die Leitfähigkeit also nicht geringer als 57 sein. Da mit einer Raumtemperatur bis zu 30⁰ und einer Erwarmung durch den Strom bis zu 20⁰ zu rechnen ist, so müßte nach Abschnitt 7 als ungünstigster Wert für die vollbelastete Kupferleitung ein Widerstand von $17,5\,[1 + 0,004 \cdot (50 - 15)] = 20,0\ \Omega$ für den Kilometer, also eine Leitfähigkeit $k = 50$ in Rechnung gesetzt werden Es wird jedoch allgemein mit einer Leitfähigkeit von 56 oder 57 gerechnet, da der ungünstigste

Fall höchster Raumtemperatur und voller Belastung der Leitung nur selten eintritt.

Für die Berechnung des Leitungsquerschnittes kommt das Ohmsche Gesetz und die Formel für die Zusammensetzung des Widerstandes (Abschnitt 6 und 7) in erster Linie in Frage. Betrachten wir zunächst eine einfache Hin- und Rückleitung mit einem einzigen Verbrauchskörper (Abb. 171) und bezeichnen wir die einfache Länge, d. h. die Entfernung, mit $l$, so ist der Gleichwiderstand der einfachen Länge $r = \dfrac{l}{k \cdot q}$, daher der einfache Spannungsverlust

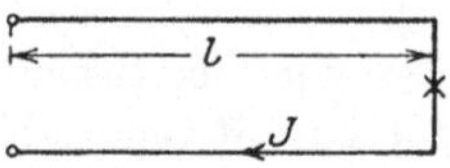

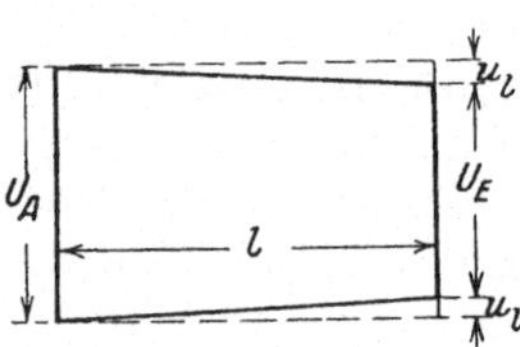

Abb. 171. Leitung mit einem Verbrauchskörper.

$$u_l = J \cdot r = \frac{l \cdot J}{k \cdot q}$$

und für Hin- und Rückleitung

$$u = 2 \cdot u_l = \frac{2 \cdot l \cdot J}{k \cdot q} \quad\ldots\ldots\ldots\ldots \quad (101)$$

daraus:

$$q = \frac{2 \cdot l \cdot J}{k \cdot u} \quad\ldots\ldots\ldots\ldots\ldots \quad (102)$$

Die Spannung am Ende der Leitung wird daher um den Betrag $u$ geringer sein als diejenige am Anfang. Um die Spannungswerte anschaulich darzustellen, tragen wir (Abb. 172) die Leitungslänge $l$ auf einer Horizontalen auf, senkrecht dazu am Ende der Strecke $l$ den Spannungsverlust in der Rückleitung $u_l$, darüber die Verbrauchsspannung $U_E$ am Ende der Leitung und den Spannungsverlust $u_l$ in der Hinleitung. Die Summe dieser drei Spannungen ist dann der Wert der am Anfang der Leitung erforderlichen Spannung $U_A$; tragen wir diese über dem Anfang von $l$ auf, so stellt die Verbindungslinie der Endpunkte von $U_A$ und $U_E$ den Verlauf der Spannung längs der Leitung dar. Ist der zulässige Spannungsverlust als Teil der Netzspannung — man pflegt dabei als Bezugsgröße die normale Verbrauchsspannung (s. Abschnitt 5) zu nehmen — vorgeschrieben und setzt man dafür $p = \dfrac{u}{U}$ ein, so berechnet sich für Gleichstrom und Einphasenstrom mit induktionsfreier Belastung

Abb. 172. Spannungsdiagramm zu Abb. 171.

$$\boldsymbol{q = \frac{2 \cdot l \cdot J}{k \cdot p \cdot U}} \quad\ldots\ldots\ldots\ldots \quad (103)$$

Das Produkt $l \cdot J$ pflegt man infolge der Ähnlichkeit mit dem statischen Moment der Mechanik als Strommoment zu bezeichnen, seine Einheit ist das Meterampere.

Liegen an einer Leitung mehrere Verbrauchskörper an verschiedenen Stellen, so ist für jeden Abschnitt der Leitung die Gesamtstromstärke und daraus der Spannungsverlust in den einzelnen Abschnitten zu berechnen. Für die hintereinander geschalteten Leitungsabschnitte ist dann der gesamte Spannungsverlust gleich der Summe der Einzelverluste. Von Anfängern wird häufig der Fehler gemacht, daß auch die Spannungsverluste von parallel abgehenden Leitungen bei der Berechnung des gesamten Spannungsverlustes mitgezählt werden, was natürlich falsch ist.

Liegen z. B. (Abb. 173) drei Verbrauchskörper mit den Strömen $J_a$, $J_b$ und $J_c$ an der Leitung, so ist der Strom in den einzelnen Leitungsabschnitten $J_3 = J_c$, $J_2 = J_b + J_c$, $J_1 = J_a + J_b + J_c$, daher

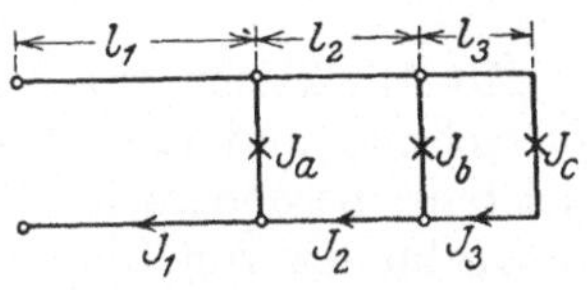

Abb. 173.
Leitung mit mehreren
Verbrauchskörpern.

$$u_1 = \frac{2 \cdot l_1 \cdot J_1}{k \cdot q_1}, \quad u_2 = \frac{2 \cdot l_2 \cdot J_2}{k \cdot q_2}, \quad u_3 = \frac{2 \cdot l_3 \cdot J_3}{k \cdot q_3} \text{ und der gesamte}$$

Spannungsverlust

$$u = u_1 + u_2 + u_3 = \frac{2}{k} \cdot \left( \frac{l_1 \cdot J_1}{q_1} + \frac{l_2 \cdot J_2}{q_2} + \frac{l_3 \cdot J_3}{q_3} \right) \quad . \quad . \quad (104)$$

Wird die Hauptleitung mit einem einzigen Querschnitt $q$ durchgeführt, so ist demnach der Wert $\dfrac{2}{k \cdot q}$ mit der Summe der Strommomente $(l_1 \cdot J_1 + l_2 \cdot J_2 + l_3 \cdot J_3) = \Sigma (l \cdot J)$ zu multiplizieren, daher

$$u = \frac{2}{k \cdot q} \cdot \Sigma (l \cdot J) \quad . \quad . \quad . \quad . \quad . \quad . \quad . \quad . \quad (105)$$

Man kann sich auch, wie in der Mechanik, die einzelnen Belastungen in einem Punkt, dem Schwerpunkt, vereinigt denken. Seine Entfernung von dem Anfang der Leitung, die sich aus der Momentengleichung zu

$$l_m = \frac{\Sigma (l \cdot J)}{J_1} \quad . \quad . \quad . \quad . \quad . \quad . \quad . \quad . \quad (106)$$

berechnet, nennt man die „mittlere Länge". Sie kann bei annähernd gleichmäßig verteilten und gleich großen Belastungen ziemlich genau geschätzt werden, so daß man rasch berechnen kann

$$q = \frac{2}{k \cdot u} \cdot l_m \cdot J_1 \quad . \quad . \quad . \quad . \quad . \quad . \quad . \quad (107)$$

Wird dagegen der Querschnitt abgesetzt, so muß der gesamte Spannungsverlust auf die Abschnitte verteilt werden. Es läßt sich nachweisen, daß dabei der gesamte Kupferaufwand für die Leitung am kleinsten wird, wenn der Querschnitt jedes Abschnitts der Wurzel aus der Stromstärke proportional, also $\dfrac{\sqrt{J}}{q}$ konstant ist. Zur Berechnung der Querschnitte ist die Summe aller Produkte $l \cdot \sqrt{J}$ der Abschnitte zu bilden und mit dem Bruch $\dfrac{2}{k \cdot u}$ zu multiplizieren. Der Querschnitt jedes Abschnittes ist dann dadurch zu bestimmen, daß dieses Produkt jedesmal mit der Wurzel aus dem Strom des betreffenden Abschnittes multipliziert wird, also

$$q_1 = \frac{2 \cdot \Sigma (l \cdot \sqrt{J})}{k \cdot u} \cdot \sqrt{J_1} \quad \text{usw.} \quad \ldots \ldots \ldots \quad (108)$$

Mit Rücksicht auf den durch die Erwärmung bedingten Mindestquerschnitt und die Abrundung auf Normalquerschnitte wird jedoch meistens, besonders bei isolierten Leitungen, die Verteilung des Spannungsabfalles von dieser Regel abweichen müssen. Man kann daher an Stelle dieser etwas umständlichen Berechnung zunächst die Stromdichte $\dfrac{J}{q}$ für jeden Leitungsabschnitt als konstant annehmen. Nach Gleichung 104 folgt dann ihr Wert aus dem gesamten Spannungsabfall und der ganzen Länge zu $\dfrac{J}{q} = \dfrac{u \cdot k}{2 \cdot \Sigma (l)}$. Daher sind die einzelnen Querschnitte

$$q_1 = \frac{2 \cdot \Sigma (l)}{k \cdot u} \cdot J_1, \quad q_2 = \frac{2 \cdot \Sigma (l)}{k \cdot u} \cdot J_2 \quad \text{usw.} \quad \ldots \quad (109)$$

Unter Berücksichtigung der zulässigen Belastung rundet man schließlich die Querschnitte auf die Normalwerte auf bzw. ab.

Leitungen der bisher besprochenen Art, bei denen am letzten Verbrauchskörper eine Hinleitung endet und eine Rückleitung beginnt, bezeichnet man als „offene" im Gegensatz zu den geschlossenen oder Ringleitungen. Eine Ringleitung entsteht, wenn man die gleichnamigen Enden zweier „offener" Hin- und Rückleitungen untereinander verbindet, so daß dann jeder Verbrauchskörper den Strom von zwei Seiten erhalten kann, ebenso auch, wenn eine Leitung von zwei Seiten gespeist wird d. h. mehrere Speisepunkte hat. Die Ringleitungen haben gegenüber den offenen Leitungen den Vorteil größerer

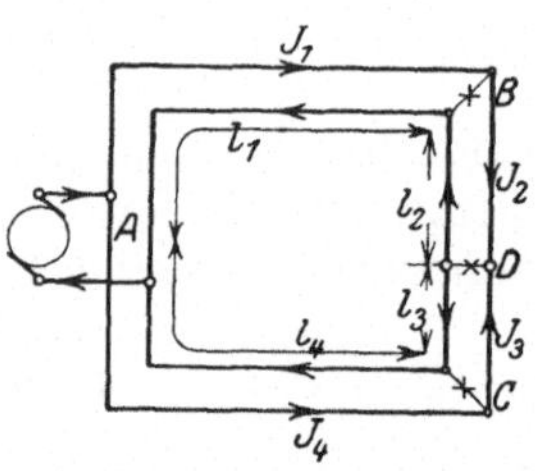

Abb. 174. Ringleitung.

Sicherheit und des besseren Spannungsausgleichs bei Änderungen in der Belastungsverteilung. Zur Berechnung einer Ringleitung muß zunächst die Stromverteilung nach den Regeln der Parallelschaltung bestimmt werden. In Abb. 174 ist eine solche Ringleitung mit drei Stromabnahmen $J_b$, $J_c$ und $J_d$ dargestellt. Nehmen wir an, daß dem Verbrauchskörper bei $D$ von $A$ aus über $B$ der Strom $x$ und über $C$ der Rest, also $J_d - x$ zufließt, so ist, da der Spannungsabfall von $A$ über $B$ bis $D$ gleich dem von $A$ über $C$ bis $D$ sein muß:

$$\frac{l_1 \cdot J_1}{q_1} + \frac{l_2 \cdot J_2}{q_2} = \frac{l_3 \cdot J_3}{q_3} + \frac{l_4 \cdot J_4}{q_4}.$$

Mit $J_2 = x$, $\quad J_1 = J_b + x$, $\quad J_3 = J_d - x$, $\quad J_4 = J_c + J_d - x$ folgt dann:

$$\frac{l_1 \cdot (J_b + x)}{q_1} + \frac{l_2 \cdot x}{q_2} = \frac{l_3 \cdot (J_d - x)}{q_3} + \frac{l_4 \cdot (J_c + J_d - x)}{q_4} \quad . \; . \; (110)$$

Nimmt man die Querschnitte $q_1$, $q_2$, $q_3$ und $q_4$ zunächst schätzungs-weise an, so können die Teilströme $x$ und $J_d - x$ und daraus der Spannungsverlust $u$ berechnet werden. Ist dieser zu hoch oder zu niedrig, so sind die Querschnitte entsprechend zu ändern. Würde sich auf Grund der angenommenen Stromrichtung für $x$ ein negativer Wert ergeben, so hat dieser Strom tatsächlich die umgekehrte Richtung.

Die bisher entwickelten Gleichungen gelten für Zweileitersysteme bei Gleichstrom und Einphasenstrom mit induktionsfreier Belastung. In Dreileiteranlagen, die meistens mit geerdetem Mittelleiter aus-geführt werden (vgl. S. 16), schaltet man Verbrauchskörper größerer Stromstärke, vor allem größere Motoren zwischen die Außenleiter, also an die volle Spannung; Lampen und kleine Motoren legt man dagegen zwischen je einen Außenleiter und den Nulleiter, also an die halbe Spannung, da sie desto betriebssicherer und wirtschaftlicher sind, je geringer ihre Nennspannung ist. Verteilt man diese kleineren Ver-brauchskörper derart auf die Netzhälften, daß der Strom in den Außen-leitern genau gleich groß ist, so ist der Mittel-leiter stromlos; die Anlage verhält sich in diesem Fall wie eine Zweileiteranlage mit der doppelten Leitungsspannung. Im Betriebe ist ungleiche Belastung der Netzhälften nicht zu vermeiden, jedoch wird der Mittelleiter bei richtiger Belastungsverteilung stets nur einen geringen Teil des Außenleiterstromes führen; er kann daher mit kleinerem Querschnitt als die Außenleiter, meistens mit der Halfte, aus-

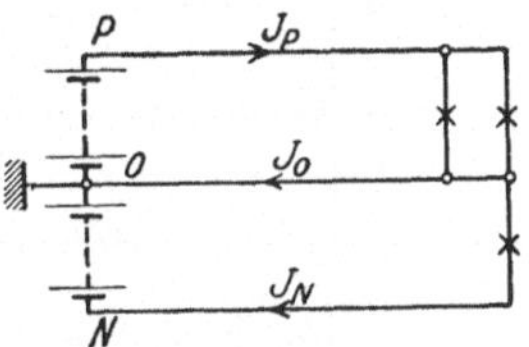

Abb. 175.
Dreileiteranlage.

geführt werden. Der gesamte Leiterquerschnitt ist trotz des Mittel-leiters kleiner als bei einer Zweileiteranlage, welche für die gleiche Lampenspannung ausgeführt ist

Die Spannungsverhältnisse in einer Dreileiteranlage bei ungleicher Belastung der Netzhälften bieten besonderes Interesse und geben eine ausgezeichnete Gelegenheit, sich mit dem Wesen der Spannungs-verteilung eingehend vertraut zu machen. In dem Dreileitersystem Abb. 175 sei die positive Netzhälfte stärker belastet als die negative, der Unterschied der Außenleiterströme $J_P - J_N = J_0$ fließt demnach durch den Mittelleiter nach der Stromquelle zurück; in derselben Richtung fließt der Strom in dem negativen Außenleiter. Daher muß das Ende des positiven Außenleiters ein niedrigeres, das Ende des Mittelleiters und dasjenige des negativen Außenleiters ein höheres Potential als der Anfang der betreffenden Leitung haben. Nehmen wir an, daß der Anfang des Mittelleiters geerdet ist, so hat das Ende des positiven Außenleiters und das des Mittelleiters eine positive Spannung gegen Erde, das Ende des negativen Außenleiters eine nega-tive (Abb. 176). Ist die Spannung jeder Netzhälfte am Anfang der Leitung gleich $U_A$, der Spannungsabfall in den drei Leitern gleich

$u_P$, $u_0$, $u_N$, so ist die Spannung der Netzhälften am Ende der Leitung, $U_P$ bzw. $U_N$, bestimmt durch die Gleichungen

$$U_P = U_A - u_P - u_0, \quad U_N = U_A - u_N + u_0 \quad \ldots \quad (111)$$

Wenn die Ungleichheit der Belastung sehr stark oder der Querschnitt des Mittelleiters verhältnismäßig sehr klein ist, so daß $u_0$ größer als $u_N$ wird, so ist die Spannung am Ende der schwächer belasteten Netzhälfte größer als am Anfang, es tritt also eine Spannungserhöhung ein. Um das zu vermeiden, muß man bei Dreileiteranlagen durch entsprechende Verteilung der Verbrauchskörper für möglichst gleichmäßige Belastung der Außenleiter sorgen, man pflegt auch der Querschnittsberechnung einen geringeren Spannungsverlust zugrunde zu legen als bei Zweileiteranlagen.

In einem Drehstromsystem haben die Ströme, somit auch die Spannungsverluste in den Leitungen verschiedene Phase, die bisher entwickelten Gleichungen sind daher nicht ohne weiteres anwendbar. Am klarsten lassen sich die Verhältnisse übersehen, wenn man Sternschaltung der Verbrauchskörper, z. B. von drei Glühlampen gleicher

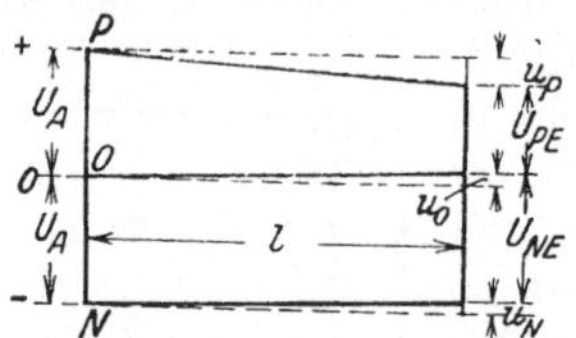

Abb. 176. Spannungs-
diagramm zu Abb. 175.

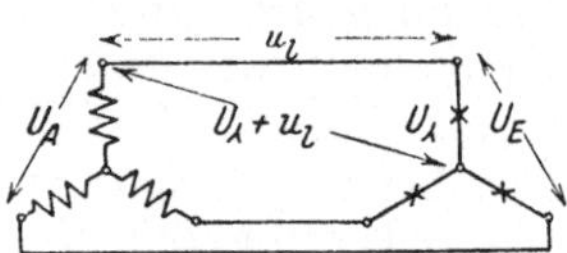

Abb. 177.
Drehstromleitung.

Stromstärke, annimmt (Abb. 177). Wir können dann jede Einzelleitung als Teil des betreffenden Verbrauchskörpers auffassen. Ist $U_\lambda$ die Spannung eines solchen und $u_l$ der Spannungsverlust in jeder einfachen Leitungslänge, so gibt die Summe $U_\lambda + u_l$ die Sternspannung zwischen dem Nullpunkt und dem Anfang jeder Leitung. Die verkettete Spannung zwischen den Leitungen ist dann:

am Ende $\quad U_E = 1{,}73 \cdot U_\lambda$,

am Anfang $\quad U_A = 1{,}73 \cdot (U_\lambda + u_l) = U_E + 1{,}73 \cdot u_l$.

Der Spannungsverlust $u$, bezogen auf Hin- und Rückleitung, ist daher im Drehstromsystem mit gleicher Belastung der drei Phasen:

$$u = 1{,}73 \cdot u_l = \frac{1{,}73 \cdot l \cdot J}{k \cdot q} \quad \ldots \ldots \ldots \quad (112)$$

daher der Querschnitt:

$$q = \frac{1{,}73 \cdot l \cdot J}{k \cdot p \cdot U} \quad \ldots \ldots \ldots \quad (113)$$

Diese Gleichung gilt für Stern- wie für Dreieckschaltung, ferner auch für das Drehstrom-Vierleitersystem (vgl. Abb. 106) bei stromlosem Mittelleiter. $U$ ist auch hier die Nennspannung zwischen den Leitungen bzw. zwischen den Außenleitern. Auch bei Drehstrom kann der Mittelleiter mit kleinerem Querschnitt als die Außenleiter ausgeführt werden. Abzweigungen mit nur zwei Leitungen zu Lampen und anderen Verbrauchskörpern sind natürlich auch in Drehstromanlagen wie Einphasenleitungen, also mit dem Faktor 2, nicht mit 1,73 zu berechnen, da hierbei der Strom in Hin- und Rückleitung des Zweiges dieselbe Phase hat.

Bei Wechselstromanlagen mit Verbrauchskörpern, die eine **Phasenverschiebung** $\varphi$ zwischen Spannung und Strom verursachen, ist zu beachten, daß der Spannungsverlust in der Leitung, wenn diese zunächst wieder als induktionsfrei betrachtet wird, in Phase mit dem Strom, also gegen die Spannungen verschoben ist. Daher ist bei Einphasenstrom der Spannungsverlust $u = \dfrac{2 \cdot l \cdot J}{k \cdot q}$ zu der Spannung $U_E$ zwischen den Leitungsenden, bei Drehstrom der Spannungsverlust in der einfachen Leitung $u_l = \dfrac{l \cdot J}{k \cdot q}$ zu der Sternspannung bzw. der Spannungsverlust $u = \dfrac{1,73 \cdot l \cdot J}{k \cdot q}$ zu der verketteten Spannung zwischen den Leitungsenden, nicht algebraisch sondern **geometrisch** zu addieren, um die erforderliche Spannung am Anfang der Leitung $U_A$ zu erhalten (Abb. 178). Der **Spannungsunterschied** zwischen Anfang und Ende der belasteten Leitung oder die **Spannungsschwankung**, die am Verbrauchskörper auftritt, wenn die Belastung der Leitung vom Wert $J$ auf einen verschwindend kleinen Wert sich ändert, d. h. der Wert $U_A - U_E$, ist daher kleiner als der Spannungsverlust $u$. Auf den Spannungsunterschied kommt es aber in der Regel an, da dieser ja die Schwankungen in der Leistung der Verbrauchskörper verursacht. Die

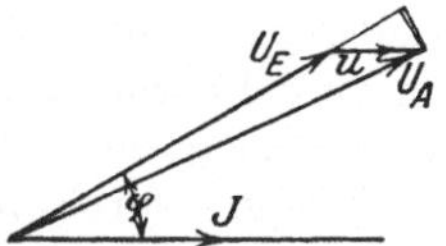



Abb. 178. Spannungsdiagramm der Leitung bei phasenverschobenem Strom.

Bemessung des Leitungsquerschnittes soll sich daher nach dem Spannungsunterschied richten. Ist der Winkel $\varphi$ nicht sehr groß und der Spannungsverlust in der Leitung im Verhältnis zur Verbrauchsspannung klein, wie es meistens der Fall ist, so kann angenähert gesetzt werden (vgl. Abb. 178)

$$U_A - U_E = u \cdot \cos \varphi \quad \ldots \ldots \ldots \quad (114)$$

Bezeichnet man das Verhältnis des Spannungsunterschiedes $U_A - U_E$ zu der Nennspannung am Ende der Leitung $U_E$ mit $p'$, so ist unter den erwähnten Voraussetzungen angenähert

$$p' = \frac{U_A - U_E}{U_E} = p \cdot \cos \varphi \quad \ldots \ldots \ldots \quad (115)$$

Der Leitungsquerschnitt kann daher in der Regel im Verhältnis $1 : \cos \varphi$ herabgesetzt werden, wenn dieselbe Stromstärke $J$ nicht phasengleich, sondern mit einer Phasenverschiebung $\varphi$ gegenüber der Spannung übertragen wird. Die dabei übertragene Wirkleistung ist in letzterem Fall natürlich auch im Verhältnis $1 : \cos \varphi$ kleiner als bei Phasengleichheit.

Am häufigsten tritt nun eine Phasenverschiebung zwischen Spannung und Strom durch Motoren der in den Abschnitten 62 bis 65 besprochenen Arten auf, und bei diesen ist häufig nicht so sehr der Betriebsstrom als der Anlaufstrom für die Spannungsschwankung maßgebend. Im Augenblick des Einschaltens hat der Leistungsfaktor solcher Motoren einen Wert, der je nach dem Bau des Motors und dem Ohmwert seiner Stromkreise mehr oder weniger kleiner ist als der Leistungsfaktor bei Nennlast. Die Näherungsgleichung 114 bzw. 115 würde nun mit dem beim Anlauf auftretenden geringen $\cos \varphi$ einen zu kleinen Wert für die Spannungsschwankung $U_A - U_E$ liefern. Man erhält aber einen ziemlich zutreffenden Wert, wenn man den Spannungsverlust $u$ mit dem Anlaufstrom $J_a$ des Motors berechnet und ihn mit dem Nennwert des Leistungsfaktors multipliziert.

Der Querschnitt von Motorleitungen wird daher zweckmäßig berechnet mit den Formeln:

bei Einphasenstrom
$$q = \frac{2 \cdot l \cdot J_a \cdot \cos \varphi}{k \cdot p \cdot U} \quad \ldots \ldots \ldots \ldots (116)$$

bei Drehstrom
$$q = \frac{1{,}73 \cdot l \cdot J_a \cdot \cos \varphi}{k \cdot p \cdot U} \quad \ldots \ldots \ldots (117)$$

Die zu Anfang des Abschnittes abgeleiteten Beziehungen für Leitungen mit verteilter Belastung und für Ringleitungen sind mit entsprechenden Änderungen auch für ein- und dreiphasigen Wechselstrom zu verwenden.

Bisher wurde nur der Wirkwiderstand $R$ bzw. $R_w$ der Leitungen berücksichtigt. Bei Wechselstromleitungen kommt unter Umständen außerdem der induktive Widerstand $R_L$ der Leitung in Betracht. Dieser ist von der Länge und der Frequenz, ferner von dem gegenseitigen Abstand und dem Durchmesser der Leitungen abhängig. Bei Freileitungen kann man für die übliche Frequenz von 50 $\sim$ den induktiven Widerstand im Durchschnitt zu 0,36 $\Omega$ für den Kilometer einfache Leitungslänge annehmen. Die Spannung $u_L$ zur Überwindung des induktiven Widerstandes liegt natürlich 90° vor dem Strom. Setzt man die Spannung am Leitungsende $U_E$ geometrisch mit den Spannungen $u_R$ und $u_L$ zusammen, so erhält man nach Größe und Phase die Spannung $U_A$, die am Anfang der Leitung erforderlich ist; bei Drehstrom macht man diese Konstruktion am besten mit den Sternspannungen.

Bei Kabeln und bei Leitungen für sehr hohe Spannung sind für eine genaue Leitungsberechnung auch noch die Änderungen zu berücksichtigen, welche der Strom und die Spannung durch die Kapazität, ferner durch die Ableitung, d. h. die Unvollkommenheit der Isolation, erfahren.

Für Fernleitungen oder für den Vergleich der Leitungsquerschnitte bei verschiedenen Bedingungen ist es oft zweckmäßig, der Berechnung des Leitungsquerschnittes nicht den Spannungsverlust, sondern den Leistungsverlust $N_v$ zugrunde zu legen; mit Rücksicht auf die Wirtschaftlichkeit der Übertragung soll dieser einen bestimmten Teil der nutzbaren Leistung nicht überschreiten.

Für Gleichstrom und Einphasenstrom mit induktionsfreier Belastung ist dieser Verlust, wenn $r_l$ der Wirkwiderstand der einfachen Leitungslänge ist, $N_v = 2 \cdot J^2 \cdot r_l$. Sofern es sich nicht um Eisenleitungen oder sehr dicke Leitungen handelt, ist der Wirkwiderstand ebenso groß wie der Gleichwiderstand, also $r_l = \dfrac{l}{k \cdot q}$, daher $N_v = \dfrac{2 \cdot J^2 \cdot l}{k \cdot q}$. Führen wir das Verhältnis des Leistungsverlustes zur übertragenen Leistung $p'' = \dfrac{N_v}{N}$ ein, so wird

$$q = \frac{2 \cdot l \cdot J^2}{k \cdot p'' \cdot N} \quad \ldots \ldots \ldots \ldots \quad (118)$$

und schließlich mit $J = \dfrac{N}{U}$.

$$q = \frac{2 \cdot l \cdot N}{k \cdot p'' \cdot U^2} \quad \ldots \ldots \ldots \quad (119)$$

Bei gegebener Leitungslänge und Leistung ändert sich demnach der Querschnitt umgekehrt mit dem Quadrat der Spannung; bei doppelter Spannung ist der Strom nur halb so groß, der Betrag des Spannungsverlustes doppelt so groß, der Querschnitt daher nur der vierte Teil.

Für Drehstrom mit gleichmäßiger Belastung ist entsprechend $N_v = 3 \cdot J^2 \cdot r_l$ und

$$q = \frac{3 \cdot l \cdot J^2}{k \cdot p'' \cdot N}, \quad \ldots \ldots \ldots \ldots \quad (120)$$

daher mit $J = \dfrac{N}{1{,}73 \cdot U}$

$$q = \frac{l \cdot N}{k \cdot p'' \cdot U^2} \quad \ldots \ldots \ldots \quad (121)$$

Ist der Strom um den Winkel $\varphi$ gegen die Spannung verschoben, so folgt mit Benutzung der Gleichungen von Abschnitt 27

für Einphasenstrom
$$q = \frac{2 \cdot l \cdot N}{k \cdot p'' \cdot U^2 \cdot \cos^2 \varphi} \quad \ldots \ldots \quad (122)$$

für Drehstrom
$$q = \frac{l \cdot N}{k \cdot p'' \cdot U^2 \cdot \cos^2 \varphi} \quad \ldots \ldots \quad (123)$$

Der Querschnitt jedes Leiters ist demnach unter gleichen Bedingungen bei einer Drehstromleitung nur halb so groß als bei einer Einphasenleitung.

Die Vorteile der Mehrleiteranlagen gegenüber der einfachen Hin- und Rückleitung sind am besten zu übersehen, wenn man die Querschnitte, welche zur Übertragung einer bestimmten Leistung bei gleicher Spannung und gleichem Leistungsverlust erforderlich sind, zu einander ins Verhältnis setzt. Nimmt man an, daß der Mittelleiter stets mit der Hälfte des Außenleiterquerschnittes ausgeführt wird, so liefert die Vergleichsrechnung:

|  | Gesamtquerschnitt | Ver-hältnis |
|---|---|---|
| für Zweileiter-Gleichstrom oder -Einphasenstrom . . . . . . . . . . . . . . . . | $2 \cdot q$ | 1 |
| Drehstrom-Dreileiter . . . . . . . . . | $3 \cdot \dfrac{q}{2} = 1{,}5 \cdot q$ | 0,75 |
| Dreileiter-Gleichstrom oder -Einphasenstrom | $2 \cdot \dfrac{q}{4} + \dfrac{q}{8} = {}^5/_8 \cdot q$ | 0,31 |
| Drehstrom-Vierleiter . . . . . . . . . | $3 \cdot \dfrac{q}{2 \cdot 3} + \dfrac{q}{12} = {}^7/_{12} \cdot q$ | 0,29 |

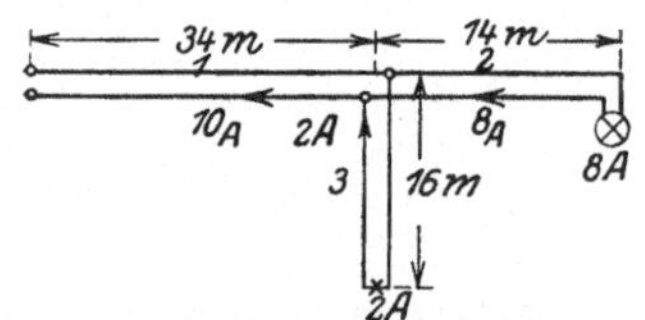

Abb. 179. Verzweigte Leitung.

**Beispiele: 1.** Die in Abb. 179 dargestellte verzweigte Leitung soll so berechnet werden, daß der Spannungsverlust höchstens 2 % der Nennspannung von 110 V beträgt. In Anbetracht des geringen Unterschiedes der Ströme $J_2 = 8$ A und $J_1 = 10$ A wird die Hauptleitung mit einem durchgehenden Querschnitt ausgeführt. Die Summe der Strommomente $\Sigma\,(l \cdot J)$ ist $= 14 \cdot 8 + 34 \cdot 10 = 452$, der zulässige Spannungsverlust $u = 0{,}02 \cdot 110 = 2{,}2$ V. Daher wird

$$q = \frac{\Sigma\,(l \cdot J)}{k \cdot u} = \frac{452}{56 \cdot 2{,}2} = 3{,}68 \text{ mm}^2.$$

Der nächsthöhere Normalquerschnitt ist 4 mm², für den als isolierte Leitung eine Sicherung von höchstens 20 A zulässig ist. Mit diesem Querschnitt wird der Spannungsverlust im Abschnitt 1 der Hauptleitung

$$u_1 = \frac{34 \cdot 10}{56 \cdot 4} = 1{,}5 \text{ V,}$$

im Abschnitt 2 der Hauptleitung $u_2 = \dfrac{14 \cdot 8}{56 \cdot 4} = 0{,}5$ V.

Für die Zweigleitung 3 steht noch ein Spannungsverlust von $2{,}2 - 1{,}5 = 0{,}7$ V zur Verfügung, daher berechnet sich $q_3 = \dfrac{16 \cdot 2}{56 \cdot 0{,}7} = 0{,}82 \text{ mm}^2$.

Wird für diesen Zweig der Normalquerschnitt 1 mm² verwendet, so ist der Spannungsverlust $u_3 = $ rd. 0,6 V. Ist die Spannung am Anfang der Hauptleitung 115 V, so ist am Ende von Abschnitt 1 die Spannung: 115 — 1,5 = 113,5 V; am Ende von Abschnitt 2 ist sie 113,5 — 0,5 = 113 V, am Ende von Abschnitt 3 ist sie 113,5 — 0,6 = 112,9 V.

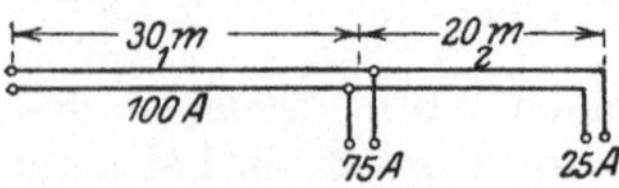

Abb. 180. Leitung mit zwei Stromabnahmen.

2. Zwei Stromabnahmen von 75 bzw. 25 A (Abb. 180) sollen durch eine Leitung derart gespeist werden, daß eine Mindestmenge von Kupfer aufzuwenden ist und der Spannungsverlust 1,5 % der Netzspannung von 220 V nicht überschreitet. Der Mindestquerschnitt für den Leitungsabschnitt 1 ist 35 mm², für den Leitungsabschnitt 2 ist er 6 mm² bei Anwendung isolierter Leitung, wenn der Nennstrom der Sicherung zugrunde gelegt wird. Der gesamte Spannungsverlust ist $u = 3{,}3$ V.

Nach Seite 126 berechnen wir zunächst

$$\Sigma\,(l \cdot \sqrt{J}) = 30 \cdot \sqrt{100} + 20 \cdot \sqrt{25} = 400.$$

Daher
$$\frac{\Sigma\,(l\cdot\sqrt{J})}{k\cdot u} = \frac{400}{56\cdot 3,3} = 2,16.$$

Dann wird
$$q_1 = \frac{2\cdot\Sigma\,(l\cdot\sqrt{J})}{k\cdot u}\cdot\sqrt{J_1} = 2\cdot 2,16\cdot\sqrt{100} = 43,2\ \text{mm}^2,$$
und
$$q_2 = 2\cdot 2,16\cdot\sqrt{25} = 21,6\ \text{mm}^2.$$

Das gesamte Kupfervolumen für die einfache Länge ist dann $30\cdot 43,2 + 20\cdot 21,6 =$ rd. 1730 cm³, die Spannungsverluste sind
$$u_1 = \frac{2\cdot 30\cdot 100}{56\cdot 43,2} = 2,48\ \text{V},$$

und $u_2 = \dfrac{2\cdot 20\cdot 25}{56\cdot 21,6} = 0,82\ \text{V}$, also $u = u_1 + u_2 = 3,3\ \text{V}.$

Nimmt man dagegen konstante Stromdichte an, so ist nach Gleichung 109
$$q_1 = \frac{2\cdot\Sigma\,(l)}{k\cdot u}\cdot J_1 = \frac{2\cdot 50}{56\cdot 3,3}\cdot 100 = 54,1\ \text{mm}^2$$
$$q_2 = \frac{2\cdot\Sigma\,(l)}{k\cdot u}\cdot J_2 = \frac{2\cdot 50}{56\cdot 3,3}\cdot 25 = 13,5\ \text{mm}^2.$$

Das gesamte Kupfervolumen für die einfache Länge ist dann
$$30\cdot 54,1 + 20\cdot 13,5 = \text{rd. } 1890\ \text{cm}^3.$$

Werden schließlich beide Leitungsstrecken mit demselben Querschnitt ausgeführt, so muß dieser betragen
$$q = \frac{2\cdot\Sigma\,(l\cdot J)}{k\cdot u} = \frac{2}{56\cdot 3,3}\cdot(30\cdot 100 + 20\cdot 25) = 37,9\ \text{mm}^2.$$

Das gesamte Kupfervolumen für die einfache Länge ist dann $50\cdot 37,9 =$ rd. 1890 cm³.

Die erste Berechnung gibt also, wie die Theorie fordert, das kleinste Kupfervolumen. Die Ausführung als isolierte Leitung hat jedoch mit Normalquerschnitten zu erfolgen. In unserem Fall ist 50 mm² für den ersten und 16 mm² für den zweiten Leitungsabschnitt zu nehmen; dann ist der gesamte Spannungsverlust $u = 3,26$ V.

3. Die Verbrauchskörper des vorigen Beispiels sollen durch eine Dreileiteranlage mit $2\cdot 220$ V versorgt werden. Bei vollständig gleichmäßiger Verteilung ist dann der Strom in den Außenleiterabschnitten nur halb so groß wie in dem vorigen Beispiel, die Spannungsverluste dürfen das Doppelte betragen, daher können die Quer-

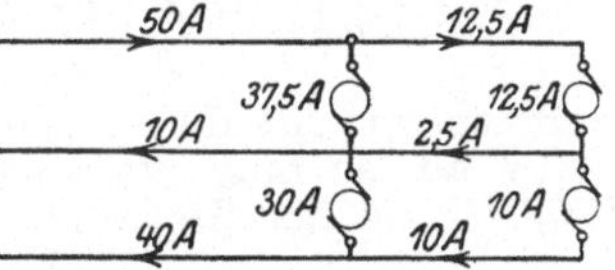


Abb. 181. Dreileiteranlage mit ungleichmäßiger Belastung.

schnitte auf den vierten Teil herabgesetzt werden. Man würde demnach die Außenleiter in dem Leitungsabschnitt 1 mit 16 mm², im Abschnitt 2 mit 4 mm², den Mittelleiter mit 10 mm² bzw. 2,5 mm² ausführen. Welche Spannung würde dann bei der in Abb. 181 eingeschriebenen ungleichen Belastung am Ende der Hauptleitung auftreten, wenn am Anfang derselben jede Netzhälfte 230 V Spannung hat?

Der Spannungsverlust ist im positiven Außenleiter
$$u_P = \frac{2}{56}\left(\frac{30\cdot 50}{16} + \frac{20\cdot 12,5}{4}\right) = 5,57\ \text{V},$$

im Mittelleiter
$$u_0 = \frac{2}{56}\left(\frac{30\cdot 10}{10} + \frac{20\cdot 2,5}{2,5}\right) = 1,78\ \text{V}.$$

Die Spannung am Ende der positiven Netzhälfte ist daher
$$230 - 5,57 - 1,78 = 222,6 \text{ V.}$$
Der Spannungsverlust im negativen Außenleiter ist
$$u_N = \frac{2}{56}\left(\frac{30 \cdot 40}{16} + \frac{20 \cdot 10}{4}\right) = 4,46 \text{ V.}$$
Die Spannung am Ende der negativen Netzhälfte ist daher
$$230 - 4,46 + 1,78 = 227,3 \text{ V.}$$

4. Sechs Lampenstromkreise, deren jeder 10 Lampen für je 110 V und 0,5 A enthält, sind an einer Stelle an eine gemeinsame Drehstromleitung von 20 m Länge angeschlossen; der Spannungsverlust in dieser soll 1 % nicht überschreiten. Wie groß muß der Querschnitt dieser Leitung sowie Spannung und Stromstärke jeder Phase der in Stern geschalteten Stromquelle sein, wenn die Lampen a) in Dreieck, b) in Stern mit Nullleiter geschaltet sind?

a. Der Strom jeder Lampengruppe ist $10 \cdot 0,5 = 5$ A, an jede Hauptleitung sind vier solche Zweige angeschlossen, von denen jedoch nur je zwei zwischen denselben Leitungen liegen, während die anderen beiden Gruppen mit ihrer Rückleitung an der dritten Hauptleitung liegen (Abb. 182). Der Strom in jeder Hauptleitung und in der Stromquelle berechnet sich

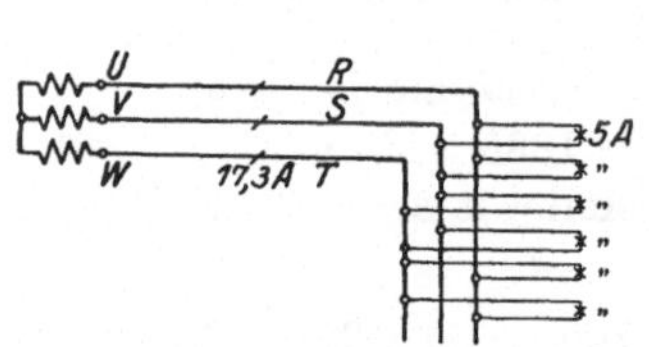


Abb. 182.  Drehstrom-Drei-
leiteranlage.

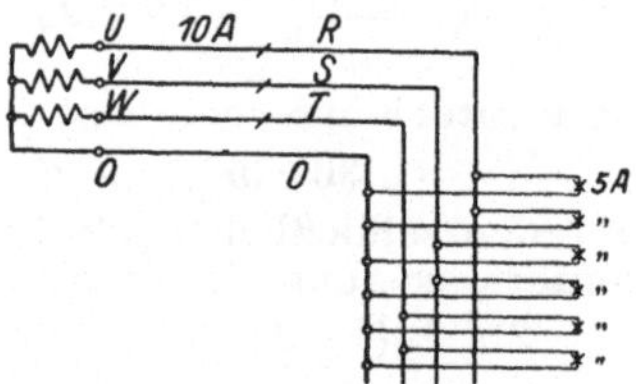


Abb. 183.  Drehstrom-Vier-
leiteranlage.

daher nach Abschnitt 21 zu $J = 1,73 \cdot 2 \cdot 5 = 17,3$ A. Bei 1,1 V Spannungsverlust in der Hauptleitung folgt daher der Querschnitt zu
$$q = \frac{1,73 \cdot l \cdot J}{k \cdot u} = \frac{1,73 \cdot 20 \cdot 17,3}{56 \cdot 1,1} = 9,75 \text{ mm}^2.$$
Nehmen wir für die einzelnen Zweige noch einen Spannungsverlust von 0,5 V an, so muß die verkettete Spannung am Ende der Hauptleitung 110,5 V, an der Stromquelle 111,6 V betragen, jede Phase der letzteren muß dann 17,3 A und $\dfrac{111,6}{1,73} = 64,5$ V liefern.

b. Es liegen jetzt nur je zwei Lampengruppen an jeder Hauptleitung, sämtliche Rückleitungen sind an den Nulleiter angeschlossen (Abb. 183). Der Strom in jeder Hauptleitung ist daher $J = 2 \cdot 5 = 10$ A. Die Spannung zwischen den Außenleitern muß das 1,73-fache der Sternspannung betragen, daher ist der Spannungsverlust
$$u = 1,73 \cdot 1,1 = 1,9 \text{ V.}$$
Es wird dann
$$q = \frac{1,73 \cdot 20 \cdot 10}{56 \cdot 1,9} = 3,25 \text{ mm}^2.$$

Die verkettete Spannung muß, bei 0,5 V Spannungsverlust in den einzelnen Stromzweigen der Lampengruppen, am Ende der Hauptleitung $1,73 \cdot 110,5 = 191$ V und an der Stromquelle 192,9 V betragen. Jede Phase der letzteren muß daher einen Strom von 10 A bei einer Spannung von $\dfrac{192,9}{1,73} = 111,6$ V liefern. Dieser Wert muß offenbar um die Spannungsverluste in einer Phase, also um $0,5 + 1,1$ V größer sein als die Lampenspannung.

Der Querschnitt einer Zweigleitung zu den Lampengruppen berechnet sich in beiden Schaltungen, wenn die einfache Länge zu $10\,\mathrm{m}$ angenommen wird, als Einphasenleitung zu

$$q = \frac{2 \cdot 10 \cdot 5}{56 \cdot 0,5} = 3,6 \text{ mm}^2.$$

5. Eine Einphasenleitung für 220 V Verbrauchsspannung soll am Ende mit einem Strom von 100 A bei $\cos \varphi = 0,8$ induktiv belastet sein. Die prozentischen Verluste sollen berechnet werden, wenn der Wirkwiderstand der einfachen Leitung $r_l = 0,044\ \Omega$ beträgt; der induktive Widerstand soll nicht berücksichtigt werden.

Die Spannung am Ende der Leitung ist $U_E = 220$ V, der Spannungsverlust $u = J \cdot 2 \cdot r_l = 100 \cdot 0,088 = 8,8$ V. Daher ist der Verhältniswert des Spannungsverlustes $p = \dfrac{u}{U_E} = 0,04 = 4\ \%$. Der Spannungsverlust $u$ ist laut Annahme in Phase mit dem Strom (vgl. Abb. 178), die Endspannung $U_E$ liegt unter dem Winkel $\varphi$ gegen den Strom, die Spannung am Anfang der Leitung $U_A$ ist die geometrische Summe von $U_E$ und $u$. Aus der Geometrie der Figur folgt:

$$U_A = \sqrt{(U_E \cos \varphi + u)^2 + (U_E \sin \varphi)^2} =$$
$$\sqrt{(220 \cdot 0,8 + 8,8)^2 + (220 \cdot 0,6)^2} = 227,2 \text{ V.}$$

Die Spannungsschwankung ist daher $U_A - U_E = 7,2$ V und ihr Verhältniswert

$$p' = \frac{U_A - U_E}{U_E} = 0,0327 = 3,27\ \%.$$

Die abgegebene Wirkleistung ist

$$N = U \cdot J \cdot \cos \varphi = 220 \cdot 100 \cdot 0,8 = 17\,600 \text{ W.}$$

Der Verlust an Wirkleistung in der Hin- und Rückleitung ist $N_v = J^2 \cdot 2 \cdot r_l = 100^2 \cdot 0,088 = 880$ W und der Verhältniswert dieses Verlustes

$$p'' = \frac{880}{17\,600} = 0,05 = 5\ \%.$$

Es ist also

$$p'' = \frac{p}{\cos \varphi} = \frac{0,04}{0,8} = 0,05$$

und angenähert

$$p' = p \cdot \cos \varphi = 0,04 \cdot 0,8 = 0,032.$$

6. Ein Drehstrommotor hat bei Nennstrom einen Leistungsfaktor $\cos \varphi = 0,80$, dabei sei der Spannungsverlust in der Zuleitung $4\%$. Beim Einschalten tritt der 5-fache Strom mit einem $\cos \varphi = 0,707$ auf; der Spannungsverlust ist dann $20\%$. Nach der genauen Gleichung, jedoch ohne Berücksichtigung von induktivem Leitungswiderstand, tritt beim Einschalten ein Spannungsunterschied auf (vgl. Beispiel 5) von

$$\sqrt{(100 \cdot 0,707 + 20)^2 + (100 \cdot 0,707)^2} - 100 = 15\%.$$

Nach der Gleichung 117 dagegen würde man dem Faktor $J_a \cdot \cos \varphi$ entsprechend einen Spannungsunterschied von $4 \cdot 5 \cdot 0,80 = 16\%$ erhalten.

## 35. Messung von Leistung und Arbeit.

**Leistungsmesser.** Im Abschnitt 27 wurde gezeigt, daß bei Wechselstrom die Wirkleistung nur dann durch Multiplikation der Effektivwerte von Spannung und Strom bestimmt werden kann, wenn diese beiden Größen phasengleich sind. Wenn dagegen die Art der Belastung oder des

Leitungswiderstandes eine vor- oder nacheilende Phasenverschiebung zwischen Strom und Spannung verursacht, so muß noch ein drittes Instrument benutzt werden, um die Wirkleistung oder allenfalls den Leistungsfaktor zu messen. Wie im Abschnitt 27 erwähnt wurde, müssen in einem Leistungsmesser oder Wattmeter der Strom und die Spannung gleichzeitig zur Wirkung kommen; dies geschieht meistens derart, daß in einer Spule wie in einem Strommesser der Hauptstrom der Leitung oder ein proportionaler und phasengleicher Teil desselben fließt, in einer zweiten Spule dagegen ein geringer Strom, der wie bei einem Voltmeter der Spannung proportional und je nach dem Bau des Instrumentes mit dieser phasengleich oder um einen bestimmten Winkel gegen die Spannung verschoben ist. Die üblichen Leistungsmesser beruhen entweder auf der im Abschnitt 3 besprochenen Kraftwirkung, die zwischen einer festen und einer beweglichen Spule auftritt, der sogenannten elektrodynamischen Wirkung, oder man verwendet in ihnen die Induktions- und Kraftwirkung eines Drehfeldes. In Leistungsmessern der ersten Art ist das drehbare System ebenso gebaut wie das eines Drehspulinstrumentes, es wird in Reihe mit einem der Spannung entsprechenden Widerstand zwischen die Leitungen geschaltet (Abb. 184). Das Grundfeld wird durch eine feststehende Spule erzeugt, die vom Hauptstrom durchflossen wird und um die bewegliche Spule gelegt ist. Die Teile entsprechen also der Versuchsanordnung nach Abb. 19. Das auf den Zeiger ausgeübte Drehmoment ist dann in jedem Augenblick dem Produkt aus den beiden Strömen, also auch der hinter dem Leistungsmesser verbrauchten Wirkleistung, proportional. Zur Erweiterung des Strommeßbereichs ist die feststehende Spule bei manchen Instrumenten in zwei gleichen Teilen hergestellt, die entweder hintereinander oder parallel geschaltet werden können. Wie aus früheren Abschnitten hervorgeht, erhalt man in diesem Instrument. wenn es keinen Eisenschluß hat, mit Gleichstrom dieselbe Wirkung. es kann daher mit solchem Strom geeicht werden. Hierbei ist jedoch auf den Einfluß des magnetischen Erdfeldes zu achten; durch Drehen des ganzen Instrumentes oder Wenden beider Strome kann festgestellt werden, wie groß dieser Einfluß oder derjenige etwa benachbarter Gleichstromleiter ist. Da das Feld der Stromspule nicht so stark ist wie dasjenige eines Drehspulinstrumentes, so sind magnetische Einflüsse durch benachbarte Stromleiter, Eisenmassen u. dgl. zu vermeiden. Stets ist eine Klemme der Spannungsspule unmittelbar mit einer Klemme der Stromspule zu verbinden, um größere Spannungen zwischen den beiden Spulen des Instrumentes zu verhindern.

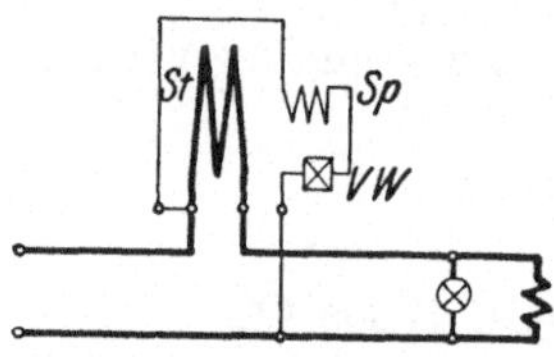


Abb. 184. Elektrodynamischer Leistungsmesser.

Die zweite Instrumentenart, das Drehfeld- oder Ferrarisinstrument, ist nur für Wechselstrom verwendbar (Abb. 185). Hier ist die Spannungsspule sowohl wie die Stromspule feststehend, sie sollen ein Drehfeld liefern, das auf eine drehbare Metallglocke einen Antrieb ausübt (vgl.

Abschnitt 32); eine als Gegenkraft wirkende Feder sucht die Glocke und den mit ihr verbundenen Zeiger in die Nullstellung zurückzudrehen. Damit die beiden Spulen ein Drehfeld erzeugen, müssen sie räumlich gegeneinander versetzt sein und von zeitlich verschobenen Strömen durchflossen werden. Zur Messung der Wirkleistung muß das in dem Leistungsmesser entwickelte Drehmoment der Größe $N = U \cdot J \cdot \cos\varphi$ proportional sein, es muß also bei Phasengleichheit zwischen Spannung und Strom den größten Wert haben.

Liegen die Spulenpaare (Abb. 185) um $90^0$ gegeneinander versetzt, so muß also der Strom, genauer gesagt das Feld der Spannungsspulen gegen den Strom bzw. das Feld der Hauptstromspulen um $90^0$ zeitlich verschoben sein; durch Einschaltung von Drosselspule und Widerstand kann eine solche Verschiebung erreicht werden, so daß ein reines Drehfeld entsteht. Ist dagegen die Belastung rein induktiv oder kapazitiv, also der Strom in der Leitung um $90^0$ gegen die Spannung

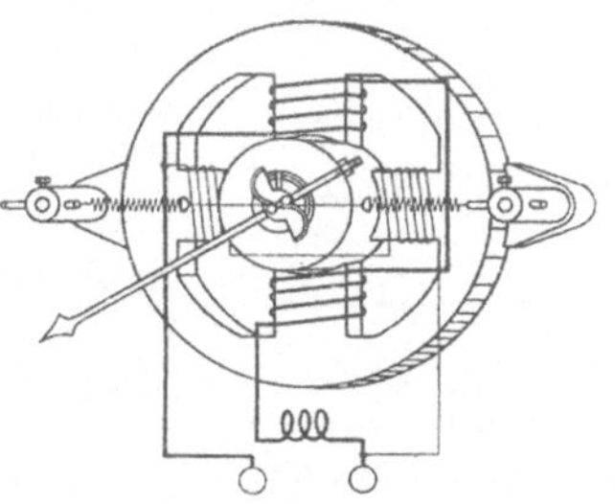

Abb. 185. Drehfeld-Leistungs-
messer.

verschoben, so ist die Verschiebung zwischen den Spulenströmen $180^0$ bzw. $0^0$. Die Spulenpaare liefern dann nur ein Wechselfeld, das zwar Ströme in der drehbaren Glocke, jedoch keine Drehung derselben verursacht, der Ausschlag des Zeigers ist dann ebenso wie die Wirkleistung gleich Null. Liegt die Phasenverschiebung zwischen 0 und $90^0$, ist also die Wirkleistung kleiner als die Scheinleistung, so liegt auch die Phasenverschiebung zwischen den Strömen im Instrument innerhalb der erwähnten Grenzwerte, das Drehmoment und der Ausschlag sind daher geringer als bei induktionsfreier Belastung.

Die Schaltung eines Leistungsmessers für Einphasenstrom bietet nichts besonders Erwähnenswertes. Bei Messung geringer Wirkleistung ist zu beachten, daß der Leistungsverbrauch entweder der Spannungsspule oder der Stromspule mit demjenigen

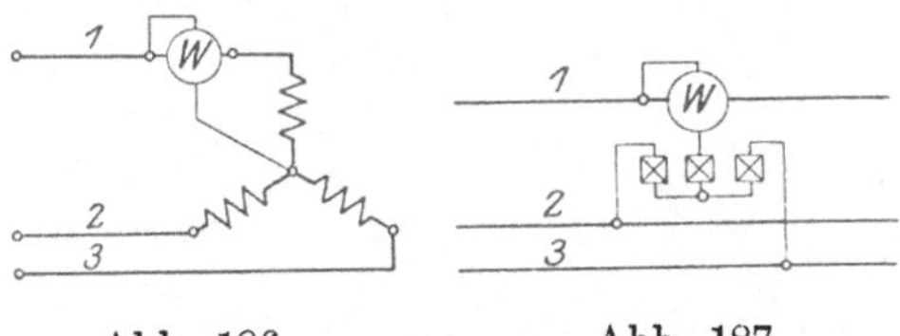

Abb. 186.  Abb. 187.
Leistungsmessung bei Drehstrom mit gleich
belasteten Phasen.

der Verbrauchskörper mitgemessen wird, je nachdem ob die Spannungsspule vor oder hinter der Stromspule angeschlossen ist (vgl. Seite 39)

Bei Drehstrom sind verschiedene Schaltungen anzuwenden, je nachdem ob die Phasen der Anlage gleichmäßig oder ungleich belastet sind. Im ersterem Fall genügt es, den Verbrauch einer Phase zu messen. Liegt Sternschaltung vor und ist der Nullpunkt oder Nulleiter zugänglich, so kann die Spannungsspule des Leistungsmessers an diesen angeschlossen werden (Abb. 186). Ist er nicht zugänglich, so kann ein künstlicher Nullpunkt dadurch geschaffen werden, daß man drei

Widerstände zwischen die drei Leitungen schaltet. Die Spannungsspule des Leistungsmessers wird dabei mit einem dieser drei Meßwiderstände, dessen Ohmwert um denjenigen der Spannungsspule geringer sein muß als der Ohmwert jedes der anderen beiden Widerstände, in Reihe geschaltet (Abb. 187).

In einem Drehstromsystem ohne Nulleiter kann, wie aus den Gleichungen für die Augenblickswerte der Leistung sich leicht beweisen läßt, die gesamte Wirkleistung auch bei ungleicher Belastung der Phasen mit zwei Leistungsmessern bestimmt werden, die nach Abb. 188 geschaltet sind. Die Stromspulen liegen in je einer Leitung, sind also vom Leitungsstrom $J_1$ bzw. $J_2$ durchflossen, die Spannungsspulen sind zwischen die betreffende Leitung und die dritte Leitung, also an die Spannung $U_{1-3}$ bzw. $U_{2-3}$, geschaltet. Abb. 189 gibt das Vektordiagramm für den Fall, daß der Verbrauchskörper eine Phasenverschiebung des Stromes von $\varphi = 45^\circ$ nach rückwärts verursacht. Da der Ausschlag jedes Instrumentes der in Richtung der Spannung liegenden Stromkomponente proportional ist, so zeigt offenbar das Instrument 2 nur einen geringen Ausschlag. Bei $\varphi = 60^\circ$ wird dieser gleich Null sein, bei stärkerer Phasenverschiebung ist er negativ, es müssen dann die Anschlüsse an den Spannungs- oder an den Stromklemmen dieses Instrumentes vertauscht werden, um ablesen zu können. Bei $\varphi = 90^\circ$ sind dann die Ausschläge wieder gleich groß, wovon man sich durch Aufzeichnung des Diagramms leicht überzeugen kann. Die gesamte Drehstromleistung ist nun gleich der Summe der von den beiden Instrumenten gemessenen Leistungen, wenn die Instrumente bei gleichliegenden Anschlüssen nach derselben Seite ausschlagen; dieses ist bei einer Phasenverschiebung $\varphi$ von $0^\circ$ bis $60^\circ$ der Fall. Dagegen ist die gesamte Leistung gleich der Differenz der Instrumentenangaben, wenn zwecks richtigen Ausschlags an einem der Instrumente die Schaltung umgekehrt werden muß, d. h. wenn der Winkel $\varphi$ zwischen $60^\circ$ und $90^\circ$ liegt. Die Messung nach dieser Schaltung kann auch mit einem einzigen Instrument ausgeführt werden, das rasch nacheinander durch einen besonderen Umschalter an die Stelle der beiden Instrumente der Abb. 188 gebracht wird, oder durch ein solches, das zwei Systeme in vorstehender Schaltung enthält, die gemeinsam auf einen Zeiger wirken.

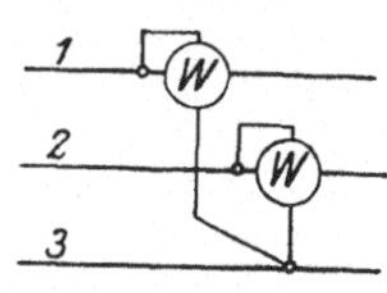

Abb. 188.
Leistungsmessung bei Drehstrom mit ungleich belasteten Phasen.

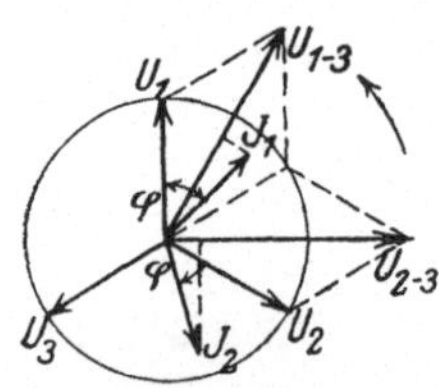

Abb. 189.
Vektordiagramm zu Abb. 188.

**Zähler.** Im Gegensatz zu Instrumenten wie Spannungs-, Strom- oder Leistungsmesser, welche den im Zeitpunkt der Ablesung vorhandenen Wert der Meßgröße anzeigen oder den zeitlichen Verlauf derselben auf einem Papierstreifen aufzeichnen, bezeichnet man als Zähler diejenigen Meßeinrichtungen, welche selbsttätig das Produkt der Meßgröße mit der jeweiligen Zeitdauer derselben bilden und die Summe dieser Werte fortlaufend zählen. Die Zahler haben also ihrem Wesen und auch ihrer geschichtlichen Entwicklung nach Verwandtschaft mit einer Uhr. Sie dienen insbesondere zur Messung der elektrischen Arbeit, des „Verbrauches".

Ist die Leistung in einem Verbrauchskörper praktisch unveranderlich, z. B. bei einem elektrischen Bügeleisen oder bei dem Betrieb einer Pumpe, die eine bestimmte sekundliche Wassermenge auf eine gegebene Druckhöhe fördert, so genügt zur Bestimmung des Verbrauches ein Zeitzähler, d. h. ein Uhrwerk, das durch einen Elektromagneten stets so lange frei-gegeben wird, als der betreffende Verbrauchskörper eingeschaltet ist.

Da in den üblichen elektrischen Anlagen die Spannung nur wenig schwankt, könnte man sich für Verbrauchskörper mit schwankendem Strombedarf mit der Messung der Strommenge begnügen, also mit einem Apparat, der das Produkt aus der je-weiligen Stromstärke und der Zeitdauer derselben zählt und daher Amperestundenzähler genannt wird. Für Gleichstrom bietet sich als einfachster Vorgang für einen derartigen Zähler die in Ab-schnitt 3 erläuterte chemische Wirkung, bei welcher ja die zersetzte Menge der Strommenge pro-portional ist.

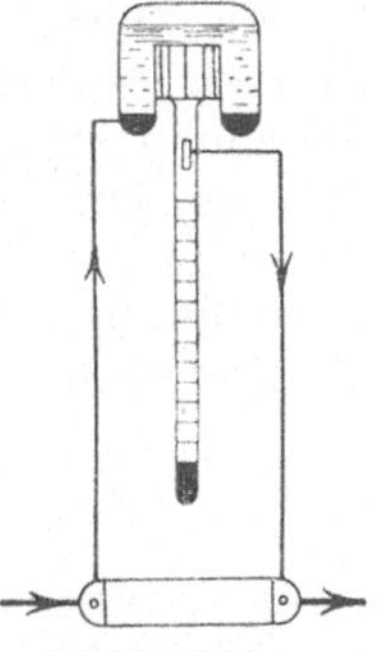

Abb. 190. Elektrochemischer Zähler.

Derartige Zähler werden heutzutage z. B. so gebaut, daß durch einen dem Leitungsstrom proportionalen Teilstrom aus einer Quecksilberlösung das Metall abgeschieden wird (Abb. 190). Dieses sammelt sich in einem engen mit einer Teilung versehenen Meßrohr und wird von Zeit zu Zeit nach erfolgter Ablesung durch Kippen des Rohres der Elektrolyse wieder zugänglich gemacht.

Auch nach der Art eines Drehspulinstrumentes werden Amperestundenzähler gebaut (Abb. 191), wobei man es durch Anbringen eines Stromwenders $c$ erreicht, daß die im Felde des Stahlmagneten $b$ liegenden Stromspulen $a$ in dauernde Drehbewegung kommen können. Ein solcher Magnet-Motorzähler muß offenbar so gebaut sein, daß die Drehzahl dem Strom proportional ist, damit die auf das Zählwerk $d$ übertragene Gesamtzahl der Umdrehungen in irgend einem Zeitraum ein Maß für die hinter dem Zähler ge-brauchte Strommenge ist. Die Spulen $a$, die man auch

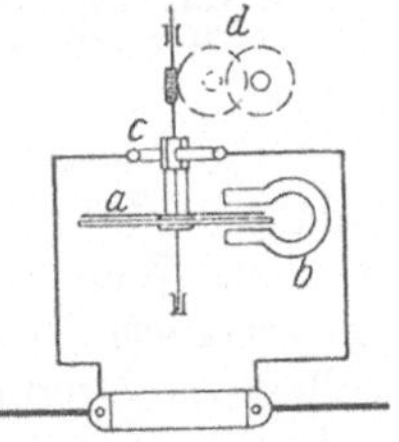

Abb. 191. Ampere-stunden-Motor-zähler.

Anker nennt, sind auf einer Metallscheibe angebracht, sie werden von dem Hauptstrom oder einem Teil desselben durchflossen. Durch Drehung im Felde des Stahlmagneten entstehen Wirbelstrome in der Scheibe; die Stärke derselben, daher auch das bremsende Drehmoment, ist nach dem Induktionsgesetz der Drehzahl proportional. Je starker also der Ankerstrom ist, desto größere Geschwindigkeit wird der Anker erreichen müssen, bis das Bremsmoment dem treibenden Moment das Gleichgewicht halten kann und die Drehbewegung dadurch gleich-

förmig wird  Wegen des unsicheren Übergangswiderstandes an dem
Stromwender, der bei dem geringen Spannungsverlust des Nebenschlusses von erheblichem Einfluß ist, werden diese einfachen Ampere-
stundenzahler seltener angewendet als die sogenannten Wattstundenzahler, von denen drei Hauptarten besprochen werden sollen.

Der Wattstunden-Motorzähler für Gleichstrom beruht auf
der magnetischen Wirkung nach Abb. 19 und enthalt (Abb. 192) eine
oder zwei vom Hauptstrom durchflossene Stromspulen und einen aus
Spulen dünnen Drahtes gebildeten Anker $A$, der über einen Stromwender, eine Hilfsspule $H$ und einen Vorschaltwiderstand $R$ an die
Spannung gelegt wird. Wie bei einem Leistungsmesser ist dann das
Drehmoment dem Hauptstrom und der Spannung proportional. Mit
dem umlaufenden Anker dreht sich im Felde eines Stahlmagneten $B$
eine Metallscheibe; ihre Wirbelströme liefern wie bei dem zuletzt
erwahnten Zähler ein bremsendes, der Drehzahl proportionales Moment. Daher ist die Umlaufgeschwindigkeit
ein Maß für die Leistung, die in irgend einem
Zeitraum ausgeführte Zahl der Umlaufe ein

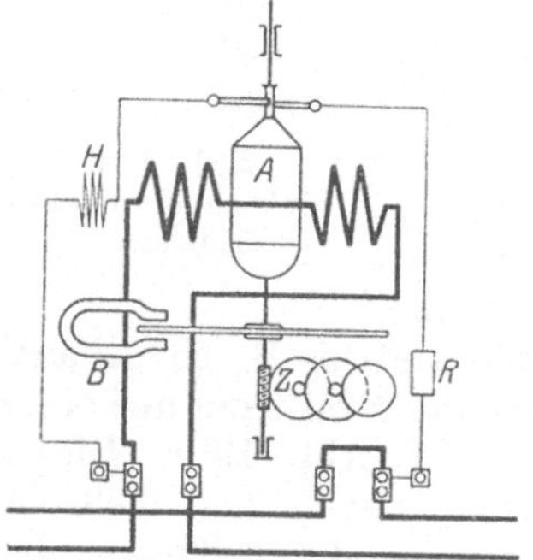

Abb. 192.  Wattstunden-
Motorzahler.

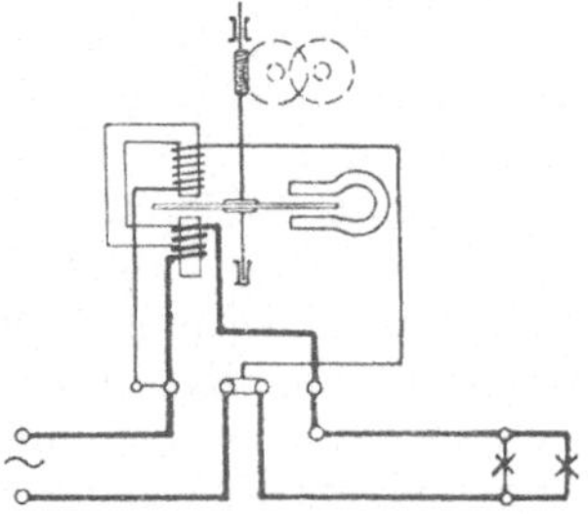

Abb. 193.  Wechselstrom-
Motorzahler.

Maß für die in dieser Zeit verbrauchte Arbeit.  Um einen leichten
Anlauf des Zahlers zu erreichen und den Fehler, der durch die Reibung
in dem Werk und unter den Bürsten des Stromwenders auftritt,
zu verringern, wird durch die obenerwahnte Hilfsspule ein zusätzliches
treibendes Drehmoment erzeugt.  Die Hilfsspule wird so eingestellt,
daß auch bei etwas erhohter Spannung der Zähler nicht leer, d. h. nicht
ohne Hauptstrom läuft.

Aus dem Aufbau folgt, daß ein solcher Zahler auch bei Wechselstrom verwendet werden kann.  Geringere Fehlerquellen besitzen jedoch
die Wechselstrom-Motorzähler, die nach dem Drehfeldprinzip
ahnlich wie die Leistungsmesser gebaut sind (Abb. 193).  Man stellt
hierbei das Drehfeld wie bei den Leistungsmessern durch Kunstphase
her, jedoch nicht mit räumlicher Versetzung der Spulen um $90^{0}$, sondern
man begnügt sich mit einer geringen Versetzung der von dem Hauptstrom bzw. dem sogenannten Spannungsstrom erzeugten Felder.
Die zeitliche Verschiebung dieser Ströme wird dann durch verschiedene Mittel, unter denen auch die Fremdinduktion eine Rolle spielt,

so eingestellt, daß kein Drehfeld entsteht, der Zahler also nicht lauft, wenn die Belastung rein induktiv oder kapazitiv, d. h. der cos $\varphi = 0$ ist. Ist der Leistungsfaktor größer als 0, so entsteht ein Drehfeld, das die Scheibe in bekannter Weise mitnimmt; außerdem werden in derselben Scheibe durch ihre Drehung im Felde des Stahlmagneten bremsend wirkende Ströme induziert, so daß die Geschwindigkeit wieder der Wirkleistung proportional ist.

Die vorerwahnten Motorzahler müssen stillstehen, wenn kein Verbrauch stattfindet. Im Gegensatz dazu sind die für Gleich- und Wechselstrom verwendbaren Pendelzähler (Abb. 194) immer in Bewegung, sobald sie unter Spannung stehen; ihr Zählwerk kommt aber nur in Gang, wenn der Hauptstromweg belastet ist. Sie besitzen in der Regel zwei von einem Uhrwerk durch ein Differentialgetriebe in Bewegung gesetzte Pendel, die an ihrem Ende je eine Spule tragen; diese liegen an der Spannung und stehen unter dem Einfluß von je einer feststehenden, vom Hauptstrom durchflossenen Spule. Die Schaltung ist derart, daß stets zwischen den Spulenpaaren des einen Pendels eine Anziehung, also eine Erhöhung der Schwingungszahl, zwischen den Spulen des andern Pendels eine Abstoßung,

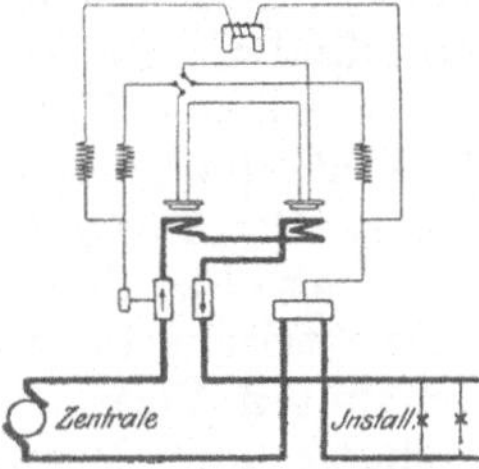


Abb. 194. Pendelzähler.

also eine Verminderung der Schwingungszahl auftritt. Die Starke dieses Einflusses ist offenbar wieder der Spannung und dem Strom proportional. Der Gangunterschied zwischen den Pendeln wird durch ein zweites Differentialgetriebe auf das Zahlwerk übertragen. Damit nun ein geringer Unterschied in der Schwingungszahl bei Leerlauf nicht allmahlich eine Angabe des Zählwerks liefert, und um eine Beeinflussung von außen zu vermeiden, wird das Zählwerk periodisch auf Vor- und Rücklauf umgeschaltet und gleichzeitig die Stromrichtung in den beiden Spannungsspulen umgekehrt, so daß bei Belastung bald das eine, bald das andere Pendel vor- bzw. nacheilt.

Der Anschluß der Zahler geschieht in derselben Weise wie derjenige der entsprechenden Meßinstrumente, es gilt also im allgemeinen das an der betreffenden Stelle hierüber Gesagte. Für Drehstromzähler wird man allerdings auch bei gleichmaßiger Belastung der drei Phasen zwei oder drei Systeme verwenden, um zu verhindern, daß der Zahler bei Unterbrechung einer Zuleitung stehen bleibt, wahrend den anderen Leitungen noch elektrische Leistung entnommen wird.

# Allgemeines über
# elektrische Maschinen und Transformatoren.

## 36. Gemeinsame Gesichtspunkte.

Im ersten Abschnitt hatten wir die beiden wichtigsten Teile eines elektrischen Stromkreises, nämlich die Stromquelle und die Verbrauchskörper, ihrer Aufgabe nach kennen gelernt. Wir treten nun ein in die nähere Betrachtung der elektrischen Maschinen sowie der Vorrichtungen, die nach Zweck, Entstehung und Verwendung zu den Elektromaschinen gerechnet werden.

Die Regeln des V. D. E. bezeichnen als Generator oder Dynamo jede umlaufende Maschine, die mechanische in elektrische Leistung verwandelt, als Motor jede umlaufende Maschine, die elektrische in mechanische Leistung verwandelt. Ein bedeutungsvolles Merkmal dieser Maschinen ist es, daß nicht nur ihr Wesen und ihre Bestandteile untereinander noch ähnlicher sind, als es z. B. bei einer Kreiselpumpe und einer Turbine der Fall ist, sondern daß sie ohne weiteres die eine oder die andere Aufgabe der Leistungsverwandlung übernehmen können. Einankerumformer ist eine elektrische Maschine, bei der eine Umformung elektrischer in elektrische Leistung in einem Anker stattfindet. Im Gegensatz dazu findet bei dem Motorgenerator, der aus einem Motor und einem Generator in unmittelbarer Kupplung besteht, die Umformung auf dem Wege über die mechanische Leistung statt. Der Transformator ist dagegen eine elektromagnetische Vorrichtung ohne dauernd bewegte Teile, die zur Umwandlung elektrischer in elektrische Leistung dient. Er sowohl als auch die Gleichrichter genannten Vorrichtungen werden, soweit sie nach der Art ihrer Entstehung und Verwendung der Starkstromtechnik angehören, dem Elektromaschinenbau zugerechnet.

Als wichtigste Wirkungen des magnetischen Feldes hatten wir deren zwei, die Kraftwirkung und die Induktionswirkung kennengelernt (vgl. Seite 56 und 69); ebenso finden wir auch jetzt die Zweizahl in verschiedener Hinsicht hervorragen. Im Aufbau der elektrischen Maschinen treten zwei Hauptteile hervor, einerseits der feststehende Teil, Ständer oder Stator genannt, anderseits der umlaufende, Läufer oder Rotor genannt. Beide stehen durch den magnetischen Fluß, das Feld, in Wechselwirkung zu einander. Der Hauptaufgabe nach können wir diese beiden Teile als induzierenden, der das Grundfeld liefert, und als induzierten unterscheiden. Bei Maschinen, deren Feld durch einen Stahl- oder Gleichstrommagneten erzeugt wird, also ein Gleichfeld ist, wird der induzierende Teil als Magnetkörper oder auch kurz als Feld bezeichnet. Die von Gleichstrom durchflossenen Spulen sitzen auf Polen aus Stahlguß oder aus Schmiedeeisenblechen, die auf einer ihrer Stirnseiten mechanisch und magnetisch durch ein Joch aus Stahlguß oder Gußeisen verbunden sind (vgl. Abb. 87 und 195). Der zweite Hauptteil einer solchen Gleichfeldmaschine ist der Anker. Ursprünglich wurde das Eisenstück, das zwischen die Pole eines Magneten gelegt wird, um das Feld besser zu schließen und allenfalls eine Last zu tragen, so benannt, dann der im Magnetfeld einer Maschine liegende Eisenkörper, der die induzierte Wicklung tragt; schließlich gab man diesem Teil auch dann den Namen Anker, wenn er, wie z. B. bei Gleichstromzählern (Abb. 192), gar kein Eisen mehr enthält  Nach den Regeln des V. D. E. bezeichnen wir als Anker denjenigen Teil einer Maschine, in dessen Wicklungen durch Umlauf in einem magnetischen Feld oder durch Umlauf eines magnetischen Feldes elektrische Spannungen erzeugt werden.

Demnach sind, was vielfach nicht beachtet wird, bei Maschinen, die kein Gleichfeld besitzen, sondern mit Wechselstrom erregt werden, z. B. bei asynchronen Drehstrommotoren, beide Hauptteile als Anker zu bezeichnen. Eine elektrische Maschine hat also entweder einen Magnetkörper und einen Anker, oder sie hat einen Primäranker und einen Sekundäranker, von denen der eine Teil feststeht, während der andere umläuft.

Der Eisenkörper eines Maschinenankers ist stets aus dünnen, voneinander isolierten Blechen zusammengesetzt. Die Wicklung liegt meistens in Nuten, die dem Magnetkörper zugekehrt längs der Mantelfläche eingestanzt sind. Der umlaufende Teil einer elektrischen Maschine ist zur Herstellung der Verbindung zwischen den festen äußeren Leitungen und der Wicklung mit Schleifringen oder mit einem Stromwender ausgerüstet. Auf diesen schleifen feststehende Bürsten, die einstmals aus Kupferdraht waren, jetzt meistens aus Kohle bestehen. Abb. 195 zeigt in einfachster Ausführung die Hauptteile einer Gleichstrommaschine, nämlich den feststehenden Magnetkorper *I* und den umlaufenden Anker *II*. Mit letzterem ist der Stromwender oder Kommutator *III* verbunden, auf dem die Bürsten schleifen.

Die zwei Hauptwirkungen des magnetischen Feldes finden wir in jeder Maschine, sobald sie ihre Aufgabe der Umwandlung von Leistung erfüllt. Wenn man auch die Kraftwirkung

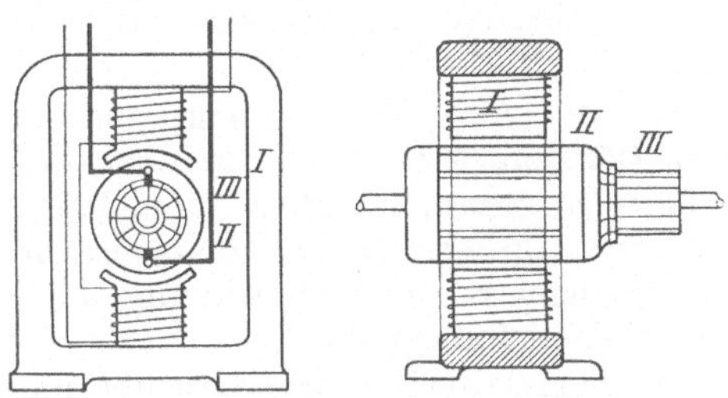

Abb. 195. Gleichstrommaschine.

zwischen Feld und Stromleiter kurz Motorwirkung, die Induktionswirkung zwischen dem Feld und den Leitern, die gegeneinander bewegt werden, kurz Generatorwirkung nennt, so muß man sich doch vergegenwärtigen, daß die beiden als Wirkung und Gegenwirkung in jeder belasteten Maschine gleichzeitig auftreten. Schließlich ergibt sich auch eine zweifache Aufgabe des Stromes in den Maschinenwicklungen. Die erste ist die Erzeugung des Feldes, die Erregung, die zweite Aufgabe ist die Umwandlung der Energie, die Lieferung oder der Verbrauch eines Drehmomentes. Man spricht daher einerseits von dem Erregerstrom, der Erregerwicklung, anderseits von dem Arbeitsstrom, der Arbeitswicklung. Bei einigen Maschinenarten kommen beide Aufgaben derselben Wicklung, demselben Strom zu.

Zur weiteren Erläuterung dieser allgemeinen Gesichtspunkte betrachten wir einen Motorgenerator, der z. B. Wechselstrom in Gleichstrom verwandelt, und zwar sollen der besseren Übersicht und des Zusammenhangs mit dem folgenden halber beide Maschinen ein feststehendes Gleichfeld und einen darin umlaufenden Anker besitzen; wir stellen diese Doppelmaschine mit den üblichen abgekürzten Zeichen dar (Abb. 196). Links sehen wir den Motor, der mit seiner Erregerwicklung irgend einer Gleichstromquelle den Erregerstrom, mit seinem Anker einem Wechselstromnetz den Arbeitsstrom entnimmt. Die im Motor entstehende mechanische Leistung wird durch die Kupplung der zweiten Maschine, dem Generator zugeführt, dessen Erregerwicklung ebenfalls mit einer Gleichstromquelle verbunden ist. Schließt man dann den Anker des Generators über Verbrauchskörper, so liefert seine EMK den Arbeitsstrom; dadurch wird das vom Motor gelieferte Drehmoment aufgezehrt. Eine andere Anordnung von Leistungsumformung mit zwei Maschinen ist bei der Erklärung des Drehfeldes

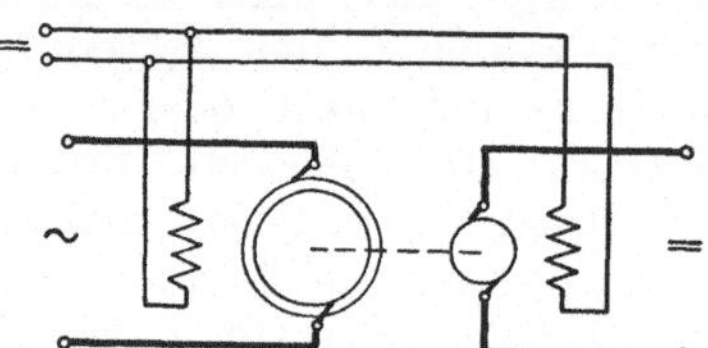

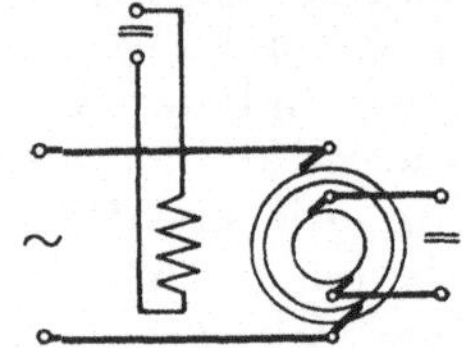

Abb. 196.  Motor-Generator.          Abb. 197.  Einankerumformer.

dargestellt (Abb. 161). Denken wir uns die beiden Maschinen von Abb. 196 derart zu einer vereinigt, daß die Erreger- wie die Arbeitswicklungen zusammenfallen (Abb. 197), so haben wir einen Einankerumformer vor uns. Motor und Generator sind sozusagen in eine Maschine zusammengelegt, die Umsetzung in mechanische Leistung ist im wesentlichen fortgefallen.

In einem Transformator tritt überhaupt keine mechanische Leistung auf, sondern eine Umwandlung elektrischer Energie in magnetische und umgekehrt (Abb. 198). Statt der Erreger- und Arbeitswicklung des Motors finden wir hier die an ein Wechselstromnetz angeschlossene Primärwicklung, deren Strom bei belastetem Transformator gleichzeitig die beiden Aufgaben erfüllt, d. h. Erregerstrom und Arbeitsstrom ist. An Stelle der beiden Wicklungen des Generators tritt die Sekundärwicklung, welche sich

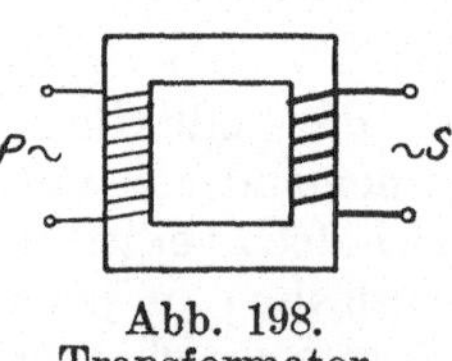

Abb. 198.
Transformator.

durch die magnetische „Kopplung" aus der Primärwicklung die Leistung übermitteln läßt. Die reinen Induktionsmotoren, bei denen auch nur eine der Wicklungen an das Netz angeschlossen ist, verhalten sich wie Transformatoren, sobald ihr Läufer festgebremst ist. Ist dieser in Umlauf, so wird ein Teil der aufgenommenen elektrischen Leistung noch wie vorher in elektrische Leistung, der übrige Teil in mechanische Leistung umgesetzt, die Maschine arbeitet dann gleichzeitig als Transformator und als Motor.

## 37. Belastung und Belastbarkeit.  Verluste.

Unter Belastung oder Leistung einer Maschine versteht man diejenige Leistung, die von der Maschine jeweils verlangt und geliefert

wird, sie ist also nicht eine Eigenschaft der Maschine, sondern hängt von
den Verbrauchskörpern bzw. von der mechanischen Last ab und kann
in jedem Augenblick sich ändern. Die Belastbarkeit oder Leistungs-
fähigkeit dagegen ist der Maschine eigentümlich wie etwa die Trag-
fähigkeit einem Kran, sie ist diejenige Leistung, die von der betreffenden
Maschine ohne Schaden dauernd oder eine gewisse Zeit lang geliefert
werden kann. Die Belastung ist bei einem Generator durch den Widerstand der im Netz eingeschalteten Lampen, Heizkörper und ähnlicher
Verbrauchskörper bestimmt, sowie durch die Gegenspannung der Motoren
oder Akkumulatoren, die von ihm gespeist werden; bei einem Motor ist
die Belastung durch die angetriebenen Maschinen gegeben. Die meisten
elektrischen Anlagen arbeiten in Parallelschaltung, also mit konstanter
Spannung; mit sinkendem Netzwiderstand steigt der Strom und damit
die Leistung, die der Generator von seiner Antriebsmaschine beansprucht. Wenn wir in den früheren Abschnitten, um eine anschauliche
Vorstellung des Stromkreises zu gewinnen, den Elektromotor mit einer
Turbine oder einer Dampfmaschine verglichen haben, so ist hier ein
wesentlicher Unterschied zu betonen. Durch eine Wasser- oder Wärme-
kraftmaschine kann man innerhalb gewisser Grenzen eine beliebige
Menge Betriebsstoff hindurchschicken, man muß daher, wie bekannt,
durch einen Regulator dafür sorgen, daß einer solchen Maschine
nur soviel davon zufließt, als sie für die jeweilige Belastung gerade
braucht. Bei einem Elektromotor ist es nur im Stillstand oder
während des Anlaufs möglich, nach Belieben mehr oder weniger
Strom durchzuschicken. Im Betriebszustand dagegen regelt der
Motor seine Stromaufnahme selbsttätig nach der von ihm verlangten Leistung, ohne einer Sicherheitsvorrichtung nach Art des
genannten Regulators zu bedürfen. Eine solche Selbstregelung,
welche durch die induzierte EMK erfolgt, ist auch den Transformatoren eigen.

Die Belastbarkeit einer elektrischen Maschine ist durch die zulässige
Erwärmung begrenzt, sofern ihr nicht die mechanische Festigkeit
der Bauteile, die Funkenbildung an den Bürsten oder der Abfall von
Spannung bzw. Drehzahl ein Ziel setzen. Ähnlich wie bei den elektrischen
Widerstanden, Spulen oder Leitungen (vgl. Abschnitt 16 und 34) verlangt die Erhaltung dauernder Betriebssicherheit auch hier, daß die
unvermeidliche Erwarmung eine bestimmte Grenze nicht überschreitet,
die für die verschiedenen Teile und verschiedenen Arten der Wick-
lungsisolierung in den Regeln des V. D. E. vorgeschrieben ist.
Die Temperaturzunahme oder Erwärmung ist sowohl von den in
der Maschine auftretenden Leistungsverlusten, die sich in Warme
umsetzen, und von der Belastungsdauer, als von der sekundlich abgeführten Wärmemenge, demnach von der Kühlung der Maschine abhangig. Die Kühlung ist je nach der Große, der Lage und auch dem
Zustand der Oberfläche der erwarmten Maschinenteile verschieden,
sie wachst mit der Geschwindigkeit des Kühlmittels, das meistens
Luft, ferner Öl, gelegentlich auch Wasser ist. Eine hohe Drehzahl
ist daher für elektrische Maschinen günstig. Sie läßt durch die bessere

Kühlung hohere Verluste, also großere Belastung zu und ermöglicht es, geringere Polzahl und Windungszahl zu verwenden.

Die Belastung dauert bei Generatoren in der Regel mindestens mehrere Stunden, so daß die dem Beharrungszustand (vgl. S. 62) entsprechende Temperatur in stetigem Wachsen erreicht wird: man nennt diese Betriebsart Dauerbetrieb. Bei Motoren kommen außerdem der kurzzeitige Betrieb sowie der aussetzende Betrieb vor. Bei ersterem ist die Belastungsdauer so kurz, daß die Beharrungstemperatur, also das Gleichgewicht zwischen erzeugter und abgeführter Wärme, nicht erreicht wird. Da aber für die Maschine wahrend der kurzen Betriebsdauer eine großere Belastung zugelassen wird, so wird auch bei dieser Betriebsart die Temperaturgrenze erreicht. In der folgenden Betriebspause muß daher der Motor sich vollstandig abgekühlt haben, ehe er neuerdings belastet werden darf. Aussetzender Betrieb endlich ist ein solcher, bei dem kurze Einschaltzeiten (von hochstens 5 Minuten) mit stromlosen Zeiten von so kurzer Dauer abwechseln, daß die Temperatur nicht wieder auf den Anfangsbetrag fallt, sondern im Zickzack in standig kleiner werdenden Stufen allmahlich zum Grenzwert ansteigt. Es ist klar, daß die Belastbarkeit einer Maschine im Dauerbetrieb nicht so groß sein kann wie im kurzzeitigen oder aussetzenden Betrieb. In welchem Verhaltnis die Belastbarkeiten bei den drei Betriebsarten zu einander stehen, hangt von der Zeitdauer der Ein- und Ausschaltung, von der Masse der erwärmten Teile und ihrer Kühlung ab, muß also von Fall zu Fall bestimmt werden.

Wie gesagt, entsteht die Warme in den Maschinen infolge der bei fast jeder Umsetzung von Leistung unvermeidlichen Verluste. Der umlaufende Teil verursacht zunachst Reibungsverluste in den Lagern, unter den Bürsten sowie durch die Bewegung der Luft an und in der Maschine. Diese Verluste sind von der Drehzahl, nicht aber von der Belastung der Maschine abhangig. Durch den Wechsel der Größe und meistens auch der Richtung des Feldes, der durch den erregenden Wechselstrom oder durch die Relativbewegung zwischen Feld und Anker bedingt ist, entsteht eine weitere Gruppe von Verlusten, deren Wesen bereits im Abschnitt 31 erlautert wurde. Die Hysteresisverluste treten im Ankereisen auf; der Verlust in der Volumeneinheit einer Eisensorte ist, wie die aus Versuchen gewonnenen Gleichungen zeigen, der Frequenz und einer Potenz der Liniendichte proportional. Wirbelstromverluste treten hauptsächlich im Ankereisen, allenfalls auch in den Polschuhen und in den Ankerleitern auf. Je dicker die Ankerbleche sind und je größer ihre elektrische Leitfahigkeit ist, desto hoher sind die Wirbelstromverluste in der Volumeneinheit des Eisens. Ferner wachsen sie mit der zweiten Potenz der Frequenz und der Liniendichte, da ja der Verbrauch an Leistung in einem bestimmten Widerstand sich mit dem Quadrat der Spannung bzw. des Stromes andert. Als Verlustziffer bezeichnet man den Leistungsverlust in Watt, der bei bestimmter Liniendichte und Frequenz und zwar bei $\mathfrak{B} = 10000$ und $f = 50$, in 1 kg Eisen auftritt. Da durch

die Bearbeitung der Blechkorper die Isolierung vielfach uberbruckt
wird, sind die Wirbelstromverluste bei der fertigen Maschine ein Mehr-
faches der berechneten oder in den Eisenprüfapparaten bestimmten
Werte. „Legierte" Eisenbleche haben den Vorteil kleinerer Hysteresis
und geringerer elektrischer Leitfahigkeit, so daß sie kleinere Verluste
der beiden vorgenannten Arten verursachen als gewohnliches Dynamoblech. Hysteresis- und Wirbelstromverluste im Eisen, die man auch
kurz Eisenverluste nennt, sind von der Belastung selbst nicht unmittelbar abhangig. Sie treten also, wenn das Feld und die Drehzahl
bzw. Frequenz sich nicht andern, ebenso wie die Reibungsverluste
schon bei Leerlauf in vollem Maße auf. Da der Ankerstrom bei Leerlauf sehr gering bzw. Null ist, so bestehen die Leerlaufsverluste des
Ankers im wesentlichen aus Reibungs- und Eisenverlusten. Diese wirken
stets hemmend auf die Drehung des Ankers ein, sind also Verluste an
Drehmoment; das Drehmoment an der Welle muß daher bei einem
Generator um diesen Betrag großer sein, bei einem Motor ist es kleiner
als das innere Drehmoment, das zwischen Anker und Feld entsteht.
Eine dritte Gruppe von Verlusten finden wir in den Stromwarme-
verlusten, auch Joulesche Verluste genannt, die in den Wicklungen
sowie an den Bürsten auftreten. Die Wicklungsverluste sind $= J^2 \cdot R$,
wobei für $R$ der Echtwiderstand des warmen Drahtes einzusetzen ist.
Der Bürstenübergangswiderstand nimmt ahnlich wie der Widerstand
der Kohle oder eines Nichtleiters mit wachsendem Strom ab und zwar
derart, daß der Spannungsverlust von einer gewissen Stromstarke an
einen nahezu gleichbleibenden Wert hat. Die Stromwarmeverluste
machen sich als elektrische, namlich als Verluste an Spannung für den
Reihenschlußkreis bzw. an Strom für den Nebenschlußkreis, bemerkbar.
Einen mittelbaren Verlust, der bei der Vorausberechnung der Maschinen
zu berücksichtigen ist, stellt die auf S. 59 erwahnte Streuung
dar. Durch sie wird das nutzbare Feld kleiner als das insgesamt von
der Erregung gelieferte Feld; bei großer Streuung ist daher der Strom-
wärmeverlust in der Erregung größer oder die induzierte Spannung
kleiner als bei geringer Streuung.

Um ein Bild von der Große der Verluste zu geben, seien hier einige
Zahlen angeführt, die als angenaherte Durchschnittswerte für über-
schlagige Berechnungen verwendbar sind. Der auf die Abgabe bezogene
Verhältniswert der Verluste ist

$$\begin{array}{lcccc}
\text{bei einer Nennleistung von} & 2 & 10 & 25 & 60 \text{ kW} \\
\text{etwa } p = & 0{,}30 & 0{,}19 & 0{,}14 & 0{,}12, \\
\end{array}$$

daher der Wirkungsgrad $\quad \eta = \dfrac{1{,}00}{1{,}00 + p} = \quad 0{,}77 \quad 0{,}84 \quad 0{,}88 \quad 0{,}89.$

Zwischenwerte lassen sich leicht bestimmen, wenn man $p$ oder $\eta$ abhängig von der Abgabe graphisch aufträgt. Will man die Einzelverluste schätzen, um die Widerstände der Wicklungen ungefähr zu
berechnen oder um einen Anhalt für das Verhalten der Maschine bei
verschiedener Belastung zu bekommen, so kann man annehmen, daß
die Reibungs-, Eisen-, Erreger- und Ankerwicklungsverluste sowie die

Verluste für die Stromwendung (Bürsten, Wendepole) je ein Fünftel der Gesamtverluste betragen. Bei einer Maschine von 10 kW Abgabe kann man also überschlägig annehmen, daß jede einzelne der genannten fünf Verlustarten etwa 4 % der Abgabe beträgt.

Bei Wechselstrommaschinen und Transformatoren sind die Verluste in erster Linie von Spannung und Strom, nicht aber von der Phasenverschiebung zwischen diesen abhängig, daher wird die Belastbarkeit für jene als Scheinleistung in kVA angegeben.

# Gleichstrommaschinen.

## 38. Erzeugung von Gleichspannung.

Wir hatten im Abschnitt 17 die Entstehung der EMK in einem Generator entwickelt, sodann im Abschnitt 18 erkannt, daß die EMK sich nach dem Sinusgesetz ändert, wenn das Feld homogen ist und die Relativbewegung zwischen Feld und Anker mit konstanter Geschwindigkeit erfolgt. Sinusformige EMK kann auch entstehen, wenn die Zahl der durch die Ankerdrähte tretenden Linien sinusförmig über die Polteilung verteilt ist und die Linien stets senkrecht geschnitten werden. Beides ist in der Regel nicht der Fall; die Ausführung der Maschinen nach Art der Abb. 85 bzw. 87 liefert einen Verlauf des Feldes bzw. der in einem Draht induzierten EMK, der in senkrechten Koordinaten in Abb. 199 dargestellt ist. Die Form des Anstiegs bzw. Abfalls zwischen Neutrale und Polkante hängt hauptsachlich von der Höhe des Luftspaltes und der Form der Polschuhe ab.

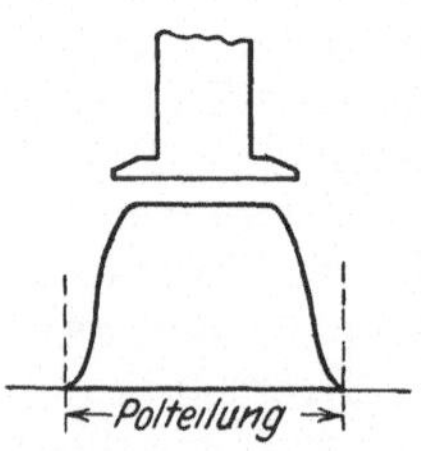



Abb. 199. Feldkurve.

Die EMK eines Ankerdrahtes wechselt, wie wir gesehen haben, jedesmal ihre Richtung, sobald der Draht durch die Neutrale geht. Wollen wir also an den Bürsten, welche den umlaufenden Anker mit dem äußeren Stromkreis verbinden, gleichgerichtete Spannung erhalten, so müssen die Bürsten im Augenblick dieses Wechsels jedesmal ihre Rolle tauschen. Bei dem Anker der Abb. 85 müßte also jede Bürste bald mit dem Ende von Draht $a$, bald mit dem von $b$ unmittelbar in Berührung stehen. Um das zu erreichen, ersetzen wir die Schleifringe durch einen Stromwender, der aus zwei voneinander durch eine schmale Unterbrechung getrennten und von der Welle isolierten Halbringstücken, Lamellen oder Stege genannt, besteht (Abb. 200). Durch einen

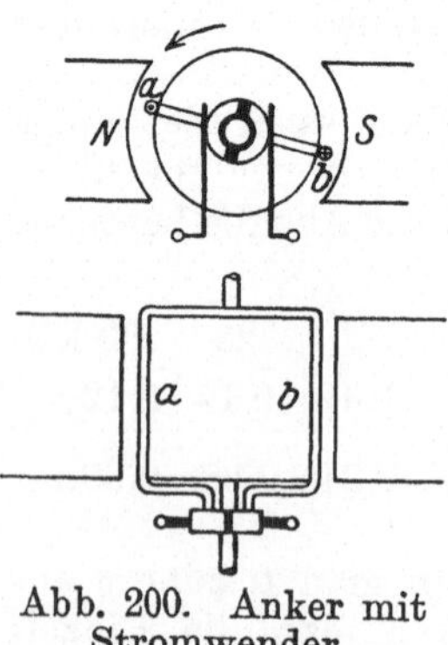



Abb. 200. Anker mit Stromwender.

solchen Stromwender, Kommutator oder auch Kollektor genannt, wird jeder Bürste nicht ein bestimmter Draht, sondern ein bestimmter Pol zugeordnet, die Bürsten haben in jeder Stellung des

Ankers unmittelbare Verbindung mit demjenigen Draht, der unter einem bestimmten Pol liegt. Wahrend die Bürste eines Schleifringes an beliebiger Stelle seines Umfanges aufliegen kann, müssen die Stromwenderbürsten offenbar eine ganz bestimmte Lage haben. Dieses verlangt die oben gestellte Bedingung, daß der Übergang von einem Steg zum andern in dem Augenblick erfolgt, wo die Spannung bzw. der Strom im Ankerdraht seine Richtung wechselt. Außerdem ist aus der Abbildung zu erkennen, daß die Bürste bei diesem Übergang jedesmal zwei benachbarte Stege und damit die dazwischen liegenden Drähte kurzschließen muß, wenn eine Unterbrechung vermieden werden soll. Dieser Kurzschluß darf aber nicht in einem Augenblick erfolgen, wo in den Drahten erhebliche Spannung induziert wird; starker Kurzschlußstrom und dadurch ein Feuern der Bürsten wäre sonst die Folge. Die Bürsten müssen, wie man sagt, in der Neutralen stehen, d. h. den Kurzschluß der betreffenden Drähte vornehmen, wenn diese durch die neutrale Zone gehen.

Durch Verbindung der Drahtschleife $a$—$b$ mit einem Stromwender haben wir nun zwar die Änderung der Spannungsrichtung aufgehoben, nicht aber diejenige der Spannungsgröße; diese sinkt jedesmal auf den Nullwert, wenn die Schleife durch die Neutrale geht. Wollen wir eine Spannung von wenig veränderlicher Größe erhalten, so müssen wir offenbar mehrere Drahtschleifen oder -spulen sowie Stege derart anordnen, daß stets eine oder mehrere unter den Polen liegen;

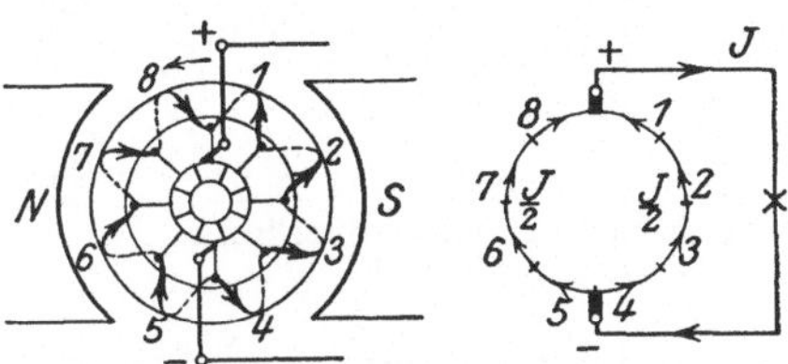

Abb. 201.  Ringankerwicklung und Schaltbild.

wir müssen sie also über den ganzen Ankerumfang gleichmäßig verteilen.

Um die Schaltung und die Vorgänge in einem Anker mit mehreren Spulen leichter übersehen zu können, betrachten wir zunächst eine Wicklungsform, die heute veraltet ist, nämlich den Ringanker. Ein Eisenring ist über seinen ganzen Umfang mit Draht bewickelt, Ende und Anfang des Drahtes sind miteinander verbunden, so daß ein geschlossener Leiterkreis entsteht (Abb. 201). Die Wicklung sei aus acht Windungen oder Spulen gebildet; die Verbindung zwischen jeder Spule und der nächsten ist an je einen Steg des Stromwenders angeschlossen. Denken wir uns den Anker in der gezeichneten Stellung in Linksdrehung begriffen, so ist nach der Rechte-Hand-Regel die EMK in den Drähten _1, 2, 3, 4_ am äußeren Mantel des Ankers nach hinten, in den Drähten _5, 6, 7, 8_ nach vorn gerichtet. Die Spannungen innerhalb jeder dieser beiden Gruppen von je vier Drähten sind folglich hintereinander, die Spannungen der beiden Ankerhälften gegeneinander geschaltet. In Abbildung 201 stoßen diese beiden Summenspannungen zwischen Draht _8_ und _1_ zusammen und gehen zwischen _1_ und _5_ voneinander, an diesen Stellen kann daher die Spannung durch eine positive und eine negative Bürste abgenommen werden. Entsprechendes gilt für jede beliebige Stellung des Ankers; immer findet man dieselbe Lage für die Bürsten, nämlich die Neutrale, wie sie früher gefordert war. Man erkennt besonders deutlich aus dem Schaltbild (Abb. 201), daß bei einem Netzstrom $J$ in jedem Ankerdraht nur der Strom $\dfrac{J}{2}$ fließt.

Da nun jede Spule eine Wellenspannung liefert und stets drei oder vier Spulen im Bereich eines Poles sind, wird die Gesamtspannung sich aus drei oder vier phasenverschobenen Spannungen zusammensetzen, daher in ihrer Größe nur wenig schwanken. In Abb. 202 ist dies dargestellt, wobei jedoch, um die einzelnen Drahtspannungen besser zu unterscheiden, sinusformiger Verlauf derselben angenommen ist.

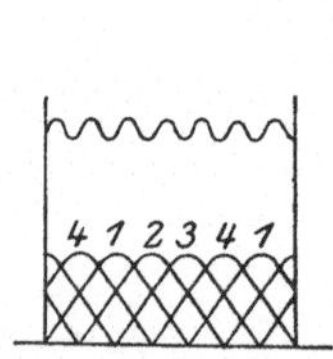

Abb. 202. Verlauf der Spannungen in der Ankerwicklung von Abb. 201.

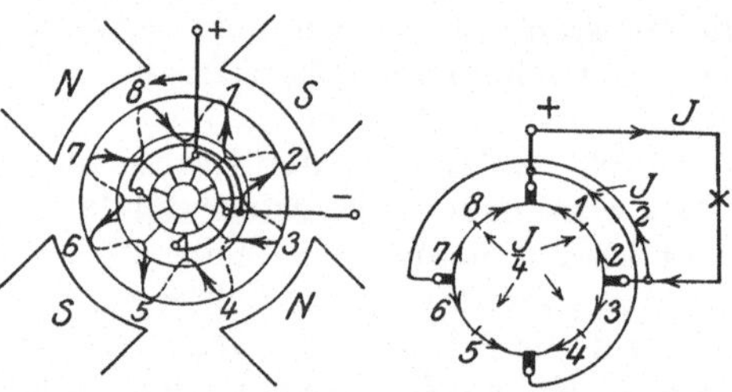

Abb. 203. Vierpoliger Ringanker und Schaltbild.

Bei größerer Spulen- und Stegezahl kann man diese Schwankungen an einem Spannungsmesser nicht mehr erkennen, wohl aber an einer Bogenlampe horen, oder an einem Strommesser beobachten, wenn man die Generatorspannung gegen eine ungefahr ebenso große aber konstante Spannung z. B. einer Batterie schaltet.

Bei einer vierpoligen Maschine können wir denselben Ringanker verwenden, es sind dann aber (Abb. 203) nur je zwei Drahtspannungen hintereinander und mit den benachbarten Gruppen gegengeschaltet. Legen wir in jeder Neutralen eine Bürste auf, so erhalten wir zwei positive und zwei negative Bürsten, verbinden wir die gleichnamigen untereinander und mit einer Netzleitung, so haben wir, wie das Schaltbild zeigt, den Anker in vierfache Parallelschaltung geteilt, in jedem Ankerdraht fließt der vierte Teil des Netzstromes.

## 39. Trommelankerwicklungen.

Die in der Starkstromtechnik heutzutage gebauten Anker sind fast ausschließlich Trommelanker (vgl. Abb. 200). Der trommelförmige Eisenkörper trägt die wirksamen Drähte am äußeren Mantel in Richtung der Achse, die Spulen sind dadurch gebildet, daß je zwei Drahte, die unter ungleichnamigen Polen liegen und um etwa eine Polteilung voneinander abstehen, auf einer Seite untereinander verbunden sind. Entsprechend wird dann auf der andern Seite der Trommel das Ende einer Spule mit dem Anfang einer andern Spule verbunden, der wieder um ungefähr eine Polteilung entfernt liegt. In dieser Art werden alle Ankerdrähte zu einem geschlossenen Kreis vereinigt. Als Wicklungsschritt bezeichnet man die Zahl der Drähte, besser gesagt der Wicklungselemente, die man am Umfang fortschreitend abzählen muß, um von einem Draht zu dem mit ihm unmittelbar verbundenen andern Draht zu kommen. Um der oben gestellten Bedingung zu entsprechen, daß die Spulen über den ganzen Ankerumfang verteilt sein müssen, kann der Wicklungsschritt nicht stets dem idealen, nämlich dem Betrag einer Polteilung, genau gleich sein, sondern es muß mindestens jeder zweite Schritt kleiner oder größer als die Polteilung sein. Es kommen, wie eine Probe mit nachstehender Ankerwicklung ohne weiteres zeigt, nur ungerade Wicklungsschritte in Betracht, wenn alle Elemente in möglichst günstiger Schaltung zu einem geschlossenen Kreis verbunden werden sollen. Ebenso kann man sich an Hand des Folgenden leicht davon überzeugen, daß sich nur dann alle Wicklungselemente zu einem einzigen geschlossenen Leiterkreis vereinigen lassen, wenn die halbe Zahl der Wicklungselemente, $\frac{s}{2}$, und die halbe Summe $\frac{y}{2}$ der beiden Wicklungsschritte $y_1$ und $y_2$, die wir auf beiden Seiten des Ankers verwenden, keinen gemeinsamen Teiler haben. Andernfalls schließt sich der Kreis schon mit der Hälfte, einem Drittel oder sonstigen Teil der Elemente.

Bei einer zweipoligen Maschine mit 8 Wicklungselementen wird daher am günstigsten auf jeder Seite ein Wicklungsschritt $y_1 = y_2 = 3$ ausgeführt. Wir verbinden dann (Abb. 204) zunächst auf der Rückseite des Ankers

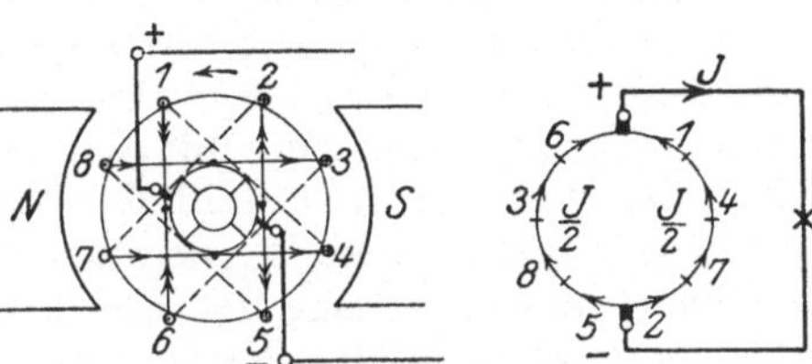

Abb. 204. Zweipoliger Trommelanker und Schaltbild.

Draht *1* mit Draht *4*; der zweite Wicklungsschritt führt auf der Vorderseite unter Anschluß an einen Steg des Stromwenders von Draht *4* nach *7*, der nächste Schritt auf der Rückseite von *7* nach *2* und so folgen weiter die Drähte *5*, *8*, *3*, *6* und schließlich *1*; der Kreis ist nach dreimaligem Umgang um den Anker geschlossen, ohne daß ein Draht ausgeblieben ist. Da hier im Gegensatz zum Ringanker nur vier Verbindungen auf einer Seite liegen, nehmen wir auch nur vier Stromwenderstege. Je zwei Drähte, z. B. *1* und *4*, *7* und *2*, bilden eine Spule oder Wicklungsgruppe, so daß die Zahl der Stege gleich der Zahl der Wicklungsgruppen ist. Zeichnen wir die Richtung der Spannung in jedem Draht ein, so finden wir wieder zwei gegeneinander geschaltete Zweige von je vier hintereinander geschalteten Drähten. Die Punkte höchster Spannung liegen in der gezeichneten Stellung zwischen den Drähten *1* und *6* einerseits sowie *2* und *5* anderseits, hier ist der Platz für die positive bzw. negative Bürste des Stromwenders.

Kommutatorschritt $y_K$ nennt man den an den Stegen abgezählten Schritt vom Anfang bis zum Ende einer Spule. Da Draht *1* mit Steg *1*, Draht *4* mit Steg *4* verbunden ist, so ist der Kommutatorschritt $y_K = 3$. Dieser ist stets gleich der halben Summe der beiden Wicklungsschritte, also

$$y_K = \frac{y_1 + y_2}{2} \quad \ldots \ldots \ldots \ldots \quad (124)$$

Ebenso groß ist die Zahl der Umgänge um den Anker, die zum Ausgangspunkt des Wicklungskreises zurückführt. Durch ein Schaltbild, wie wir es bei dem Ringanker gezeichnet haben, kann man auch bei der Trommelwicklung die Schaltung mit einem Blick übersehen (Abb. 204). In diesem Schaltbild folgen diejenigen Drähte aufeinander, die durch den Wicklungsschritt unmittelbar verbunden sind. Auch in der hier gezeichneten Trommelwicklung fließt in jedem Draht die Hälfte des Gesamtstromes. Durch die notwendige Abweichung des Wicklungsschrittes von dem idealen ist zeitweise die Spannung einzelner Wicklungselemente gegen die Spannung der anderen Elemente desselben Ankerzweiges geschaltet, muß also von letzterer überwunden werden. Je größer die Elementenzahl ist, desto geringer ist der Einfluß dieser Gegenschaltung.

Die Lage der Bürsten ist noch genauer zu betrachten. Bei der gezeichneten Ausführung der Verbindungen zwischen Draht und Steg, mit symmetrischer Kröpfung der Drähte nach dem Stromwender hin, liegen die Bürsten zwar räumlich in der Polmitte, stehen aber in unmittelbarer Verbindung mit denjenigen Drähten, die in der neutralen Zone liegen; die Bürsten schließen also auch hier die einzelnen Spulen kurz, wenn sich diese in der neutralen Zone befinden. Man kennzeichnet daher die Lage der Bürsten stets durch den Ausdruck: „Die Bürsten stehen in der Neutralen.“ Diese Form der Spulen ist am häufigsten, gelegentlich findet man aber auch Anker, bei denen das eine Spulenende, z. B. das Ende des Drahtes *2*, radial zum Stromwender führt; die Verbindung zum folgenden Draht, also in unserem Beispiel nach *5*, muß dann über ungefähr eine Polteilung hinwegführen. Bei solcher Lage der Verbindungen müssen dann natürlich die Bürsten auch räumlich in der Neutralen stehen.

Bei der Ausführung unseres Wicklungsbeispieles Abb. 204 sind wir stets in gleichem Sinn und zwar rechtsdrehend am Ankerumfang entlang geschritten. Zeichnet man den Anker in Abwicklung auf, den Zylindermantel also als Rechteck, so schreitet die Wicklung von *1* nach *4*, von da nach *7* usw. wie eine Welle fort, man nennt sie daher Wellenwicklung (Abb. 205). Der Anker könnte jedoch auch derart gewickelt werden, daß wir mit der Richtung der Schritte abwechseln, also von *4* aus nach links um eine ungerade Zahl, die größer oder kleiner als der erste Schritt ist, zurückgehen. Nach dem entstehenden Bild (Abb. 206) wird eine solche Ausführung Schleifenwicklung genannt. Jeder zweite Schritt wird dann im Gegensatz zum ersten mit negativem Vorzeichen versehen. Im vorstehenden Beispiel wäre nach dem ersten Schritt von $y_1 = +3$ ein solcher von $y_2 = -5$ anzuwenden man würde also mit dem zweiten Schritt ebenfalls nach Draht 7 kommen. Bei zweipoligen Maschinen sind demnach die einfache Wellen- und die Schleifenwicklung theoretisch vollständig gleichwertig, praktisch erfordert die zweite Art etwas längere Drahtverbindungen.

Bei Maschinen mit mehreren Polpaaren zeigen sich Unterschiede zwischen diesen beiden Wicklungsformen, auch werden wir an den folgenden Beispielen sehen, daß jede dieser Wicklungen sich in verschiedenen Arten ausführen läßt. Wir hatten erkannt, daß der ideale Wicklungsschritt für jede Elementengruppe, der möglichst hohe Spannung liefert, ein solcher von der Größe einer Polteilung wäre, daß jedoch die sonstigen Bedingungen uns zwingen, mindestens einen der beiden Teilschritte größer oder kleiner auszuführen. Behandeln wir zuerst die Wellenwicklung und wahlen zunächst den Doppelschritt $y$ so nahe als möglich an demjenigen Wert, der einer doppelten Polteilung entspricht, so kommen wir mit dem Ende der ersten und allenfalls der folgenden Spulen zunächst unter die Bürsten gleichen Vorzeichens und gelangen nach einem Umgang an einen Steg, der unmittelbar neben Steg 1 liegt. Dann erst kommen wir allmählich an diejenigen Stege heran, die im Bereich der ungleichnamigen Pole, also unter den Bürsten andern Vorzeichens liegen. Nehmen wir dagegen den Doppelschritt etwas mehr von dem Wert der Polteilung abweichend, so erreichen wir den dem

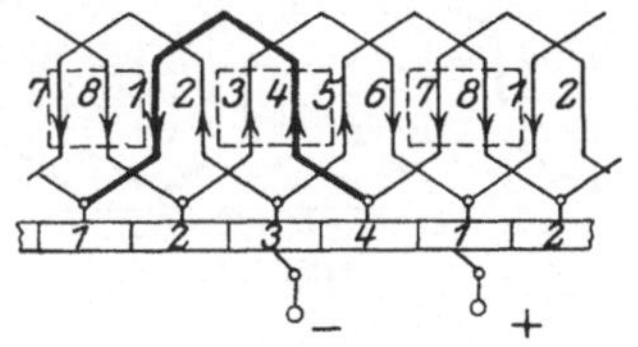
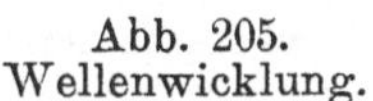
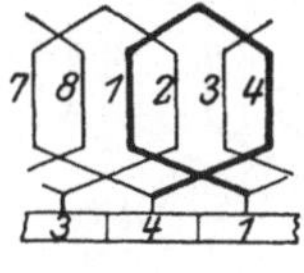

| Abb. 205. | Abb. 206. |
|---|---|
| Wellenwicklung. | Schleifenwicklung. |

Ausgangspunkt benachbarten Steg erst nach Ausführung mehrerer Umgänge und berühren dazwischen Stege, die im Bereich ungleichnamiger Pole sind. Die innere Schaltung des Ankers wird daher je nach der Größe der Wicklungsschritte verschieden werden.

Das Wesen dieser Wicklungsarten soll nun an Ankerwicklungen für einen vierpoligen Generator erläutert werden, wobei wir der Deutlichkeit halber die Zahl der Wicklungselemente kleiner wählen, als man sie tatsächlich an solchen Maschinen ausführt. Wir zeichnen dabei stets eine solche Ankerstellung, daß das Element 1, der Anfang der ersten Spule, in der neutralen Zone liegt, daß also eine der Bürsten immer auf Steg 1 liegt.

Wir betrachten zunächst einen Anker mit $s = 26$ Elementen, also 13 Stegen, die doppelte Polteilung ist daher 13 Elemente. Für die beiden Wicklungsschritte nehmen wir zunächst die der einfachen Polteilung von 6,5 nächstliegenden ungeraden Zahlen und zwar $y_1 = 7$ und $y_2 = 5$, also ist der Doppelschritt $y = 12$ und der Kommutatorschritt $y_K = 6$. Wir verbinden demnach die Drähte in der Reihenfolge 1—8—13—20—25—6 und so fort, stellen den Anker in Abwicklung dar und zeichnen das Schaltbild (Abb. 207). Wie wir sehen, führt die Verbindung von Draht 20 nach 25 über den Steg 13, wir sind also mit

einem Umgang dicht neben Steg *1* gekommen. Nach Einzeichnen
der Spannungsrichtung in die Drähte zeigt das Schaltbild sehr klar,
daß der Anker trotz der vier Pole nur aus zwei parallelen Stromzweigen besteht. Da demnach die höchstmögliche Zahl von Drähten
hintereinandergeschaltet ist, bezeichnet man diese Art der Wellenwicklung als Reihenwicklung. Zur Abnahme der Spannung sind,
wie am klarsten das Schaltbild zeigt, zwei Bürsten auf die Lamellen *7*
bzw. *10*, d. h. unter einen Nord- und einen Südpol zu setzen, zwischen
diesen liegt beiderseits eine Hälfte der Wicklung. Will man zur besseren
Ausnutzung des Kommutatorumfangs noch zwei weitere Stromabnahmen
anbringen, was meistens geschieht, so ist eine Bürste auf die Stege *3*
und *4*, die andere auf die Stege *13* und *1* zu setzen. Die Schaltung des
Ankers wird dadurch nicht wesentlich beeinflußt, da die genannten
Stege im Schaltbild den Stegen *7* bzw. *10* unmittelbar benachbart
sind und die nachträglich zugesetzten Bürsten nur wenige schwach
induzierte Drähte kurz schließen, nämlich in der gezeichneten Stellung
die Drähte *1*, *8*, *13* und *20* einerseits sowie *7*, *14*, *19* und *26* anderseits.

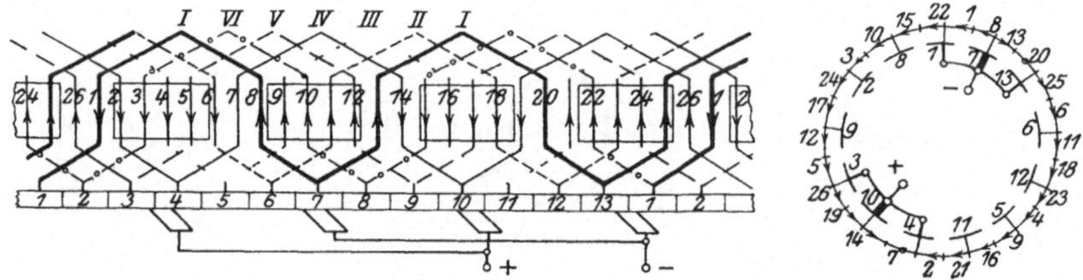

Abb. 207.   Wellen-Reihenwicklung und Schaltbild.

In die Ankerabwicklung ist noch die Reihenfolge der Umgänge
*I*, *II* usw. bis *VI* eingezeichnet. Man sieht, daß die aufeinander folgenden
Umgänge dicht nebeneinander liegen; ihre Zahl ist immer gleich dem
halben Gesamtschritt.

Aus dem Schaltbild ist ferner, wenn man die Nummern der Stege
in Rechtsdrehung verfolgt, also von *1* nach *7* usw., der Kommutatorschritt abzulesen. Geht man dagegen von *1* nach links, so erkennt
man, daß zwischen je zwei der benachbarten Stege, z. B. *1* und *2*,
je vier Wicklungselemente, d. h. die Drähte eines Umgangs liegen,
wie wir in der vorstehenden allgemeinen Betrachtung gesagt hatten

Für die Messung des Ankerwiderstandes ist es von Bedeutung diejenigen Stege zu kennen, zwischen denen bei abgehobenen Bürsten
beiderseits möglichst die Hälfte des Wicklungskreises liegt. Bei Reihenwicklung sind es die unter ungleichnamigen Polen liegenden Stege,
z. B. *7* und *10*.

Wollen wir eine vierpolige Reihenwicklung mit 22 Elementen ausführen, so wären die Wicklungsschritte $y_1 = 5$ und $y_2 = 5$ zu nehmen

Mit diesen letzteren Schritten erhalten wir aber eine andere Schaltung
des Ankers, wenn wir 24 Elemente verwenden (Abb. 208). Die doppelte
Polteilung beträgt jetzt 12 Wicklungselemente, der Doppelschritt
ist $y = 10$, der Unterschied zwischen diesen beiden Werten ist also

größer als in dem ersten Beispiel. Der erste Umgang beginnt wieder bei Steg *1*, endet aber jetzt an dem Steg *11*, erst der dritte Umgang führt zu dem neben dem Ausgangspunkt liegenden Steg, nämlich zu *12*; zwischen zwei benachbarten Stegen liegen je 10 Wicklungselemente. Man erkennt aus den mit römischen Zahlen bezeichneten Umgängen, daß der zweite Umgang nicht wie bei der Reihenwicklung dicht neben dem ersten folgt, sondern von ihm durch einen andern Umgang getrennt ist. Das Schaltbild zeigt, daß sich zwei positive und zwei negative

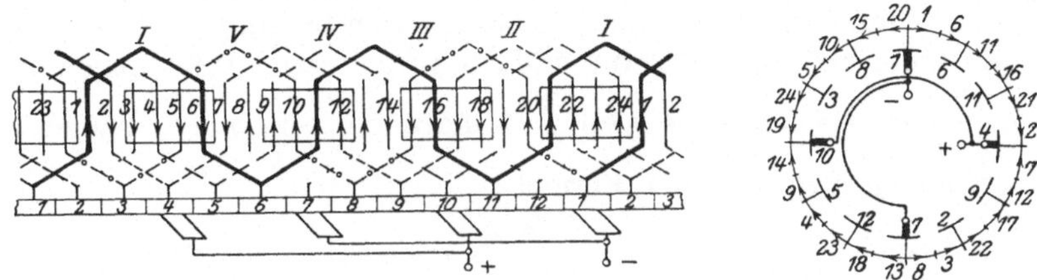

Abb. 208. Wellen-Parallelwicklung und Schaltbild.

Bürstenpunkte ergeben und zwar in der gezeichneten Stellung die Stege *1* und *7* sowie *4* und *10*. Die Ankerwicklung ist daher, sobald die gleichnamigen Bürsten untereinander verbunden werden, in **vier parallele Stromwege** geteilt. Da die Zahl der Stromwege der Polzahl gleich ist, wird die Wicklung als **Parallelwicklung** bezeichnet. In jedem Ankerdraht fließt bei Belastung der vierte Teil des Netzstromes. Die Hälfte des Wicklungskreises bei abgehobenen Bürsten liegt hier zwischen gleichnamigen Bürstenpunkten, z. B. zwischen den Stegen *4* und *10*.

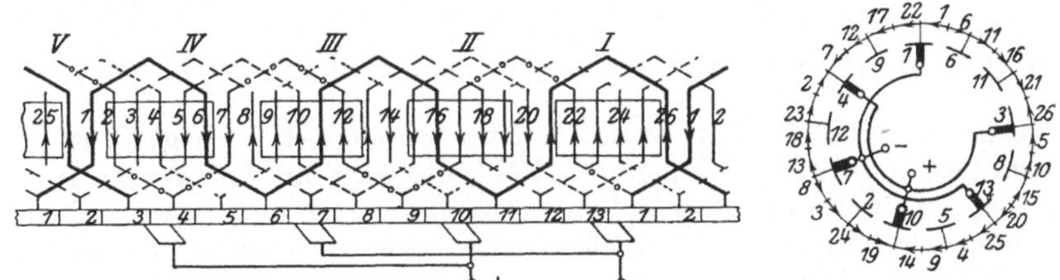

Abb. 209. Reihen-Parallelwicklung und Schaltbild.

Nehmen wir wieder die gleichen Wicklungsschritte $y_1 = 5$ und $y_2 = 5$, jedoch eine Elementenzahl $s = 26$, so erhalten wir abermals eine andere Schaltung des Ankers (Abb. 209). Der erste Umgang führt zu Steg *3*, der also um zwei andere Stege von *1* absteht; entsprechend ist der Umgang *II* durch zwei andere Umgänge von *I* getrennt. Das Schaltbild liefert je drei positive und negative Bürstenpunkte und zwar in der gezeichneten Stellung an den Stegen *3*, *4* und *10*, bzw. *1*, *13* und *7*. Nehmen wir, was praktisch immer der Fall ist, Bürsten von größerer Breite als die Stegbreite ist und legen in jede Neutrale eine Bürste, so fließt bei belasteter Maschine in jedem Ankerdraht ein

Sechstel des Netzstromes. Die Zahl der Stromwege weicht also von der Polzahl ab, ist aber größer als zwei. Bei einer Maschine mit sechs Polen könnte in dieser Art eine Wicklung in vier oder acht Stromwege geteilt werden. Eine solche Wicklung heißt Reihenparallelwicklung.

Unsere Beispiele zeigen, daß die Schaltung des Ankers davon abhängt, um wieviel sich der Kommutatorschritt von dem idealen Wert, der gleich der Stegzahl einer doppelten Polteilung ist, unterscheidet. Bezeichnen wir die Zahl der parallelen Ankerstromwege mit $2\,a$, die Polpaarzahl wie früher mit $p$, so ist für Reihenwicklung $a = 1$, für Parallelwicklung $a = p$, für Reihenparallelwicklung $a \gtrless p$. Der Kommutatorschritt $y_K$, der für einfach geschlossene Wicklungen mit der Zahl der Elementengruppen $\dfrac{s}{2}$ teilerfremd sein muß, berechnet sich dann allgemein aus der Formel

$$y_K = \frac{\dfrac{s}{2} \pm a}{p} \qquad \ldots \ldots \ldots \ldots (125)$$

In ähnlicher Weise können wir auch bei Schleifenwicklung, allerdings nur mit Hilfe breiter Bürsten, verschiedene Schaltungen erhalten. Auch hier sollen die Teilschritte eine ungerade Zahl und mög-

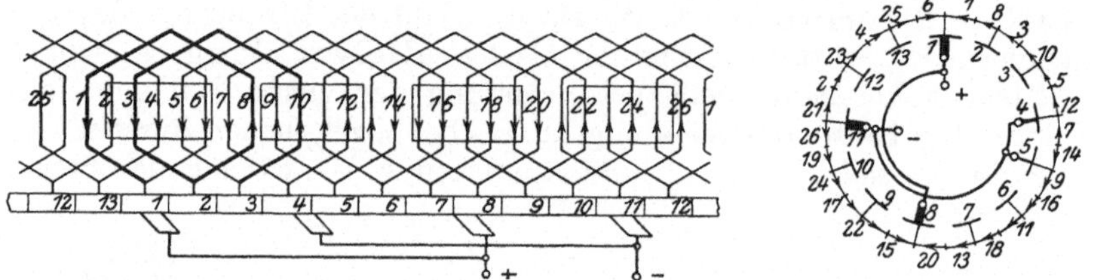

Abb. 210. Schleifenwicklung mit einfacher Parallelschaltung und Schaltbild.

lichst gleich der Polteilung sein. Da jeder zweite Schritt negativ ist, so ist der Gesamtschritt $y$ eine gerade Zahl, die nahe an dem Wert 0 liegt. Machen wir ihn so klein als möglich, also $y = \pm 2$ und $y_K = \pm 1$, so kommen wir vom ersten Steg über zwei Elemente zu dem unmittelbar benachbarten Steg. Durch eine auf benachbarten Stegen liegende Bürste würde daher nur eine Elementengruppe kurz geschlossen. Ist dagegen der Gesamtschritt $y = \pm 4$, so kommen wir nach je zwei Wicklungsschritten zum übernächsten Steg und erst nach einem Umgang zu denjenigen Stegen, die dem ersten benachbart sind. Die Wicklung wird dann offenbar durch eine auf zwei Stegen aufliegende Bürste in mehrere parallele Zweige geschaltet.

Zur Erläuterung dieser Wicklungsart behandeln wir ohne Rücksicht auf praktische Gesichtspunkte Beispiele mit derselben Elementenzahl wie bei der Reihenwicklung, also mit $s = 26$ Elementen. Die doppelte Polteilung ist somit wieder $= 13$. Wir nehmen zunächst $y_1 = + 7$ und $y_2 = - 5$, also $y = 2$, $y_K = 1$ (Abb. 210). Das Ende $8$ der ersten Elementengruppe wird mit Element $3$, dieses mit $10$ verbunden, darauf folgt *5* usw. Die Wicklung schraubt sich also langsam von einem Polpaar zum andern weiter und ist nach einem Umgang geschlossen. Die Einzeichnung der Spannungsrichtung in jeden Draht liefert vier Bürstenpunkte, und zwar in dem gezeichneten Augenblick die Stege *1, 4* und *5, 8* sowie *11*. Die Wicklung hat vier parallele Stromwege, wenn wir die gleichnamigen Bürsten untereinander verbinden.

Nehmen wir dagegen bei gleicher Elementenzahl die Teilschritte $y_1 = +9$ und $y_2 = -5$, also $y_K = 2$, so kommen wir mit den Verbindungen stets an den übernächsten Steg (Abb. 211), die Wicklung ist dann erst nach zwei Umgängen geschlossen. Das Schaltbild zeigt acht Bürstenpunkte, die Bürsten müssen so breit sein, daß jede auf mindestens zwei Stegen, in unserem Fall auf den Stegen *1* und *2, 4* und *5, 7* und *8* sowie *11* und *12*, aufliegt. Dadurch wird der Anker in acht parallele Stromwege geteilt.

Die allgemeine Formel für Schleifenwicklung lautet

$$y_K = \pm \frac{a}{p} \quad\ldots\ldots\ldots\ldots\ldots \quad (126)$$

Je nach der gewünschten Schaltung ist dabei $a = p$ oder ein vielfaches davon, die Zahl der parallelen Stromwege kann also die gleiche, doppelte usw. wie die Polzahl sein.

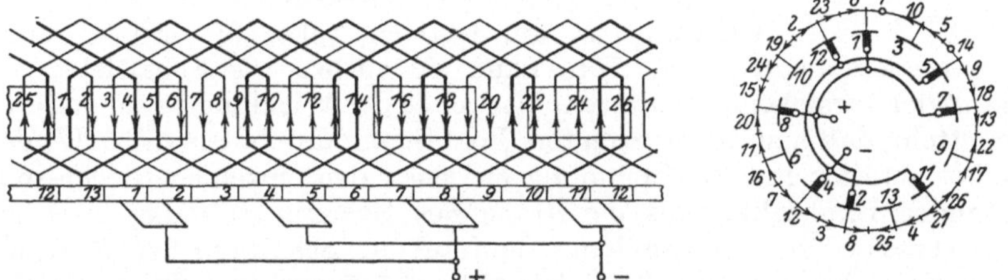

Abb. 211. Schleifenwicklung mit doppelter Parallelschaltung und Schaltbild.

Die Schleifenwicklung ist daher für Maschinen geeignet, die im Vergleich zur Polzahl geringe Spannung und große Stromstärke haben, die Wellenreihenwicklung für solche von verhältnismäßig großer Spannung. Diese beiden Wicklungsarten werden am häufigsten verwendet. Für praktische Zwecke ist von Bedeutung, daß ein Anker mit Reihenwicklung, sofern die Zahl der Bürstenbolzen gleich der Polzahl ist, leicht auf Schleifenwicklung umgeschaltet werden kann. In dem besprochenen Beispiele (Abb. 207) wäre dies dadurch zu erreichen, daß man die Verbindungen der Elemente mit den Stegen löst und dann Draht *1* mit Steg *4*, Draht *8* mit Steg *5* und mit Draht *3* verbindet und so fort. Da der Anker dann nicht mehr zwei, sondern vier parallele Stromwege hat, so liefert er unter sonst gleichen Bedingungen nur die Hälfte der Spannung wie vorher, kann aber mit dem doppelten Netzstrom belastet werden, wenn der Stromwender und die Bürsten dadurch nicht zu stark erwärmt werden.

Die Wellenparallelwicklung liefert, wie die Beispiele zeigen, dieselbe Schaltung wie die Schleifenwicklung mit einfacher Parallelschaltung, sie hat vor dieser den Vorzug, daß die im Schritt unmittelbar aufeinanderfolgenden Drähte unter allen Polen der Maschine liegen, daher machen sich Unterschiede in der Dichte des Feldes unter den einzelnen Polen bei Wellenwicklung weniger bemerkbar als bei Schleifenwicklung. Bei Wellenwicklung ist man jedoch stets an diejenige Anzahl von Elementengruppen gebunden, welche in der Wicklungsformel eine ganze Zahl für $\frac{y}{2}$ liefert, wahrend die Schleifenwicklung mit beliebiger Elementenzahl ausgeführt werden kann.

Durch die erwähnten Ungleichmäßigkeiten des Feldes oder solche in der ausgeführten Wicklung, an den Bürsten u. dgl. kann es bei Parallelwicklungen vorkommen, daß der Strom sich ungleichmäßig auf die parallelen Stromabnahmen verteilt und infolgedessen die stärker belasteten Bürsten feuern. Um dies zu vermeiden, verbindet man, meistens an den Stegen, durch Ausgleichs- oder Äquipotential-Verbindungen einige solcher Elemente dauernd miteinander, die dem Feld gegenüber genau oder nahezu dieselbe Lage haben, also um eine doppelte Polteilung voneinander abstehen. In dem zweiten Beispiel der Wellenwicklung konnten Stegpaare, die um die Zahl *6* verschieden sind, also z. B. *1* und *7*, dauernd kurz geschlossen sein, ohne daß eine Störung dadurch eintreten würde.

Die Art der Schaltung ist am fertigen Anker oft schwer durch Augenschein fetzustellen. Man kann sie ebenso wie Schaltfehler an Hand der vorstehend erlauterten Merkmale der Wicklungsarten dadurch ermitteln, daß man bei unerregtem Feld Strom durch den stillstehenden Anker schickt und die Spannung zwischen den einzelnen Stegen miteinander vergleicht. Aus der Hohe des Spannungsabfalles zwischen den verschiedenen Stegen kann man auf die Schaltung der Wicklung schließen. Bei der Wicklung der Abb. 207 liegen je 4 Elemente, bei der Wicklung nach Abb. 208 je 10 Elemente zwischen zwei benachbarten Stegen. Ein anderes Verfahren beruht auf der Messung des Ankerwiderstandes bei verschiedener Zahl der aufliegenden Bürsten. Wir schicken über die beiden Ankerklemmen einen Strom, legen einen Spannungsmesser an die Stege zweier ungleichnamiger Bürsten und beobachten die Werte einmal beim Aufliegen aller Bürsten, dann nach dem Abheben derjenigen Bürsten, unter denen der Spannungsmesser nicht liegt. Haben wir einen Reihenanker vor uns, so wird der Ankerwiderstand durch das Abheben der Bürsten sich wenig ändern (Abb. 207). Bezeichnen wir bei der vierpoligen Maschine den Widerstand eines Ankerviertels mit $r$, so ist der Gesamtwiderstand des Reihenankers, wenn wir von dem Kurzschluß einiger Spulen absehen, bei beliebiger Zahl der aufliegenden Bürstenpaare $R = \dfrac{r \cdot 2}{2} = r$. Bei einem vierpoligen Anker in einfacher Parallelschaltung dagegen (Abb. 208 und 210) ist der Gesamtwiderstand mit sämtlichen Bürsten $R = \dfrac{r}{4}$; nach dem Abheben der zwei nicht mit dem Spannungsmesser verbur.denen

Bürsten ist $r$ mit $3r$ parallel geschaltet, daher $R' = \dfrac{r \cdot 3r}{r + 3r} = \dfrac{3}{4}r$.

Der Widerstand wird also bei solchen Wicklungen durch das Abheben der Bürsten auf das Dreifache erhöht.

Die vorstehenden Beispiele waren unter dem Gesichtspunkte gewählt, eine übersichtliche Erläuterung des Wesens der Wicklungsarten zu geben, dabei war für jede Elementengruppe nur eine Windung gezeichnet. Maschinen, die nicht nur ganz geringe Spannung liefern sollen, werden dagegen mit einer größeren Zahl von Windungen ausgeführt; dieses braucht im Wicklungsschema und im Schaltbild jedoch nicht berücksichtigt zu werden. Der Draht wird bei Spulen mit mehreren Windungen vom Ende einer Gruppe nicht sofort nach der nächsten gelegt, sondern erst noch ein oder mehrere Male an denselben Stellen herumgeführt, so daß Spulen von der in Abb. 212 dargestellten Form entstehen. Die Rücksicht auf geringe Spannungsschwankung in den verschiedenen Ankerstellungen sowie auf Funkenlosigkeit der Bürsten und auf Sicherheit gegen Überschlag zwischen den Stegen verlangt ferner in der Regel eine größere Zahl von Elementengruppen und Stegen, als in obigen Beispielen angenommen wurde. Sobald die durchschnittliche Spannung zwischen zwei benachbarten Stegen des umlaufenden Ankers etwa 15 Volt überschreitet, ist Gefahr vorhanden, daß im Betrieb ein Überschlag zwischen ihnen auftritt, der sich dann als Rundfeuer um den ganzen Kommutator ziehen kann. Eine Maschine für z. B. 120 Volt muß aus diesem Grunde mit mindestens 8 Stegen auf jede Polteilung ausgeführt werden. Häufig faßt man bei der Herstellung der Wicklung mehrere benachbarte Elementengruppen zu einer Spule zusammen und legt die Seiten derselben in je eine Nut. Den Spulen gibt man ferner eine solche Form, daß die eine Spulenseite höher liegt als die andere. In jeder Nut befinden sich dann eine oder mehrere obere Seiten, z. B. die Elemente $1$, $3$ und $5$, sowie ebensoviel untere Seiten anderer Spulen, d. h. die Elemente $2$, $4$ und $6$. Die Wahl des ersten Wicklungsschrittes $y_1$, von dem die Breite jeder Spule abhängt, unterliegt in diesem Fall noch der weiteren Bedingung, daß die Elemente einer Spule beiderseits in je eine Nut kommen müssen. Wenn z. B. die Elemente $1$ und $3$ zu derselben Spule gehören, also in einer Nut liegen, so darf der Schritt $y_1$ nicht $= 7$ sein, da sonst das Element $8$ in die zweite, das Element $10$ in die dritte Nut käme (Abb. 213). Um Ungleichheiten in der Spannung zu vermeiden, soll auch noch möglichst die Nutenzahl durch die Polzahl teilbar sein. Bei Wellenwicklung kann die Elementenzahl nicht immer ein vielfaches der Nutenzahl sein, man muß dann in zwei entsprechenden Nuten eine oder mehrere Stellen freilassen oder tote Drähte einlegen. Abb. 214 zeigt in axialer Ansicht einen vierpoligen Anker mit 12 Nuten, der mit einer Wellen-

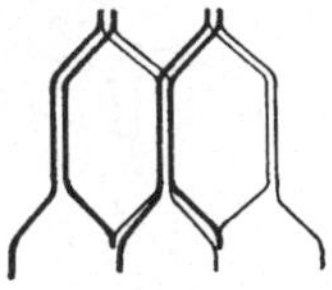

Abb. 212.
Ankerspulen.

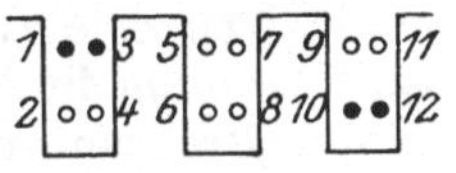

Abb. 213. Nuten mit je vier Wicklungselementen.

Reihenwicklung von 22 Elementen und einem Stromwender von 11 Stegen versehen ist. Die Wicklungsschritte sind $y_1 = y_2 = 5$, daher $y_K = 5$. Der die Spulen bildende Nutenschritt beträgt dann 2, da Element *1* in der ersten, Element *6* in der dritten Nut liegt. Da die Zahl der Elementengruppen mit der Nutenzahl keinen gemeinsamen Teiler hat, müssen zwei Stellen freibleiben und zwar in solchen Nuten, daß die Unsymmetrie der Wicklung möglichst klein und der Nutenschritt überall gleich ist.

Wenn man beachtet, daß abwechselnd ein oberes Element mit einem unteren zu verbinden ist, so ist eine Wicklung durch Angabe des Nutenschrittes und des Kommutatorschrittes bestimmt.

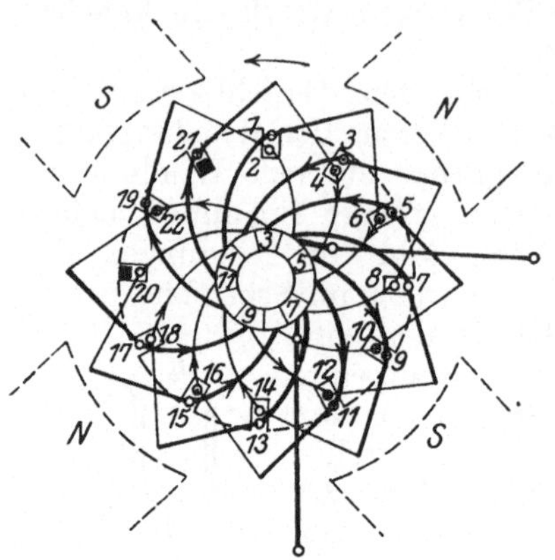

Abb. 214. Anker mit 12 Nuten und 11 Spulen.

Die Verbindungen zwischen den Elementen des Trommelankers auf der Vorder- und der Rückseite werden meistens auf eine Verlangerung der Mantelfläche gelegt (vgl. Abb. 195).

## 40. Erregung und Regelung des Feldes.

Läßt man den Anker eines Generators mit konstanter Geschwindigkeit in einem Magnetfeld umlaufen, so ist die an den Ankerklemmen auftretende induzierte EMK ein Maß für die durchschnittliche Dichte des Feldes, das von den Ankerwindungen geschnitten wird (vgl. Abschnitt 17). Die Aufzeichnung der am unbelasteten Generator gemessenen Spannung in Abhängigkeit vom Erregerstrom gibt daher bei konstanter Drehzahl und Bürstenstellung eine der Magnetisierungskurve proportionale Linie, die man Leerlauf-Kennlinie nennt. Die normalen Maschinen werden mit starker Sättigung der Ankerzähne und Pole gebaut, so daß trotz des Luftspaltes, der zwischen Polschuh und Anker zu überwinden ist, die Sättigung der genannten Teile des magnetischen Kreises in der Magnetisierungslinie der Maschine deutlich zum Ausdruck kommt. Die normale Spannung der Maschine liegt in der Regel über dem sogenannten Knie, der Stelle stärkster Krümmung der Kurve.

Stellt man nun das Joch bzw. die Pole aus Stahlguß oder Gußeisen her, so bleibt nach einmaliger Magnetisierung dauernd ein erheblicher „remanenter" Magnetismus zurück (vgl. Abschnitt 15); dieser ermöglicht nach der Erfindung Werner von Siemens' die Selbsterregung der Gleichstromgeneratoren. Verbinden wir bei einer Maschine nach Abb. 195 die Klemmen der Erregerwicklung unmittelbar oder über einen Regulierwiderstand mit den Ankerklemmen und treiben die Maschine an, so haben wir einen solchen selbsterregten

Generator vor uns. Durch Umlauf des Ankers in dem remanenten
Feld entsteht an den Bürsten eine geringe Spannung, die Remanenzspannung. Diese kann einen Strom für die Magnetwicklung liefern,
der bei richtiger Schaltung und nicht zu großem Widerstand des Erregerkreises den remanenten Magnetismus verstärkt und damit höhere Spannung im Anker induziert Das Sinken der Remanenzspannung bei
Einschaltung der Erregerwicklung ist ein Zeichen, daß entweder die
Schaltung der letzteren verkehrt ist, oder daß die Bürsten schlecht
aufliegen oder verschmutzt sind. Ist kein Fehler vorhanden, so tritt
eine gegenseitige allmähliche Steigerung von Ankerspannung und Erregerstrom auf und zwar bis zu einer Grenze, die durch die Form
der Magnetisierungskurve und den jeweils eingeschalteten Widerstand des Erregerkreises bestimmt ist.

Nehmen wir an, daß die Leerlaufkurve
eines Generators bei der Drehzahl $n = 1000$
nach Abb. 215 verläuft. Die an die Ordinate
angeschriebenen Zahlen sollen dabei mit
100 vervielfacht werden, um die EMK in
Volt zu erhalten. Die Remanenzspannung
sei 5 Volt, der Widerstand des Erregerkreises 100 $\Omega$. Es entsteht dann beim
Einschalten der Selbsterregung zunächst
ein Erregerstrom von 0,05 A, diesem entspricht nach der Leerlaufkurve eine Spannung von 14 V. Sobald die Spannung
aber diesen Wert erreicht hat, muß der
Erregerstrom schon $\dfrac{14}{100} = 0,14$ A betragen, dem wiederum eine Spannung von
30 V entspricht. Diese liefert einen
Strom von 0,3 A im Erregerkreis und
so fort. Die weitere Verfolgung dieses

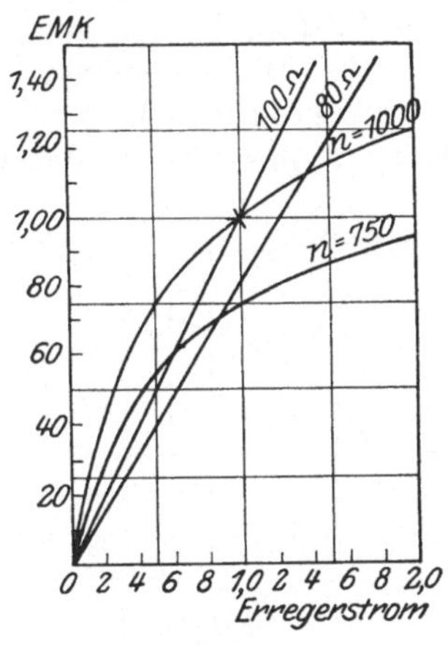



Abb. 215.
Leerlauf - Kennlinien mit
Widerstandslinien.

tatsächlich stetig verlaufenden Vorgangs zeigt, daß die Stufen der
Spannungs- und Stromsteigerung immer kleiner werden; der Grenzwert ist erreicht, sobald das aus den Kurvenwerten des Erregerstromes $J_E$ und der zugehörigen Spannung $E$ berechnete Verhältnis $\dfrac{E}{J_E}$
auf den Wert des Widerstandes, in unserem Fall 100 $\Omega$, gesunken
ist. Wir können den jeweiligen Grenzwert dadurch bestimmen, daß
wir vom Nullpunkt eine gerade Linie mit einer dem Widerstand entsprechenden Steigung, in unserem Fall 100:1, also durch den Punkt
100 V und 1 A, ziehen. Eine solche Linie nennen wir Widerstandslinie, da alle ihre Punkte zu demselben Widerstand des Erregerkreises
$R = \dfrac{E}{J_E}$ gehören. Verringern wir den Widerstand z. B. auf 80 $\Omega$,
so gibt die Verlängerung der vom Nullpunkt durch den Punkt 80 V
und 1 A gelegten Geraden den Punkt 110,5 V und 1,38 A, in welchem

die Widerstandslinie die Kurve schneidet, als Grenzwert der Selbsterregung. Lassen wir die Maschine mit anderer Drehzahl, z. B. mit dem 0,75-fachen der vorher verwendeten laufen, so sind bei den gleichen Erregerströmen die Spannungen nur das 0,75-fache der Werte bei voller Drehzahl, da die induzierte EMK der Geschwindigkeit proportional ist. Die Maschine wird dann in Selbsterregung bei 100 $\Omega$ Widerstand nur auf 62 V und bei 80 $\Omega$ nur auf 71 V kommen. Die Spannung muß bei Selbsterregung mit bestimmtem Widerstand stärker als die Drehzahl fallen, da gleichzeitig auch der Erregerstrom kleiner wird.

Die magnetische Kennlinie, die durch die magnetische Beanspruchung des Eisenweges und die Größe des Luftspaltes bedingt ist, weist nun bei den verschiedenen ausgeführten Maschinen keine großen Unterschiede in ihrer Form auf. Es ist daher für viele Zwecke zulässig und von Vorteil, Rechnungen, bei denen eine große Genauigkeit zwecklos ist, für alle Maschinen mit einer durchschnittlichen allgemeinen magnetischen Kennlinie auszuführen. Für derartige allgemeine Kurven pflegt man die Ordinatenwerte nicht in den Einheiten der betreffenden Größen, also z. B. in Ampere, Volt oder Gauß usw. anzugeben, sondern in Prozenten oder Vielfachen des Nennwertes, d. h. in Verhältniszahlen. Wir bezeichnen daher in Zukunft den Nennwert der Spannung, Stromstärke, Drehzahl usw. mit dem Wert 1,0 (d. h. 100 %), die Hälfte des Nennwertes mit 0,5 usw. Sofern Verwechslungen mit den benannten Größen zu befürchten sind, kann man den Vielfachwerten das Zeichen / anfügen, z. B. „0,5/" (sprich: 0,5-fach oder 0,5 Strich).

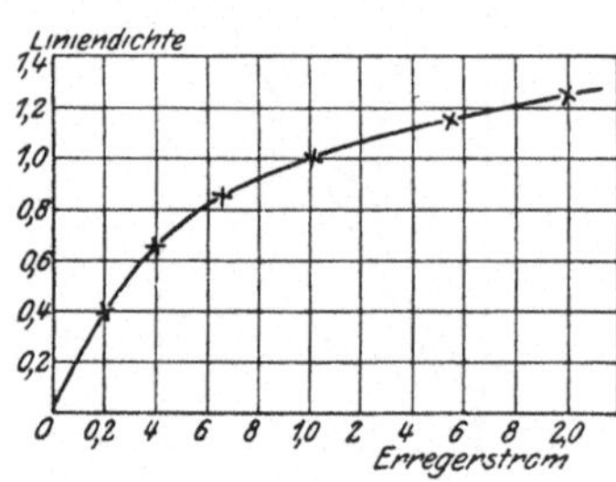


Abb. 216. Allgemeine Magnetisierungskennlinie

Durch dieses Verfahren ist es möglich, Eigenschaften der normalen Maschinen, ihre Regelung und dergleichen in allgemein gültiger einfacher Form rechnerisch und graphisch auszudrücken und die gewonnenen Werte leicht auf irgend einen einzelnen Fall anzuwenden.

Die Grundlage für diese Berechnungen bildet die allgemeine Magnetisierungskurve. Diese kann nach zahlreichen ausgeführten Maschinen im Durchschnitt angegeben werden durch die Vielfachwerte:

| Erregerstrom . . | 0,2 | 0,4 | 0,65 | 1,0 | 1,55 | 2,0/ |
|---|---|---|---|---|---|---|
| Liniendichte . . . | 0,4 | 0,65 | 0,85 | 1,0 | 1,15 | 1,25/ (Abb. 216). |

Im folgenden berechnen wir die Regelung der Spannung eines Gleichstromgenerators und zwar einmal in Fremderregung (Abb. 217), sodann in Selbsterregung mit Nebenschlußschaltung (Abb. 218). In ersterem Fall wird die Erregerwicklung von irgend einer andern Stromquelle mit konstanter Spannung gespeist, in letzterem Fall liegt sie an den Klemmen des Ankers, also parallel oder im Nebenschluß zu ihm. In beiden Fällen wird ein veränderlicher Vorschaltwiderstand, der Erregerstrom- oder Feldregler, in Reihe mit der Erregerwicklung geschaltet.

**Beispiel:** Es ist der Widerstand zu berechnen, der bei Leerlauf mit Nenndrehzahl, d. h. $n = 1,0$, die EMK auf das 0,8-fache vermindert; ferner ist die Spannung zu bestimmen, bis zu welcher der Generator durch Abschalten des Reglerwiderstandes gebracht werden kann, wenn bei dem Nennwert der EMK, d. h. bei $E = 1,0$, von der gesamten Erregerspannung 65 % in der Erregerwicklung und 35 % in dem Regler verbraucht werden.

Zu dem Nennwert der Ankerspannung $E = 1,0$ gehört die Erregerspannung 1,0 und der Erregerstrom 1,0, daher ist der gesamte Widerstand des Erregerkreises, der im wesentlichen aus demjenigen der Erregerwicklung $R_E$ und des vorgeschalteten Reglers $R_R$ besteht, $R = \dfrac{1,0}{1,0} = 1,0$; dabei ist $R_E = 0,65$ und $R_R = 0,35$.

### A. Berechnung mit Vielfachwerten.

1. Bei Fremderregung (Abb. 217) ist die gesamte Erregerspannung unveränderlich $= 1,0$. Zu einer EMK von $E = 0,8$ gehört laut Leerlaufkurve ein Erregerstrom von $J_E = 0,57$. Der gesamte Erregerwiderstand muß also $R = \dfrac{1,0}{0,57} = 1,75$ sein. Ist der Regler abgeschaltet, also $R_R = 0$, so ist der Erregerstrom $\dfrac{1,0}{0,65} = 1,54$; dabei ist nach der Leerlaufkurve $E = 1,15$.

2. Bei Selbsterregung (Abb. 218) ist die Spannung des Erregerkreises gleich der EMK, daher wird $E = 0,8$ durch einen Widerstand $R = \dfrac{0,8}{0,57} = 1,4$ erreicht. Die höchste Spannung ist durch den Schnittpunkt der Widerstandslinie $R = 0,65$ mit der Leerlaufkurve zu $E = 1,22$ bestimmt, dabei ist $J_E = 1,88$.

Wie zu erwarten war, sind bei Selbsterregung kleinere Widerstandswerte des Reglers erforderlich; bei gleichen Widerstanden ändert sich die Spannung starker als bei Fremderregung.

### B. Anwendung auf einen bestimmten Fall.

Die Nennspannung des Generators sei 110 V, der Erregerstrom sei dabei 5 A, folglich der gesamte Erregerwiderstand $R = \dfrac{110}{5} = 22\ \Omega$. Der Widerstand der Wicklung ist dann nach Voraussetzung $= 0,65 \cdot 22 = 14,3\ \Omega$, der Regler muß also für Nennspannung auf $0,35 \cdot 22 = 7,7\ \Omega$ eingestellt werden. Um bei Fremderregung die Ankerspannung auf $0,8 \cdot 110 = 88$ V zu erniedrigen, muß der gesamte Erregerwiderstand $1,75 \cdot 22 = 38,5\ \Omega$ sein, der Reglerwiderstand also $38,5 - 14,3 = 24,2\ \Omega$ betragen. Die höchste Spannung ware $1,15 \cdot 110 = 126,5$ V. Bei Selbsterregung wird die gewünschte Spannung mit einem Gesamtwiderstand von $1,4 \cdot 22 = 30,8\ \Omega$, d. h. mit einem Reglerwiderstand $= 16,5\ \Omega$ erreicht. Die höchste Spannung ist $1,22 \cdot 110 = 134$ V.

Die Regelung der EMK durch Zu- und Abschalten von Widerstand beansprucht stets eine merkliche Zeit, auch wenn die Schaltung nicht von Hand, sondern durch selbsttätige Schaltvorrichtungen (Relais) erfolgt; infolge der Selbstinduktion der Erregerwicklung stellt sich ja der Strom nur allmahlich auf den verlangten Endwert ein. Wir werden spater sehen, daß sich die Spannung der Generatoren mit der Belastung andert. Soll nun die Spannung auch bei kurzzeitigen Belastungsanderungen auf den richtigen Wert geregelt werden, so verwendet man „Schnellregler". Bei einem solchen wird z. B. eine rasche Erhöhung der Spannung dadurch erreicht, daß der Regelapparat den Widerstand nicht auf den geringeren Ohmwert einstellt, der dem veränderten Belastungszustand entspricht, sondern ihn ganz kurzschließt. Sobald die Spannung durch dieses Überregeln den verlangten Wert erreicht hat, wird der Regelwiderstand freigegeben. Sodann wird er in periodischen Stößen von solcher Dauer kurzgeschlossen und wieder freigegeben, daß der Erregerstrom um den erforderlichen Mittelwert schwankt.

Die Schaltbilder der Ankerwicklungen im Abschnitt 39 lassen erkennen, daß die an den Bürsten auftretende EMK sich auch mit der Bürstenstellung ändern muß. Würden wir bei einem Generator die Bürsten aus ihrer richtigen Lage um eine halbe Polteilung verschieben, so daß sie auf den Stegen der unter der Polmitte liegenden Drähte stehen, so kann keine nutzbare Spannung an den Bürsten auftreten. Letztere würden, wie das Galvanometer der Wheatstoneschen Brücke, zwischen Punkten gleichen Potentials liegen. Stehen die Bürsten dagegen in der Neutralen, so liegt die höchstmögliche Zahl hintereinander geschalteter Elementspannungen zwischen ihnen, die Bürstenspannung hat den höchsten Wert. Verschieben wir die Bürsten in der einen oder andern Richtung etwas aus der Neutralen, so greifen sie in den Bereich eines andern Poles über, zwischen je zwei Bürsten sind dann einige Elementspannungen dauernd gegen die anderen geschaltet, die Spannung an den Bürsten muß dadurch kleiner werden.

Die Neutrale eines Generators oder Motors läßt sich noch genauer als durch solche Bürstenverschiebung dadurch finden, daß man bei stillstehender Maschine ein empfindliches Instrument, am besten ein Drehspulgalvanometer, an die Ankerklemmen legt und einen schwachen Erregerstrom ein- und ausschaltet. Dann ändert sich, wie man am besten an der Ringwicklung (Abb. 201) erkennt, das von den Ankerspulen umfaßte Feld, es wird in ihnen eine EMK der Fremdinduktion erzeugt. Diese hat in den Ankerdrähten auf einer Seite der Polmittellinie, z. B in den Drähten *3, 4, 5* und *6* untereinander gleiche Richtung, ebenso in den Drähten *7, 8, 1* und *2*, da die Drähte dieser Gruppen bei einer Änderung der Linienzahl in gleicher Richtung geschnitten werden; die Spannungen dieser Gruppen sind aber einander entgegengesetzt. Setzt man daher die Bürsten auf die Stege in der Polmitte, so wird an ihnen die höchste Spannung auftreten, verschiebt man sie bis in die Neutrale, so geht die Spannung an den Bürsten auf Null zurück, da nun die Spannungen *1* und *2* gegen die von *3* und *4* und entsprechend die von *7* und *8* gegen *5* und *6* geschaltet sind.

## 41. Die Hauptgleichungen der Maschinen.

Im Abschnitt 17 hatten wir festgestellt, daß die induzierte EMK proportional der Zahl der Feldlinien ist, die in der Sekunde geschnitten werden und hatten dies in der allgemeinen Gleichung ausgedrückt

$$E = \mathfrak{B} \cdot l \cdot w \cdot v \cdot \sin \alpha \cdot 10^{-8} \text{ Volt.}$$

Bei unseren Maschinen haben nun, wie die Abb. 85 zeigt, die Feldlinien an der Mantelfläche des Ankers im wesentlichen radiale Richtung, es ist also sin $\alpha = 1$. Die Umfangsgeschwindigkeit des Ankers vom Radius $R$ drücken wir nun durch $v = \dfrac{2\,R\,\pi\,n}{60}$ aus, ferner ist die Gesamtzahl der hintereinander geschalteten Ankerdrähte gleich dem Produkt aus den hintereinander geschalteten Wicklungselementen $\dfrac{s}{2\,a}$ und der Windungszahl $w$ der Elementengruppen, demnach ist statt $w$ zu setzen $\dfrac{s\,w}{2\,a}$.

Verstehen wir unter $\mathfrak{B}$ die größte Liniendichte im Luftspalt unter dem Pol, unter $\alpha\,\mathfrak{B}$ den Mittelwert dieser Liniendichte am ganzen Ankerumfang, so ist die EMK für beliebige Polzahl der Maschine und beliebige Wicklungsart des Ankers bestimmt durch die Gleichung:

$$E = \alpha\,\mathfrak{B} \cdot l \cdot \frac{s\,w}{2\,a} \cdot \frac{2\,R\,\pi\,n}{60} \cdot 10^{-8}\ \text{Volt} \quad . \quad . \quad (127)$$

Multiplizieren wir diese Gleichung beiderseits mit dem Ankerstrom $J_A$ und nehmen einige Umformungen vor, so erhalten wir für die Leistung der verlustlosen Maschine die Gleichung

$$N = E \cdot J_A = (\alpha\,\mathfrak{B}) \left(\frac{J_A \cdot s\,w}{2\,a \cdot 2R\,\pi}\right) R^2 \cdot l \cdot n \,\frac{4\,\pi^2}{60} \cdot 10^{-8}\,\text{W} \quad . \quad . \quad (128)$$

Das Produkt $(\alpha\,\mathfrak{B})$ ist ein Maß für die magnetische Beanspruchung der Maschine, das Produkt $\left(\dfrac{J_A \cdot s\,w}{2\,a \cdot 2\,R\,\pi}\right)$, d. h. die Zahl der Amperedrähte auf 1 cm Ankerumfang, ist ein Maß für die Belastung durch den Strom. Auf diese beiden in Klammern gesetzten Ausdrücke soll hier nicht näher eingegangen werden. Die Gleichung zeigt uns, daß die theoretische Belastbarkeit proportional mit der Drehzahl, der Ankerlänge und dem Quadrat des Ankerradius wachst. Eine Maschine kann demnach nur halb so viel Leistung entwickeln, wenn sie bei sonst unveränderten Verhältnissen mit halber Drehzahl betrieben wird. Bei rasch laufenden Maschinen z. B. bei Turbogeneratoren ist der Läuferdurchmesser durch die Rücksicht auf mechanische Festigkeit beschränkt, die Ankerlänge muß dann verhältnismäßig groß sein. Langsam laufende Maschinen dagegen können mit großem Lauferdurchmesser, daher mit entsprechend geringer Lange sowie mit großer Polzahl gebaut werden.

Da in der vorletzten Gleichung $2\,R\,\pi$ der Umfang, $l$ die wirksame Eisenlange des Ankers ist, so ist $\alpha\,\mathfrak{B} \cdot l \cdot 2\,R\,\pi$ die gesamte Linienzahl, die bei einer Umdrehung von den Ankerdrähten geschnitten wird. Diese ist $= \Phi \cdot 2\,p$, wenn wir unter $\Phi$ die nutzbare Linienzahl eines Pols verstehen. Daher kann man auch schreiben

$$E = (\Phi \cdot 2\,p) \cdot \frac{s\,w}{2\,a} \cdot \frac{n}{60} \cdot 10^{-8}\ \text{Volt} . \quad . \quad . \quad . \quad (129)$$

In dieser Formel treten die bei der Induzierung wesentlichsten Faktoren, nämlich Linienzahl, die Zahl der hintereinander geschalteten Drähte des Ankers und die Drehzahl klar hervor.

Läuft eine Maschine mit fester Bürstenstellung, so kann ihre EMK nur durch die Liniendichte und die Drehzahl beeinflußt werden, alle übrigen Faktoren der Gleichung 127 lassen sich dann in eine Konstante $C_1$ zusammenfassen, so daß die Induktionswirkung allgemein ausgedrückt ist durch die „erste Hauptgleichung der Maschinen":

$$E = C_1 \cdot \mathfrak{B} \cdot n \quad\ldots\ldots\ldots\ldots (130)$$

Diese Formel bestätigt auch, daß die Leerlaufkennlinie bei bestimmter Drehzahl der Magnetisierungskurve proportional ist.

Sobald nun Strom in dem Anker fließt, tritt zwischen dem Grundfeld und den Stromleitern eine Kraftwirkung auf. Aus der Behandlung des Induktionsgesetzes wissen wir, daß diese Kraftwirkung zwischen Feld und induziertem Strom bei dem Generator der Bewegung des Leiters entgegengesetzt gerichtet ist und sie zu hemmen sucht. Die Größe derselben ist, wie wir bereits S. 56 dargelegt hatten, der Dichte des Feldes $\mathfrak{B}$ und dem Ankerstrom $J_A$ proportional. Aus der Gleichung 128 kann dies ebenfalls abgeleitet werden. Dividieren wir sie nämlich durch $n$, so ist die linke Seite, der Quotient $\dfrac{N}{n}$, ein Maß für das auf den Anker wirkende Drehmoment $M$, während auf der rechten Seite außer den Abmessungen der Maschine und ähnlichen für eine bestimmte Maschine und Bürstenstellung festen Werten nur noch das Produkt $\mathfrak{B} \cdot J_A$ steht. Fassen wir wieder die Festwerte in eine Konstante $C_2$ zusammen, so erhalten wir als „zweite Hauptgleichung der Maschinen":

$$M = C_2 \cdot \mathfrak{B} \cdot J_A \quad\ldots\ldots\ldots (131)$$

Es bleibt noch die Frage zu beantworten, welchen Einfluß die Belastung auf die Klemmenspannung eines Generators hat. Der Einfluß des Ankerfeldes auf dieselbe soll erst später besprochen werden, er ist rechnerisch in einfacher Weise nicht zu erfassen. Solange die Drehzahl und der Erregerstrom konstant sind, haben wir nach unseren Voraussetzungen die EMK ebenfalls als konstant anzusehen. Die Klemmenspannung $U$ unterscheidet sich jedoch beim Generator wie bei jeder Stromquelle (vgl. Abschnitt 8) von der EMK um den Betrag, der bei Belastung durch den inneren Widerstand $r$ aufgezehrt wird. In letzterer Größe fassen wir alle Widerstände zusammen, die im Inneren der Maschine vom Hauptstrom durchflossen werden. Wir können daher als „dritte Hauptgleichung" für den Generator die schon bekannte Beziehung verwenden

$$U = E - J \cdot r \quad\ldots\ldots\ldots\ldots (132)$$

Man trachtet natürlich danach, den Verlust $J \cdot r$ in der Maschine möglichst gering zu halten.

## 42. Erregerschaltungen der Generatoren und deren Eigenschaften.

Je nach der Art der Schaltung der Erregerwicklung zeigen die Gleichstromgeneratoren verschiedene Eigenschaften, die in den eben entwickelten Hauptgleichungen Ausdruck finden. Wir vernachlässigen im folgenden wieder den Einfluß des Ankerfeldes, was um so eher zulässig ist, als dieser bei der modernen Bauart, zumal bei Maschinen mit Wendepolen, gering ist.

Bei einem **fremd erregten** Generator hat die Erregerspannung im allgemeinen einen festen Wert, der Erregerstrom wird, wie bereits erwähnt, durch Reihenschaltung der Wicklung mit einem Regulierwiderstand einstellbar gemacht (Abb. 217). Die dritte Klemme $q$ des Reglers dient dazu, die Erregerwicklung unmittelbar vor dem Ausschalten kurzzuschließen, um hohe Induktionsspannung und einen langen Lichtbogen an der Unterbrechungsstelle zu vermeiden.

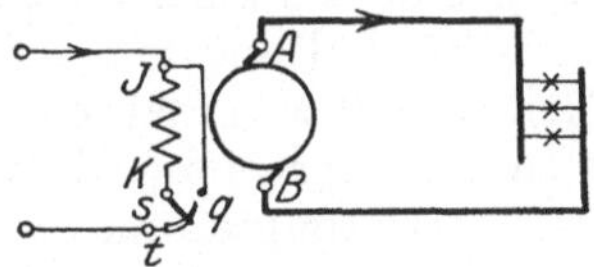

Abb. 217. Fremd erregter Generator.

Wenn bei Belastung des fremd erregten Generators die übrigen Größen nämlich Drehzahl, Erregerstrom und Bürstenstellung unverändert bleiben, so ändert sich nur die Ankerspannung. Sie fällt durch den Spannungsverlust, der an den Bürsten sowie in der Ankerwicklung und sonstigen Hauptstromwicklungen auftritt, von Leerlauf auf Vollast um einige Prozent.

Bei dem **Nebenschlußgenerator** liegt die Erregerwicklung in Reihe mit dem Regler an der Ankerspannung (Abb. 218), die Erregerspannung ändert sich also mit dieser. Bei Belastung sinkt daher mit der Spannung auch der Erregerstrom und dadurch das Feld sowie die EMK. Die Klemmenspannung muß daher noch weiter fallen und würde so bis nahezu auf Null abnehmen, wenn das Feld proportional mit dem Erregerstrom sinken würde. Da jedoch infolge der Krümmung der Magnetisierungskurve die Abnahme der Liniendichte oberhalb des Knies geringer ist

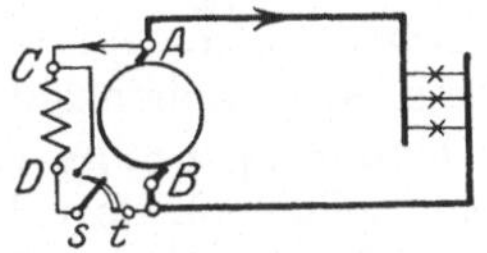

Abb. 218. Nebenschlußgenerator.

als diejenige des Erregerstromes, so ist der Zustand der Maschine stabil; die Klemmenspannung fällt bei Belastung nicht bis auf Null, sondern um einen verhältnismäßig geringen von der Belastung abhängigen Betrag, der natürlich bei Nebenschlußerregung größer ist als bei Fremderregung. Soll die Klemmenspannung bei jeder Belastung dieselbe Größe haben oder mit Rücksicht auf den Spannungsverlust in den Leitungen mit der Belastung etwas wachsen, so muß bei diesen beiden Maschinenarten der Erregerstrom durch Abschalten von Reglerwiderstand verstärkt werden. Aus dem Schaltbild des Nebenschlußgenerators ist zu erkennen, daß er bei Kurzschluß oder sehr geringem Netzwiderstand sich nicht selbst erregen kann, da mit dem Anker auch die Erregerwicklung kurzgeschlossen wird. Wenn diese Maschine durch Verringerung des Netzwiderstandes immer mehr belastet wird, so wird durch die Verminderung der Erregung schließlich das Knie der Magnetisierungslinie unterschritten, es tritt ein labiler Zustand ein; die Spannung und damit auch der Netzstrom fallen dann auf einen geringen, durch die Remanenz bedingten Wert ab.

Wahrend die Erregerwicklung bei den vorstehenden Schaltungsarten in der Regel aus verhaltnismäßig dünnem Draht und großer Windungszahl besteht, so daß der Erregerstrom nur geringe Stärke hat, muß jene Wicklung bei Reihenschaltung mit dem Anker den vollen Strom führen können. Bei einer Reihenschlußmaschine hat daher die Erregerwicklung großen Leiterquerschnitt und geringe Windungszahl, eine willkürliche Regelung des Erregerstromes muß hier durch Parallelschaltung eines Reglers zu der Magnetwicklung erfolgen. Ein Reihenschlußgenerator (Abb. 219) kann offenbar im Leerlauf nur Remanenzspannung liefern, bei fallendem Netzwiderstand wird mit dem Belastungsstrom das Feld, daher die EMK und zunächst auch die Klemmenspannung größer. Ist die Sättigung mit zunehmendem Strom so groß geworden, daß der Spannungsverlust in der Maschine großer ist, als die Zunahme der EMK durch die starkere Erregung beträgt, so wird schließlich die Klemmenspannung mit wachsender Belastung fallen.

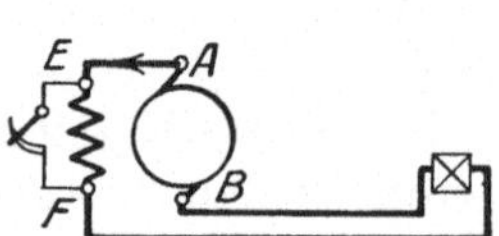
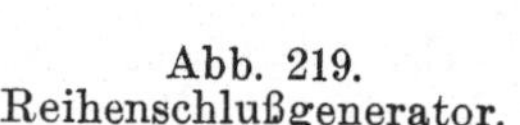

Abb. 219.
Reihenschlußgenerator.

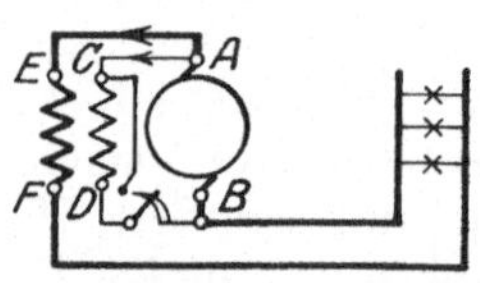

Abb. 220.
Doppelschlußgenerator.

Wahrend der Reihenschlußgenerator selten Verwendung findet, da ja die meisten Anlagen der Starkstromtechnik bei beliebigem Netzwiderstand möglichst konstante Spannung verlangen, kann eine Reihenschlußmagnetwicklung dazu verwendet werden, um die Klemmenspannung eines Nebenschlußgenerators selbsttätig zu regeln. Ein solcher Doppelschlußgenerator trägt auf seinen Polen außer der Nebenschlußwicklung noch einige Reihenschlußwindungen, die in gleichem Sinn wirken (Abb. 220). Nimmt man die Zahl der Reihenschlußwindungen so groß, daß sie durch Verstärkung des Feldes die Spannung bei jeder Belastung um denjenigen Betrag erhohen, der in dem Hauptstromweg der Maschine verloren geht, so bleibt die Klemmenspannung selbsttatig auf demselben Wert. Nimmt man eine größere Anzahl von Reihenschlußwindungen, so kann auch der Spannungsverlust in den Netzleitungen ausgeglichen werden, die Klemmenspannung wird dann mit der Belastung etwas steigen, der Generator ist „überkompoundiert". Diese zunächst ideal erscheinende Maschinenart wird wegen verschiedener Schwierigkeiten, die besonders im Parallelbetrieb mit anderen Stromquellen auftreten, nur dann verwendet, wenn die Belastungsstöße sehr stark und plötzlich sind, also insbesondere zur Speisung von Bahn- und Krananlagen; für die Mehrzahl der Licht- und Kraftanlagen benutzt man Nebenschlußgeneratoren als Stromquelle.

Zu beachten ist, daß bei Änderung der Drehrichtung oder der Schaltung von selbsterregten Generatoren die Erregerwicklung stets so geschaltet werden muß, daß die Remanenz durch die Selbsterregung verstärkt wird.

## 43. Die Gleichstrommaschine als Motor.

Legen wir bei der Maschine der Abb. 217 auch die Ankerwicklung über einen Regulierwiderstand an die fremde Stromquelle und halten den Läufer zunächst fest, so können wir uns leicht davon überzeugen, daß zwischen den beiden stromdurchflossenen Wicklungen ein Drehmoment entsteht. Die Stärke dieses Momentes können wir bei stillstehender Maschine willkürlich durch Änderung des dem Anker vorgeschalteten Widerstandes vergrößern; wir wissen bereits, daß es sich proportional dem Erreger- und Ankerstrom ändert (Gleichung 131).

Der Versuch nach Abb. 19 hatte uns gezeigt, daß eine drehbare Spule unter dem Einfluß einer feststehenden so weit abgelenkt wird, bis ihre Achse mit derjenigen des Feldes übereinstimmt, bis also die Spule in der Neutralen desselben liegt. Kehren wir in diesem Augenblick die Stromrichtung in der drehbaren Spule um, während sie unter dem Einfluß der lebendigen Kraft sich noch etwas weiter dreht, so verwandelt sich die Anziehung in eine Abstoßung, das Drehmoment behält seine Richtung bei, die Spule wird in gleichem Sinne weitergedreht. Die Betrachtung eines Gleichstromankers mit verteilten Drähten, z. B. nach Abb. 204, zeigt uns, daß ein ziemlich gleichmäßiges Drehmoment und zwar in entgegengesetzter Richtung wie bei dem Generator, zustande kommt, wenn die Stromrichtung in jedem Ankerdraht bei seinem Durchgang durch die Neutrale wechselt, d. h. wenn die Bürsten in der Neutralen stehen. Verschieben wir dagegen die Bürsten um eine halbe Polteilung, so heben die Drehmomente der Ankerteile einander ebenso auf wie bei dem Generator die erzeugten Spannungen.

Wodurch ist nun die Drehzahl eines solchen Motors bedingt? Geben wir bei obigem Versuch den zuerst festgehaltenen Anker frei, so können wir beobachten, daß der Ankerstrom kleiner, die Ankerspannung dagegen größer wird. Daher ist zu vermuten, daß durch die Drehung eine der Klemmenspannung entgegengesetzt gerichtete Spannung im Anker geweckt wird. Trennen wir einen rasch laufenden Anker von der Stromquelle ab, so verschwindet der Ausschlag eines an den Ankerklemmen liegenden Spannungsmessers nicht plötzlich, sondern nimmt mit der Drehzahl des Ankers allmählich ab. Noch eine dritte Beobachtung läßt uns auf das Entstehen einer gegenwirkenden EMK in dem Motor schließen. Schalten wir nämlich plötzlich den Motor aus, während er mit voller Netzspannung läuft, so zeigt sich nur geringes Unterbrechungsfeuer. Wird jedoch unterbrochen, während unter Vorschaltung des erwähnten Widerstandes der Motor nur langsam läuft, so tritt ein starkes Schaltfeuer auf. Die bei der Unterbrechung wirksame Spannung muß demnach im ersten Fall kleiner sein als im letzteren. Schließlich läßt auch die Anwendung der Handregel erkennen, daß in dem Anker durch das Schneiden der Feldlinien eine EMK induziert wird, die der angelegten Spannung entgegengesetzt ist. Sie heißt daher Gegen-EMK; ihre Größe ist durch das Induktionsgesetz bestimmt.

Der Anker braucht nun je nach dem von ihm verlangten Drehmoment einen bestimmten Strom, um sich drehen zu können. Ein diesem Strom entsprechender Teil der Netzspannung wird in den Widerständen $R$ des Hauptstromweges verbraucht. Der Unterschied zwischen der Netzspannung $U$ und dem Spannungsverlust $J \cdot R$, den wir „freie Spannung" nennen wollen, ist dann derjenige Betrag, welcher durch die Gegen-EMK des Ankers ausgeglichen werden muß. Die „dritte Hauptgleichung der Maschinen" (vgl. S. 166) nimmt daher für den Motor die Form an:

$$U = E + J \cdot R \dotfill (133)$$

Einfache Versuche lassen nun weiter erkennen, daß die Drehzahl des Motors sinkt, wenn wir die Belastung z. B. durch mechanisches Bremsen der Riemenscheibe vergrößern oder die Ankerspannung durch Vorschalten von Widerstand verringern, daß die Drehzahl dagegen steigt, wenn wir den Erregerstrom schwächen. Bremsen wir den Motor, so halten wir dadurch den Anker etwas zurück, die Gegen-EMK wird kleiner, der Strom daher so lange größer, bis das im Motor entstehende Drehmoment dem von ihm verlangten wieder gleich geworden ist. Verkleinert man das bremsende Moment, so wird der Anker durch den Überschuß des von ihm erzeugten Drehmomentes beschleunigt, dadurch steigt die Gegen-EMK, und der Ankerstrom fällt so lange, bis wieder Gleichgewicht erreicht ist. Der Motor stellt sich also selbsttätig je nach der Belastung stets auf eine solche Drehzahl ein, daß seine EMK der freien Spannung entgegengesetzt gleich ist. Verringern wir die dem Anker zugeführte Spannung, so fällt zunächst der Strom und damit das erzeugte Drehmoment, der Anker muß langsamer laufen, bis durch das Abnehmen der EMK der Strom wieder auf den von der Belastung geforderten Wert gestiegen ist. Den Neuling überrascht stets die Tatsache, daß der Motor bei schwächerem Feld schneller läuft als bei starkem. Eine Verstärkung des Erregerstromes liefert aber eine höhere EMK, drückt also zunächst den Ankerstrom herab und zwar infolge der Differenzwirkung zwischen Netzspannung und Gegen-EMK um einen verhältnismäßig größeren Betrag, als die Zunahme des Feldes beträgt, so daß das erzeugte Drehmoment kleiner als das verlangte ist. Dadurch wird der Motor so lange verzögert, bis wieder wie in obigen Fällen bei einer geringeren Drehzahl Gleichgewicht zwischen den Spannungen und Spannungsverlusten bzw. zwischen treibender und hemmender Kraft vorhanden ist.

Zusammenfassend ist also zu betonen, daß der Ankerstrom sich immer wieder auf denjenigen Betrag einstellen muß, der durch die Belastung bedingt ist. Der Gleichstrommotor, überhaupt jeder Elektromotor, regelt demnach selbsttätig seine Kraftzufuhr, er bedarf keines Zentrifugalreglers oder einer ähnlichen Einrichtung wie andere Kraftmaschinen. Nur vor dem Anlauf sowie vorübergehend beim Übergang von einem Gleichgewichtszustand zum andern kann der Ankerstrom durch den Widerstand im Ankerkreis beeinflußt werden.

Um die erläuterten Verhältnisse mathematisch auszudrücken, vereinigen wir die erste und dritte Hauptgleichung und lösen nach $n$ auf. Dann ist die Drehzahl:

$$n = \frac{E}{C_1 \cdot \mathfrak{B}} = \frac{U - J \cdot R}{C_1 \cdot \mathfrak{B}} \quad \ldots \ldots \ldots \ldots \quad (134)$$

Dabei ist $R$ der Ohmwert aller Widerstände, die innerhalb oder außerhalb des Motors in seinem Hauptstromweg liegen. Die Drehzahl ist also der EMK proportional, der Liniendichte umgekehrt proportional.

Schließlich ist noch die Bürstenstellung von Einfluß auf das Verhalten des Motors. Verschieben wir die Bürsten aus der Neutralen, so verringert sich wie beim Generator die Zahl der wirksamen Ankerdrähte, der Faktor $C_1$ wird dadurch kleiner, die Drehzahl muß daher größer werden. Allerdings wird dabei auch die Zahl der für das Drehmoment wirksamen Drähte geringer, der Strom muß also steigen, wenn das Drehmoment gleich groß bleiben soll. Ist der Widerstand im Hauptstromkreis groß, so kann die Erhöhung des Spannungsverlustes $J \cdot R$ die Verkleinerung der Konstanten $C_1$ ausgleichen oder sogar übertreffen; in der Regel ist dies jedoch nicht der Fall. Ein Motor läuft daher meistens mit der kleinsten Drehzahl und Ankerstromstärke, wenn die Bürsten in der Neutralen stehen; diese Tatsache kann als Merkmal für die richtige Bürstenstellung benutzt werden.

Es ist klar, daß der Widerstand im Hauptstromweg des Motors selbst, d. h. der innere Widerstand $r$, wie bei dem Generator nur einen geringen Teil der gesamten Spannung verbrauchen darf, da sonst die Erwärmung zu groß, der Wirkungsgrad zu gering wäre. Damit bei dem Anlassen des Motors kein übermäßiger Strom auftritt, muß daher zunächst ein Widerstand, der Anlaßwiderstand, in Reihe mit dem Anker geschaltet werden. In dem Maße, in dem durch die Beschleunigung des Motors die Gegen-EMK entsteht, kann der Anlaßwiderstand bis auf Null verringert, d. h. abgeschaltet werden, so daß im normalen Betriebszustand die volle Netzspannung an den Motorklemmen liegt.

Daß zur Änderung der Drehrichtung die Stromrichtung im Anker oder in der Erregerwicklung umzukehren ist, bedarf keiner weiteren Begründung mehr. Da die Bürsten möglichst in der Drehrichtung zeigen sollen, genügt dazu häufig das Umlegen der Bürsten und eine geringe Verstellung der Bürstenbrücke, falls der Motor keine Wendepole (siehe Abschnitt 47) hat.

## 44. Erregerschaltungen der Motoren und deren Eigenschaften.

Unter den Eigenschaften der verschiedenen Motoren soll die Veränderung des Drehmomentes und der Drehzahl mit der Belastung verstanden sein. Wir vernachlässigen dabei wieder den Einfluß des

Ankerfeldes und nehmen gleichbleibende Netzspannung und Bürstenstellung an.

Werden die Erreger- und die Ankerwicklung eines Motors von zwei verschiedenen Stromquellen gespeist, so nennt man ihn einen fremd erregten Motor. Seine Eigenschaften sind die gleichen, wie diejenigen des folgenden Motors.

Bei dem Nebenschlußmotor (Abb. 221) liegt der Anker in Reihe mit dem Anlasser am Netz, parallel dazu die Erregerwicklung. Um bei dem Ausschalten des Motors die Selbstinduktion der Erregerwicklung unschädlich zu machen, wird das eine Ende derselben mittels einer dritten Anlasserklemme dauernd über den Anlaßwiderstand und den Anker geschlossen. Durch den Anlasserhebel einerseits und die Verbindung von Anker- und Erregerwicklung anderseits wird dann dieser Kreis an die Netzspannung gelegt. Dabei kann man durch einen besonderen Kontakt, der entweder von der ersten Anlaßstellung an oder nur in der Betriebsstellung mit dem Anlasserhebel in Berührung steht, es vermeiden, daß der Erregerstrom immer durch den Anlaßwiderstand fließen muß und dadurch dauernd, wenn auch in geringem

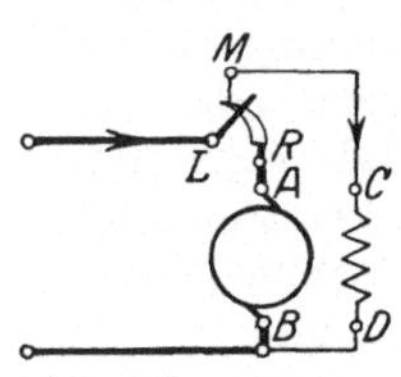

Abb. 221. Nebenschlußmotor.

Maße, geschwächt ist. Man findet sehr häufig falsche Ausführungen der Schaltung eines Nebenschlußmotors. Zuweilen wird die Erregerwicklung unmittelbar an die Ankerklemmen und der Anlasser in Reihe mit diesen beiden Teilen gelegt; beim Einschalten liegt dann nicht nur der Anker, sondern auch die Erregung an geringer Spannung, daher lauft der Motor mit vermindertem Drehmoment oder mit übermäßigem Strom an Ein anderer Fehler ist der, daß die Erregerwicklung parallel zum Anlasser gelegt wird; der Motor lauft dann zwar gut an, erhöht aber mit dem Abschalten des Anlaßwiderstandes seine Drehzahl sehr stark, und schließlich wird das Feld so geschwächt, daß bei stark belastetem Motor ein übermaßiger Strom, bei schwacher Belastung eine übermäßige Drehzahl auftritt und der Anker unter Umständen auseinanderfliegt. Die gleichen Folgen hat auch eine Unterbrechung des Erregerstromes während des Betriebes; daher ist auf sichere Verbindungen im Erregerkreis des Nebenschlußmotors besonders zu achten. Sehen wir von dem Einfluß der Erwärmung auf den Erregerstrom ab, so ist das Feld als unverändert zu betrachten. Drehmoment und Ankerstrom sind dann nach der zweiten Hauptgleichung einander proportional, ferner ist die Drehzahl proportional der EMK. Durch die inneren Widerstande im Hauptstromweg des Motors ist letztere je nach der Belastung um einige Prozente geringer als die Netzspannung, die Drehzahl fällt daher von Leerlauf auf Vollast um einen geringen Teil.

Bei dem Reihenschlußmotor (Abb. 222) ist der Erregerstrom gleich oder allenfalls proportional dem Ankerstrom, hängt somit von der Belastung ab. Das Feld ändert sich dabei nach der Magnetisierungskurve, und zwar hat es nach der allgemeinen Kennlinie (Abb. 216), die wir allen Maschinen zugrunde legen, z. B bei halbem Strom das 0,75 fache, bei doppeltem Strom das 1,25-fache des Nennwertes. Das im Motor erzeugte **Drehmoment** ist durch das Produkt aus Feld und Ankerstrom bestimmt, es beträgt also bei obigen Stromstärken das 0,37-fache bzw. 2,5-fache des Nenndrehmomentes (Abb 223). Beim Anlauf kann daher der Reihenschlußmotor, wenn man durch geringeren Anlaßwiderstand den Strom über den Nennwert steigert. ein größeres Moment erzeugen als der Nebenschlußmotor bei derselben Stromstärke. Man pflegt diesen Vorteil, der allerdings bei starker Sattigung nicht so erheblich ist, kurz dadurch zu kennzeichnen, daß man sagt: Der Reihenschlußmotor hat ein größeres Anzugsmoment als der Nebenschlußmotor. Im praktischen Betrieb wirkt hier noch ein anderer Umstand mit, nämlich der Spannungsabfall in den Leitungen und allenfalls in der Stromquelle. Durch diesen ist die Spannung am Motor nicht konstant, sondern desto geringer, je stärker der Strom ist. Bei Überlastung wird infolgedessen bei dem Nebenschlußmotor das Feld und daher auch das Drehmoment geschwächt, wahrend bei dem Anlauf des Reihenschlußmotors der Spannungsabfall keinen Einfluß auf das Drehmoment hat, da ohnedies noch Anlaßwiderstand im Hauptstromweg liegt. Ebenso verhält es sich mit dem Drehmoment der beiden Motorarten während des Laufes. Der Reihenschlußmotor

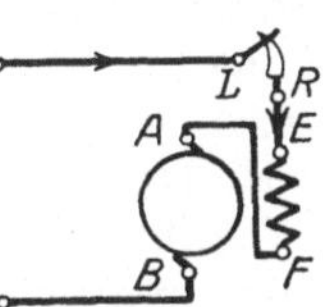

Abb. 222
Reihenschluß-
motor.

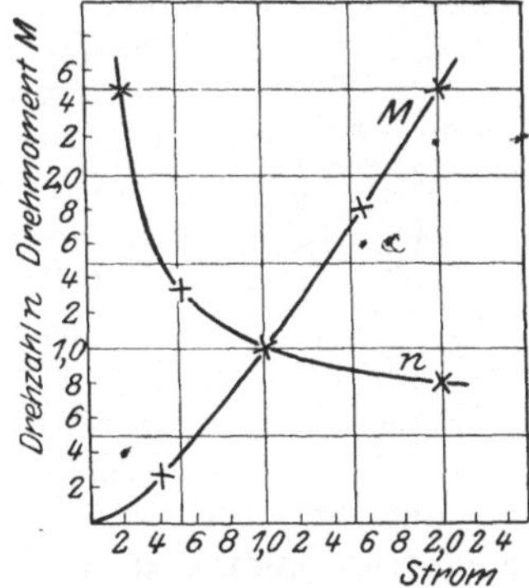


Abb. 223. Drehmoment- und
Drehzahl-Linie für einen
Reihenschlußmotor.

liefert daher bei einem bestimmten Überstrom stets ein größeres Drehmoment als der Nebenschlußmotor.

Die **Drehzahl** des Reihenschlußmotors muß sich offenbar mit der Belastung stark andern. Wenn durch die Verkleinerung der Last die Liniendichte sinkt, so muß die Drehzahl soweit steigen, daß trotzdem diejenige EMK induziert wird, welche der freien Spannung $U - J \cdot R$ das Gleichgewicht hält. Wird der Motor bei voller Ankerspannung ganz entlastet, so erreicht die Drehzahl unzulässig hohe Werte, der Motor „geht durch". Leerlauf mit voller Spannung, wie man ihn z. B. zu Prüfzwecken gelegentlich braucht, ist nur dann zulässig, wenn man durch Parallelschaltung eines passenden Widerstandes zum Anker den Erregerstrom genügend verstärkt. Sehen wir von dem Spannungsverlust durch die inneren Widerstande ab, so ist bei einfacher Reihenschaltung von Anker- und Erregerwicklung und bei Nennspannung, sowie unter Benutzung der Vielfachwerte und der allgemeinen Magnetisierungslinie die Drehzahl leicht nach der Gleichung

$$n = \frac{E}{C_1 \cdot \mathfrak{B}}$$ zu berechnen. Z. B. wird

bei einem Strom $J$ . . 0,2　　0,5　　1,0　　2,0/
die Liniendichte $\mathfrak{B}$ . . 0,4　　0,75　　1,0　　1,25/
daher die Drehzahl $n$ . 2,5　　1,33　　1,0　　0,8/.

In Abb. 223 ist die Abhängigkeit der Drehzahl von dem Strom durch die Kurve $n$ dargestellt.

Wegen des guten Anzugsmomentes und wegen der Eigenschaft, bei großem Lastmoment selbsttätig seine Drehzahl in erheblichem Maße zu erniedrigen, wird der Reihenschlußmotor insbesondere zum Antrieb von Fahrzeugen, für Kranbetrieb und ähnliche Antriebe verwendet. Man pflegt dann die Drehzahl nicht abhängig vom Strom, sondern in Abhängigkeit vom Drehmoment darzustellen (siehe Abb. 243).

Bei den Generatoren hatten wir durch Doppelschlußerregung konstante Spannung erhalten, in ähnlicher Weise könnte man bei einem Motor konstante Drehzahl dadurch erreichen, daß man durch einige Reihenschlußwindungen das Feld um den Betrag schwächt, um welchen die freie Spannung mit der Belastung sinkt. Da jedoch ein solcher Motor bei Überlastung Neigung zum Durchgehen hat und der geringe Drehzahlabfall des Nebenschlußmotors für die meisten Antriebe belanglos ist, wird diese Schaltung kaum angewendet. Dagegen bedarf man z. B. zum Antrieb von Walzenstraßen, Stanzen und dergleichen eines Motors, dessen Feld bei Überlastung etwas stärker wird, und der bei Entlastung seine Drehzahl nicht so stark wie der Reihenschlußmotor und nicht so wenig wie der Nebenschlußmotor erhöht. Diese Eigenschaften lassen sich dadurch erreichen, daß man einen Nebenschlußmotor mit einigen Reihenschlußwindungen versieht, die in gleichem Sinn wie die Nebenschlußwindungen wirken. Ein solcher Doppelschlußmotor (Abb. 224) liegt dann mit seinem Drehmoment zwischen den beiden anderen Motorarten; seine Drehzahl fällt stärker ab als diejenige des einfachen Nebenschlußmotors. Dies ist auch bei Antrieben mit Schwungrädern erforderlich, um die lebendige Kraft der bewegten Massen genügend zur Wirkung zu bringen. Ist eine Verstärkung des Drehmomentes nur beim Anlauf, dagegen ein möglichst geringer Drehzahlabfall während des Betriebes erwünscht, so kann die Reihenschlußwicklung so geschaltet werden, daß sie nach erfolgtem Anlauf nicht mehr vom Ankerstrom durchflossen wird. Am einfachsten wird sie zu diesem Zweck als letzte Stufe des Anlaßwiderstandes geschaltet.

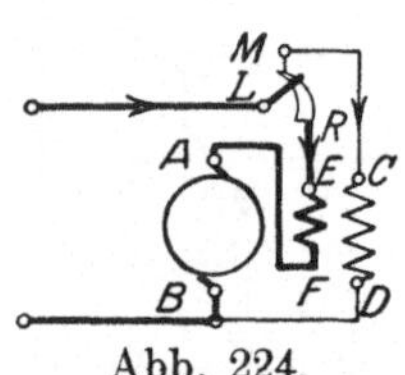

Abb. 224.
Doppelschluß-
motor.

## 45. Das Anlassen der Motoren.

Wir hatten bereits kurz erwähnt, daß der Anker eines stillstehenden Motors nicht an die volle Spannung gelegt werden darf — ausgenommen sind Motoren sehr geringer Leistung —, da sonst ein zu starker Stromstoß auftritt. Man schaltet daher in Reihe mit dem Anker einen Anlaßwiderstand von solchem Ohmwert, daß der Wert $\dfrac{U}{R}$

den gewünschten Anlaufstrom gibt. Übertrifft das dadurch im Motor entstehende Drehmoment die hemmenden Momente, so setzt sich der Anker in Bewegung und liefert eine mit der Drehzahl steigende Gegen-

EMK. Durch diese wird der Strom nach der Gleichung $J = \dfrac{U - E}{R}$

der Zunahme der Drehzahl entsprechend zunächst rasch dann immer langsamer auf denjenigen Wert herabgedrückt, der gerade noch zur Überwindung der hemmenden Momente ausreicht. Waren diese gleich Null, d. h. der Motor ohne Belastung und ohne Drehmomentsverluste, so würde der Strom proportional mit der Drehzahl abnehmen, bis der Zustand des idealen Leerlaufs erreicht, d. h. die EMK gleich der Netzspannung geworden ist. Wenn die Drehzahl nach erfolgter Beschleunigung nicht mehr merklich sinkt, der Strom also nahezu auf den oben erwähnten Mindestwert gefallen ist, den er tatsächlich erst nach unendlich langer Zeit erreicht, so kann der Ohmwert des Anlaßwiderstandes auf einen solchen Wert verringert werden, daß der Spannungsüberschuß $U - E$ abermals den zugelassenen Spitzenwert des Anlaßstromes auftreten läßt. Dadurch wird abermals ein Überschuß an Drehmoment und somit eine weitere Beschleunigung des Motors zustande kommen, die EMK steigt und der Strom fällt wieder allmählich. Der Anlaßwiderstand ist also in bestimmten Stufen aus dem Hauptstromweg abzuschalten, bis schließlich die volle Spannung am Motor liegt und damit der Betriebszustand erreicht ist.

**Beispiel:** Wir nehmen einen Motor an, dessen Erregerwicklung von einem konstanten Strom durchflossen ist. Die Netzspannung sei $U = 110$ V, als Spitzenstrom sei ein solcher von $J_2 = 50$ A zugelassen, das Überschalten der Anlasserstufen soll bei einem Strom $J_1 = 20$ A erfolgen. Der gesamte Widerstand im Hauptstromweg des Motors, im wesentlichen also der

Anlaßwiderstand, muß dann im Stillstand $R_A = \dfrac{110}{50} = 2{,}2\ \Omega$ sein. Wird

mit einem solchen eingeschaltet, so beschleunigt sich der Motor, der Strom sinkt von 50 A auf den angenommenen Mindeststrom von 20 A. Bei letzterer Stromstärke ist der Spannungsverlust in den Widerständen $J_1 \cdot R_A = 20 \cdot 2{,}2 = 44$ V, die EMK daher $110 - 44 = 66$ V. Wir ver-

ringern nun den eingeschalteten Widerstand auf $R_B = \dfrac{44}{50} = 0{,}88\ \Omega$; der

Strom steigt in diesem Augenblick wieder auf 50 A und fällt allmählich auf 20 A, die EMK steigt auf $110 - 20 \cdot 0{,}88 = 92{,}4$ V. Wir verkleinern

abermals den Widerstand, und zwar auf $R_C = \dfrac{20 \cdot 0{,}88}{50} = $ rd. $0{,}35\ \Omega$,

so daß der Motor nach erfolgter Beschleunigung mit einer EMK von $110 - 20 \cdot 0{,}35 = 103$ V läuft. Nehmen wir an, daß der letzte Widerstandswert von $0{,}35\ \Omega$ den inneren Widerstand des Motors $r$ darstellt, so wäre ein Anlaßwiderstand von insgesamt $2{,}2 - 0{,}35 = 1{,}85\ \Omega$ und zwar mit den zwei Stufen $r_A = 2{,}2 - 0{,}88 = 1{,}32\ \Omega$, und $r_B = 0{,}88 - 0{,}35 = 0{,}53\ \Omega$ erforderlich. Man erkennt, daß die Widerstände $R_A$, $R_B$ und $R_C$ sowie die Stufen $r_A$ und $r_B$ in demselben Verhältnis zu einander stehen wie der höchste und geringste Anlaufstrom, in unserem Fall im Verhältnis $2{,}5:1$. Nehmen wir weiter an, daß der Motor bei abgeschaltetem Anlasser und dem Strom von 20 A, also bei $E = 103$ V, eine Drehzahl von $n_C = 1030$ Umdrehungen in der Minute hat, so wäre jeweils am Ende der Beschleunigung

auf der ersten Anlaßstufe, bei $E = 66$ V, die Drehzahl $n_A = 660$,
auf der zweiten Anlaßstufe, bei $E = 92,4$ V, die Drehzahl $n_B = 924$.
Die Zunahmen der Drehzahl von der ersten zur zweiten bzw. von der zweiten
zur dritten Anlasserstellung, die in unserem Fall 264 bzw. 106 Umdrehungen
betragen, stehen also ebenfalls in dem genannten Verhältnis.

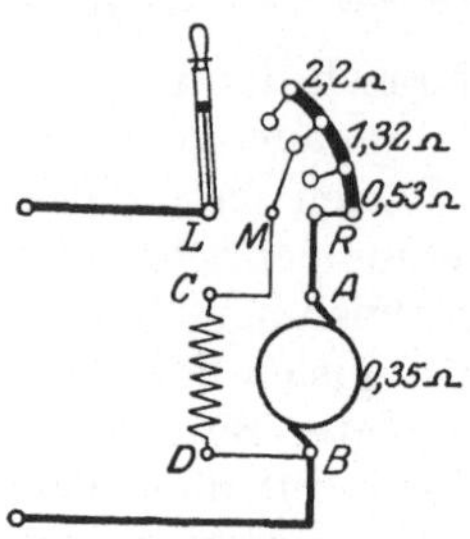

Abb. 225. Schaltskizze eines Anlassers für einen Nebenschlußmotor.

Um den Einschaltstrom herabzusetzen, schaltet man meistens dem eigentlichen Anlaßwiderstand eine oder mehrere Vorstufen vor. Soll der Einschaltstrom in unserem Beispiel nur 25 A betragen, so wäre ein Gesamtwiderstand von 4,4 Ω, also eine Vorstufe von 2,2 Ω erforderlich (Abb. 225). Bei starker Belastung läuft dann der Motor auf dem ersten Kontakt noch nicht an, zumal der Erregerstrom bei einem Nebenschlußmotor infolge der Selbstinduktion nur allmählich auf seinen normalen Wert ansteigt und die Nebenschlußwicklung meistens hinter den Vorstufen angeschlossen ist.

Um die Berechnung der Anlasserstufen in allgemeiner und übersichtlicher Form darzustellen, benutzen wir wieder Vielfachwerte. Die folgenden Werte von Strom, Widerstand, Drehzahl usw. sind also keine benannten Größen. Wir setzen für die Netzspannung, die ideale Leerlaufdrehzahl sowie zunächst auch für den Strom, bei dem das Überschalten erfolgt, den Wert 1,0 ein.

Im vorstehenden Beispiel ist dann der Spitzenstrom $J_2 = 2,5$, der gesamte Widerstand für diesen Strom $R_A = \dfrac{1}{2,5} = 0,4$; dann ist bei dem

Schaltstrom $J_1 = 1$ die Drehzahl $n_A = 1 - 1 \cdot 0,4 = 0,6$. Ferner berechnet sich

$$R_B = \frac{0,4}{2,5} = 0,16 \text{ und } n_B = 0,84 \text{ sowie}$$

$$R_C = r = \frac{0,16}{2,5} = 0,064 \text{ und } n_C = 0,936,$$

schließlich die Anlasserstufen $r_A = 0,4 - 0,16 = 0,24$ und $r_B = 0,16 - 0,064 = 0,096$.

Die Verhältnisse beim Anlassen und die Abstufung der Widerstände lassen sich übersichtlich darstellen, wenn man die Vielfachwerte des Stromes abhängig von dem Widerstand bzw. von der Drehzahl in rechtwinkligen Koordinaten aufträgt (Abb. 226). Dieses Bild stellt angenähert auch den zeitlichen Verlauf des Anlaßvorganges dar. Verbinden wir für unser Beispiel den Punkt $J = 2,5$ bei $n = 0$

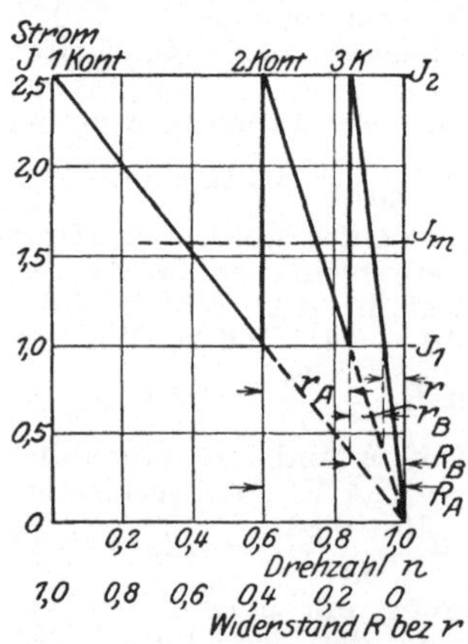

Abb. 226. Anlaß-Diagramm.

mit dem Punkt $n = 1,0$ bei $J = 0$, so zeigt uns diese Linie, wie der Strom mit steigender Drehzahl abnimmt. In dem Punkte $J = 1,0$ und $n = 0,6$ ist in unserem Fall die Beschleunigung beendet. Der Strom wird jetzt durch Abschalten der ersten Widerstandsstufe plötzlich wieder auf den Wert 2,5 erhöht und nimmt dann wieder in Richtung nach $J = 0$ ab. Wir zeichnen also von dem Punkt $J = 2,5$ und $n = 0,6$

einen neuen Strahl, der bei $n = 0{,}84$ die Linie des Schaltstromes $J = 1{,}0$ schneidet. Der dritte Strahl, der entsprechend gezeichnet wird, trifft diese Linie bei $n = 0{,}936$. Auf der Linie des Schaltstromes können wir von rechts nach links die Widerstandswerte der Stufen $r_A$ und $r_B$ sowie den inneren Widerstand $r$ abgreifen. Der letzte Strahl gibt an, wie sich infolge des inneren Widerstandes die Drehzahl des Motors bei voller Spannung mit der Belastung ändert.

Setzen wir an Stelle der Zahlenwerte des vorstehenden Beispiels die Bezeichnungen der Größen ein, so wird der gesamte Widerstand, der bei Stillstand den Spitzenstrom $J_2$ auftreten läßt,

$$R_A = \frac{U}{J_2} \quad \dots \dots \dots \dots \dots \quad (135)$$

Der Betrag, auf den wir den Widerstand durch Abschalten der ersten Widerstandsstufe verringern, nachdem der Motor sich bis zu einer Gegen-EMK $E$ beschleunigt hat, ist

$$R_B = \frac{U - E}{J_2} = \frac{U - (U - J_1 \cdot R_A)}{J_2} = \frac{J_1}{J_2} \cdot R_A \quad \dots \quad (136)$$

Bezeichnen wir das Verhältnis des Spitzenstromes zum Schaltstrom $\frac{J_2}{J_1}$ mit $s$, so ist $R_B = \frac{1}{s} \cdot R_A$. Entsprechend ist $R_C = \frac{1}{s} \cdot R_B =$ $= \frac{1}{s^2} \cdot R_A$ usw. Bei der Berechnung eines Anlaßwiderstandes wird man, im Gegensatz zu dem vorstehend für die Erklärung eingeschlagenen Weg, von dem inneren Widerstand im Hauptstromkreis des Motors sowie von dem Verhältnis $s$ oder der **Stufenzahl** $m$ des Anlassers ausgehen.

Der Gesamt-Ohmwert $R_m$ aus $m$ Anlasserstufen und dem inneren Widerstand $r$ ist demnach:

$$R_m = s^m \cdot r \cdot \quad \dots \dots \dots \dots \dots \quad (137)$$

Wir wollen nun die Vielfachwerte auch auf die allgemeinen Bezeichnungen der Größen anwenden. Wir bezeichnen den Nennwert der Klemmenspannung mit $U/$, den Nennstrom mit $J/$, ferner das Verhältnis des Schaltstromes zu dem Nennstrom $\frac{J_1}{J}$ mit $b$. Dann ist

$$J_2 = s \cdot b \cdot J \quad \dots \dots \dots \dots \dots \quad (138)$$

Folglich ist

$$R_{m/} = \frac{U/}{J_2/} = \frac{1}{s \cdot b} \quad \dots \dots \dots \dots \quad (139)$$

Aus dieser und der Gleichung 137 folgt schließlich:

$$\frac{1}{s} = b \cdot R_{m/} = \sqrt[m+1]{b \cdot r/} \quad \dots \dots \dots \quad (140)$$

Ist der Schaltstrom beim Anlassen gleich dem Nennstrom, also $b = 1$, so ist

$$R_{m/} = \sqrt[m+1]{r/} \quad \dots \dots \dots \dots \quad (141)$$

Für die Bestimmung von $R_m$ hat der Verfasser ein graphisches Verfahren angegeben (ETZ. 1922, S. 1111), das demjenigen von Natalis (Wiener Ztschr. f. Elektr. u. Maschinenbau 1911, S. 109) ähnlich ist. Man tragt in einem senkrechten Koordinatensystem auf der Abszisse die Werte $b \cdot r/$ und zwar von 0,01 bis 1,0 in logarithmischer Teilung an, wie sie die obere Skala des Rechenschiebers zeigt, ferner auf der Ordinate die Werte $b \cdot R_{m/}$ von 0,1 bis 1,0, entsprechend der unteren Skala des Rechenschiebers. Der Zusammenhang zwischen den genannten zwei Größen nach Gleichung 140 ist dann für jede Stufenzahl durch eine gerade Linie gegeben, die in dem Schnittpunkt 1,0 der Ordinaten- und Abszissenwerte endet (Abb. 227). Als zweiten Punkt jeder solchen geraden Linie berechnen wir den Wert $b \cdot R_m$ für $b \cdot r/ = 0{,}01$. Drücken wir letzteren Wert durch einen echten Bruch

in der Form $0{,}01 = \dfrac{1}{10^2} = \dfrac{10}{10^3} = \dfrac{100}{10^4}$ usw. aus, so berechnet

sich z B.

| bei | 1 | 2 | 3 | 4 | 5 |
|---|---|---|---|---|---|
| | | | Widerstandsstufen | | |
| $\dfrac{m+1}{\sqrt{b \cdot r/}} =$ .<br>daher | $\dfrac{\sqrt[2]{1}}{10}$ | $\dfrac{\sqrt[3]{10}}{10}$ | $\dfrac{\sqrt[4]{100}}{10}$ | $\dfrac{\sqrt[5]{1\,000}}{10}$ | $\dfrac{\sqrt[6]{10\,000}}{10}$ |
| $b \cdot R_{m/}$ zu . | 0,10 | 0,215 | 0,316 | 0,398 | 0,465 |

Ziehen wir die dadurch bestimmten Geraden, so gibt jede derselben den Wert $b \cdot R_m$ des gesamten Widerstandes an, der zu irgend einem Wert $b \cdot r/$ bei der betreffenden Stufenzahl gehort.

**Beispiel:** Ein Nebenschlußmotor, dessen Anlaßschaltstrom gleich dem Nennstrom sein soll und dessen innerer Verlust im Hauptstromweg bei normaler Belastung 4 % betragt, für den also $b = 1$ und $r/ = 0{,}04$ ist, braucht einen gesamten Anlaßwiderstand, der ohne Berücksichtigung von Vorstufen folgende Werte hat (Abb. 227):

| bei einer Stufenzahl | 1 | 2 | 3 | 4 | 5 |
|---|---|---|---|---|---|
| $R_{m/}$ . . . . . . . . | 0,2 | 0,34 | 0,45 | 0,52 | 0,58 |
| das ist ungefahr . | 5 | 8,5 | 11 | 13 | 15 mal so viel |

als der innere Widerstand des Motors. Das Verhaltnis der Widerstande bzw. Ströme ist dann

| $s =$ | 5 | 2,9 | 2,2 | 1,9 | 1,7. |
|---|---|---|---|---|---|

Um auch die Stufen graphisch zu bestimmen, zeichnen wir in dem Diagramm Abb. 227 Parallele zur Abszisse, und zwar in irgend welchen untereinander gleichen Abstanden in der Anzahl der Stufen und tragen auf der Linie der betreffenden Stufenzahl den Wert von $Rm/$ horizontal ab. Durch Verbindung dieses Punktes mit demjenigen Punkt der Abszisse, der den Wert $r/$ darstellt, erhalten wir dann in den Schnittpunkten mit den anderen Parallelen die Abstufungen.

**Beispiel:** Bei $r/ = 0,040$ und 4 Widerstandsstufen erhalten wir für den Gesamtwiderstand auf den Stufen die Vielfachwerte

0,525        0,275        0,145        0,076        0,040,

daher für die einzelnen Widerstandsstufen die Vielfachwerte

0,25        0,13        0,069        0,036

Das Verhältnis derselben ist wie verlangt $= \dfrac{1}{R_{m/}} = 1,9$.

Für das Beispiel Seite 176 lesen wir in Übereinstimmung mit der früheren Berechnung über dem Abszissenwert $r/ = 0,064$ auf der schrägen Linie für $m = 2$ den Wert $R_{m/} = 0,40$ ab. Tragen wir diesen auf der Horizontalen für $m = 2$ an und verbinden ihn mit $r/ = 0,064$ der Abszisse, so finden wir als Schnitt mit der Horizontalen $m = 1$ den Wert $R_{B/} = 0,16$ bzw. die Stufen $r_{A/} = 0,24$ und $r_{B/} = 0,096$.

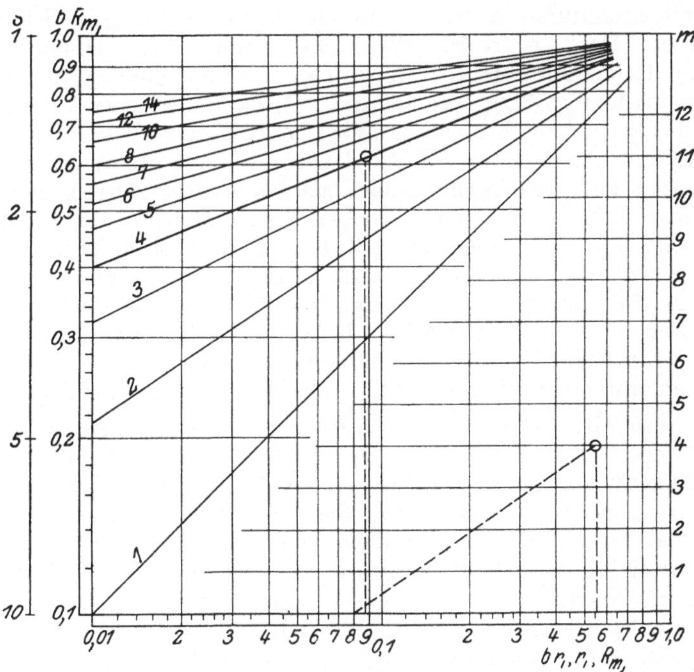


Abb. 227. Bestimmung der Anlaßwiderstände aus dem inneren Widerstand und der Stufenzahl.

Falls bei diesem Motor der Anlauf mit so geringer Last erfolgt, daß $J_{1/} = 0,6$, also $b = 0,6$ ist, so ist $b \cdot r/ = 0,038$; darüber ist auf der schrägen Linie für $m = 2$ Widerstandsstufen $b \cdot R_{m/} = 0,335$ abzugreifen; folglich ist $R_{m/} = 0,56$. Tragen wir diesen Wert auf der Horizontalen $m = 2$ an und verbinden ihn mit dem Punkt $r/ = 0,064$ der Abszisse, so sind

die Gesamtwiderstände $R/ =$      0,56      0,19      0,064,

demnach die Stufen     $r_{A/}$ bzw. $r_{B/}$      0,37      0,126.

Das Schaltverhältnis ist dann $s = \dfrac{1}{0,6 \cdot 0,56} = $ rd. 3.

Anm. Die gestrichelten Linien in Abb. 227 gelten für $r/ = 0,08$, $b = 1,1$ und $m = 4$.

Setzen wir jetzt für diesen Fall des Anlaufs die Zahlenwerte des früheren Beispiels ein, so sind die Vielfachwerte mit $\dfrac{U}{J} = \dfrac{110}{20} = 5{,}5$ zu multiplizieren, um die Widerstandswerte in Ohm zu erhalten. Daher wäre $r_A = 5{,}5 \cdot 0{,}37 = 2{,}03\ \Omega$, $r_B = 5{,}5 \cdot 0{,}126 = 0{,}69\ \Omega$, $r$ wie früher $0{,}35\ \Omega$, also $R_A = 3{,}07\ \Omega$, demnach der Anlaßspitzenstrom $J_2 = \dfrac{110}{3{,}07} = $ rd. 36 A, der Schaltstrom $J_1 = 0{,}6 \cdot 20 = 12$ A. Das Verhältnis der Ströme entspricht also der Voraussetzung.

Verwendet man einen derartig berechneten Anlasser für einen Reihenschlußmotor, so findet man, daß unter sonst gleichen Verhältnissen die Stromstöße beim Weiterschalten geringer sind als bei einem Nebenschlußmotor. Derselbe Spitzenstrom wird erreicht, wenn man bei dem Reihenschlußmotor rascher anläßt oder eine geringere Stufenzahl verwendet. Der Grund für diese Erscheinung liegt erstens darin, daß der Reihenschlußmotor in seinem Hauptstromweg infolge der Erregerwicklung größeren Widerstand hat, zweitens in der Verstärkung des Feldes bei jedem Stromstoß. Wird beim Weiterschalten der gleiche Spitzenstrom erreicht, so ist der Überschuß an Drehmoment nach der zweiten Hauptgleichung größer als bei unverändertem Feld, der Motor wird sich daher rascher beschleunigen. Da aber im Augenblick des Abschaltens einer Widerstandsstufe mit dem Strom auch das Feld nach der magnetischen Kennlinie erhöht wird, wächst sofort die EMK, noch ehe eine Beschleunigung eingetreten ist, so daß der Stromstoß die vorstehend für konstantes Feld berechnete Höhe gar nicht erreicht. Anlasser für Reihenschlußmotoren können daher unter gleichen Verhältnissen mit einer kleineren Zahl von Stufen ausgeführt werden.

Im Abschnitt 16 wurde bereits erläutert, wie bei der Berechnung von Widerständen neben dem Ohmwert auch die Belastbarkeit zu berücksichtigen ist. Für diese ist bei Anlassern nicht nur die Belastung maßgebend, welche durch die Verluste an Drehmoment und die Nutzarbeit bedingt ist, sondern auch die Beschleunigungsarbeit, die aufzuwenden ist, um die Massen des ganzen Antriebes in Bewegung zu setzen. Nach einem Grundgesetz der Mechanik ist bekanntlich in einem Körper vom Gewicht $G$, der sich mit der Geschwindigkeit $v$ bewegt, ein Arbeitsvermögen

$$A = \frac{G}{g} \cdot \frac{v^2}{2} \quad \ldots \ldots \ldots \ldots \quad (142)$$

aufgespeichert. Handelt es sich um eine mit dem Radius $R = \dfrac{D}{2}$ umlaufende Masse, so setzen wir $v = \dfrac{D\pi\, n}{60}$ und führen die Winkelgeschwindigkeit $\omega = \dfrac{2\pi\, n}{60}$ ein. Dann ist

$$A = \frac{G \cdot D^2}{4\,g} \cdot \frac{\omega^2}{2} \quad \ldots \ldots \ldots \ldots \quad (143)$$

In dieser Gleichung stellt $G \cdot D^2$ das Schwungmoment und $\dfrac{G \cdot D^2}{4\,g}$ das Trägheitsmoment dar.

Aus dem Grundgesetz: „Leistung = Kraft × Geschwindigkeit“ berechnet sich ferner die von dem Drehmoment $M_B$ bei der Beschleunigung vom Stillstand auf die Winkelgeschwindigkeit $\omega$ durchschnittlich verrichtete Leistung in mkg/sek. zu $\dfrac{M_B \cdot \omega}{2}$, daher ist auch

$$A = M_B \cdot \frac{\omega \cdot t}{2}, \quad\ldots\ldots\ldots \quad (144)$$

wobei wir unter $t$ die Anlaßzeit in Sekunden verstehen. Daraus erhält man das lediglich zur Beschleunigung der Masse auf die Winkelgeschwindigkeit $\omega$ bzw. die Drehzahl $n$ erforderliche Drehmoment

$$M_B = \frac{G\,D^2}{4\,g} \cdot \frac{\omega}{t} = \frac{G\,D^2}{375} \cdot \frac{n}{t} \quad \ldots\ldots\ldots \quad (145)$$

Ist eine Last $G$ geradlinig auf die Geschwindigkeit $v$ zu beschleunigen, so folgt aus den beiden oben genannten Grundgesetzen das zur Beschleunigung erforderliche Moment

$$M_B = \frac{60\ G \cdot v^2}{2\,\pi\,n\ g \cdot t} = \text{rd.}\ \frac{G \cdot v^2}{n \cdot t} \quad \ldots\ldots\ldots \quad (146)$$

Im Augenblick des Einschaltens wird die gesamte dem Netz entnommene Energie im Anlaßwiderstand in Wärme umgesetzt, wenn wir von den Verlusten des Motors absehen; mit der Beschleunigung geht die Energie allmählich von dem Anlasser auf den Antrieb über. Daher muß der Anlasser ebenfalls den obigen Energiebetrag $A$ in der Anlaßzeit aufnehmen, dem Netz wird der doppelte Betrag entnommen.

Der Mindeststrom, daher auch der um ein geringes höhere Schaltstrom $J_1$, ist durch das bei einer bestimmten Drehzahl im Motor zu erzeugende Drehmoment, also durch die jeweilige Last und die Verluste an Drehmoment im Antrieb und im Motor, bestimmt. Der Anlaßspitzenstrom $J_2$ hängt von dem Widerstand $R$ ab, der beim Einschalten bzw. Überschalten im Hauptstromweg liegt. Der zeitliche Mittelwert dieser beiden Ströme, der mittlere Anlaßstrom $J_m$, ist derjenige Strom, welcher während des Anlassens neben der Verlust- und Nutzleistung die Beschleunigung des Motors und der von ihm angetriebenen Massen liefert und die Belastung des Anlassers bedingt.

Der Zusammenhang dieser drei Ströme läßt sich mit genügender Annäherung darstellen durch die Gleichung

$$J_m = \sqrt{J_1 \cdot J_2} \quad\ldots\ldots\ldots\ldots \quad (147)$$

Hat man den Schaltstrom $J_1$ aus der verlangten Nutzleistung und der Schätzung der Verluste, ferner den mittleren Anlaßstrom $J_m$ aus letzteren und dem für eine gewünschte Anlaßzeit $t$ erforderlichen Beschleunigungsmoment $M_B$ bestimmt oder sind diese beiden Stromwerte bekannt, so lassen sich demnach der Spitzenstrom $J_2$, der Ohmwert und die Stufenzahl des Anlassers berechnen.

## 46. Ankerfeld. Stromwendung.

Unsere bisherigen Betrachtungen hatten zu der Erkenntnis geführt,
daß die Bürsten in der Neutralen stehen müssen, wenn eine Gegenwirkung der EMK bzw. des Drehmomentes einzelner Ankerdrahte
sowie starker Kurzschlußstrom bei dem Durchgang der Spulen unter
den Bürsten vermieden werden sollen. Dabei hatten wir bisher als neutrale
Linie stets die Mitte zwischen zwei benachbarten Polen angesehen.
Eine Betrachtung des Stromlaufes in dem Anker einer belasteten
Maschine lehrt uns jedoch, daß dies nur für den stromlosen Anker

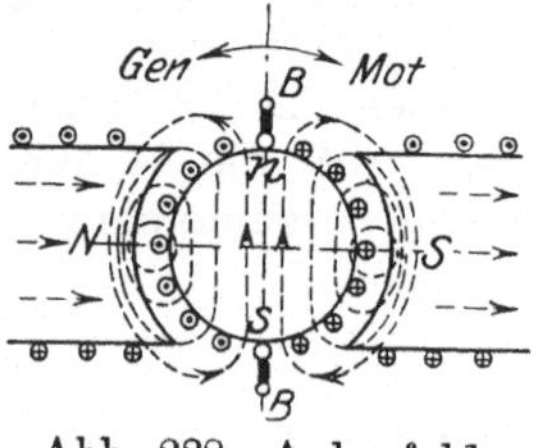

Abb. 228. Ankerfeld.

richtig ist. Belasten wir die Maschine, so
müssen auch die Ankerströme ein Feld
liefern, und zwar erkennen wir aus allen
Darstellungen der Ankerwicklung, daß bei
neutraler Bürstenstellung die Pole des Ankerfeldes in die Mitte zwischen den Grund-
polen, d. h. in die Neutrale des Grundfeldes fallen (Abb. 228). Das Ankerfeld ist
daher um eine halbe Polteilung gegen das
Grundfeld verschoben, es bildet ein Quer-
feld. Grundfeld und Ankerfeld müssen sich dann ähnlich wie die
Felder in Abb. 71 zu einem resultierenden Feld vereinigen. Die Anwendung der bekannten Regeln zeigt nun, daß bei einem belasteten
Generator in der Drehrichtung auf einen Nordpol des Grundfeldes
ein Südpol des Ankers folgt, daher wird das Feld an der „ablaufen-
den‟ Polkante verstarkt, an der „anlaufenden‟ geschwächt. Für einen

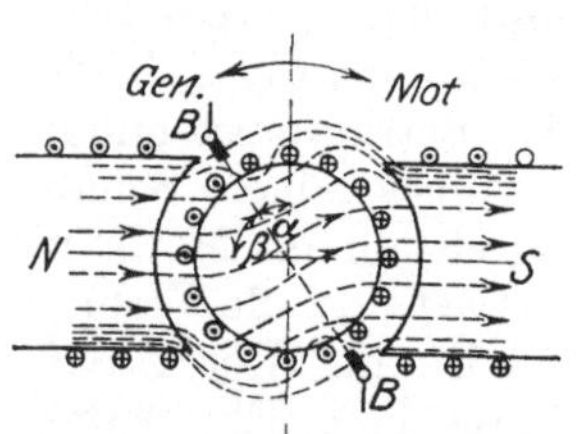

Abb. 229. Resultierendes
Feld.

Motor ist bei gleicher Richtung der Ströme
die Drehrichtung umgekehrt. Die Neutrale
der Belastung ist daher bei dem Generator
in der Drehrichtung, bei dem Motor gegen
die Drehrichtung verschoben. Sollen die
Bürsten nun, wie wir zunächst noch annehmen wollen, auch bei der belasteten
Maschine genau in der Neutralen stehen, so
müssen sie um denselben Winkel verschoben
werden. Nun werden aber stets alle Drähte,
die zwischen zwei benachbarten Bürsten
liegen, bei Belastung vom Strom in einer Richtung durchflossen; es
kommen also einige Ankerdrahte entgegengesetzter Stromrichtung in
den Bereich des andern Pols, sobald die Bürsten aus der Leerlaufneutralen verschoben werden. Das Ankerfeld ist daher nicht mehr um
eine halbe Polteilung gegen das Grundfeld verschoben, sondern um
einen Winkel, der um die Bürstenverschiebung $\alpha$ größer ist (Abb. 229).
Von den Ankerwindungen erzeugen dann nur noch diejenigen, die
beiderseits von der Polmitte auf dem Winkel $2\beta$ liegen, ein Querfeld.
Diejenigen Drähte, die um den Betrag der Bürstenverschiebung $\alpha$
beiderseits der Leerlaufneutralen liegen, wirken mit ihrem Strom den
Stromwindungen des Grundfeldes entgegen, man nennt jene Drähte
daher Gegenwindungen. Sie bedeuten vor allem eine Schwächung

des Grundfeldes, die bei genauer Berechnung der EMK einer belasteten Maschine zu berücksichtigen ist.

In der belasteten Maschine tritt nun noch eine Erscheinung auf, die für ihren empfindlichsten Teil, den Stromwender, von großer Bedeutung ist. Wer einmal mit Kommutatormaschinen zu tun gehabt hat, weiß, wie leicht sich Funken an den Bürsten bilden und wie sehr der Stromwender leidet, wenn die Maschine lange Zeit mit solchem Bürstenfeuer läuft. Letzteres tritt, von anderen Ursachen abgesehen, stets auf, wenn die Stromdichte in der Laufflache der Bürsten zu groß wird. Aus dem Schema oder dem Schaltbild einer Ankerwicklung, am besten aus Abb. 201, ist zu sehen, daß der Strom in jeder Ankerspule wechselt, wenn ihre Stege unter den Bürsten durchgehen; dabei wird die betreffende Spule quer über die Bürsten kurz geschlossen. In dieser Wendezone muß also der Strom und mit ihm das Feld jeder Spule verschwinden und in entgegengesetzter Richtung wieder entstehen. Soll die Stromdichte unter den Bürsten während der ganzen Stromwendung gleichen Wert haben, so muß der durch die Bürstenflache fließende Strom während des Kurzschlusses sich zeitlich in demselben Maße ändern wie die Größe der Bürstenflache auf dem betreffenden Steg. Durch die Selbstinduktion jedoch, die in jeder Spule während der Änderung dieses Kurzschlußstromes auftritt, wird die Stromwendung so verzögert, daß beim Ablauf der Spule von der Bürstenkante die Stromstarke noch sehr groß ist, dadurch tritt Bürstenfeuer auf. Um dieses zu vermeiden, darf die Bürste nicht, wie bisher angenommen war, genau in der jeweiligen Belastungsneutralen stehen, sondern muß an einer solchen Stelle des Feldes liegen, daß die Stromwendung in der Spule von Anfang an beschleunigt wird. Man muß daher die Bürsten etwas mehr verschieben, als die Verschiebung der Neutralen durch das Ankerfeld beträgt (Abb 229)

Wegen der besonderen Bedeutung, die das Querfeld bei einigen Arten von Wechselstrommotoren hat, sei hier eine Sonderart von Maschinen, der Querfeldgenerator von Rosenberg, kurz erwahnt. Dieser wird z. B. zur Beleuchtung von Eisenbahnwagen im Parallelbetrieb mit einer Batterie verwendet und soll von einer gewissen Drehzahl an eine von letzterer unabhangige Stromstarke liefern. In einem von der Batterie erregten schwachen Grundfeld lauft ein Anker, der sowohl in der Neutralen als in der Polmitte je ein Bürstenpaar hat. Das erstere Paar ist kurzgeschlossen, erzeugt also ein starkes Querfeld, sobald der Anker lauft. Da die unter den Polen stehenden Bürsten in der Neutralen dieses Querfeldes liegen, so tritt zwischen ihnen eine Spannung auf. Schaltet man die Verbrauchskorper zwischen diese Bürsten, so liegt das Ankerfeld des Nutzstromes in gleicher Lage wie das Grundfeld, hat aber nach der Handregel entgegengesetzte Richtung. Wenn der Nutzstrom nun durch Erhöhung der Drehzahl steigen will, so würde also das resultierende Grundfeld und damit auch das Querfeld, das den Nutzstrom induziert, kleiner werden. Der Nutzstrom kann sich daher bei Zu- oder Abnahme der Drehzahl nicht wesentlich ändern, sondern bleibt von einem bestimmten Mindestwert der

Drehzahl an unabhängig von dieser. Ebenso ist die Drehrichtung ohne Einfluß auf die Richtung der Spannung an den Nutzbürsten, denn bei Umkehrung der Drehrichtung kehrt auch das Querfeld seine Richtung um.

## 47. Wendepole. Kompensationswicklung.

Die Stromwendung bereitet dem funkenfreien Lauf der Maschinen um so größere Schwierigkeiten, als ja eigentlich zu jeder Stärke des Ankerstromes, noch mehr natürlich zu einer andern Strom- oder Drehrichtung, eine andere Bürstenstellung gehört. Diese Schwierigkeiten werden vermieden, wenn man auf dem Magnetkörper, zum mindesten in der Neutralen, dem Anker Windungen gegenüberstellt, die jeweils in entgegengesetzter Richtung und in entsprechender Stärke wie der Anker vom Hauptstrom durchflossen werden.

Die Wendepole haben, was schon ihr Name andeutet, die Stromwendung zu erleichtern; es sind schmale Pole, die in der Mitte zwischen den Polen des Grundfeldes liegen (Abb. 230) und derart vom Ankerstrom erregt werden, daß sie das Ankerfeld in der Neutralen nicht nur aufheben, sondern ein schwaches Feld der-

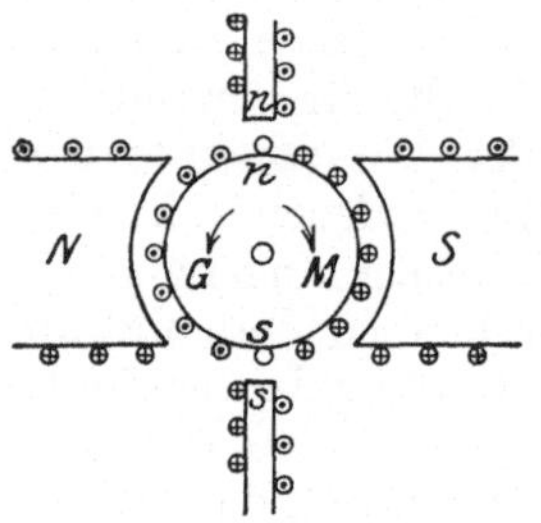

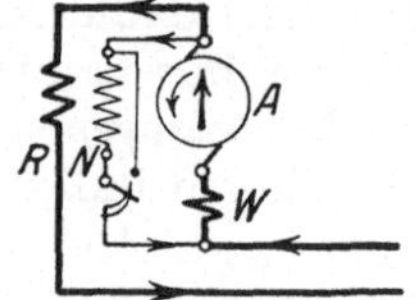

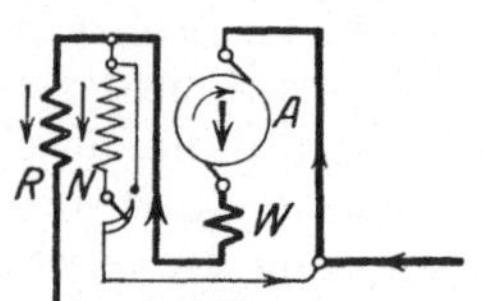

Abb. 230. Feld und Anker einer Wendepolmaschine.

Abb. 231. Schaltung eines Wendepol-Doppelschlußgenerators für verschiedene Drehrichtung.

jenigen Richtung liefern, wie es die Ankerspulen des Generators nach der Stromwendung unter dem nächsten Grundpol finden. Daraus folgt, daß in der Drehrichtung nach einem Nordpol des Grundfeldes bei einem Generator ein Südpol, bei einem Motor ein Nordpol des Wendefeldes kommen muß. Wie Nebenschluß- und Reihenschlußwicklung einer Doppelschlußmaschine, so gehören Anker- und Wendepolwicklung bei jeder Maschine zusammen, eine Umschaltung der Klemmen muß also stets so geschehen, daß der Strom innerhalb jeder dieser Gruppen zusammen umgekehrt wird. Abb. 231 zeigt, wie ein Doppelschlußgenerator mit Wendepolen für verschiedene Drehrichtung zu schalten ist. Da richtig bemessene Wendepole in der Neutralen dasjenige Feld entstehen lassen, das zur funkenfreien Stromwendung erforderlich ist, so müssen die Bürsten bei Wendepolmaschinen stets genau in der Leerlaufneutralen stehen. Man benötigt die Wendepole in erster Linie bei solchen Maschinen, bei denen die Größe bzw. Richtung des Erregerstromes gegenüber dem Ankerstrom starken Änderungen unterworfen ist, also z. B. bei Zusatzgeneratoren und bei Reguliermotoren, die ja zeitweise mit schwachem Erregerstrom bei vollem Ankerstrom arbeiten müssen, ferner bei Fahrzeugmotoren, die auf wechselnde Drehrichtung und auf Bremsung durch Generatorwirkung geschaltet werden, sowie bei Maschinen, die starken Belastungsstößen ausgesetzt sind. Die Verbesserung der Stromwendung bringt noch den Vorteil, daß die Belastbarkeit von Wendepolmaschinen nicht mehr durch die Funkenbildung, sondern nur durch die Erwärmung begrenzt ist, so daß Wendepole auch bei anderen Maschinen als den genannten von Vorteil sind.

Da die früher erwähnte Verzerrung des Grundfeldes durch das Querfeld die Spannung zwischen benachbarten Stegen an einer Seite der Pole erhöht, ist es bei Maschinen, die starken Stromstößen unterworfen sind, ferner solchen mit schwieriger Stromwendung z. B. Turbogeneratoren, von Nutzen, die Rückwirkung des Ankers möglichst voll-

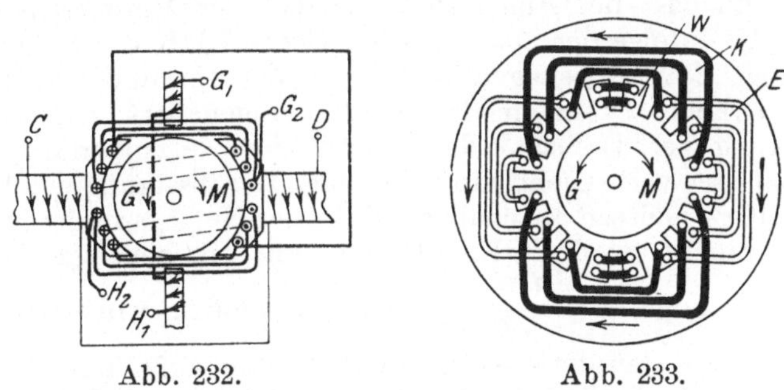


Abb. 232.          Abb. 233.
Kompensations- und Wendewicklung.

standig aufzuheben. Dazu dient die Kompensationswicklung (Abb. 232). Diese wird wie die Wendepolwicklung geschaltet und derart in den Polschuhen der Hauptpole untergebracht, daß den Ankerstromleitern über einen großen Teil des Ankerumfanges Drähte entgegengesetzter Stromrichtung auf dem Magnetkörper gegenüberliegen. Statt des Magnetkörpers mit ausgeprägten Polen verwendet man besonders bei Turbogeneratoren zylindrische Eisenblechringe, in welche am inneren Umfang Nuten eingestanzt sind (Abb. 233). In einer Anzahl von Nuten liegt dann die Erregerwicklung $E$ für das Grundfeld, die häufig nicht im Nebenschluß, sondern fremd erregt wird, um eine halbe Polteilung versetzt ist die Kompensations- und Wendewicklung $K$ und $W$ untergebracht, die das Ankerfeld aufhebt und das nötige Wendefeld herstellt.

## 48. Regelung der Drehzahl von Gleichstrommotoren.

Wir haben bereits erkannt, daß die Drehzahl eines Motors vor allem von der Ankerspannung und der Stärke des Feldes abhängt und wollen nun die wichtigsten Verfahren erörtern, durch welche eine Drehzahlanderung willkürlich herbeigeführt werden kann. Soll eine Maschine mit veränderlicher Drehzahl angetrieben werden, so muß man jeweils klarstellen, ob und wie sich das erforderliche Drehmoment mit der

Drehzahl andert, um die Veranderung der für den Motor und den Regler maßgebenden Größen bestimmen zu konnen. Bei manchen Antrieben, z. B. bei Pumpen, die auf bestimmte Förderhöhe drücken, ist das Nutzdrehmoment von der Drehzahl unabhängig, die Nutzleistung also der Drehzahl proportional. Bei anderen, z. B. Papiermaschinen, soll die Leistung bei jeder Drehzahl dieselbe sein, das zu liefernde Drehmoment nimmt dann mit fallender Drehzahl im gleichen Verhaltnis zu. Werkzeugmaschinen, z. B. Drehbanke, brauchen bei erhohter Drehzahl geringere Leistung als bei der normalen. Bei Kreiselpumpen und Schleudergebläsen schließlich nimmt das benotigte Drehmoment etwa mit dem Quadrat der Drehzahl zu.

Die Verringerung der Drehzahl unter die Nenndrehzahl geschieht am einfachsten durch Einschaltung eines Ankerregulieranlassers. Dieser schwächt zunächst den Ankerstrom, so daß der Motor sich so lange verzögert, bis infolge der abnehmenden Gegen-EMK der Strom wieder auf diejenige Stärke gestiegen ist, die bei der verminderten Drehzahl das erforderliche Drehmoment liefert. Angenähert entspricht die Verminderung der Drehzahl dem Anteil der Netzspannung, der im Regulieranlasser verbraucht wird. Zu einer Herabsetzung der Drehzahl um z. B. 40 % müssen angenahert 40 % der Netzspannung im Widerstand verbraucht werden. Zur Berechnung für beliebige Belastung ist die Gleichung $n = \dfrac{U - J \cdot R}{C_i \cdot \mathfrak{B}}$ zu verwenden, wobei unter $R$ die Widerstande im Hauptstromweg innerhalb und außerhalb des Motors einzusetzen sind  Es ist ohne weiteres einzusehen, daß die Wirkung eines solchen Widerstandes sich mit der Belastung erheblich ändern muß; mit einem bestimmten Vorschaltwiderstand wird bei geringer Belastung die Drehzahl nur wenig nachlassen, bei starker Belastung wird der Motor unter Umstanden stehen bleiben. Ein weiterer Nachteil ist die Unwirtschaftlichkeit, da stets ein der Regulierung entsprechender Teil der Leistung im Widerstand nutzlos verbraucht wird. Bei dem Reihenschlußmotor kommen diese Nachteile nicht so stark zur Geltung, denn seine Drehzahl andert sich auch ohne Vorschaltung von Widerstand mit der Belastung erheblich, außerdem wird dieser Motor besonders für aussetzenden Betrieb verwendet.

Die Nachteile werden vermieden, wenn man dem Motoranker eine passende Spannung ohne dauernde Einschaltung von Widerstand unmittelbar zuführt. Werden für denselben Antrieb, z. B. ein Fahrzeug, zwei gleichgebaute Motoren verwendet, so schaltet man sie für volle Geschwindigkeit parallel zu einander an das Netz; soll die Geschwindigkeit nur halb so groß sein, so schaltet man beide Motoren in Reihe, so daß jeder die Halfte der Netzspannung aufnimmt, wenn sie sich im gleichen Zustand, vor allem hinsichtlich ihrer Bürstenstellung, befinden (Abb. 234). Wenn das von den Motoren zu liefernde Moment dasselbe bleibt, so ist auch der Ankerstrom in beiden Fallen gleich; die EMK, Drehzahl und Leistung der Motoren werden daher bei der Reihenschaltung angenähert halb so groß sein wie bei der Parallelschaltung.

In manchen Industriebetrieben, z. B. Zeugdruckereien, werden

Motoren gebraucht, die zeitweise mit einem Bruchteil ihrer Nenndrehzahl laufen sollen. Eine verlustlose Regelung ist möglich, wenn
man an jeden Motor eine Anzahl Leitungen von verschiedener
Spannung heranführt und den Anker wahlweise an diese legt, während
die Erregerwicklung dauernd an derselben Spannung liegt. Ist ein
Fünfleiternetz vorhanden, das durch Generatoren oder Batterien mit
den vier Spannungen 50, 150, 150 und 100 Volt gespeist wird, so erhält
man von der höchsten Spannung von 450 V bis zu der niedrigsten
von 50 V neun verschiedene Drehzahlen. Die geringste Drehzahl
beträgt dann unter Berücksichtigung des Spannungsverlustes im Motor
etwa 1/10 der höchsten.

Bei der Leonardschaltung erfolgt die Änderung der Ankerspannung dadurch, daß der Anker jedes zu regelnden Motors von einem
eigenen fremderregten Generator, dem sogenannten Steuergenerator.
gespeist wird (Abb. 235). Die Magnetwicklung des Motors wird mit
konstantem Strom fremd erregt. Wird der Erregerstrom des Generators
durch einen Umkehrregler $U$-$R$ in seiner Größe und in seiner Richtung

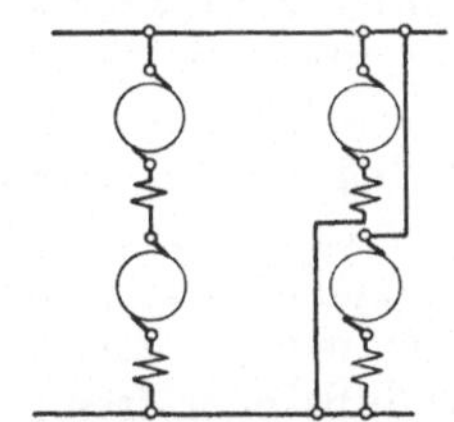

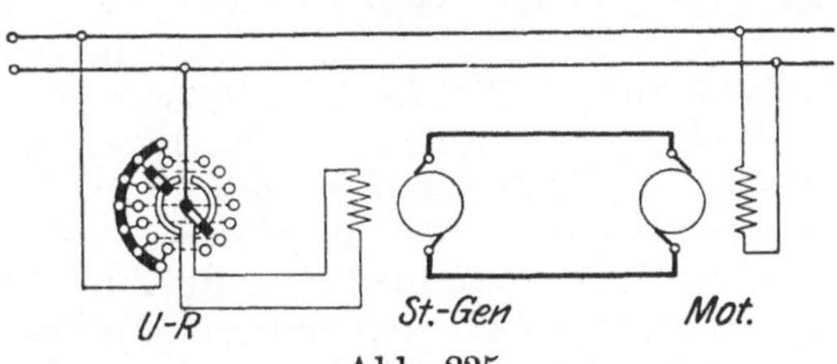


<table>
<tr><td>Abb. 234. Reihen- und<br>Parallelschaltung<br>zweier Motoren.</td><td>Abb. 235.<br>Leonardschaltung.</td></tr>
</table>

geändert, so ändert sich die Größe und Richtung der Ankerspannung
am Generator und am Motor und damit auch die Drehzahl des letzteren.
Die Leonardschaltung hat den Vorteil, daß die Regulierung von der
Belastung nahezu unabhängig und praktisch verlustlos ist. Auch
eignet sie sich besonders für Rückgewinnung und Ausgleich der Energie
beim Bremsen (vgl. Abschnitt 49). Wegen der hohen Anschaffungs-
kosten wird sie hauptsächlich für Regulierantriebe von großer Leistung
oder besonderer Bedeutung, z. B. für Hauptschachtfördermaschinen,
Umkehrwalzenstraßen, ferner für die Hauptlastwinden großer Hebe-
zeuge verwendet.

Geringere Leistung des Steuergenerators beansprucht die Zu-
und Gegenschaltung (Abb. 236). Bei dieser wird der Anker der Steuermaschine zwischen das Netz und den zu regelnden Motor geschaltet
und der Anker des letzteren für höhere Spannung, z. B. das Doppelte
der Netzspannung, gebaut. Die Magnetwicklungen der beiden Maschinen
werden ebenso geschaltet wie bei der Leonardschaltung. Die Steuermaschine wird am besten durch einen am gleichen Netz hängenden
Motor angetrieben. .Wird nun die Steuermaschine so erregt, daß ihre
Spannung der Netzspannung entgegengerichtet ist, so erhält der Motor
den Unterschied der beiden Spannungen, läuft daher mit geringer

Drehzahl. Durch Schwächen der Erregung der Steuermaschine wird die resultierende Spannung, also auch die Drehzahl des Motors vergrößert. Wird die Erregung der Steuermaschine ganz ausgeschaltet, so läuft der Motor ungefahr mit der Netzspannung. Wird sodann die Erregung der Steuermaschine umgeschaltet, so liegt ihre Ankerspannung hintereinander mit der Netzspannung, die Drehzahl des Motors ist dann entsprechend höher. Die Steuermaschine läuft in letzterem Fall als Generator; bei Gegenschaltung muß sie elektrische Leistung verbrauchen, sie treibt dann als Motor die mit ihr gekuppelte Maschine, die ihrerseits Leistung an das Netz zurückgibt.

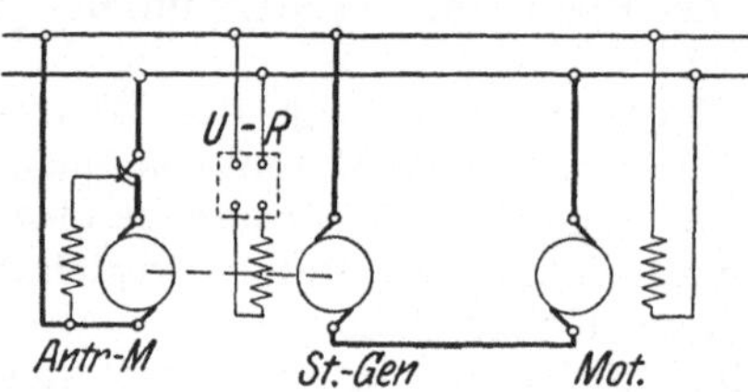



Abb. 236.  Zu- und Gegenschaltung.

Während bei den bisher besprochenen Verfahren die Drehzahl des zu regelnden Motors durch die Veränderung seiner Ankerspannung geregelt wurde, kann durch Schwächen des Erregerstromes eine willkürliche Erhöhung über die Nenndrehzahl erfolgen. Bei Reihenschlußmotoren ist für eine solche Regelung ein Widerstand parallel zu der Erregerwicklung, bei den anderen Motoren ein Widerstand in Reihe mit dieser zu schalten. Bei den letzteren Arten erhalten die Motoren meistens Wendepole, manchmal auch eine Hilfsverbundwicklung, die ihren Lauf stabiler macht. Hierbei ist zu beachten, daß der Feldregler für die Nebenschluß- oder fremderregte Wicklung diese nicht unterbrechen darf, er muß also im

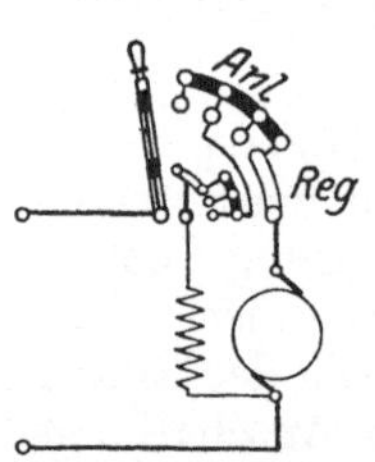



Abb 237. Anlasser mit Feldregelung.

Gegensatz zu den Regulierwiderständen der entsprechenden Generatoren unausschaltbar sein. Haufig vereinigt man den Feldregler für einen Nebenschlußmotor derart mit dem Anlasser, daß durch Vorstellen des Hebels zunächst bei voller Erregung der Anlaßwiderstand abgeschaltet wird. Wenn dann der Motoranker volle Ankerspannung hat, wird durch Weiterrücken des Hebels der Erregerstrom stufenweise geschwächt (Abb. 237). Der Vorteil der Feldregelung liegt darin, daß keine so erheblichen Verluste wie bei der Ankerregulierung durch Widerstände auftreten, und daß die Regelung von der Größe der Belastung praktisch unabhängig ist. Ein Nachteil ist der, daß mit der Schwächung des Feldes das lieferbare Drehmoment herabgesetzt wird, da der Ankerstrom nicht in demselben Maß wie die Drehzahl über den Nennwert gesteigert werden darf. Der Motor kann daher bei der erhöhten Drehzahl eine nur wenig größere Leistung als bei der Nenndrehzahl abgeben. Soll das Drehmoment bei erhohter Drehzahl denselben Wert haben wie bei der normalen, so muß der Motoranker nach demjenigen Strom bemessen sein, der bei geschwächten Feld das verlangte Drehmoment liefert.

Die Drehzahl steigt bei Feldschwächung nach der Gleichung

$n = \dfrac{U - J \cdot R}{C_1 \cdot \mathfrak{B}}$ im umgekehrten Verhältnis zur Liniendichte, wenn Klemmenspannung und Spannungsverlust unverändert bleiben. Auch hier ist das Rechnungsverfahren mit Vielfachwerten von Vorteil. In den Grundgleichungen $E = C_1 \cdot \mathfrak{B} \cdot n$ und $M = C_2 \cdot \mathfrak{B} \cdot J_A$ werden dann die Konstanten $C_1$ und $C_2 = 1$. Es ist daher

$$n/ = \frac{E/}{\mathfrak{B}/} \quad \text{und} \quad M/ = \mathfrak{B}/ \cdot J_A/ \ . \ . \ \ (148 \text{ und } 149)$$

Vernachlässigt man den Spannungsverlust in den Hauptstromwicklungen des Motors, so ist $E = U$, daher bei Nennspannung

$$\mathfrak{B}/ = \frac{1}{n/} \quad \text{sowie} \quad J_A/ = M/ \cdot n/ \ . \ . \ \ (150 \text{ und } 151)$$

Zur Berechnung des Regelwiderstandes ist die allgemeine magnetische Kennlinie (Abb. 216) zu verwenden und aus ihr zu jeder Liniendichte $\mathfrak{B}$ der Wert des Erregerstromes $J_E$ zu entnehmen. Die Veränderung der Drehzahl mit dem Erregerstrom wird dann durch dieselbe Kurve wie bei dem Reihenschlußmotor dargestellt (Abb. 223).

Bei einem fremd erregten oder einem Nebenschlußmotor liegt die Erregerwicklung im normalen Betriebszustand an der vollen Spannung, daher ist in Vielfachen ihr Ohmwert $R_E/ = 1$. Der Ohmwert des Regelwiderstandes ist allgemein $R_R = \dfrac{U}{J_E} - R_E$. In Vielfachwerten ist daher bei Nennspannung

$$R_R/ = \frac{1}{J_E/} - 1 \ . \ . \ . \ . \ . \ . \ . \ . \ . \ . \ \ (152)$$

Für einen Reihenschlußmotor berechnet sich der Regelwiderstand $r_R$, der parallel zur Erregerwicklung $r_E$ zu schalten ist, allgemein zu $r_R = \dfrac{J_E \cdot r_E}{J_A - J_E}$. In Vielfachwerten ist daher, wenn der Ankerstrom den Nennwert hat, d. h. für $J_{A/} = 1$:

$$\frac{r_R}{r_E} = \frac{J_E/}{1 - J_E/} = \frac{1}{\dfrac{1}{J_E/} - 1} \ . \ . \ . \ . \ . \ . \ . \ \ (153)$$

In Vielfachwerten hat demnach für normalen Ankerstrom das Verhältnis des Ohmwertes des Reglers zu dem der Erregerwicklung bei dem Reihenschlußmotor den umgekehrten Wert wie bei dem Nebenschlußmotor.

Bezeichnen wir noch für den Reihenschlußmotor das Verhältnis $\dfrac{J_A}{J_E}$ mit $s'$, so ist

$$s' = \frac{r_E}{r_R} + 1 \ . \ . \ . \ . \ . \ . \ . \ . \ . \ . \ \ (154)$$

Soll ein Reihenschlußmotor bei voller Spannung und einem bestimmten Drehmoment $M/$ mittels Feldschwächung auf die Drehzahl $n/$ gebracht werden, so berechnet sich unter den früheren Vernachlässigungen aus Gleichung 151:

$$s' = \frac{M/ \cdot n/}{J_{\dot{E}}/} \qquad \ldots \ldots \ldots \ldots \quad (155)$$

Dabei ist $J_E/$ aus der Kurve zu entnehmen, die $n$ abhängig von dem Erregerstrom darstellt (Abb. 223). Aus $s'$ kann dann der Regelwiderstand nach Gleichung 154 bestimmt werden.

Wird dagegen für ein bestimmtes Widerstandsverhältnis $\dfrac{r_R}{r_E}$ die Drehzahl gesucht, die der Reihenschlußmotor bei einem Moment $M/$ liefert, so folgt

$$n/ = \frac{s'}{M/} \cdot J_E/ \qquad \ldots \ldots \ldots \ldots \quad (156)$$

Dazu ist $J_E/$ aus der Kurve, welche die Abhängigkeit des Drehmomentes vom Strom für ungeschwächtes Feld darstellt, für einen Ordinatenwert von $\dfrac{M/}{s'}$ zu entnehmen (Abb. 223), da ja jetzt der Ankerstrom das $s'$-fache wie bei ungeschwächtem Feld betragen muß.

**Beispiele:** 1. Die Drehzahl eines Nebenschlußmotors soll um 15 % über den Nennwert, d. h. auf $n/ = 1,15$, erhöht werden. Es muß also $\mathfrak{B}/$ auf $\dfrac{1}{1,15} = 0,87$ vermindert werden. Zu diesem Wert gehört nach der allgemeinen magnetischen Kennlinie ein Erregerstrom $J_E/ = 0,70$, daher ist ein Regler von $R_R/ = \dfrac{1}{0,70} - 1 = 0,43$ vorzuschalten. Der Ohmwert des Reglers muß also 43 % von demjenigen der Erregerwicklung betragen.

2. Bei einem Reihenschlußmotor muß für dieselbe Drehzahlerhöhung bei normalem Ankerstrom der Erregerstrom auf denselben Betrag geschwächt werden. Der Ohmwert des Parallelwiderstandes ist aus dem Verhältnis $\dfrac{r_R}{r_E} = \dfrac{1}{0,43} = 2,32$ zu berechnen.

Beide Arten von Motoren liefern dann mit normalem Ankerstrom ein theoretisches Drehmoment von $M/ = \mathfrak{B}/ \cdot J_A/ = 0,87$.

Handelt es sich z. B. um Motoren von 110 V und 50 A Nennstrom und schätzen wir den Verlust in der Erregerwicklung im normalen Betriebszustand auf 4 % der Aufnahme, so ist:

1. Bei dem Nebenschlußmotor der normale Erregerstrom $J_E = 2$ A, daher $R_E = 55\ \Omega$. Zur Erhöhung der Drehzahl um 15 % ist also ein Regler von $R_R = 55 \cdot 0,43 = $ rd. 24 $\Omega$ erforderlich.

2. Bei dem Reihenschlußmotor ist laut Annahme der Spannungsverlust in der Erregerwicklung bei Nennstrom $u_E = 4,4$ V, der Widerstand derselben $r_E = \dfrac{4,4}{50} = 0,088\ \Omega$; der Reglerwiderstand muß daher $r_R = \dfrac{0,088}{0,43}$ $= 0,205\ \Omega$ haben. Bei Nennstrom im Anker und geschwächtem Feld ist das Moment $M/ = 0,87$, ferner ist $s' = 1,43$ und $\dfrac{M/}{s'} = 0,61$; dazu gehört ein Erregerstrom $J_E/ = 0,7$; nach Gleichung 156 ist $n/ = \dfrac{1,43}{0,87} \cdot 0,7 = 1,15$, wie verlangt war. Der Erregerstrom ist dabei $J_E = 35$ A.

Durch diese Gleichungen kann man für Reihenschlußmotoren die Veränderung der Drehzahl mit dem Drehmoment für beliebige Widerstände berechnen.

Der praktische Betrieb stellt häufig die Forderung, daß ein vorhandener Motor dauernd mit geringerer Netzspannung betrieben werden soll als seine Nennspannung ist, sei es, daß man einen solchen Motor notgedrungen verwenden muß oder daß man eine geringere Drehzahl zu erhalten wünscht. Wie ändert sich in einem solchen Fall das Verhalten des Motors? Für einen Reihenschlußmotor ist die Antwort aus dem bei der Reihenparallelschaltung solcher Motoren Gesagten zu entnehmen. Wird ein Nebenschlußmotor unverändert mit Anker- und Erregerwicklung an geringere Netzspannung gelegt, so wird einerseits durch die verminderte Ankerspannung die Drehzahl herabgesetzt, anderseits wird aber auch das Feld geschwächt, diese beiden Einflüsse wirken also gegeneinander. Infolge der Feldschwächung vermindert sich ferner das bei normalem Ankerstrom lieferbare Drehmoment, außerdem zeigen sich die früher besprochenen Nachteile der Ankerrückwirkung in stärkerem Maße als bei ungeschwächtem Grundfeld.

**Beispiel:** Legt man einen Nebenschlußmotor an ein Netz von der Hälfte seiner Nennspannung, so ist nach der allgemeinen Magnetisierungslinie die Liniendichte $\mathfrak{B}/ = 0{,}75$, daher die Drehzahl $n/ = \dfrac{0{,}50}{0{,}75} = 0{,}67$ und das Drehmoment bei normalem Ankerstrom $M/ = 0{,}75$. Schalten wir aber die Erregerspulen, die in der Regel in Reihe liegen, in zwei parallele Zweige, so wird das Feld wieder voll erregt. Der Motor läuft dann mit der Hälfte seiner ursprünglichen Drehzahl und kann nahezu mit seinem Nenndrehmoment belastet werden.

## 49. Bremsung der Gleichstrommotoren.

Unter Bremsung verstehen wir hier wie im täglichen Leben die Beschränkung oder die Verminderung der Geschwindigkeit. Sie kann einerseits bei laufendem Motor vorgenommen werden, um z. B. ein Fahrzeug oder ein Hebezeug zu verzögern oder zum Stillstand zu bringen, man nennt sie dann Nachlaufbremsung. Offenbar muß dabei die Wirkung anfangs schwach sein, der Bremsstrom darf erst mit wachsender Verzögerung allmählich gesteigert werden. Anderseits wird z. B. bei Hebezeugen gefordert, daß das Senken der Last durch elektrische Bremswirkung beherrscht werden soll. Dieses sogenannte Senkbremsen geschieht aus dem Stillstand und in umgekehrter Drehrichtung des Motors. Die Bremswirkung muß dabei zunächst stark einsetzen, um das Durchgehen der Last zu verhindern; ist dann die Senkgeschwindigkeit gering, so kann durch Einschalten von Widerstand der Strom und dadurch die Bremswirkung verkleinert werden.

Eine Nachlaufbremsung läßt sich offenbar dadurch erzielen, daß man den Motor, am besten durch Vertauschen der Ankerklemmen mittels eines geeigneten Schaltapparates, unter Vorschaltung von Anlaß- oder Bremswiderstand auf umgekehrte Drehrichtung schaltet. Solange der Motor noch in der anfänglichen Drehrichtung läuft, ist dann seine EMK mit der Netzspannung hintereinander geschaltet (Abb. 238). Die Gesamtspannung liefert den Bremsstrom, das Drehmoment wirkt in umgekehrter Richtung wie vorher, die Drehzahl nimmt ab und kehrt schließlich ihre Richtung um, wenn der Strom nicht rechtzeitig ausgeschaltet wird. Bei der Unterbrechung tritt dann erhebliches Schaltfeuer auf, da der volle Strom bei stillstehendem Motor also bei voller Spannung ausgeschaltet wird.

Man bevorzugt es daher den Motor dadurch zu bremsen, daß man den Anker vom Netz trennt und ihn mit Selbst- oder Fremderregung als Generator auf Widerstande arbeiten läßt. Die zur Bremsung

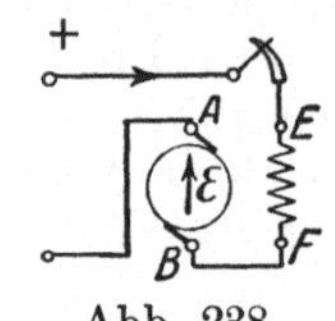

Abb. 238.
Bremsung durch
Gegenstrom.

nötige Energie wird dann nicht mehr dem Netz sondern den bewegten Massen, die gebremst werden sollen, entnommen. Bei einem Nebenschlußmotor brauchen wir zu diesem Zweck lediglich die Motorleitungen durch einen Umschalter vom Netz zu trennen und auf einen Bremswiderstand zu schalten oder allenfalls unmittelbar kurzzuschließen (Abb. 239). Da die Erregerwicklung über den Anker und den Anlasser dauernd geschlossen ist, wird sie durch das Abschalten des Motors nicht sofort stromlos, sondern der Erregerstrom bleibt durch die EMK der Maschine in seiner bisherigen Richtung erhalten, solange diese noch mit genügender Drehzahl lauft. Schließt man den Bremsstromweg, so kann die verhältnismaßig hohe EMK sofort einen kraftigen Bremsstrom liefern. Dieser fließt nur im Anker in umgekehrter Richtung wie vorher der Motorstrom, die Maschine entwickelt daher als Generator ein Bremsmoment, das durch den Brems

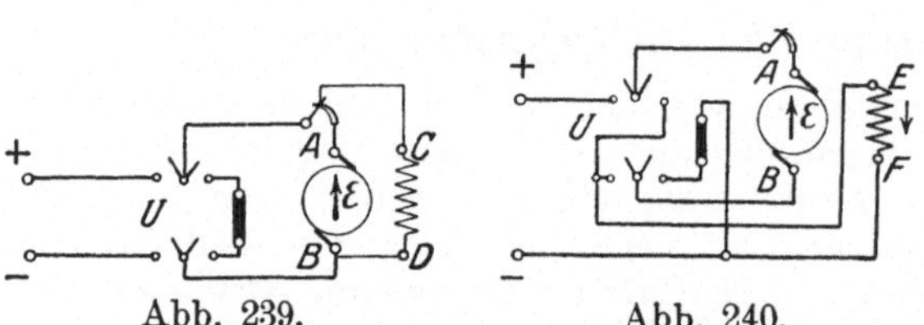

Abb. 239.                                                   Abb. 240.
Bremsung durch Generatorwirkung bei einem
Nebenschlußmotor.                          Reihenschlußmotor.

widerstand geregelt werden kann und mit dem Abfall der Drehzahl allmahlich abklingt.

Trennen wir dagegen einen Reihenschlußmotor vom Netz, so verschwindet mit dem Hauptstrom auch das Feld bis auf den Betrag der Remanenz. Soll die Maschine als selbsterregter Generator Bremsstrom liefern, so muß sich daher das Feld erst wieder mit Hilfe der Remanenzspannung aufbauen. Dieses erfordert stets einige Zeit, kann auch infolge schlechten Kontaktes, ungenügender Remanenz oder Drehzahl ganz versagen. Würden wir nun wie bei dem Nebenschlußmotor an Stelle des Netzes einfach den Bremsstromweg einschalten, so würde der durch die Remanenz entstehende Strom nicht nur im Anker, sondern auch in der Erregerwicklung umgekehrt wie vorher fließen, der remanente Magnetismus würde dadurch aufgehoben und eine Bremswirkung nicht zustande kommen. Es muß daher gleichzeitig eine Umschaltung des Ankers oder der Erregerwicklung stattfinden, z B nach Abb 240, so daß der durch die Selbsterregung entstehende Erregerstrom die gleiche Richtung hat wie bei dem Betrieb als Motor.

Für den Betrieb einer Kranwinde durch einen Gleichstrommotor kommen außer den Schaltungen für das Heben und allenfalls für die Nachlaufbremsung noch Schaltungen für das Senken der Last unter Bremsung sowie für das Senken sehr kleiner Lasten, den sogenannten Senkkraftbetrieb, zur Anwendung. Man verwendet aus bekannten Gründen hierfür Reihenschlußmotoren. In den drei erstgenannten Schaltungsarten hat dabei der Motor ein im Hubsinn wirkendes Moment zu entwickeln. In der Senkbremsschaltung muß er als Generator, in der Senkkraftschaltung als Motor im Senksinne wirken (Abb. 241).

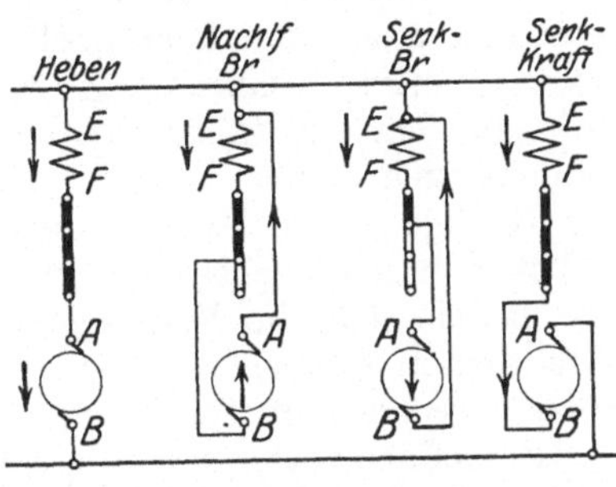


Abb. 241. Schaltungen für den Lastmotor eines Krans.

Die einfache Senkbremsschaltung des Reihenschlußmotors hat den Nachteil, daß durch die Verzögerung der Selbsterregung ein Freifallen der Last eintreten und die Last bei Unachtsamkeit des Kranführers unzulassig hohe Geschwindigkeit annehmen kann. Daher sind verschiedene Sicherheitsschaltungen im Gebrauch, bei denen Fremderregung verwendet sowie die Geschwindigkeit selbsttatig beschrankt wird.

Wir wollen die Grundzüge der in Abb. 242 dargestellten Sicherheitssenkschaltung kurz erklaren und ihre Arbeitsweise rechnerisch verfolgen. Zum Zweck des Senkens wird die Erregerwicklung in Reihe mit dem Anlaß- und Regelwiderstand an das Netz gelegt, also fremd erregt. Der Anker wird parallel zur Erregerwicklung und einem veränderlichen Teil des Vorschaltwiderstandes geschaltet; liegt er unmittelbar an der Magnetwicklung, d. h. an kleiner Spannung, so erfolgt das Senken mit geringer Geschwindigkeit; je weiter wir den unteren Ankeranschluß der Abb. 242 längs des Widerstandes $R_1 + R_2$ nach der unteren Netzleitung hin verlegen, desto größer wird die Ankerspannung und demnach die Drehzahl. Ist nun die Last so gering, daß die Winde nicht durchgezogen wird, so fließt Strom aus dem Netz

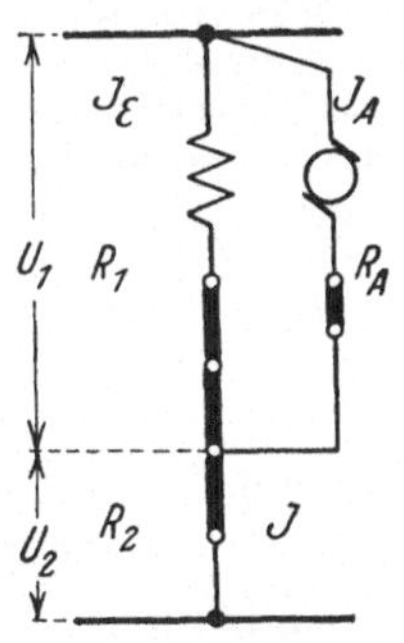


Abb. 242. Sicherheitssenkschaltung.

teils durch die Erregerwicklung, teils durch den Anker. Die Maschine muß dann als Motor im Senksinne, wie fruher für den Senkkraftbetrieb erwahnt wurde, arbeiten. Nun stellen wir uns vor, daß die Geschwindigkeit der Last zunahme; die EMK des Motors wird dann wachsen, der Ankerstrom daher abnehmen. Bei einer bestimmten Geschwindigkeit wird der Ankerstrom und damit das Drehmoment des Motors gerade Null sein, die Last sinkt frei herab. Steigt die Geschwindigkeit der

Last weiter, so wird die EMK des Ankers größer als die Spannung, an welcher er liegt; er liefert dann als Generator Strom in Richtung seiner EMK. Der Ankerstrom fließt jetzt umgekehrt wie vorher und vereinigt sich mit dem Erregerstrom, so daß das Feld selbsttätig verstarkt wird. Das in der Maschine erzeugte Drehmoment hat jetzt umgekehrte Richtung wie vorher, es wirkt daher bremsend, ohne daß eine Änderung der Schaltung erforderlich war. Denken wir uns die Geschwindigkeit der Last noch weiter vergrößert, so kann die vom Anker gelieferte Spannung größer als die Netzspannung werden. Der Strom in dem mit $R_2$ bezeichneten Teil des Widerstandes und in den Netzleitungen fließt dann in umgekehrter Richtung, es erfolgt also eine Rückgabe von Energie an das Netz.

Mit Hilfe der **Vielfachwerte** und der allgemeinen Magnetisierungslinie lassen sich die Vorgänge bei diesen Schaltungen und Betriebszuständen in einfachster Weise, wenn auch nur in durchschnittlichen Werten, rechnerisch verfolgen. Der Einfachheit halber ist das Zeichen für die Vielfachwerte / im folgenden Beispiel den Großen bzw. Werten nicht mehr beigefügt.

**Beispiel:** Beim Heben betrage der gesamte Widerstand $R = 0,4$. Zu $M = 1,0$ gehört $J = 1$ und $\mathfrak{B} = 1$, daher ist $n = 0,6$. Zu $M = 0,4$ gehört nach unserer Kurve $J = 0,52$ und $\mathfrak{B} = 0,77$, daher wird $n = \dfrac{1 - 0,52 \cdot 0,4}{0,77}$ $= 1,03$ (Abb. 243, Kurve b).

Bei der einfachen Senkbremsschaltung mit dem gleichen Gesamtwiderstand $R = 0,4$ wird bei einem theoretischen Drehmoment $M = 1,0$ die Drehzahl $n = 0,4$ und bei $M = 0,4$ die Drehzahl $n = \dfrac{0,52 \cdot 0,4}{0,77} = 0,27$. (Abb. 243, Kurve c).

Fur die Sicherheitssenkschaltung nehmen wir folgende Widerstande in Vielfachen an: für den Anker mit seinem Vorwiderstand $R_A = 0,1$, für die Erregerwicklung mit ihrem Vorwiderstand $R_1 = 1,2$; der zwischen diesen parallelen Stromwegen und der andern Netzleitung liegende Vorwiderstand sei $R_2 = 0,8$. Um die Kurve zu berechnen, nehmen wir bestimmte Erregerstrome an und zwar

1. $\qquad J_E = 0,5;\qquad$ dann ist $\qquad U_1 = 0,5 \cdot 1,2 = 0,6$

und $\qquad J = \dfrac{U - U_1}{R_2} = \dfrac{1 - 0,6}{0,8} = 0,5$,

daher der Ankerstrom $J_A = J - J_E = 0$ und $M = 0$.

Zu $J_E = 0,5$ gehört nach unserer magnetischen Kennlinie $\mathfrak{B} = 0,75$, daher ist $n = \dfrac{E}{\mathfrak{B}} = \dfrac{0,6}{0,75} = 0,8$.

2. Ist $J_E = 0,4$, so wird $U_1 = 0,48$, $\quad J = \dfrac{0,52}{0,8} = 0,65$, also $J_A = J - J_E = 0,25$; der Motor lauft also im Senkkraftbetrieb.

Zu $J_E = 0,4$ gehört $\mathfrak{B} = 0,65$, daher ist $M = 0,65 \cdot 0.25 = $ rd. $0,16$ und $\qquad n = \dfrac{U_1 - J_A \cdot R_A}{\mathfrak{B}} = \dfrac{0,48 - 0,25 \cdot 0,1}{0,65} = 0,70$.

3. Ist $J_E = 0,75$, so wird $U_1 = 0,9$, $J = \dfrac{0,1}{0,8} = 0,125$; $\quad J_A =$ $0,125 - 0,75 = -0,625$; der Motor muß jetzt als Generator arbeiten.

$\mathfrak{B}$ ist $= 0{,}9$, daher ist $M = 0{,}9 \cdot - 0{,}625 = - 0{,}56$ und

$$n = \frac{0{,}9 + 0{,}625 \cdot 0{,}1}{0{,}9} = 1{,}07.$$

4. Wollte man einen Erregerstrom $J_E = 1{,}0$ erreichen, so müßte $U_l = 1{,}2$, d. h. größer als die Netzspannung sein. Der Strom im Widerstand $R_2$, daher auch in der Netzleitung, müßte dann in umgekehrter Richtung fließen. Der Rückstrom würde sein $J = -\dfrac{0{,}2}{0{,}8} = - 0{,}25$, der Ankerstrom wäre $J_A = - 1{,}25$. Da $\mathfrak{B} = 1$ ist, so wäre das Generatordrehmoment $M = 1{,}25$, die Drehzahl $n = \dfrac{1{,}2 + 1{,}25 \cdot 0{,}1}{1} = 1{,}325$.

Die Kurve $d$ der Abb. 243 ist durch die vorstehend berechneten Punkte gelegt.

Der Verlauf der so berechneten Kurven entspricht den durch Bremsversuche an den Motoren gewonnenen Kennlinien.

Sowohl bei der Umschaltung auf umgekehrte Drehrichtung als bei der Bremsung durch Generatorwirkung auf Widerstände wird die den bewegten Massen entzogene Energie im wesentlichen in nicht nutzbare Wärme umgewandelt. Wirtschaftlicher ist ein drittes Verfahren, das in der Rückgabe von Leistung an das Netz besteht. Zu diesem Zweck muß die EMK des Motors größer als die zugeführte Spannung gemacht werden. Dieses kann durch Steigerung der Drehzahl, durch Verstärkung des Feldes oder durch Verminderung der den Motor speisenden Spannung erreicht werden. In allen Fällen können nur Nebenschluß- oder fremderregte Motoren verwendet werden,

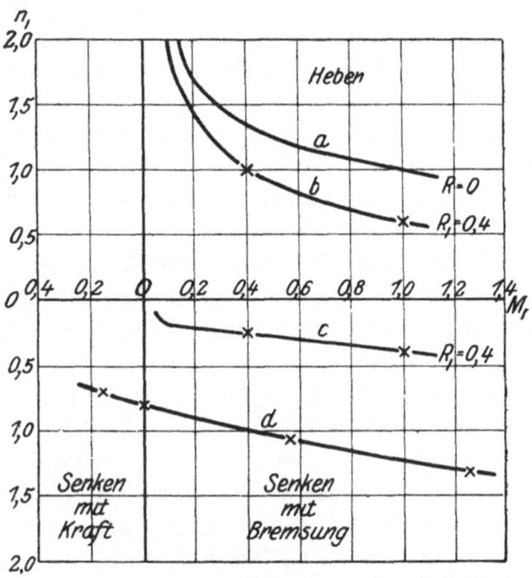


Abb. 243. Kennlinien für die Schaltung Abb. 242.

denn bei einem Motor mit einfacher Reihenschaltung würde ja mit dem Ankerstrom auch der Erregerstrom seine Richtung umkehren, eine Bremswirkung daher nicht zustande kommen. Die Bremsung durch steigende Drehzahl kommt besonders bei elektrischen Fahr- und Hebezeugen in Frage. Nehmen wir z. B. an, daß ein Nebenschlußmotor eine Last senkt, und daß diese sich immer mehr beschleunigt. Liegt der Motor in gewöhnlicher Schaltung am Netz (Abb. 221), so wird der aufgenommene Strom zunächst immer kleiner; der Ankerstrom wird Null, sobald die EMK die Größe der zugeführten Spannung erreicht hat. Bei weiterer Steigerung der Drehzahl überwiegt die EMK, der Ankerstrom hat dann dieselbe Richtung wie diese, fließt also jetzt

13*

an der Plusklemme aus dem Anker; der Erregerstrom dagegen behält, da er im Nebenschluß liegt, seine Richtung bei; der Motor gibt daher als Generator Leistung ins Netz zurück. Die dazu erforderliche Antriebsleistung wächst selbsttätig mit der Geschwindigkeit und muß von der sinkenden Last geliefert werden; die Senkgeschwindigkeit wird dadurch beschränkt.

Eine Herabsetzung der Geschwindigkeit unter Rückgabe von Leistung ist innerhalb gewisser Grenzen dadurch möglich, daß man den Motor z. B. bei direktem Antrieb von Hobelmaschinen mit geschwächtem Erregerstrom laufen laßt und zur Bremsung den vorgeschalteten Regelwiderstand kurzschließt. Dadurch wird die EMK plötzlich erhöht, der Ankerstrom vermindert und allenfalls umgekehrt; die Drehzahl sinkt auf denjenigen Betrag, der dem Gleichgewichtszustand des Motors bei verstarktem Feld entspricht.

Durch Verringerung der speisenden Spannung wird besonders bei der Leonardschaltung (Abb. 235) gebremst. Bei ihr wird ja der Motor durch allmähliche Erregung des Steuergenerators angelassen und geregelt. Vermindert man diese, wahrend der Motor lauft, in genügendem Maße, so fließt der Hauptstrom in umgekehrter Richtung, die Bewegungsenergie der vom Motor bewegten Massen führt dann umgekehrt dem Steuergenerator Leistung zu und beschleunigt ihn. Wird letzterer von einem Elektromotor angetrieben, so gibt dieser Antriebsmotor Leistung ans Netz zurück. Durch den Wechsel zwischen der Leistungsentnahme aus dem Netz, die besonders beim Anlauf sehr groß ist, und der Leistungsrückgabe beim Bremsen des gesteuerten Motors treten bei schweren Antrieben im Netz außerordentlich große Stromschwankungen auf. Bei dem Ilgner-Umformer werden diese dadurch vermieden, daß man ein Schwungrad mit dem Steuergenerator und seinem Antriebsmotor kuppelt. Wenn die Drehzahl des letzteren mit der Belastung hinreichend sinkt, so werden die Leistungsschwankungen von dem Schwungrad aufgenommen. Dieses unterstützt dann bei großem Leistungsbedarf den Motor, indem es mit der Abnahme seiner Drehzahl einen entsprechenden Teil seiner Bewegungsenergie abgibt, während es bei Erhöhung seiner Drehzahl, also bei der vorhin erlauterten Stromrückgabe aus dem gesteuerten Motor, Energie in sich aufnimmt.

## 50. Parallelbetrieb von Gleichstromgeneratoren und -motoren.

Sollen Gleichstromquellen parallel geschaltet, d. h. mit ihren gleichnamigen Klemmen beiderseits untereinander verbunden werden, so muß die allgemeine Bedingung erfüllt sein, daß ihre Spannungen der Richtung und der Größe nach gleich sind. Verbinden wir auf einer Seite gleichnamige Klemmen zweier Stromquellen, z. B. nach Abb. 244, so sind die Spannungen gegeneinander geschaltet, an dem offenen Schalter tritt keine Spannung auf. Sind dagegen ungleichnamige Klemmen verbunden, so sind die Teilspannungen hintereinander geschaltet, die Summenspannung würde dann durch das Schließen des Schalters auf die

geringen inneren Widerstande kurzgeschlossen. Durch einen an den offenen Schalter gelegten Spannungsmesser oder eine Prüflampe kann demnach festgestellt werden, ob die Schaltung richtig ist. Für die Verteilung der Belastung auf parallel geschaltete Stromquellen und für die Große des Ausgleichsstromes zwischen denselben gelten die im Abschnitt 9 entwickelten Beziehungen. Dabei ist besonders zu beachten, daß in dem inneren, durch die Stromquellen allein gebildeten Kreis die wirksame Spannung durch den Unterschied der Spannungen gegeben ist. Eine geringe Änderung einer der Teilspannungen gibt daher bei unveranderter Gegenspannung einen verhältnismäßig großen Unterschied und dadurch starken Ausgleichsstrom. Daher ist für einen guten Parallelbetrieb von Generatoren eine feine Regulierung des Erregerstromes und geringe Ungleichformigkeit der Drehzahl notig. Eine weitere Voraussetzung ist, daß die Generatoren sich bei jeder Belastung in stabilem Gleichgewicht befinden, d. h. daß eine Störung ihres An-

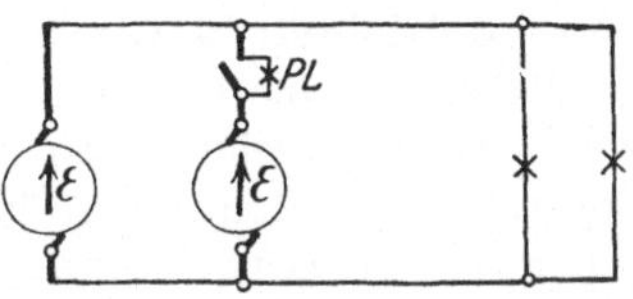

Abb. 244. Parallelschaltung von zwei Stromquellen.

teils an der gesamten Belastung sich nicht von selbst steigert. Soll sich ferner bei einer Anderung der Belastung die Verteilung derselben auf die einzelnen Generatoren nicht andern, so muß sich deren EMK mit der Belastung in gleichem Maß andern, die Belastungscharakteristik der Maschinen muß also gleichen Verlauf haben.

Wir betrachten nun den Parallelbetrieb von verschiedenen Generatorarten an Hand von Schaltskizzen, in welche nur die wesentlichsten Teile in einer für die Erlauterung möglichst übersichtlichen Anordnung eingezeichnet sind. Soll zu einem Nebenschlußgenerator $I$ ein zweiter $II$ parallel geschaltet werden (Abb. 245), so ist zunachst die Spannung des letzteren durch den Nebenschlußregler auf die Größe der Sammelschienenspannung zu

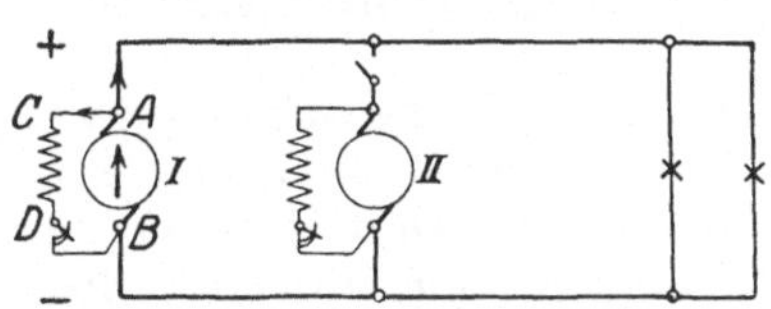

Abb. 245. Parallelschaltung von zwei Nebenschlußgeneratoren.

bringen. Wenn der Schalter des zweiten Generators bei genauer Übereinstimmung der Spannungen eingelegt wird, so lauft dieser zunachst leer mit. Wird dann die EMK des Generators $II$ durch Vergrößern seines Erregerstromes (oder seiner Drehzahl) erhoht, so muß Strom von der Plusklemme seines Ankers zu den Sammelschienen fließen, er muß also einen Teil der Belastung übernehmen. Man kann die Änderung der Lastverteilung zwischen den beiden Maschinen auch durch den Ausgleichsstrom darstellen (vgl. S. 32), der in unserem Fall bei Generator $II$ in gleichem Sinn, bei Generator $I$ entgegengesetzt wie der in das Netz abgegebene Strom fließt. Da bei einem Nebenschlußgenerator die Spannung mit steigender Belastung fallt, so wird jede Erhöhung der EMK an einem Generator einen neuen Gleichgewichtszustand mit etwas erhohter Klemmenspannung an allen parallel arbeitenden Maschinen herbeiführen. Was geschieht nun, wenn durch irgend einen Einfluß die EMK des Generators *I* kleiner wird als die Sammelschienenspannung? Der Strom wird dann in der Plusleitung der Maschine umgekehrt wie bei dem Betrieb als Generator, d. h. von der Sammelschiene zu der Maschine, fließen. Dort verteilt er sich auf Erregerwicklung und Anker, fließt also in ersterer in gleicher Richtung, in letzterem entgegengesetzt wie vorher; das in der Maschine erzeugte Drehmoment kehrt sich daher um. Da dieses bei dem Generator bekanntlich dem Antrieb entgegenwirkt, hat es nun die gleiche Richtung wie das Antriebsmoment, die Maschine läuft dann als Motor mit etwas erhöhter Drehzahl, aber in derselben Drehrichtung, daher ohne Betriebsstörung weiter.

Versucht man einen Parallelbetrieb von Reihenschlußgeneratoren zu erreichen, so müßte man zunächst den zweiten Generator dadurch auf Spannung bringen, daß man ihn durch Widerstande künstlich belastet; wenn gleiche Spannung erreicht ist, könnte man ihn zu dem ersten Generator parallel schalten. Tritt nun aber, z. B. durch Änderung der Drehzahl, an einem der Generatoren eine wenn

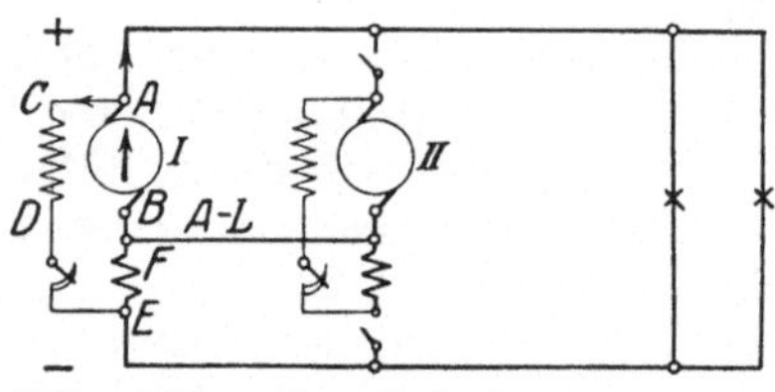


Abb. 246.   Parallelschaltung von zwei Doppelschlußgeneratoren.

auch geringe Erhöhung der EMK auf, so steigt mit dem Strom die EMK noch mehr, die Maschine würde ihre Spannung und Belastung weiter steigern, während die andere entlastet wird und dadurch in ihrer EMK immer mehr abnimmt. Die geringste Störung führt daher zu einem Kurzschluß, das Gleichgewicht ist labil; ein Parallelbetrieb von Reihenschlußgeneratoren ist demnach nicht durchführbar.

Bei Doppelschlußgeneratoren (Abb. 246) tritt, wenn sie ohne besondere Hilfsmittel parallel arbeiten sollen, durch die Reihenschlußwindungen eine ähnliche Erscheinung auf. Wird z. B. nach dem Parallelschalten durch Verminderung der EMK des zweiten Generators ein Rückstrom hervorgerufen, so wirken die Reihenschlußwindungen gegen die Nebenschlußwicklung, die EMK wird dadurch noch mehr geschwacht, der Rückstrom gesteigert usw. Man erreicht einen stabilen Parallelbetrieb dadurch, daß man diejenigen Ankerklemmen der Generatoren, an denen die Reihenschlußwindungen angeschlossen sind, untereinander durch eine Ausgleichsleitung verbindet. Deren Querschnitt wahlt man in der Regel so groß, daß der Widerstand kleiner ist als derjenige des Nebenweges, der aus den beiden Reihenschlußwicklungen und ihren Verbindungsleitungen besteht Nehmen wir an, daß die Spannungen, die Widerstände und die Belastung der Generatoren gleich sind, so verbindet die Ausgleichsleitung, wie die Galvanometerleitung der Wheatstoneschen Brücke, Punkte gleicher Spannung, sie ist daher stromlos. Vermindern wir nun die Spannung des Generators *II*, so fließt Strom durch die Ausgleichsleitung in der Richtung von Maschine *I* nach *II*, so daß der Strom in den Reihenschlußwindungen von *I* kleiner, in denen von *II* großer wird als der Ankerstrom dieser Maschinen. Durch den Ausgleichsstrom wird daher Generator *I* etwas weniger, Generator *II* etwas stärker erregt, die Storung also abgeschwächt. Wird Generator *II* bei geschlossener Ausgleichsleitung mit einer Spannung parallel geschaltet, die genau gleich der Sammelschienenspannung ist, so bietet sich dem aus dem Anker *I* fließenden Strom ein zweiter Weg zur Sammelschiene, nämlich durch die Ausgleichsleitung und die Reihenschlußwicklung von Generator *II*. Dieser Strom erhöht daher die Erregung von Generator *II* und zwingt ihn sofort zur Abgabe von Leistung. Um dieses zu vermeiden, muß die EMK des Doppelschlußgenerators vor dem Parallelschalten etwas höher als die Sammelschienenspannung sein

Bei dem Parallelbetrieb von Stromquellen vereinigen sich diese in ihrer Abgabe, sie teilen sich in den von der Belastung geforderten Strom. Dabei kann die Antriebsleistung der Generatoren von einer gemeinsamen oder von getrennten Kraftmaschinen herrühren. Dementsprechend müssen wir unter dem Parallelbetrieb von Motoren einen solchen verstehen, bei dem die Abgabe gemeinsam ist, also ein „Abtrieb" von den Motoren auf eine gemeinsame Welle oder auf ein Fahrzeug stattfindet, so daß sie sich in das verlangte Drehmoment teilen. Auch hier können die Motoren in ihrer Aufnahme getrennt sein oder von derselben Stromquelle in Reihen- oder Parallelschaltung gespeist werden. In jedem Fall wird sich die gesamte Last nur dann auf die Motoren im Verhaltnis ihrer Belastbarkeit verteilen, wenn die Charakteristiken gleich sind. Es müssen daher die Verhältniswerte der Spannungsverluste gleich sein, ferner muß die Bürstenstellung die gleiche sein. Andernfalls wird sich die Spannung bzw. die Stromaufnahme ungleichmaßig verteilen; derjenige Motor, dessen Drehzahl mit der Belastung weniger abfallt, wird einen zu großen Teil der Last übernehmen.

## 51. Die Akkumulatoren.

Schon bei der allgemeinen Besprechung der elektrischen Maschinen hatten wir erwahnt, daß ein Generator auch als Motor verwendet werden kann; eine Maschine kann also abwechselnd als Stromquelle oder als Verbrauchskorper arbeiten. In Gleichstromanlagen gibt es nun Vorrichtungen, die als Stromquelle verwendet werden konnen, wenn sie vorher eine Zeit lang als Verbrauchskörper elektrische Energie aufgenommen haben. Dies sind die Akkumulatoren oder Sammler, in ihnen kann durch Umwandlung elektrischer Energie in chemische Energie eine Aufspeicherung und dann wieder eine Erzeugung elektrischer Energie aus chemischer stattfinden.

Bei der chemischen Wirkung hatten wir die Erscheinung kennen gelernt, daß zwei vollstandig gleiche Elektroden, die in einen Elektrolyten eingetaucht und in einen Gleichstromkreis eingeschaltet sind, durch Elektrolyse eine ungleiche Oberflache erhalten. An einer solchen Zelle tritt dann eine Spannung auf, die einen bestimmten von der Stromstärke nahezu unabhängigen Wert hat. Sie ist auch nach Ausschaltung des Stromes noch vorhanden, so lange die Oberfläche der eingetauchten Elektroden verschieden ist. Diese Spannung wird **EMK der Polarisation** genannt.

Die Akkumulatoren bestehen meistens aus **Bleiplatten in verdünnter Schwefelsaure**, ihr Wesen kann durch einige Versuche beobachtet werden. Wir füllen ein Glas mit verdünnter Schwefelsaure, tauchen zwei Platten aus Bleiblech ein und verbinden sie unter Vorschaltung eines passenden Widerstandes mit einer Gleichstromquelle von mindestens 3 Volt. Nach einiger Zeit können wir beobachten, daß die mit der Plusklemme verbundene Platte, die Anode, einen braunen Überzug aufweist, die eingetauchte Oberflache der andern Platte, der Kathode, wird blank, spater zeigen sich Glasblasen an derselben. Eine einfache, wenn auch nicht genau zutreffende Erklarung dieser chemischen Vorgange finden wir, wenn wir zunachst die Flüssigkeit als leitendes Wasser betrachten. Durch die Elektrolyse wandert der Wasserstoff in der Flüssigkeit mit dem Strom, kommt also an die Kathode und verbindet sich mit dem Sauerstoff der Plattenoberflache, d. h er reduziert diese; findet er dort keinen Sauerstoff mehr, so tritt er in Form von Gasblasen aus der Zelle. Der Sauerstoff wandert in der Flüssigkeit gegen den Strom und oxydiert die Anode. Durch den Unterschied der Elektrodenoberflache tritt nun eine EMK von rund 2 Volt zwischen den Bleiplatten auf, die Zelle ist zu einer Stromquelle oder einem **Sekundarelement** geworden, sie ist geladen. Schalten wir sie von der Ladestromquelle ab und auf einen Verbrauchskorper, so liefert die Zelle Strom, sie wird entladen Durch Einschalten eines Drehspul-Strommessers konnen wir beobachten, daß der Entladestrom umgekehrt wie der Ladestrom fließt. Der Wasserstoff wandert bei der Entladung wieder mit dem Strom, also jetzt nach der mit der braunen Sauerstoffverbindung überzogenen Anodc und entzieht ihr den Sauerstoff, die blanke Kathode dagegen wird durch den in umgekehrter Richtung wandernden Sauerstoff oxydiert. Der Unterschied in der Oberflache der beiden Platten wird somit immer geringer, damit nahert sich auch die Fahigkeit zur Stromlieferung allmahlich dem Ende, die Zelle muß von neuem geladen werden. Die Erforschung des chemischen Vorgangs lehrt, daß die negative Platte der geladenen Zelle aus reinem Blei besteht, die positive mit Bleisuperoxyd ($PbO_2$) überzogen ist. Bei der Entladung vereinigt sich der Saurerest ($SO_4$) der Flüssigkeit mit der Kathode zu Bleisulfat ($PbSO_4$), der Wasserstoff ($H_2$) bildet mit $PbO_2$ und einem Molekül der Saure ($H_2SO_4$) ebenfalls Bleisulfat und zwei Moleküle Wasser. Das spezifische Gewicht der Flüssigkeit wird daher wahrend der Entladung durch die Abgabe von Saure an die beiden Platten geringer. Bei der Ladung entzieht der Wasserstoff der negativen Platte wieder den Saurerest ($SO_4$), dieser bildet mit dem Bleisulfat der positiven Platte und den zwei Molekülen Wasser das Bleisuperoxyd sowie zwei Moleküle Schwefelsaure.

Die **aktive Masse**, das sind die bei der Umsetzung beteiligten Bestandteile, kann bei beiden Platten aus Bleisauerstoffverbindungen bestehen, die auf die Bleiplatten gebracht sind. Meistens enthält jede Zelle mehrere parallel geschaltete Platten, wobei stets eine positive Platte beiderseits von negativen umgeben ist (Abb. 247). Wie schon erwähnt, beträgt die EMK des stromlosen Sammlers, die Ruhespannung. stets rund 2 Volt. Zur Ladung muß die Klemmenspannung wegen des Spannungsverlustes durch den inneren Widerstand und wegen der Veränderung der EMK durch die Ladung größer als die Ruhespannung sein; die Zellenspannung wächst während der Ladung zunächst langsam von etwa 2,1 auf 2,3 Volt, dann rascher auf etwa 2,75 Volt. Bei der Entladung ist die Klemmenspannung natürlich kleiner als die Ruhespannung, sie sinkt langsam von etwa 1,95 auf 1,83 Volt. Wird weiter entladen, so fällt die Spannung und damit die lieferbare Energie rasch ab, außerdem leidet die Zelle Schaden. Da die Spannung im stromlosen Zustand auch nach starker Entladung nahezu 2 Volt betragen kann, so ist stets die Höhe der Klemmenspannung bei normalem Entladestrom das Kennzeichen dafür, ob die Zelle erschöpft ist.

Die Menge der aktiven Masse ist in erster Linie maßgebend für die Kapazität der Zelle, d. h. für die Strommenge in Amperestunden, die sie vom Zustand voller Ladung bis zu der eben erwähnten Grenze der Entladung liefern kann. Die Kapazität wird außerdem noch etwas durch die Stärke des Entladestromes beeinflußt. Je größer derselbe ist, desto weniger tiefgreifend und geregelt ist die Veränderung der Masse, desto geringer daher die Kapazität. Infolgedessen ist die Kapazität erst eindeutig festgelegt, wenn der zugehörige Entladestrom oder die Entladezeit angegeben wird.

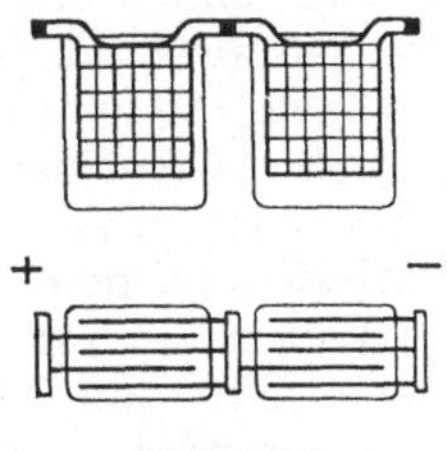

Abb. 247.
Akkumulatoren.

Während bei dem Bleisammler die Überschreitung einer bestimmten Stromstärke und lange Ruhepausen von Nachteil sind, ist der alkalische Sammler, der jedoch bisher geringe praktische Bedeutung gewonnen hat, gegen Überlastung und lange Ruhezeit unempfindlich.

Die Ladestrommenge muß für einen Sammler stets größer sein als die Entladestrommenge, weil durch das Gasen am Ende der Ladung und durch Ausgleichsvorgänge in den Zellen Verluste auftreten. Der dadurch bedingte Amperestundenwirkungsgrad beträgt bei dem Bleisammler etwa 0,9 Das Verhältnis der Entlade- zur Ladeenergie, der Wattstundenwirkungsgrad, ist außerdem durch den Unterschied der Klemmenspannung während der Entladung bzw. Ladung bedingt und hat einen Wert von etwa 0,75.

Batterie nennt man eine Anzahl von Zellen, die miteinander, in der Regel in Hintereinanderschaltung, verbunden sind. Kleine Batterien werden meistens durch Anschluß an ein Gleichstromnetz geladen. Dabei kann man als einfaches Hilfsmittel Glühlampen verwenden, um den Strom auf die zulässige Stärke zu beschränken, seine Größe zu beurteilen und zu erkennen, ob die Schaltung richtig ist. Da die Batterie zur Ladung gegen die Spannung der ladenden Strom-

quelle geschaltet werden muß, so werden die Lampen in Abb. 248
bei richtiger Schaltung mit verminderter Spannung und zwar mit
$110 - 3 \cdot 2 = 104$ V, bei falscher Schaltung mit erhöhter Spannung
und zwar mit 116 V, d. h. heller brennen.

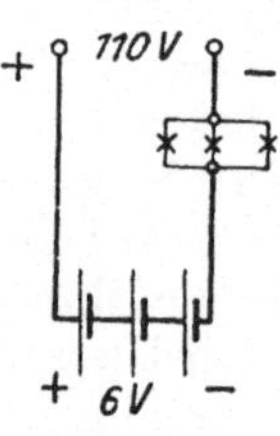

Abb. 248.
Ladung weniger Zellen mit
Netzspannung.

Batterien für Fahrzeuge bestehen in der Regel aus
einer oder mehreren Gruppen von je 40 hintereinander
geschalteten Zellen, um jede Gruppe mit der am
meisten verbreiteten Netzspannung von 110 V vollständig laden zu können. Für den größten Teil der
Ladezeit muß dann ein Widerstand zwischen Netz
und Batterie geschaltet werden, der den Ladestrom
nicht über das zulässige Maß steigen läßt (Abb. 249).
Treten in einer Gleichstromanlage starke Stromstöße
auf, so kann man sie von den Generatoren dadurch
fernhalten, daß man eine Pufferbatterie zu diesen
parallel schaltet. Bliebe die EMK einer solchen Batterie
vollständig unverändert und wäre ihr innerer Widerstand unendlich
klein, so hätte ihre Klemmenspannung stets denselben Wert, einerlei
ob ein Lade- oder ein Entladestrom fließt. Wäre dann die EMK
des parallelgeschalteten Generators ebenfalls von der Belastung unabhängig, so würde der Generator nach der dritten Hauptgleichung
(vgl. S. 166) einen konstanten Strom liefern, einerlei ob das Netz
stark oder schwach belastet ist. Im ersteren Falle würde dann die
Batterie mit dem Generator das Netz speisen, im zweiten Fall würde
sie Ladestrom erhalten. Ein solch idealer Ausgleich der Belastungsstöße tritt nun nicht ohne weiteres ein, sondern muß dadurch erreicht werden, daß die an den Batterieklemmen liegende Spannung

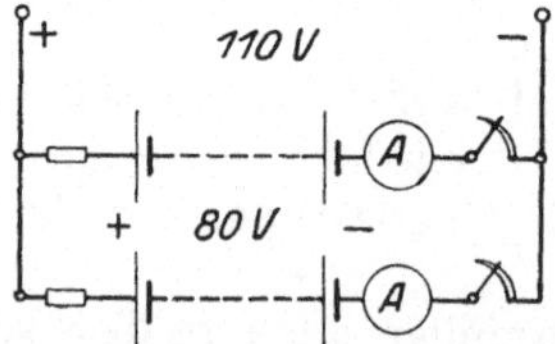

Abb. 249. Ladung zweier
Batterien.

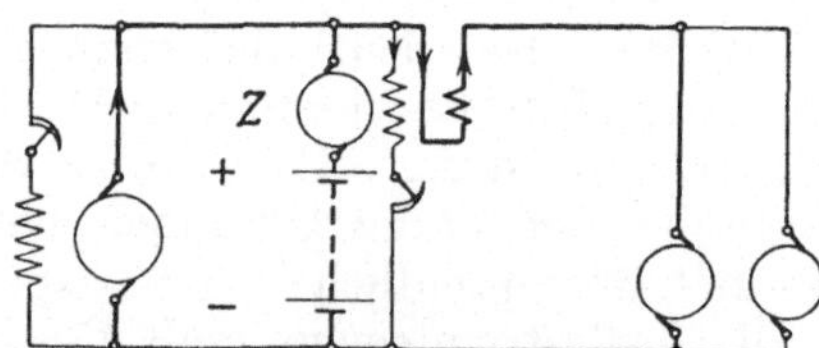

Abb. 250. Pufferbatterie mit selbsttätiger Zusatzmaschine.

bei großem Netzbedarf erniedrigt, bei geringer Netzbelastung erhöht
wird. Dieses läßt sich z. B. durch eine im Batteriezweig liegende
Zusatzmaschine Z erreichen (Abb. 250). Das Feld derselben wird
im Doppelschluß einerseits durch eine an der Netzspannung liegende
Wicklung, anderseits durch eine vom Netzstrom durchflossene und
der ersteren entgegenwirkende Wicklung erzeugt. Bei mittlerer Netzbelastung sollen sich die beiden Erregungen aufheben, die Spannung
der Zusatzmaschine also Null sein. Ist die Netzbelastung geringer,
so überwiegt die an der Spannung liegende Erregerwicklung und
muß im Anker der Zusatzmaschine eine EMK hervorrufen, die mit
der Netzspannung hintereinander auf die Batterie wirkt, so daß diese

geladen wird. Bei großem Netzstrom hat dagegen die Spannung der Zusatzmaschine durch das Überwiegen der Reihenschlußerregung die umgekehrte Richtung, erhöht also die Spannung des Batteriezweiges, die Batterie wird entladen.

Am häufigsten werden die Sammlerbatterien als Tagesausgleich und vor allem als zeitweiliger Ersatz der Generatoren in Licht- und Kraftanlagen verwendet. Der Generator braucht dann nur stundenweise und mit günstigster Belastung im Betrieb zu sein, um das Netz zu speisen und die Batterie zu laden. Diese kann in den Stunden größter Belastung den Generator unterstützen und in Zeiten geringer Belastung die Stromlieferung allein übernehmen.

**Beispiel:** Der tägliche Leistungsbedarf eines Gleichstromnetzes von 110 Volt Verbrauchsspannung sei durch folgende Werte bestimmt:

von 6— 8 Uhr morgens: 10 kW<br>
„ 8— 3 Uhr nachmittags: 20 kW<br>
„ 3— 5 Uhr nachmittags: 30 kW<br>
„ 5—10 Uhr abends: 10 kW<br>
„ 10— 6 Uhr morgens: 5 kW.

Der Generator soll von 6 Uhr morgens bis 8 Uhr abends im Betrieb sein, die Batterie soll die Belastungsspitze und den Nachtstrom liefern

Zeichnet man das Belastungsdiagramm auf (Abb. 251), so ist die erforderliche Generatorleistung in erster Linie durch die Bedingung bestimmt, daß die Ladeenergie das 1,33-fache der Entladeenergie sein muß, wenn der Wattstundenwirkungsgrad 0,75 ist. Ferner ist es zweckmäßig, gegen Ende der Ladung nicht mit vollem Strom zu laden.

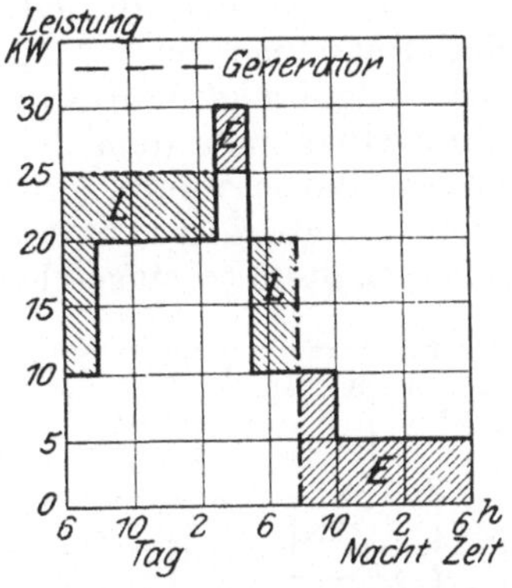


Abb. 251. Belastungsdiagramm.

Nehmen wir von 6—5 Uhr eine Generatorleistung von 25 kW und von 5—8 Uhr eine solche von 20 kW an, so folgt aus dem Diagramm eine Entladeenergie von $2 \cdot 5 + 2 \cdot 10 + 8 \cdot 5 = 70$ kWh und eine Ladeenergie von $2 \cdot 15 + 7 \cdot 5 + 3 \cdot 10 = 95$ kWh.

Bei 115 Volt Entladespannung muß dann die Batterie eine Kapazität von $\frac{70\,000}{115} = 610$ Ah bei 12 stündiger Entladung haben. Dieser würde eine Kapazität von 450 Ah bei 3 stündiger Entladung und ein höchstzulässiger Strom von 150 A entsprechen. Aus dem Diagramm berechnet sich ein größter Ladestrom von $\frac{15\,000}{115} = 130$ A;

am Ende der Ladung wäre der Ladestrom $\frac{10\,000}{170} = $ rd. 60 A, wenn die Spannung der Batterie 170 V beträgt. Der Betrieb der Anlage kann demnach in der vorstehend bestimmten Art mit 25 kW Generatorleistung und einer Batterie der genannten Kapazität durchgeführt werden.

In solchen Anlagen soll die Sammelschienenspannung trotz der Veränderung der Zellenspannung während der Entladung oder Ladung unverändert bleiben, daher muß die Zahl der am Netz liegenden Zellen verändert werden können. Dies geschieht mittels eines Zellen-

schalters durch den Entladehebel $E$ (Abb. 252). Soll z. B. die Sammelschienenspannung stets 115 V sein, so müssen am Ende der Entladung
115 : 1,83 = rund 63 Zellen, am Ende der Ladung 115 : 2,75 = rund
42 Zellen am Netz liegen; die Batterie muß also aus 42 Stamm- und
21 Schaltzellen bestehen. Da die Schaltzellen nicht so lange wie die
Stammzellen an der Stromlieferung beteiligt sind, so kommen sie bei
der Ladung auch eher zum Gasen; man kann sie abschalten, wenn man
den Zellenschalter mit einem zweiten Kontakthebel, dem Ladehebel $L$

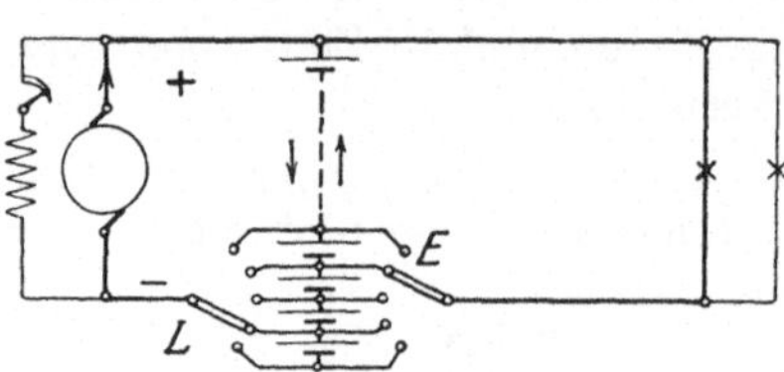

Abb. 252.
Batterie mit einem Doppelzellen-
schalter und einem Ladegenerator.

versieht, der die Verbindung mit
der Ladestromquelle herstellt. Um
die Batterie voll laden zu können,
ist eine Erhohung der Ladespan-
nung und zwar bei 63 Zellen auf
etwa 170 Volt erforderlich. Zur
Lieferung derselben kann man
einen Generator für diese hohere
Spannung vorsehen und seine
Spannung durch Schwachen des
Erregerstromes herabsetzen, wenn
der Generator unmittelbar das Netz speisen soll oder die Ladung beginnt.

Besser ist der Betrieb mit zwei Generatoren (Abb. 253). Die
Hauptmaschine wird dann stets auf die für das Netz erforderliche
Spannung erregt und kann auch wahrend der Ladung der Batterie
unmittelbar mit dem Netz verbunden sein. Die zur Ladung der
ganzen Batterie erforderliche Spannungserhohung liefert dabei eine
fremd erregte Zusatzmaschine, die zwischen die beiden Hebel des
Zellenschalters so eingeschaltet wird, daß sie mit der Hauptmaschine

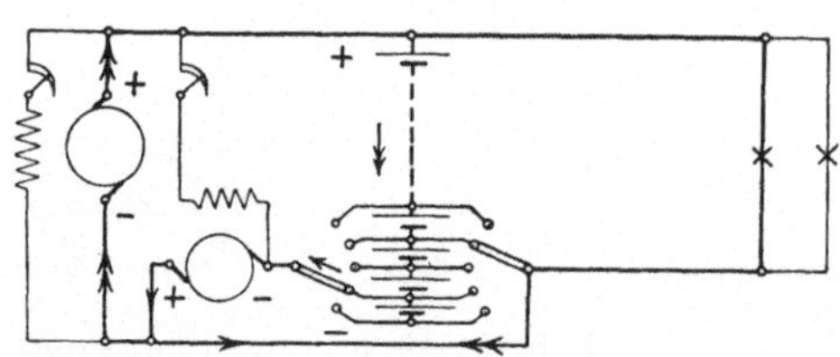

Abb. 253. Batterie mit einem Doppelzellen-
schalter, einem Lade- und einem Zusatzgenerator.

hintereinander geschaltet ist.
Es entstehen dadurch zwei
hinsichtlich des Stromes voneinander unabhangige Lade-
stromkreise, die an einer gemeinsamen Leitung liegen.
Den einen Stromkreis bildet
die Hauptmaschine mit der
Batterie bis zu dem Ent-
ladehebel, den andern die
Zusatzmaschine mit den-

jenigen Schaltzellen, die zwischen Entlade- und Ladehebel liegen.

In Dreileiteranlagen (vgl. S. 16) kann die von einem Generator
gelieferte Außenleiterspannung dadurch geteilt werden, daß man eine
Batterie demselben parallel schaltet und den Mittelleiter an die Mitte
der Batterie anschließt (Abb. 254). Der Zusatzgenerator $Z$ wird dann
zweckmaßig mit zwei Ausgleichsmaschinen $A$ gekuppelt; diese
dienen sowohl als Antrieb für den Zusatzgenerator als auch zum Ausgleich ungleicher Belastung der Netzhalften. Schaltet man die Anker der
Ausgleichsmaschinen an je eine Netzhälfte, ihre Erregerwicklungen
kreuzweise vertauscht an die Netzhälften, so tritt ein selbsttätiger Aus-

gleich ein. Ist z. B. die obere Netzhalfte starker belastet als die untere,
so wird die Spannung zwischen der oberen Sammelschiene und dem
Mittelleiter geringer sein als die andere Teilspannung. Waren die

Ausgleichsmaschinen
bei gleichmäßiger Be-
lastung nur von ihrem
Leerlaufstrom durch-
flossen, so wird jetzt
die Ankerspannung
der unteren Maschine
steigen, ihr Erreger-
strom fallen, sie wird
daher mehr Strom auf-
nehmen und sich be-
schleunigen. Die obere

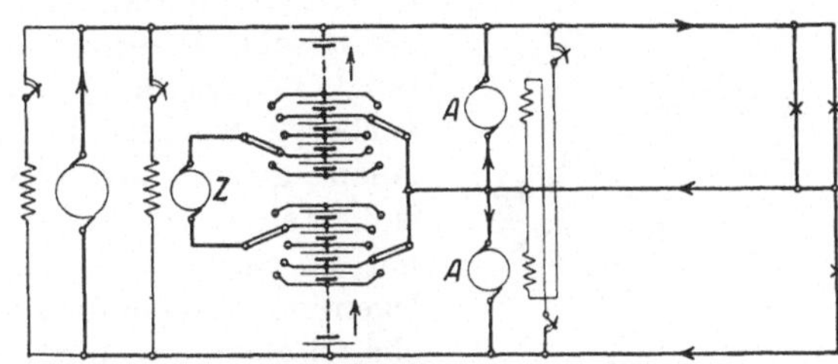
Abb. 254. Dreileiteranlage mit Batterie und Aus-
gleichsmaschinen.

Maschine hat dagegen jetzt geringere Ankerspannung und größeren
Erregerstrom und erhalt größere Drehzahl, sie wird daher als Generator
Strom in die starker belastete Netzhälfte liefern, wahrend die untere
Ausgleichsmaschine als Motor die Belastung ihrer Netzhalfte erhoht.
Der vom Mittelleiter übertragene Ausgleichsstrom fließt dann sich ver-
zweigend teils durch die eine, teils durch die andere Ausgleichsmaschine

# Transformatoren.

Die Übertragung elektrischer Energie auf größere Entfernung kann
nur dann wirtschaftlich sein, wenn sowohl die der Beschaffung entsprechenden mittelbaren Kosten als die Leistungsverluste der Fernleitung im Verhaltnis zu der übertragenen Energie nicht zu groß
sind. Die Stromstarke in der Fernleitung soll daher moglichst gering
sein, was aber bei gegebener Leistung nur durch entsprechende Erhöhung der Spannung zu erreichen ist. Die Spannung muß offenbar
desto höher sein, je großer die zu übertragende Leistung und die Entfernung sind. Die wirtschaftliche Herstellung und die Betriebssicherheit
setzt nun der Spannung der Generatoren eine Grenze, ferner darf die
Verbrauchsspannung mit Rücksicht auf die Herstellung der Verbrauchskörper sowie mit Rücksicht auf die Sicherheit von Personen ein ge-
wisses Maß nicht überschreiten. In Wechselstromanlagen geben nun
die Transformatoren die Möglichkeit, in einfacher Weise eine Um-
spannung vorzunehmen, namlich die Leistung an der Erzeugungs-
stelle auf diejenige hohe Spannung zu bringen, die zur Übertragung
günstig ist, sodann an den Verbrauchsstellen diese Spannung auf
die Große herabzusetzen, die für den betreffenden Verbrauchskörper
zweckmaßig ist. Will man für den Transformator einen Vergleich
heranziehen, so findet man in der Mechanik eine ähnliche Vorrichtung
in den Hebeln oder der Übersetzung durch Räder, in der Maschinentechnik in dem Fottinger-,,Transformator‘‘.

Der elektrische Transformator besteht im einfachsten Fall aus
zwei Spulen, der primären und der sekundaren, welche durch das

gemeinsame Feld miteinander „gekoppelt“ sind (Abb. 255). Seine
Wirkung beruht auf der Fremdinduktion (vgl. S. 93). In der Primärspule wird die aus dem Netz aufgenommene Energie in magnetische,

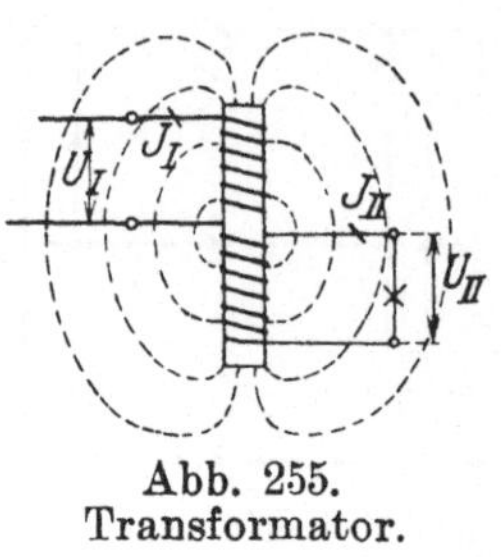


Abb. 255.
Transformator.

in der Sekundärspule wird diese wieder in
elektrische Energie umgewandelt. Um dabei
möglichst wenig Spannung und Leistung zu
verlieren, werden die beiden Wicklungen durch
einen guten magnetischen Schluß, der aus
isolierten Eisenblechen aufgebaut wird, magnetisch eng miteinander verbunden. Die grund-
legenden Erscheinungen bei der Umwandlung
elektrischer in magnetische Energie haben
wir bereits im Abschnitt 28 kennen gelernt.

## 52. Der Transformator bei Leerlauf.

Ist die Sekundärwicklung nicht geschlossen, befindet sich also,
wie man in Anlehnung an den Sprachgebrauch bei Maschinen sagt,
der Transformator im Leerlauf, so verhält er sich wie eine an bestimmte Spannung angeschlossene Wechselstromspule. Der hier oft
gebrauchte Vergleich mit der Drosselspule ist nicht ganz zutreffend,
da man unter einer solchen eine Spule versteht, welche wie ein Vorschaltwiderstand mit einem andern Verbrauchskörper, z. B. einer
Bogenlampe, in Reihe geschaltet ist, so daß sie bei Stromdurchfluß
einen Teil der Netzspannung verbraucht. Sehen wir von den
Verlusten zunächst ganz ab, so nimmt der Transformator bei Leerlauf als rein induktiver Widerstand einen Blindstrom auf; dieser
muß ein Feld von solcher Stärke erzeugen, daß die in der Primärspule induzierte Gegen-EMK der Klemmenspannung gleich ist. Die
gesamte Linienzahl des Feldes ist dann nach der Gleichung 64
$E = 4{,}44 \cdot \overline{\Phi} \cdot w \cdot f \cdot 10^{-8}$ durch die zugeführte Spannung, die
Frequenz und die Windungszahl der Primärwicklung eindeutig be-
stimmt, wird also durch die Güte des Linienschlusses nicht beeinflußt.
Die Stärke des Magnetisierungsstromes ist nach der Gleichung 65:
$J = 0{,}56 \cdot \dfrac{\overline{\Phi} \cdot \Re}{w}$ der Linienzahl und dem magnetischen Widerstand
direkt, der Windungszahl umgekehrt proportional.

Für die EMK, die durch Fremdinduktion in der Sekundärspule
erzeugt wird, gilt ebenfalls die Induktionsgleichung; die Frequenz
ist selbstredend in beiden Spulen gleich. Bezeichnen wir alle Primär-
größen mit I, alle Sekundärgrößen mit II, so ist

$$\frac{E_I}{E_{II}} = \frac{\Phi_I \cdot w_I}{\Phi_{II} \cdot w_{II}} \quad \dots \dots \dots \dots (157)$$

Wenn die Sekundärspule alle primär erzeugten Linien umfaßt, so daß
$\Phi_{II} = \Phi_I$ ist, so ist

$$\frac{E_I}{E_{II}} = \frac{w_I}{w_{II}}, \quad \dots \dots \dots \dots (158)$$

demnach verhalten sich dann die Spannungen wie die Windungszahlen.

Infolge der Streuung ist jedoch $\Phi_{II}$ stets etwas kleiner als $\Phi_I$, daher auch die sekundäre EMK etwas kleiner als dem Windungsverhaltnis entspricht. Übersetzung ist nach den Regeln des V. D. E. für Bewertung und Prüfung von Transformatoren das Verhältnis der Oberspannung zu der Unterspannung bei Leerlauf; diese Werte sind an den Klemmen des unbelasteten Transformators durch Spannungsmessung leicht zu bestimmen. Da die Streuung bei gutem Eisenschluß sehr gering und der Magnetisierungsstrom bei den üblichen Sattigungen ebenfalls verhältnismaßig klein ist, tritt bei Leerlauf kein merklicher Spannungsverlust in der Primärwicklung auf; praktisch ist daher bei den Transformatoren der Starkstromtechnik die Übersetzung gleich dem Verhaltnis der Windungszahlen.

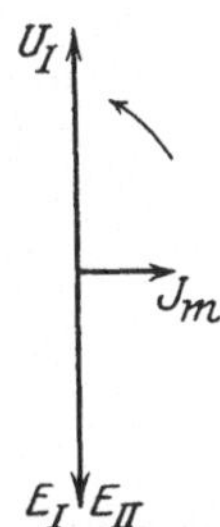

Abb. 256. Diagramm des Transformators beiverlustlosem Leerlauf.

Aus Abschnitt 23 folgern wir, daß die in beiden Wicklungen induzierten Spannungen zeitlich um $90^0$ hinter den Strom bzw. das Feld verschoben sind; die primare Klemmenspannung $U_I$ muß dann beim verlustlosen Transformator der Gegen-EMK $E_I$ der Primarspule entgegengesetzt gleich sein, sie muß dem Magnetisierungsstrom $J_m$ um $90^0$ voreilen Um die Vektordiagramme auch bei großer Übersetzung leicht zeichnen zu können, rechnet man die sekundären Spannungs- und Stromwerte auf die Übersetzung 1 um, zeichnet also nicht $E_{II}$, sondern den Wert

$$E_{II} \cdot \frac{w_I}{w_{II}}$$ in gleichem Maßstabe wie $E_I$ auf.

Abb. 256 zeigt das Diagramm für verlustlosen Leerlauf. In diesem wie in den folgenden Diagrammen sind die Großen der Deutlichkeit halber nicht in den tatsachlich auftretenden Verhaltnissen gezeichnet.

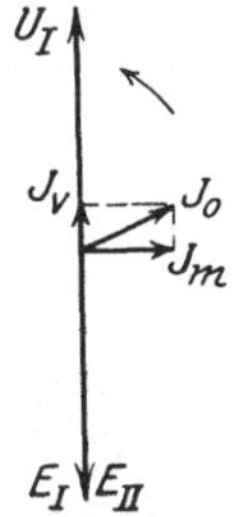

Abb. 257. Diagramm bei Leerlauf mit Eisenverlusten.

Schalten wir in die Primárseite eines Transformators einen Wattstundenzahler ein, so konnen wir beobachten, daß er auch bei unbelastetem Transformator langsam lauft Man kann leicht berechnen, daß der Verbrauch an Wirkleistung, der den Zahlerangaben entspricht, weit größer ist, als der Wicklungsverlust, der durch den Leerlaufstrom entsteht. Die Ursache für diesen Unterschied finden wir in den Verlusten, die durch das Wechselfeld im Eisenkörper, allenfalls in benachbarten kurzgeschlossenen Metallmassen entstehen, d. h. in den Hysteresis- und Wirbelstromverlusten. Da Transformatoren im Gegensatz zu einer Maschine oft stundenlang unbelastet unter Spannung stehen, verwendet man für den Eisenkörper besonders dünne Bleche von möglichst hohem elektrischem Widerstand und geringer Hysteresis (legierte Bleche, vgl. S. 147), um die Leerverluste herabzusetzen. Infolge der Eisenverluste ist der Leerlaufstrom $J_0$ tatsächlich kein Blindstrom, sondern setzt sich aus dem wattlosen Magnetisierungsstrom $J_m$ und dem Eisenverluststrom $J_v$ zusammen (Abb 257). Große und Phase des Leerlaufstromes und die Größe der Eisenverluste sind durch Messung von Spannung, Strom und Wirkleistung bei Leerlauf mit Nennspannung zu bestimmen.

### 53. Verhalten des Transformators bei Belastung.

Belasten wir den Transformator, entnehmen also seiner Sekundarwicklung eine Leistung $U_{II} \cdot J_{II}$, so muß er eine Leistung $U_I \cdot J_I$ aufnehmen, die bei Vernachlässigung der Verluste und des Magnetisierungsstromes nach Größe und Phasenverschiebung der Sekundarleistung gleich ist. Bei vollstandig verlustlosem Transformator stehen daher die Ströme im umgekehrten Verhältnis der Spannungen, daher auch der Windungszahlen, es ist also

$$\frac{J_I}{J_{II}} = \frac{w_{II}}{w_I} \quad \dots \dots \dots \dots \quad (159)$$

Wie laßt es sich nun aus den inneren Vorgangen erklaren, daß der Transformator selbsttatig einen Strom aufnimmt, der jeweils dem Belastungsstrom entspricht? Wir wissen, daß die EMK der Selbstinduktion in der Primarwicklung der angelegten Spannung, daher auch dem aufgenommenen Strom entgegenwirkt, wahrend in der als Stromquelle dienenden Sekundarwicklung der Strom durch die EMK erzeugt wird. also gleiche Richtung wie diese hat. Der Sekundarstrom wirkt demnach dem Primarstrom entgegen. Belasten wir einen Transformator, so schwächt der Sekundarstrom zunachst das gemeinsame Feld und dadurch auch die induzierten Spannungen. Da nun der Primärstrom wie bei dem Gleichstrommotor durch den geringen Unterschied zwischen der Klemmenspannung und der Gegen-EMK bedingt ist, so wird schon eine geringe Schwächung der letzteren sofort von einer erheblichen Erhohung der Stromaufnahme aus dem Netz beantwortet. Diese Erhohung dauert so lange, bis das Feld und damit die Gegen-EMK des Transformators wieder den für das Gleichgewicht erforderlichen Wert erreicht hat. Der verlustlose Transformator hat daher genau, der praktisch ausgeführte in großer Annaherung die gleiche Liniendichte und den gleichen Magnetisierungsstrom, einerlei ob er belastet ist oder nicht. Die Belastung hat im wesentlichen zur Folge, daß die Primärwicklung außer dem gleichbleibenden Leerstrom $J_o$ noch eine zweite Stromkomponente, den Arbeitsstrom $J_I{}'$ aufnimmt; letzterer entspricht in seiner Größe dem Belastungsstrom $J_{II}$ und hat entgegengesetzte Phase. Der Primarstrom $J_I$ ist daher die Resultierende der beiden Komponenten $J_o$ und $J_I{}'$, die Große des Feldes entspricht aber nur der Blindkomponente $J_m$ des Leerstromes. Abb. 258 zeigt das Diagramm für induktionsfreie Belastung, ohne Berücksichtigung anderer als der Eisenverluste.

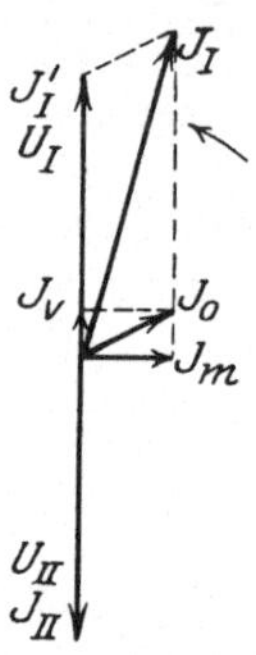

Abb. 258.
Diagramm des Transformators mit Eisenverlusten bei induktionsfreier Belastung.

Wir müssen nun noch den Einfluß der Streuung sowie des Echtwiderstandes der Wicklungen in Betracht ziehen. Auch bei vollständigem Eisenschluß hat der Nutzweg der Feldlinien stets einen gewissen magnetischen Widerstand, so daß schon bei unbelastetem Transformator ein Teil der Feldlinien sich auf den parallel zum Eisenkörper liegenden Streuwegen durch die Luft schließen wird, wie es Abb. 259a andeutet. Denken wir uns sodann die Primärspule stromlos, dagegen die Sekundärspule von einem Strom durchflossen, der die umgekehrte Richtung wie der Primärstrom in Abb. 259a hat, so entstehen Streulinien, die mit der Sekundärspule verkettet sind (Abb. 259b). Ist der Transformator belastet, so lagern sich diese beiden Zustände übereinander (Abb. 259c). Das Feld der Primärspule muß natürlich überwiegen, einige der von ihr ausgehenden Linien schneiden aber die Sekundärspule gar nicht oder nur teilweise, sie schließen sich durch den Luftraum im Bereiche der Primär- und der

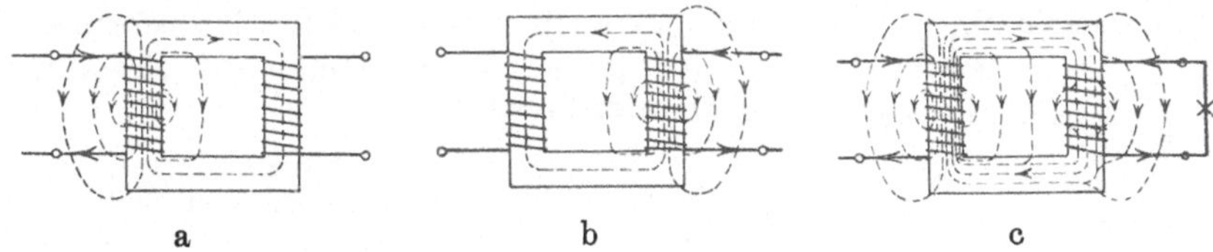

a      b      c

Abb. 259. Streulinien des Transformators.

Sekundärspule. Es läßt sich nun nachweisen, daß der Spannungsverlust, der dieser Streuung entspricht, dem Strom in den Wicklungen proportional und um $90^{\circ}$ gegen ihn verschoben ist. Bei einem gut gebauten Transformator ist der Magnetisierungsstrom im Verhältnis zum Nennstrom sehr gering, der Primärstrom und der Sekundärstrom sind um fast $180^{\circ}$ gegeneinander verschoben. Die Streuung wirkt wie ein induktiver Widerstand, sie verursacht zwar einen Verlust an Spannung, jedoch keinen wesentlichen Verlust an Leistung.

Wie in jedem Leiter, so erzeugt der Strom in den Wicklungen Warme, es entstehen die sog. Wicklungsverluste. Der Widerstand, der aus den Wicklungsverlusten bei Wechselstrom berechnet wird, der Echtwiderstand, kann infolge der Hautwirkung und durch Wirbelströme in den Leitern etwas höher als der Gleichwiderstand sein. Der durch den Echtwiderstand bedingte Spannungsaufwand ist phasengleich mit dem Strom, daher um $90^{\circ}$ gegen den Spannungsaufwand verschoben, der durch die Streuung entsteht. Schließen wir den Transformator auf einer Seite kurz und führen der andern eine geringe Spannung von solchem Betrag zu, daß der Nennstrom auftritt, so wird diese „Kurzschlußspannung" ganz durch die inneren Widerstände aufgezehrt. Das Feld ist trotz des starken Stromes sehr gering, da infolge des sekundären Kurzschlusses nur eine geringe EMK zu induzieren ist. Schalten wir dabei auf der Primärseite außer Spannungs- und Strommesser noch einen Leistungsmesser ein (Abb 260), so können

wir die Wicklungsverluste sowie die Komponenten der Kurzschlußspannung $u_K$, nämlich die Spannung für den Echtwiderstand $u_R$ und
diejenige für den induktiven Widerstand $u_L$, also das Kurzschluß-
dreieck bestimmen. Zeichnet man zu dem Kurzschlußdiagramm noch
die Richtung des Primär- und des Sekundärstromes sowie die zu
liefernde Sekundarspannung $U_{II}$ ein, so erhält man die erforderliche

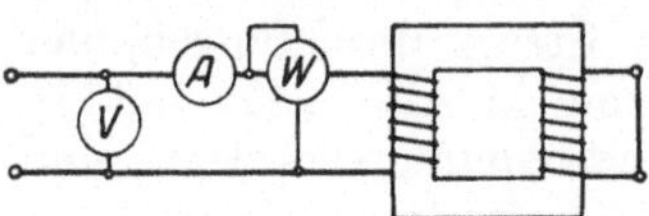

Abb. 260.  Kurzschlußmessung.

Primarspannung $U_I$ nach Größe und
Richtung als geometrische Summe von
$U'_I = - U_{II}$ und $u_K$. Abb. 261 zeigt
das Diagramm für induktionsfreie,
Abb. 262 dasjenige für induktive Belastung. Wir entnehmen aus den Diagrammen, daß die Sekundärspannung bei
Belastung mit etwas nacheilendem Strom etwas kleiner ist, bei voreilendem Strom etwas größer sein wird als der Übersetzung entspricht.
Wenn diese Spannungsänderung auch nicht groß ist, so ist sie doch
zu berücksichtigen, unter anderem auch, wenn derselbe Transformator
einmal zur Erniedrigung, ein andermal zur Erhöhung
der Spannung benutzt werden soll.

**Beispiel:** Ein Transformator sei so gebaut, daß er bei Zuführung von 6000 V im
Leerlauf 400 V liefert, die Übersetzung ist
also 15:1. Bei einer bestimmten Belastungs-
art sei die Spannungsanderung von Nennlast auf Leerlauf 5%, die sekundare
Klemmenspannung ist dann bei Nennlast
$\dfrac{400}{1{,}05} = 381$ V. Führen wir nun umgekehrt
der Unterspannungsseite des Transforma-
tors 380 V zu, so wird die Oberspannungs-
seite, die jetzt Sekundarwicklung ist, bei
Leerlauf $380 \cdot 15 = 5700$ V liefern. Bei Nennlast wird die sekundäre Klemmenspannung
nur $\dfrac{5700}{1{,}05} = 5430$ V sein.

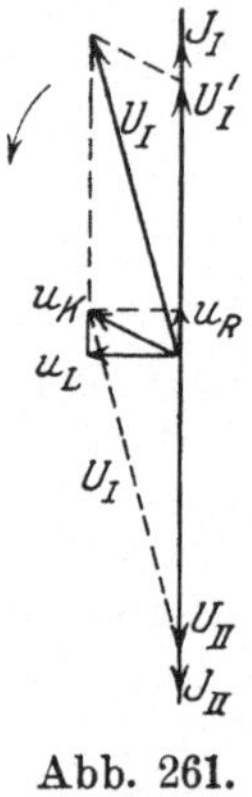

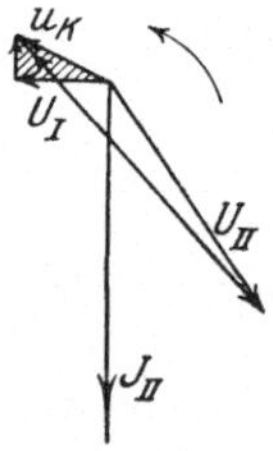

Abb. 261.        Abb. 262.

Diagramm bei
induktions-
freier        induktiver
Belastung.

Wie eine Maschine, so ist auch ein
Transformator so zu bemessen, daß
bei der Nennleistung keine unzulässige
Erwärmung auftritt. Da die Eisen-
verluste eines gegebenen Transformators von der Spannung, die
Wicklungsverluste von dem Strom abhängen, so ist die Phase des
Belastungsstromes, d. h. der Leistungsfaktor des Netzes, nicht von
Einfluß auf die Erwarmung. Die Belastbarkeit eines Transformators
ist daher nicht als Wirkleistung in kW, sondern als Scheinleistung
in kVA anzugeben. Steht ein Transformator dauernd unter Spannung,
ist aber nur zeitweise belastet, so ist zwischen dem Augenblickswirkungsgrad und dem sogenannten Jahreswirkungsgrad zu
unterscheiden. Ersterer berechnet sich aus der in dem betreffenden
Augenblick vorhandenen Leistung, letzterer aus der Energie, die der
Transformator während einer gewissen Zeit abgibt, sowie aus den

Verlusten. Die aufgenommene Energie ist nicht nur um den Betrag der gesamten Verluste während der Belastung, sondern noch um die Energieverluste wahrend der Zeit des Leerlaufs, die im wesentlichen Eisenverluste sind, größer als die abgegebene Energie.

**Beispiel:** Ein Einphasentransformator für 500/125 V und 10 kVA möge im Leerlauf einen Primarstrom von 1 A und einen Verlust von 150 W haben. Bei Kurzschluß der Sekundarwicklung betragen die primar gemessenen Werte 30 V, 20,8 A und 250 W. Wir können dann folgende Werte berechnen: Bei induktionsfreier Belastung mit 10 kW ist die Aufnahme an Wirkleistung $10\,000 + 150 + 250 = 10{,}4$ kW, der primare Wirkstrom daher $\dfrac{10\,400}{500} = 20{,}8$ A. Bei Leerlauf ist der primare Wirkstrom $J_v = \dfrac{150}{500} = 0{,}3$ A, der Blindstrom fur die Magnetisierung ist dann $J_m = \sqrt{J^2{}_0 - J^2{}_v} = 0{,}954$ A. Der gesamte Primarstrom ist die Resultierende aus dem Wirkstrom von 20,8 A und dem Magnetisierungsstrom, daher ebenfalls rund 20,8 A. Aus den Kurzschlußwerten berechnet sich, auf die Primarseite bezogen, der Spannungsverlust in den Echtwiderstanden zu $u_R = \dfrac{250}{20{,}8} = 12{,}0$ V und in den induktiven Widerstanden zu $u_L = \sqrt{u^2{}_K - u^2{}_R} = 27{,}5$ V. Der Augenblickswirkungsgrad bei induktionsfreier Vollbelastung ist $\eta = \dfrac{10\,000}{10\,400} = 0{,}96$. Bei Vollbelastung mit einem Leistungsfaktor $\cos \varphi = 0{,}6$ dagegen ware die Wirkabgabe $= 6{,}00$ kW, daher $\eta = \dfrac{6000}{6400} = 0{,}94$. Nehmen wir an, daß der Transformator 4 Stunden induktionsfrei vollbelastet und 20 Stunden unbelastet unter Spannung ist, so ist die abgegebene Energie $4 \cdot 10 = 40{,}0$ kWh, die aufgenommene Energie $4 \cdot 10{,}4 + 20 \cdot 0{,}15 = 44{,}6$ kWh, der Jahreswirkungsgrad daher $\dfrac{40{,}0}{44{,}6} = $ rd. 0,90.

## 54. Arten von Transformatoren.

Da die meisten elektrischen Kraftübertragungen mit Drehstrom arbeiten, werden auch die Transformatoren am haufigsten für diese Stromart gebraucht. Man kann dafür je drei Einphasentransformatoren verwenden, die man auf jeder der beiden Seiten entweder in **Stern** oder in **Dreieck** schaltet. Je nachdem hat dann die Transformatorengruppe eine verschiedene Übersetzung. Ist diejenige jedes Transformators z. B. 10:1, so erhalt man dieselbe Übersetzung im Drehstromsystem, wenn beide Seiten gleich geschaltet sind, dagegen ist sie bei Stern-Dreieckschaltung $10 \cdot 1{,}73 : 1 = 17{,}3 : 1$ und bei Dreieck-Sternschaltung $10 : 1{,}73 = 5{,}78 : 1$.

Meistens jedoch verwendet man bei Drehstrom einen **Drehstromtransformator**; ein solcher besitzt einen für die drei Phasen gemeinsamen Eisenkorper mit drei Schenkeln, welche die Wicklungen tragen. Außer der Stern- und der Dreieckschaltung wird noch die **Zickzackschaltung** angewendet (Abb. 263), bei der die Spulen jeder Sekundärphase je zur Halfte auf zwei Eisenkernen sitzen. Die sekundare Sternspannung setzt sich dann aus zwei um 120 elektrische Grade verschobenen

Teilspannungen zusammen, die Stern- und die verkettete Spannung sind daher nur $\frac{1}{2}\sqrt{3}$-mal so groß als die betreffenden Spannungen bei einfacher Sternschaltung. Der Vorteil der Zickzackschaltung liegt darin, daß eine ungleiche Belastung der Phasen sich im Transformator ausgleicht, so daß der Unterschied der Spannungen nicht so groß ist wie bei beiderseits gleicher Schaltung. Denselben Zweck kann man dadurch erreichen, daß man die Primärwicklung eines Transformators, der sekundär in Stern geschaltet ist, in Dreieck schaltet. Letzteres hat jedoch unter anderem den Nachteil, daß dann die volle Leitungsspannung von jeder Wicklungsphase aufzunehmen ist. Bei Transformatoren kleiner Leistung, aber hoher Spannung, z. B. Meßwandlern, ferner als Behelf kommt noch die V-Schaltung (spr. Vau-) zur Anwendung, die sich als Dreieckschaltung mit fehlender dritter Seite darstellt (Abb. 264). Ebenso wie durch zwei gerade Linien von bestimmter Lange und Lage drei Flachenpunkte festgelegt sind, so ist auch ein Drehstromsystem durch zwei nach Art der Dreieckschaltung verkettete Wicklungen bestimmt, deren Spannungen gleiche Größe und 120° Phasenverschiebung haben. Läßt man die dritte Phase einer Dreieckschaltung weg, so bleiben daher die Spannungen erhalten; jede der beiden Wicklungen führt dann den vollen Leitungsstrom.

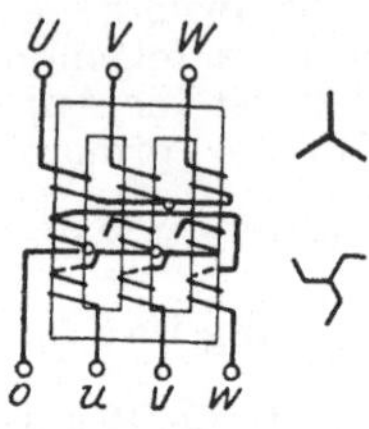

Abb. 263. Drehstromtransformator in Stern-Zickzackschaltung.

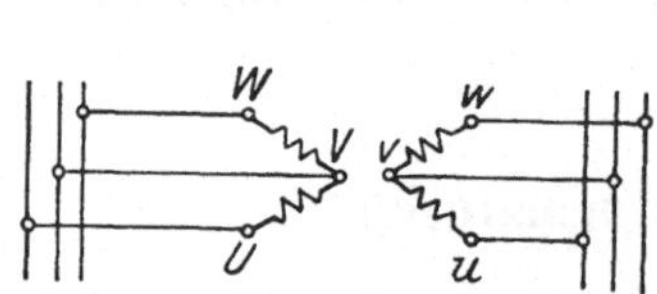

Abb. 264. Drehstromtransformator in V-Schaltung.

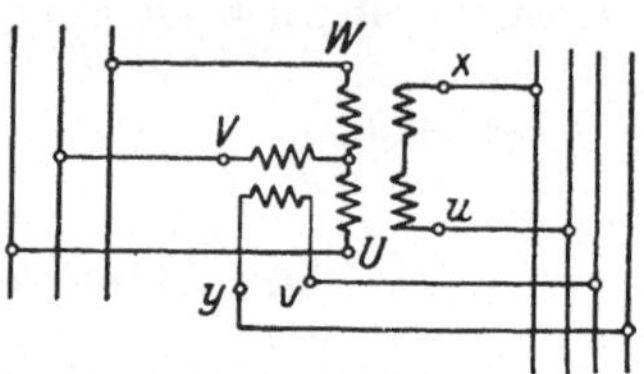

Abb. 265. Scottsche Schaltung.

Von Interesse ist auch die Scottsche Schaltung, durch welche Drehstrom in Zweiphasenstrom umgewandelt werden kann (Abb. 265). Die Primärwicklungen zweier Einphasentransformatoren, von denen die zweite das 0,865-fache der Windungszahl der ersten Wicklung hat, sind derart an die Drehstromleitungen geschaltet, daß die erste zwischen zweien derselben, die zweite zwischen der dritten Leitung und dem Mittelpunkt der ersten Wicklung liegt, die Wicklungen bilden also Grundlinie und Höhe eines gleichseitigen Dreiecks. Haben die Sekundärwicklungen der beiden Transformatoren untereinander gleiche Windungszahl, so liefern sie zwei Spannungen von gleicher Größe, die um 90° gegeneinander verschoben sind.

Eine besondere Art von Transformatoren bilden die Meßwandler, die hauptsächlich zum betriebssicheren und gefahrlosen Anschluß von

Meßinstrumenten, Zählern, Wächtern (Relais), Phasenlampen und
ähnlichen Einrichtungen in Hochspannungsanlagen dienen. Es sind
entweder **Spannungswandler**, d. h. solche, die primär an der
Spannung der betreffenden Stromquelle liegen, oder **Stromwandler**,
die wie ein Strommesser in eine Leitung einzuschalten sind. Sie
müssen so gebaut sein, daß die Übersetzung innerhalb gewisser
Grenzen nicht nur von der Frequenz und der Höhe des primären Wertes,
sondern auch von der Belastung unabhängig ist. Wenn nämlich
mehrere Instrumente oder Apparate durch
solche Transformatoren zu speisen sind, so muß
es möglich sein, einzelne dieser Verbrauchskörper zu- oder abzuschalten, ohne daß dadurch die Genauigkeit der Messung merklich
verändert werden darf. Abb. 266 zeigt die
Schaltung solcher Meßwandler zur Speisung
von Meßinstrumenten; die Spannungsspulen
der Verbrauchskörper werden untereinander
parallel, die Stromspulen in Reihe an die betreffenden Wandler gelegt. Bei Stromwandlern
ist zu beachten, daß der Primärstrom von
dem Sekundärstrom unabhängig ist, da die

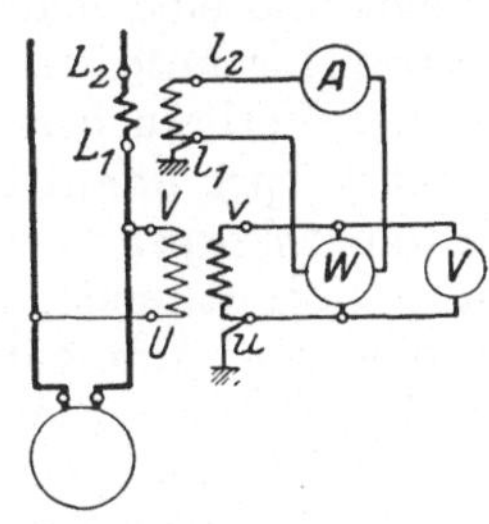

Abb. 266.  Schaltung
von Meßwandlern.

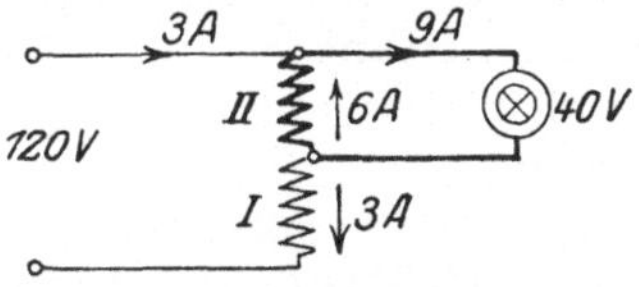

Primärwicklung im Hauptstromweg liegt. Wird der Sekundärkreis
unterbrochen, während die Primärwicklung von erheblichem Strom
durchflossen ist, so fällt die Gegenwirkung des Sekundärstromes weg,
der Magnetisierungsstrom ist dann durch den Primärstrom allein gegeben. Dadurch erreichen die Eisenverluste so hohe Werte, daß eine
übermäßige Erwärmung entsteht, bei großer Übersetzung wird auch
eine gefährlich hohe Sekundärspannung auftreten. Daher darf die
Sekundärseite eines Stromwandlers nicht
gesichert werden; sie ist kurzzuschließen,
wenn während des Betriebes z. B. ein
Meßinstrument ausgebaut werden soll.

Bei den bisher erläuterten Arten
von Transformatoren hängen die Primär-
und die Sekundärwicklung nur durch
das gemeinsame Feld zusammen; wir

Abb. 267.  Spartransformator.

können als Vergleich an einen doppelarmigen Hebel denken. Mit
einem einarmigen Hebel kann man die **Spartransformatoren**
vergleichen, bei denen die beiden Wicklungen auch elektrisch miteinander verbunden sind. Das Wesen eines Spartransformators zur
Herabsetzung der Spannung läßt sich am einfachsten an Hand eines
Beispieles erkennen (Abb. 267). Wir schalten zwei Wechselstromspulen *I* und *II* für 80 bzw. 40 Volt mit gemeinsamem Eisenschluß
hintereinander, so daß an die äußeren Klemmen eine Spannung von
120 Volt gelegt werden kann; sodann schalten wir an die Spule *II* einen
Verbrauchskörper, der bei 40 V einen Strom von 9 A auftreten läßt.
Sehen wir von Verlusten sowie von dem Magnetisierungsstrom ab, so
muß bei Abgabe von $40 \cdot 9 = 360$ VA eine ebenso große Aufnahme

dem Netz entnommen werden. Durch die Anschlußleitungen und die Spule $I$ fließt daher ein Strom von $\dfrac{360}{120} = 3$ A. Da aber die Lampe 9 A führen soll, so muß nach der ersten Kirchhoffschen Regel an den Verzweigungspunkten noch ein Strom von 6 A zu- bzw. abfließen. Aus der Abbildung ist zu erkennen, daß der Strom von 6 A in der Spule $II$ entgegengesetzte Richtung hat wie der Strom von 3 A in der Spule $I$. Es wird somit eine Leistung von 80 V und 3 A in der Spule $I$ verbraucht und eine solche von 40 V und 6 A von der Spule $II$ geliefert. Die transformierte Leistung beträgt demnach nur 240 VA, der andere Teil des Verbrauches, nämlich 360—240 = 120 VA, fließt dem Verbrauchskörper unmittelbar aus dem Netz zu. Die Spannung für den Verbrauchskörper wird also hier an einem Teil der in Reihe geschalteten Spulen abgenommen, ähnlich wie bei der Spannungsteilung mit Widerständen (vgl. Abb. 45); bei der Teilung durch Transformatoren tritt jedoch kein wesentlicher Verlust von Wirkleistung auf. Versieht man die ganze Wicklung mit mehreren Anschlußstellen, so kann die Sekundärspannung stufenweise geändert werden, der Transformator ist dann in Verbindung mit einem geeigneten Schaltapparat zum Anlassen und Regeln von Motoren verwendbar.

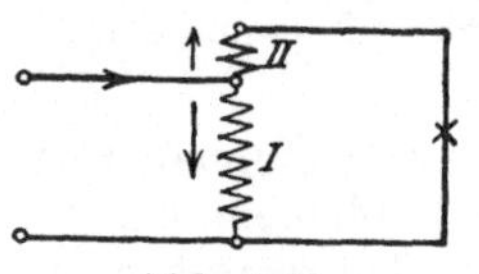

Abb. 268.
Zusatztransformator.

Ein Spartransformator kann nicht nur zur Herabsetzung, sondern als Zusatztransformator auch zur Erhöhung der Spannung dienen (Abb. 268). Zu diesem Zweck legen wir die vorhandene Spannung an die Primärspule $I$ und schalten hintereinander mit jener eine Sekundärspule $II$ von solcher Windungszahl, daß in ihr die erforderliche Zusatzspannung induziert wird. Die Sekundarspule liegt dann in Reihenschaltung in der Leitung zu den Verbrauchskörpern; der vom Transformator aus dem Netz aufgenommene Strom ist die Summe der beiden Spulenstrome.

Eine stufenlose Erniedrigung und Erhöhung der Spannung gestattet der Drehtransformator oder Induktionsregler (Abb. 269), dessen Bauart derjenigen der Induktionsmaschinen ähnlich ist. Das wesentlichste Merkmal eines solchen Apparates ist, daß die Sekundärspule $II$ auf einem zylindrischen Eisenkorper liegt und mit diesem um 180° um seine Achse verstellt werden kann. Die Spulenachse der Sekundärwicklung kann also mit der Achse der Primarwicklung $I$

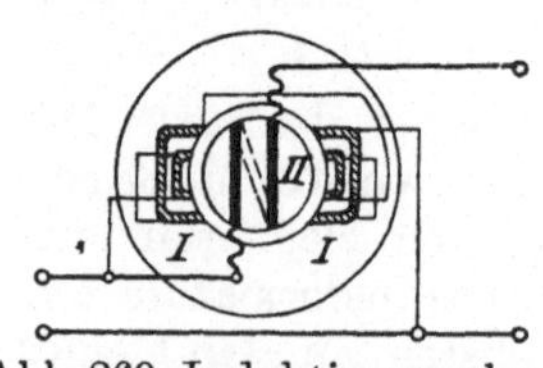

Abb. 269. Induktionsregler.

verschiedene Winkel einschließen. Steht die Sekundärwicklung mit ihrer Achse senkrecht zum Primarfeld, so tritt an ihren Klemmen keine Spannung auf, da sie das Primärfeld nicht umfaßt. Drehen wir die Spule nach links oder rechts, so werden immer mehr Feldlinien von der Spule umfaßt, an den Klemmen tritt dann eine Spannung auf, die je nach der Richtung der Verstellung die gleiche oder entgegengesetzte Richtung wie die Primärspannung hat. Schaltet man daher die Sekundärspule wie bei dem Zusatztransformator mit dem Verbrauchskörper in Reihe, so wird die Netzspannung wie bei der Zu- und Gegenschaltung in dem einen Fall erhöht, im andern verringert. Ein solcher Transformator ermöglicht das Regeln einer Spannung ohne Schaltkontakte und in stufenloser Änderung. Setzt man die verstellbare Sekundärwicklung in ein Drehfeld,

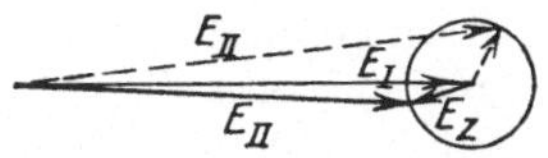

Abb. 270. Diagramm des Drehstrom-Induktionsreglers.

so ist zwar die Größe der in ihr induzierten Spannung von der Stellung unabhängig, dagegen ändert sich mit letzterer die Phase der Zusatzspannung $E_z$ (Abb. 270). Diese setzt sich daher unter jeweils verschiedenem Winkel mit der ankommenden Spannung $E_I$ zusammen, so daß die Größe und um ein weniges auch die Phase der resultierenden Spannung $E_{II}$ sich verändern lassen.

## 55. Parallelbetrieb von Transformatoren.

Ähnlich wie bei den Maschinen, so liegt auch bei den Transformatoren ein Parallelbetrieb nur dann vor, wenn die Abgabe in Parallelschaltung auf ein gemeinsames Netz erfolgt; dagegen kann man nicht von einem Parallelbetrieb sprechen, wenn die Transformatoren zwar primär an derselben Stromquelle parallel liegen, aber sekundär auf getrennte Stromkreise arbeiten. Sollen zwei Transformatoren primär und sekundär parallel geschaltet werden, so müssen die Spannungen beiderseits dieselbe Große haben, ferner muß die Richtung der Spannungen, d. h. die Polarität der Klemmen, übereinstimmen. Um letzteres festzustellen, legt man Prüflampen auf der Sekundärseite zwischen die Sammelschienen und die Klemmen des neu einzuschaltenden Transformators (Abb. 271). Ist dieser primär noch nicht eingeschaltet, so liegen die Lampen und die spannungslose Sekundärwicklung des Transformators in Reihe an den Sammelschienen, die Lampen brennen also mit halber Spannung. Wird die Primärwicklung des zweiten Transformators

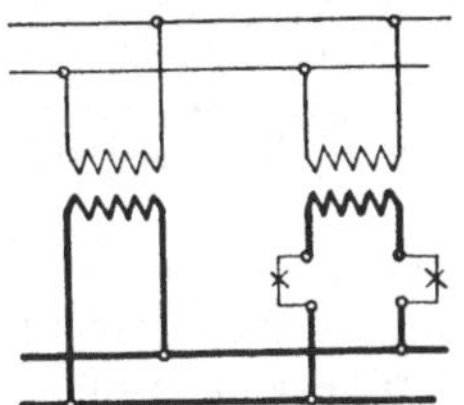

Abb. 271. Parallelschaltung zweier Einphasen - Transformatoren.

eingeschaltet, so müssen die Lampen ausgehen, wenn die Schaltung richtig ist, d. h. wenn die Spannungen der Transformatoren gegeneinander geschaltet sind. Bei Einphasentransformatoren ist durch Vertauschen der Klemmen stets die richtige Schaltung zu erreichen, bei Drehstromtransformatoren dagegen ist eine Parallelschaltung nicht mit beliebigen Zusammenstellungen der früher erwähnten drei Schaltungsarten möglich In den „Regeln für die Bewertung und Prüfung von Transformatoren" des V. D. E. sind diejenigen Schaltungsarten in je eine Gruppe eingeordnet, bei denen die Parallelschaltung durch Verbindung der gleichnamigen Klemmen vorzunehmen ist. Bei Transformatoren verschiedener Schaltungsgruppen ist es im allgemeinen nicht möglich, die drei Sekundärspannungen durch Vertauschen der Zuleitungen zur Übereinstimmung zu bringen. Wenn z. B. zwei Transformatoren beiderseits in Stern geschaltet sind, bei einem derselben aber die Sternverbindungen entgegengesetzt liegen wie bei dem andern, so können sie niemals parallel arbeiten. Nur bei einigen Schaltungen aus verschiedenen Gruppen ist es möglich, die erforderliche Übereinstimmung der Phasen durch Vertauschen der Zuleitungen zu erreichen. Wir betrachten z. B. das Schaltbild zweier Transformatoren, von denen der eine in △< (Schaltung $C_1$), der andere in △> (Schaltung $D_1$) geschaltet ist (Abb. 272 a und b). Verbinden wir am zweiten Transformator primär $V$ mit $T$ und $W$ mit $S$, so wird dadurch die „Phase" 2 umgekehrt und $1$ mit $3$ vertauscht. Dadurch werden auf der Sekundärseite die Spannungen $u$ und $w$ um 60° rechts- bzw. linksdrehend und die Spannung $v$

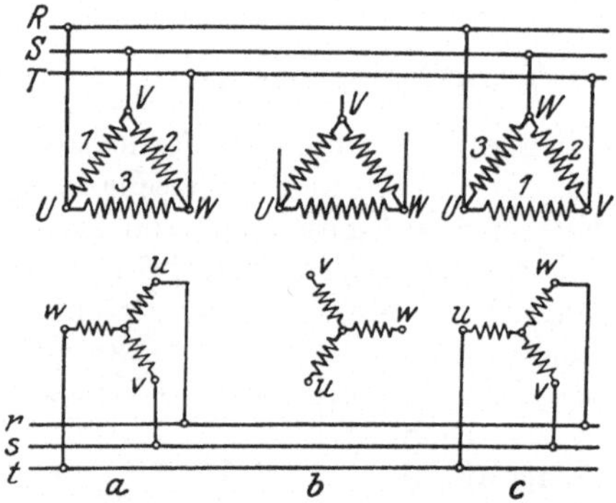

Abb. 272.  Drehstrom - Transformatoren in verschiedener Dreieck-Sternschaltung.

um 180° gedreht. Der Stern des zweiten Transformators hat dann (Abb. 272 c) dieselbe Lage wie derjenige des ersten (Abb. 272 a), die Parallelschaltung kann vorgenommen werden, wenn am zweiten Transformator $w$ mit $r$ und $u$ mit $t$, sowie $v$ mit $s$ verbunden wird.

Zur Beantwortung der Frage, wie sich nach der Einschaltung der Parallelbetrieb der Transformatoren gestaltet, ist zu beachten, daß eine willkürliche Verteilung der Belastung nicht möglich ist, da im Gegensatz zu den Generatoren weder das Feld noch die Kraftzufuhr von außen geregelt werden kann. Wir können zur Erläuterung die Parallelschaltung von Elementen (s. S. 31) heranziehen, bei denen sich bekanntlich der Belastungsstrom, gleiche EMK vorausgesetzt, im umgekehrten Verhältnis der inneren Widerstände auf die Elemente verteilt. Demnach werden die Transformatoren bei beliebiger Größe und Phase der Belastung den Gesamtstrom nur dann genau im Verhältnis ihrer Belastbarkeit untereinander verteilen, wenn ihre Kurzschlußspannungen nach Größe und Phase einander entsprechen, d. h. wenn die Spannungsverluste durch den Echt- und den Blindwiderstand einander gleich sind, die Kurzschlußdreiecke sich also decken. Hat ein neu aufzustellender Transformator eine kleinere Kurzschlußspannung als ein bereits vorhandener, so würde er stets einen verhältnismäßig zu großen Teil des Verbrauchsstromes übernehmen. Da eine nachträgliche Änderung der Kurzschlußspannung des Transformators selbst nicht leicht möglich ist, so muß man den zu geringen Spannungsverlust des neuen Transformators dadurch erhöhen, daß man primär oder

sekundar zwischen Transformator und Sammelschienen so viel Widerstand in Form einer Drosselspule einschaltet, bis der Belastungsstrom
sich in der gewünschten Weise auf die Transformatoren verteilt.

Wie die Hebel der Mechanik, so bieten die Transformatoren sich
als ein sehr vielseitiges Mittel dar, um durch mannigfaltige Schaltungen
die verschiedensten Spannungen und Ströme zu erzielen. Dabei sind
natürlich die Grenzen einzuhalten, welche die Durchschlagsfestigkeit
für die Spannung und die Belastbarkeit für den Strom ziehen.

**Beispiel:** Wir nehmen an, daß eine Einphasenspannung von 120 V
und zwei Einphasentransformatoren von 120/240 V und 5 kVA, d. h. von
etwa 42 A primarem und 21 A sekundarem Nennstrom zur Verfügung
stehen. Von den Schaltungen, die sich ausführen lassen, seien unter
Vernachlassigung der Verluste folgende erwahnt:

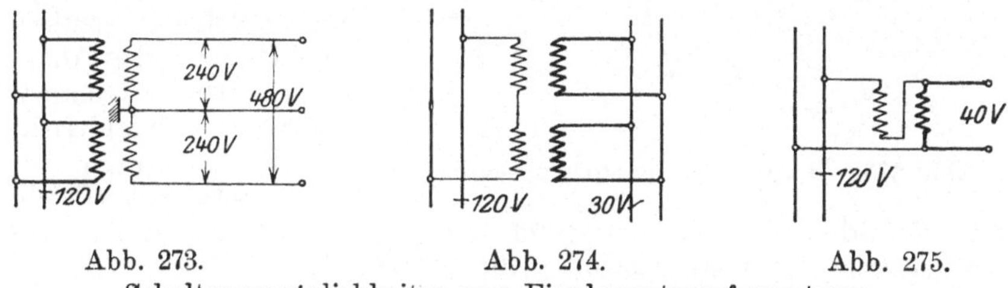


Abb. 273.      Abb. 274.      Abb. 275.
Schaltungsmóglichkeiten von Einphasentransformatoren.

a. Unterspannungswicklungen parallel als Primarspulen an 120 V,
Oberspannungswicklungen in Reihe mit geerdetem Mittelpunkt (Abb. 273);
es kann abgenommen werden: 480 bzw. 2 · 240 V Spannung mit 21 A.

b. Oberspannungswicklungen in Reihe an 120 V, Unterspannungswicklungen parallel (Abb. 274). Man erhalt 30 V und kann bis zu 84 A belasten.

c. Legen wir einen Transformator in Sparschaltung an 120 V (Abb. 275),
so kann an der Unterspannungswicklung eine Spannung von 40 V abgenommen werden. Schalten wir an diese eine Belastung von 63 A, so
ist der Primarstrom 21 A, daher wird in der Sekundarwicklung ein Strom
von 42 A fließen. Die Spannung von 40 V kann durch den zweiten Transformator in verschiedener Weise noch weiter verandert werden.

# Wechselstrom-Synchronmaschinen.

## 56. Bau und Ankerwicklung.

Da im Anker der üblichen Gleichstrommaschinen Spannung wech
selnder Richtung induziert wird (s. S. 148 u. 71), so kann jede Maschine
solcher Bauart auch als Wechselstrommaschine verwendet werden,
wenn man die Ankerwicklung mit Schleifringen statt mit einem Stromwender verbindet. Die gesamte Abgabe muß dann über Schleifringe
und Bürsten, d. h. eine bewegliche Kontaktvorrichtung, übertragen
werden, was besonders bei hoher Spannung Schwierigkeiten macht.
Daher zieht man bei Wechselstrommaschinen die umgekehrte Bauart
vor; man ordnet den Anker feststehend an, so daß die Verbindung
der Ankerwicklung mit den Netzleitungen nur aus festen Klemmen
besteht; den Magnetkörper läßt man mit der Welle umlaufen

und führt der Magnetwicklung die verhältnismäßig geringe Erregerleistung durch Schleifringe zu. Die meisten Maschinen sind dabei so gebaut, daß der Magnetkörper als sog. Polrad im Inneren des ringförmigen Ankereisens umlauft; dieses ist nach der inneren Mantelfläche zu mit Nuten zur Aufnahme der Wicklung versehen (Abb. 276). Der äußerste Teil einer solchen Maschine, das Gehause, hat dann im Gegensatz zu dem Joch der Gleichstrommaschine lediglich eine mechanische Aufgabe. Der Magnetkörper, der bei Maschinen sehr hoher Drehzahl nicht ausgeprägte Pole hat, sondern ahnlich wie der Anker einer Gleichstrommaschine eine zylindrische Walze mit Nuten ist, wird stets mit Gleichstrom fremd erregt, entweder durch eine eigene Erregermaschine oder aus einer sonstigen Gleichstromquelle (Abb. 277).

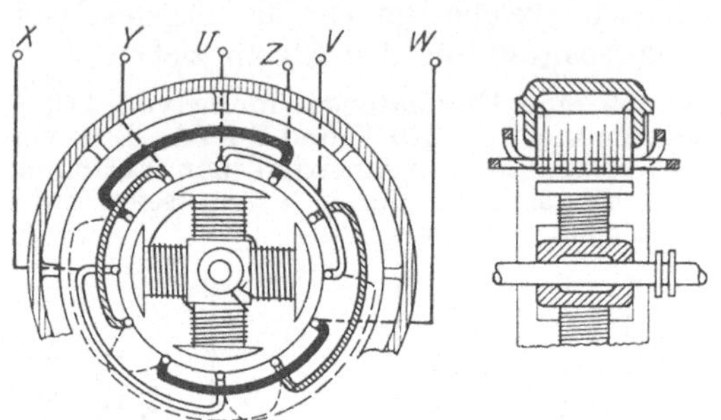


Abb. 276. Dreiphasen-Synchronmaschine.

Für die Ankerwicklung gilt derselbe Grundsatz wie bei den Gleichstrommaschinen: Man muß die Drähte so miteinander verbinden, daß sie einander in der Lieferung der gesamten Spannung oder des gesamten Stromes möglichst wirksam unterstützen. Die größte Wirkung wird erreicht, wenn man die Weite der Spulen und die Größe des Verbindungsschrittes zwischen diesen gleich der Polteilung macht (vgl. Abb. 276). Verschiedene Rücksichten zwingen aber auch hier, von diesem idealen Schritt abzuweichen, d. h. die Spulenweite und den Verbindungsschritt bald etwas größer, bald etwas kleiner als die Polteilung zu machen. Da die Spulenweite jedoch angenahert der Polteilung entspricht, kann man aus dem bewickelten Anker ohne weiteres auf die Polzahl der Maschine schließen.

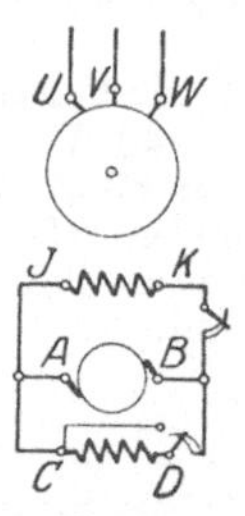


Abb. 277. Schaltskizze einer Synchronmaschine.

Die einfachste Ankerwicklung für einphasigen Wechselstrom erhalten wir, wenn wir in Nuten des Ankereisens Drähte derart legen, daß jeder Draht von dem nachsten um eine Polteilung entfernt ist, und wenn wir die Drahtenden abwechselnd auf der einen und der andern Stirnseite des Ankers in Reihe schalten, wie es in Abb. 278 als Grundriß in Abwicklung dargestellt ist. Um höhere Spannung zu erhalten, kann man wie bei der Gleichstromwicklung statt von dem zweiten Draht sofort weiter zu gehen, in die Nute des ersten zurückkehren und in solcher Weise Spulen von größerer Windungszahl wickeln (Abb. 279). Die zusammengehörigen Spulen einer Ankerwicklung werden in der Regel in Reihe geschaltet, Parallelschaltung von Spulen bzw. von Drähten einer Spule wird angewendet, wenn sie zur Anpassung an eine bestimmte Spannung oder eine vorhandene Drahtstärke notwendig ist. Sobald der Magnetkörper umläuft, haben dann die in aufeinanderfolgenden Spulenseiten induzierten Spannungen entgegengesetzte Phase, so daß an den Klemmen in jedem Augenblick die arithmetische Summe aller einzelnen Spannungen auftritt. Eine solche einfache Wicklung hat den Nachteil, daß die Ankerfläche nur wenig ausgenutzt wird und daß die Kurvenform der erzeugten Spannung genau derjenigen des Feldes entspricht. Abb. 199 zeigt, daß diese von der Sinusform erheblich abweicht. Man nimmt daher verkürzte und verlängerte Schritte, wenn auch die Gesamtspannung dadurch kleiner wird als die arithmetische Summe der Teilspannungen.

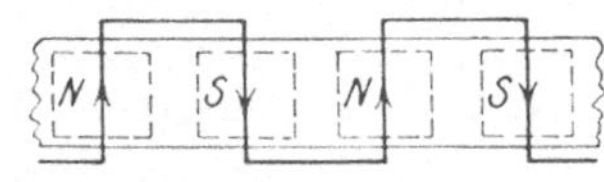

Abb. 278. Einphasenwicklung mit einem Draht je Pol.

In schematischer Darstellung sollen nachstehend die wichtigsten Wicklungsarten erläutert werden, dabei ist jedesmal der Anker abgerollt, d. h. in gerader Linie ausgestreckt gedacht und in achsialer Ansicht dargestellt, so daß die Pole und die Spulenköpfe in gerader Linie nebeneinander liegen.

Bei Einphasenwicklungen, zu deren Herstellung die gleichen Ankerbleche wie für Mehrphasenwicklungen verwendet werden, läßt man ein Drittel der Nuten jeder Polteilung unbewickelt; die Verwendung dieser Nuten würde bei der starken Verkürzung des Schrittes keinen Vorteil mehr bieten. Hat der Anker z. B. 6 Nuten auf jedes Polpaar, so sind demnach 4 Nuten zu bewickeln. Meistens wird

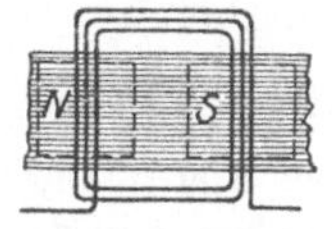

Abb. 279. Ankerspule mit mehreren Windungen.

dies mit einer zweifachen Spule, der sog. Zweilochwicklung, derart ausgeführt, daß man z. B. in Nut *2* beginnend den ersten Teil der Spule in die Nuten *2* und *4* legt, dann zur Nut *1* zurückgeht und

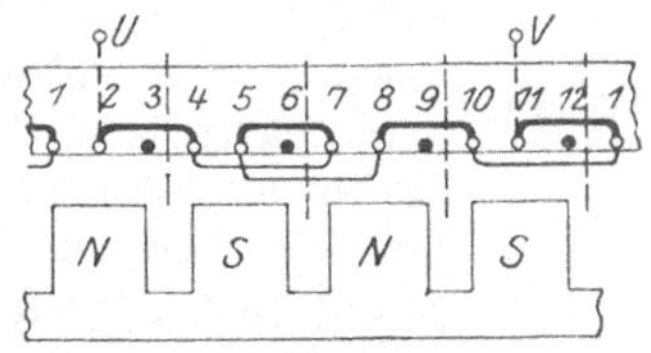

Abb. 280. Einphasenwicklung mit einer Spule je Polpaar.

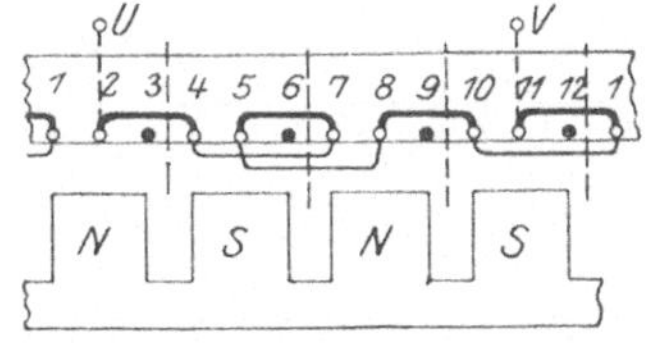

Abb. 281. Einphasenwicklung mit zwei Spulen je Polpaar.

nun den andern Teil der Spule in die Nuten *1* und *5* wickelt (Abb. 280). Das Ende dieser ersten Spule wäre dann mit dem Anfang der nächsten durch eine Verbindung von Nut *5* nach *8* hintereinander zu schalten. Dieselbe Spannung läßt sich offenbar mit geringerer Drahtlänge erreichen, wenn man von Nut *4* nicht nach rückwärts, sondern vorwärts und zwar nach Nut *7* geht; letztere liegt ja dem Pol gegenüber in gleicher Lage wie Nut *1*. Man wickelt sodann eine zweite Einlochspule in die Nuten *7* und *5* und legt schließlich eine Verbindung von *5* nach *8* (Abb. 281). Man erhält dann auf jedes Polpaar zwei einfache Spulen statt einer Doppelspule.

Für den idealen Fall des sinusförmigen Feldes, wobei also die Spannung in jedem Draht zeitlich nach dem Sinusgesetz verläuft, kann die Gesamtspannung solcher Spulen durch ein Vektordiagramm graphisch bestimmt werden (Abb. 282). Der Vektor *2* stelle nach Größe und Richtung die in Nut *2* induzierte Spannung, z. B von 10 V, dar. Würden wir von *2* mit einem Schritt von der Größe der Polteilung, also um 180 elektrische Grade nach Nut *5* gehen, so würde sich die Spannung der letzteren in gleicher Richtung zu ersterer addieren, da die Drahte

Abb. 282.
Vektor-
diagramm
zu Abb. 280.

gegeneinander geschaltet sind; die Summe wäre also = 20 V. Da wir jedoch in Abb. 280 und 281 die Spule in die Nuten *2* und *4* gewickelt, also einen Schritt von zwei Drittel Polteilung ausgeführt haben, so liegen die Spannungen *2* und *4* unter einem Winkel von 120⁰. Die Summe derselben ergibt sich dann aus der Geometrie der Figur zu $2 \cdot 10 \cdot \tfrac{1}{2} \sqrt{3} = 17{,}3$ V. Von Nut *4* gehen wir in Abb. 280 nach *1*, also um eine Polteilung zurück. Die Spannung *1* hat daher gleiche Richtung wie *4*; das selbe gilt in Abb. 281 für Nut *7*. Die Spannung *5* schließt sich wie eingezeichnet an, da wir um 240⁰ nach vorwarts bzw. um 120⁰ nach rückwärts gehen, sie muß dieselbe Richtung wie die Spannung *2* haben. Mit der Wicklung nach Abb. 280 oder 281 erreichen wir daher eine Spannung, die im Verhältnis 1 : 0,865 kleiner ist als bei Anwendung von Schritten, die stets gleich der Polteilung sind. In unserem Fall wäre die Gesamtspannung einer zweifachen oder zweier einfacher Spulen nicht 40 V sondern 34,6 V.

Eine **Dreiphasenankerwicklung** muß auf jedes Polpaar drei Spulen, deren mittlere Weite gleich einer Polteilung ist, in gleichmäßiger

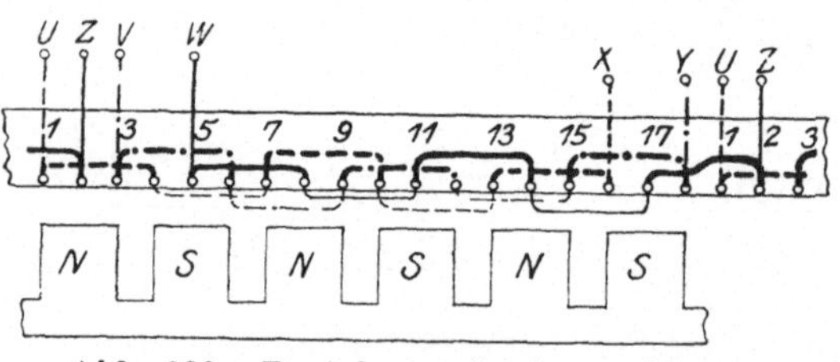

Abb. 283.　Dreiphasen-Spulenwicklung.

Verteilung erhalten. Die Spulen der drei Phasen sind also um je zwei Drittel Polteilung (120 elektrische Grade) gegeneinander zu versetzen. Um die Kreuzung der Spulen ausführen zu können, muß man entweder die Köpfe jeder Spule schrag führen oder dieselben gruppenweise in verschiedene Ebenen legen (vgl. Abb. 276). Als Beispiel zeigt Abb 283 die Ankerwicklung für eine sechspolige Maschine mit 3 Nuten je Polteilung, also insgesamt 18 Nuten. Die Spulenweite ist gleich der Polteilung mit einem Nutenschritt = 3 auszuführen, die Wicklungsphasen müssen einen Abstand von 2 Nuten voneinander haben. Demnach ist die erste Spule der ersten Phase in die Nuten *1* und *4*, die der zweiten in *3* und *6*, die der dritten in *5* und *8* zu wickeln. Um die Kreuzung auszuführen, liegen je 4 Spulenköpfe in verschiedenen Ebenen, der Kopf der neunten Spule, die in den Nuten *17* und *2* liegt, muß zum Teil in der einen, zum Teil in der andern Ebene liegen. Bei Maschinen mit mehreren Polpaaren sind die gleichnamigen Pole gleichwertig, daher kann z. B. der Anfang einer Phase an beliebigen Stellen liegen, die um eine doppelte Polteilung voneinander abstehen. So könnte in Abb. 283 die zweite Phase statt in Nut *3* auch in *9* oder *15* beginnen. Die sechs Klemmen *U, V, W* und *X, Y, Z* können in Stern oder Dreieck geschaltet werden. Bei größeren Maschinen, deren Anker geteilt hergestellt wird, ist es erwünscht, daß die Teilfugen nicht durch Spulen überbrückt werden müssen. Man kann dies dadurch erreichen,

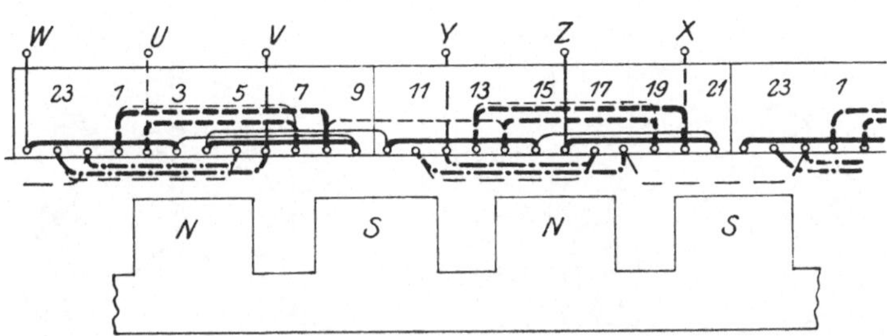

Abb 284. Dreiphasen-Spulenwicklung für geteilten Anker

daß man drei verschiedene Formen von Spulenköpfen, für jede Phase eine andere, ausführt. Die Fuge kann dabei so gelegt werden, daß sie zwischen Nuten derselben Phase durchgeht. In Abb. 284 ist dieser Fall an einer vierpoligen Wicklung mit 24 Nuten dargestellt. Die erste Phase besteht aus zwei Zweilochspulen in den Nuten *2, 7, 1, 8* sowie in *14, 19, 13, 20*, die zweite Phase aus ebensolchen Spulen in den Nuten *6, 23, 5, 24* sowie in *18, 11, 17, 12*. Die dritte Phase dagegen besteht aus vier Einlochspulen in den Nuten *22* und *3*, *9* und *4*, *10* und *15* sowie *21* und *16*.

Der Anker kann dann zwischen den Nuten *9* und *10* sowie *21* und *22* geteilt sein, ohne daß die Trennfugen durch Spulen überbrückt werden müssen. Durch die gezeichnete Anordnung der Verbindungen erreicht man auch, daß für Sternschaltung die Enden der Phasen *X, Y, Z* ohne Kreuzungen untereinander verbunden werden können.

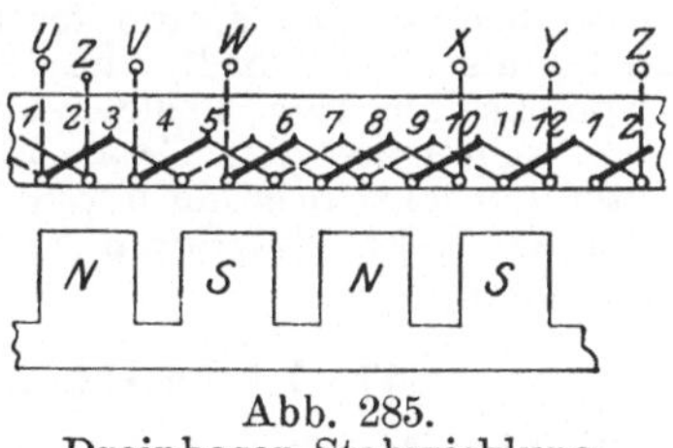

Abb. 285.
Dreiphasen-Stabwicklung.

Bei Maschinen, die im Verhältnis zur Leistung geringe Spannung, daher große Stromstärke haben, kommen auch Wicklungen mit nur einer Windung für jede Spule, sogenannte Stabwicklungen vor Die Köpfe der Stäbe werden wie bei einer Gleichstromwicklung ausgeführt, jedoch an die Stirnseiten gelegt. Abb. 285 zeigt eine solche Wicklung, wobei die auf der Rückseite des Ankers liegenden Stirnverbindungen gestrichelt gezeichnet sind.

Um vorhandene Blechschnitte zu verwenden oder um sinusförmigen Spannungsverlauf zu erreichen, werden häufig auch Wicklungen ausgeführt, die in der Anordnung innerhalb der Phasen nicht symmetrisch sind; so können in den Wicklungsphasen Einloch- und Mehrlochspulen in Reihe liegen oder einzelne Nuten freigelassen werden. Um festzustellen, ob eine solche ungleichmäßige Wicklung symmetrische Spannungen von gleicher Höhe liefert und um deren Wert für sinusförmiges Feld zu bestimmen, zeichnet man ein zweipoliges Ersatzbild der Wicklung und daraus das Vektordiagramm.

Als **Beispiel** behandeln wir eine sechspolige Dreiphasenwicklung für einen Anker mit 27 Nuten. Auf jede Phase kommen demnach 9 Nuten

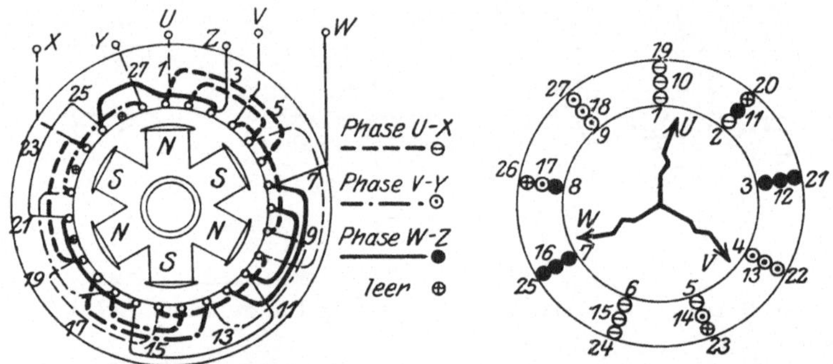


Abb. 286.  Dreiphasenwicklung mit ungleichen Spulen und Ersatzbild.

und 3 Spulen. In jeder Phase sollen eine Nut freigelassen und zwei einfache und eine zweifache Spule ausgeführt werden. Die Polteilung beträgt $\frac{27}{6} = 4\frac{1}{2}$, es werden verkürzte Spulenteile mit dem Schritt 3 und verlängerte mit dem Schritt 5 gewickelt. Wir beginnen nach Abb. 286 die erste Wicklungsphase bei Nut *1* und legen die erste Spule in die Nuten *1*, *6*, *2* und *5*, die zweite in *10* und *15*, die dritte in *19* und *24*. Die zweite Phase beginnt bei *4*, die dritte bei *7* usw. Das Ersatzbild zeichnen wir so, als ob der Anker nur 2 Pole und 9 Nuten hätte und in jeder Nut 3 Spulenseiten bzw. 2 solche und ein freier Platz liegen würden. Man erkennt schon aus dem Ersatzbild, ob die drei Phasen symmetrisch liegen. Unter Berücksichtigung der Spannungsrichtung in jedem Draht läßt sich dann das Vektordiagramm leicht einzeichnen und die Summenspannung bestimmen.

## 57. Verhalten der Synchrongeneratoren.

Im Leerlauf verhält sich der Synchrongenerator wie ein fremd erregter Gleichstromgenerator, nur ist zu beachten, daß die richtige Drehzahl genau eingehalten werden muß, da sich mit der Frequenz des abgegebenen Stromes die Drehzahl der angeschlossenen Motoren ändert. Die Größe der im Generator induzierten EMK ist nach der magnetischen Kennlinie von der Stärke des Erregerstromes abhängig.

Die Klemmenspannung ändert sich zwischen Leerlauf und Belastung je nach der Größe und der Phasenverschiebung des Belastungsstromes und zwar durch dreierlei Einflüsse. Zunächst ist der Ohmsche Widerstand (Echtwiderstand) der Ankerwicklung zu überwinden, ferner kommt der induktive Widerstand der Ankerspulen zur Wirkung. Letzterer verkörpert den Einfluß derjenigen Linien des

Ankerfeldes, die sich nicht mit den Linien des Grundfeldes vereinigen, also der **Ankerstreulinien**. Diese schließen sich einerseits um die Spulenköpfe an den Stirnseiten des Ankers, anderseits um die Ankerleiter in den Nuten, indem sie längs der Zähne und über den Luftschlitz am Kopf der Nut verlaufen.

Wie bei den Gleichstrommaschinen wird aber auch hier das Grundfeld der Erregerwicklung durch das **Ankerfeld** beeinflußt. Ist die Belastung **induktionsfrei**, so wird in jedem Ankerdraht der Scheitelwert des Stromes gleichzeitig mit demjenigen der Spannung auftreten, d. h. zu einer Zeit, in welcher der betreffende Ankerdraht in der Polmitte, die Achse der Spule demnach in der neutralen Zone sich befindet. Das Ankerfeld ist dann ein reines **Querfeld**, wie bei einer Gleichstrommaschine mit unverschobenen Bürsten. In Abb. 287 sind Erreger und Ankerdrahte dargestellt und einzelne Linien des Ankerstreufeldes und des resultierenden Feldes angedeutet. Der Verlauf des letzteren gibt gleichzeitig ein Bild der Kraft, die bei dem mit Wirkstrom belasteten Generator zwischen Magnetkörper und Anker auftritt und sich

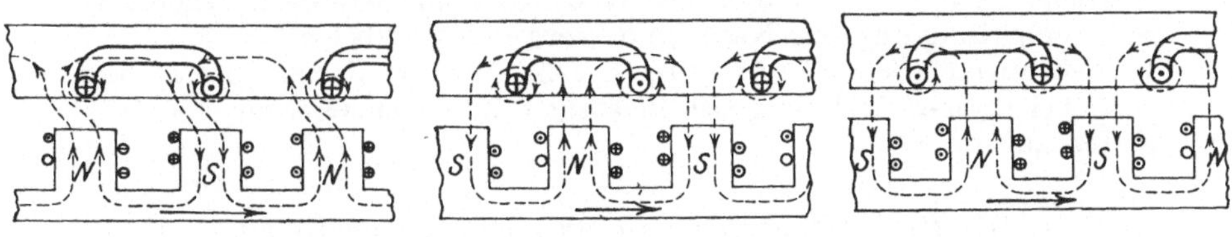

<table>
<tr><td>Abb. 287.</td><td>Abb. 288.</td><td>Abb. 289.</td></tr>
</table>

Feld des Generators bei verschiedener Phase des Belastungsstromes.

dem Drehmoment der Antriebsmaschine entgegenstemmt. Ist dagegen die Belastung rein **induktiv**, so erreicht der Ankerstrom seinen Scheitelwert erst nach der Spannung und zwar in einem Zeitpunkt, wo die Pole bereits um eine halbe Polteilung weiter, die betrachteten Ankerdrähte also in der neutralen Zone sind (Abb. 288). In diesem Fall sind die Stromwindungen des Ankers denen der Pole entgegengesetzt, sind also **Gegenwindungen**. Das resultierende Feld ist daher schwächer als das Leerlauffeld; die Wirkung ist dieselbe wie bei einem belasteten konstant erregten Gleichstromgenerator, dessen Bürsten in der Drehrichtung verschoben sind. Die Klemmenspannung eines Wechselstromgenerators ist daher bei induktiver Belastung unter sonst gleichen Umständen erheblich geringer als bei induktionsfreier Belastung, um so mehr, als dann auch der Spannungsverbrauch zur Überwindung des induktiven Widerstandes der Phase nach stärker zur Wirkung kommt  Obgleich eine induktive Belastung unmittelbar keine Wirkleistung beansprucht, wie auch der Verlauf des resultierenden Feldes erkennen laßt, ist sie doch schädlich  Sie verursacht nicht nur, im Vergleich zu einem induktionsfreien Strom gleicher Wirkleistung, erhöhte Verluste in den Ankerdrähten und Netzleitungen, sondern erfordert auch eine bedeutende Verstärkung des Erregerstromes, wenn die Klemmenspannung auf demselben Wert gehalten werden soll. Verursacht die Belastung schließlich ein Voreilen des Stromes vor der Spannung, ist sie also **kapazitiv**, so tritt die entgegengesetzte Änderung des Feldes auf. Die Stromwindungen des Ankers sind denen der Pole gleichgerichtet, **verstärken** daher das Grundfeld, so daß mit steigender Belastung eine Spannungserhöhung auftritt (Abb. 289). Unter Umständen kann man sogar bei einem mit stark voreilendem Strom belasteten Generator den Erregerstrom allmählich bis auf Null verringern, das Feld wird dann ausschließlich durch den Ankerstrom erzeugt.

Die Spannungsänderung eines Generators ist demnach durch die erwähnten drei Einflüsse der Ankerwicklung erheblicher als bei einem Gleichstromgenerator. Würde man beim Entwurf des Generators auf möglichste geringe Spannungsänderung abzielen, so würde ein Kurzschluß sehr große Stromstarke zur Folge haben. Der Kurzschlußstrom ist nicht so sehr wegen der Warmewirkung, die ja immer an die Zeit gebunden ist, als durch die schon bei kürzesten Stromstoßen zwischen den Ankerleitern auftretenden Kraftwirkungen gefahrlich. Man nimmt daher bei Wechselstromgeneratoren erhebliche Spannungsänderung in Kauf und verwendet selbsttatige Reguliervorrichtungen (Schnellregler vgl. S. 163), um die Klemmenspannung auch bei rascher Änderung der Belastung in engen Grenzen konstant halten zu können.

## 58. Parallelbetrieb von Synchrongeneratoren.

Bei den Gleichstromquellen hatten wir für das Parallelschalten die Bedingung aufgestellt, daß die Spannungen nach Richtung und Größe gleich sein müssen. Da nun die Wechselspannung in jedem Augenblick einen andern Wert hat, so müssen wir diese Grundbedingung dahin erweitern, daß die Spannungen für die Zeit des Parallelschaltens **in jedem Augenblick** nach Größe und Richtung gleich sein müssen, oder anders ausgedrückt: Die Spannungskurven der parallel zu schaltenden Maschinen müssen einander möglichst vollstandig decken. Zerlegen wir diese Bedingung, so muß zunächst die Kurvenform der Maschinen übereinstimmen, eine Forderung, die schon aus anderen Gründen bei dem Bau einer Maschine nach Möglichkeit erfüllt wird, an der fertigen Maschine aber natürlich nicht mehr durch betriebsmäßige Regelung erreicht werden kann. In der Regelung der Maschinen vor dem Einschalten sind drei Teilbedingungen zu erfüllen, nämlich: Übereinstimmung in dem Effektivwert der **Spannungen**, die durch Spannungsmesser zu prüfen ist, dann Übereinstimmung der **Frequenz** und schließlich der **Phasen**. Die beiden letzten Bedingungen werden durch verschiedene Arten von Synchronismus- oder Phasenanzeiger, am einfachsten durch die schon früher erwähnten **Prüflampen**, festgestellt. Da hier auch geringe Unterschiede in den Spannungswerten angezeigt werden müssen, ist die Schaltung mit gekreuzten Lampen, die sog. **Hellschaltung**, vorzuziehen (Abb. 290). Durch diese werden die Spannungen der Generatoren auf die Lampen hintereinander geschaltet, die Lampen brennen demnach hell, sobald die Bedingungen für das Einschalten erfüllt sind. Wie die Anzeigevorrichtung wirkt, wenn eine der Bedingungen nicht erfüllt ist, kann mittels der Sinuskurven oder des Vektordiagramms verfolgt werden. Wenn die Spannungskurven sich vollständig decken, so fallen die Endpunkte der Vektoren zusammen. Es herrscht dann zwischen den gleichnamigen Klemmen der Wicklungen keine Spannung, dagegen die volle Spannung zwischen den ungleichnamigen Klemmen, z. B. zwischen $U_I$ und $V_{II}$ sowie zwischen $U_{II}$ und $V_I$. Sind die Frequenzen um ein Geringes verschieden, so werden die Spannungsvektoren der einen Maschine denen der andern langsam vorauseilen und sie überholen, die Lampen werden daher langsam aufleuchten und wieder dunkel werden. In Abb. 291 stellen die dünn ausgezogene und die punktierte Kurve die Spannungen der beiden Generatoren dar, deren Frequenzen verschieden sind. Die stark ausgezogene Kurve ist die Summe jener beiden, gibt also den zeitlichen Verlauf der an den Prüflampen wirkenden Spannung an

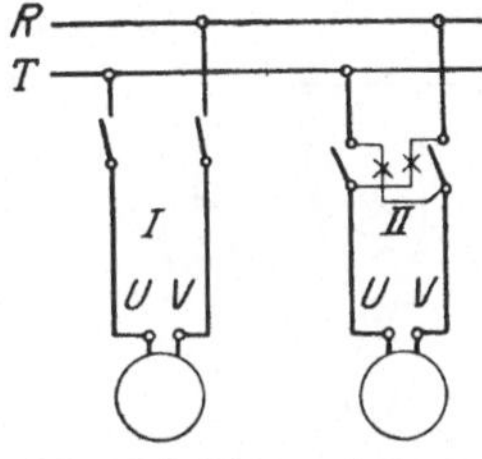

Abb. 290. Phasenlampen in Hellschaltung.

Je geringer der Unterschied der Frequenzen ist, desto langsamer ändert sich die Summenkurve. Wenn dagegen die Frequenz genau stimmt, die Phasen aber verkehrt sind, so daß in dem Zeitpunkt der Beobachtung die ungleichnamigen Klemmen der Maschine an demselben Pol des Schalters liegen, so werden die kreuzweise geschalteten Lampen mehr oder weniger dunkel sein. Man muß dann durch eine kurzzeitige geringe Änderung der Drehzahl die Übereinstimmung der Frequenz stören,

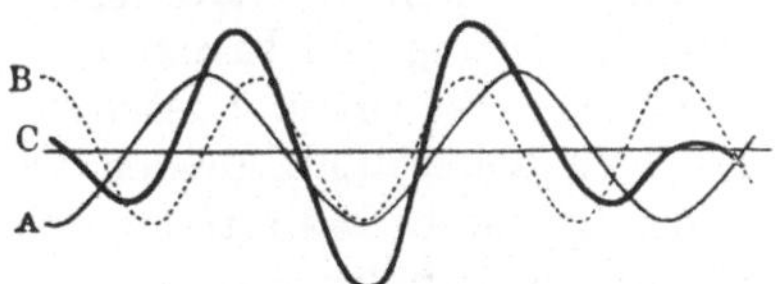

Abb. 291
Zusammensetzung zweier Spannungskurven ungleicher Frequenz.

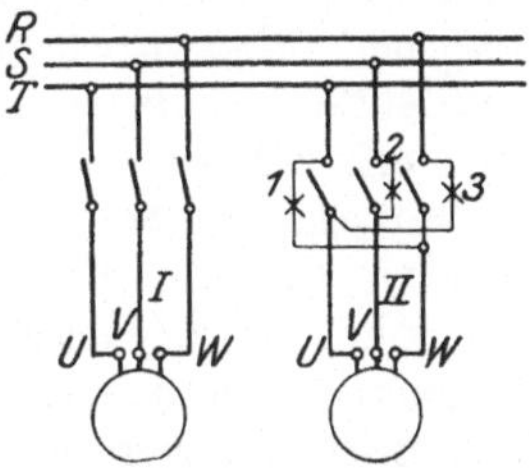

Abb. 292. Phasenlampen für die Parallelschaltung eines Drehstromgenerators.

falls dies nicht nach einiger Zeit von selbst eintreten sollte. Verwendet man bei Drehstrom drei Lampen, von denen zwei kreuzweise geschaltet sind, während die dritte an den anderen gleichnamigen Klemmen des Schalters liegt (Abb. 292), so kann man auch erkennen, ob die einzuschaltende Maschine zu schnell oder zu langsam läuft. Die Lampen leuchten dann in verschiedener Reihenfolge nacheinander auf, entweder in der Folge 1—2—3 oder in der Folge 1—3—2. Diese Erscheinung ist leicht zu verstehen, wenn man die drei um 120° gegeneinander verschobenen Spannungsvektoren der einen Maschine gegen die anderen drei in verschiedene Lagen verdreht aufzeichnet. Dabei nimmt man am besten Sternschaltung mit gemeinsamem Nullpunkt an (Abb. 293). Häufig ist man nicht in der Lage, die Art der Phasenlampenschaltung zu verfolgen, besonders wenn die Lampen mittels Meßwandlern angeschlossen sind. Um festzustellen, was der Anzeigeapparat bei Übereinstimmung der Spannungen angibt, braucht man nur die Hauptleitungen der neu einzuschaltenden Maschinen zwischen den Klemmen des Schalters, mit dem parallel geschaltet werden soll, und den Maschinenklemmen zu unterbrechen und dann den Schalter zu schließen. Es müssen dann diejenigen Anzeichen auftreten, die für die Parallelschaltung zu erfüllen sind, da auf beiden Seiten des Schalters dieselbe Spannung vorhanden ist.

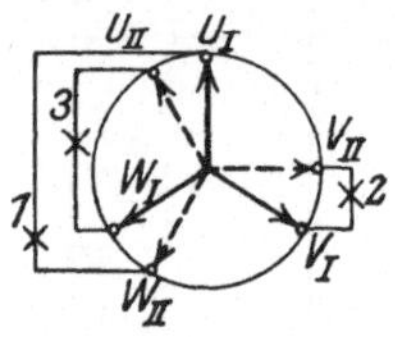


Abb. 293.
Diagramm zu
Abb. 292.

Aus den Darlegungen des folgenden Abschnittes über den Synchronmotor werden wir erkennen, daß eine Maschine im allgemeinen nach der Parallelschaltung von selbst im Tritt bleibt, d. h. mit gleicher Frequenz und richtigen Phasen weiter läuft. Der neu eingeschaltete Generator soll sich nun an der Abgabe von Leistung in das Netz beteiligen. Ändern wir, wie bei dem Parallelbetrieb von Gleichstromgeneratoren, die Erregung an einer der parallell laufenden Synchronmaschinen, so wird zwar eine Änderung der Ankerstromstärke, aber keine Änderung im Ausschlag des Leistungszeigers, den man bei solchen Maschinen einbaut, erfolgen. Wie erklären wir uns diese Erscheinung? Ebenso wie bei Gleichstromquellen (vgl. S. 32 und 197) muß zwischen Wechselstromgeneratoren ein Ausgleichsstrom auftreten, wenn wir die EMK eines Teiles erniedrigen oder erhöhen. Während aber dort jede Änderung des Stromes auch zwangläufig eine Änderung der Leistung bedeutet, ist hier auch Blindstrom möglich; ein solcher wird auftreten, wenn wir nach der Parallelschaltung bei unveränderter Zufuhr von Antriebsleistung die Erregung ändern. Würden wir die Erregung des Generators *II* ganz ausschalten, so läge seine Ankerwicklung als induktiver Widerstand an den Sammelschienen, Generator *I* müßte dann infolge dieser induktiven Belastung stärker erregt werden, wenn die Spannung gehalten werden soll. Im Parallelbetrieb von Generatoren wird demnach durch Untererregung eines Generators der andere induktiv belastet; ferner folgt daraus, daß einer dem andern die Aufgabe zuschieben kann, die Erregung für das Netz zu liefern, ohne daß ein Einfluß auf die Verteilung der abgegebenen Wirkleistung stattfindet. Letzterer läßt sich nur dadurch erreichen, daß man die Antriebsmaschine regelt. Soll Generator *II* Wirkleistung abgeben, so muß er gegenüber Generator *I* vorzueilen suchen, d. h. man muß seine Antriebsmaschine so regeln, als sollte sie schneller laufen, damit sich ihre Kraftzufuhr, sei es Dampf, Wasser oder elektrischer Strom, erhöht. Bei gegebenem Netzbedarf wird dadurch der andere Generator entlastet, seine Antriebsmaschine wird sich auf geringere Kraftzufuhr einstellen. Im Gegensatz zu den Gleichstromgeneratoren ist demnach im Parallelbetrieb von Wechselstromgeneratoren eine Regelung der Antriebsmaschine nötig, sowohl vor wie nach dem Parallelschalten.

Werden die Wechselstromgeneratoren mit gleichmäßigem Drehmoment, z. B. durch Turbinen, angetrieben, so bereitet der Parallelbetrieb keine besonderen Schwierigkeiten. Dagegen können Störungen durch P e n d e l n auftreten, wenn der Antrieb ungleichförmig ist, d. h. durch Kolbenmaschinen, besonders Gasmaschinen, erfolgt. Durch die Kraftwirkung zwischen den Polen und den stromführenden Ankerdrähten entsteht, wie wir gesehen haben, eine Anziehung bzw. Abstoßung, das Polrad sucht je nach der Belastung eine bestimmte Stellung gegenüber dem Ankerstrom einzunehmen und wird mit einer gewissen Kraft in diese Stellung gezogen. Sobald es aus dieser Gleichgewichtslage herausgebracht wird, schwingt es wie irgend eine andere pendelnde Masse um diese Nullage und zwar mit einer Eigenschwingungszahl, die durch die Starke des Feldes und die Größe des Trägheitsmomentes bestimmt ist. Wenn der Antrieb ungleichförmig ist, lauft das Polrad während einer Umdrehung bald schneller, bald langsamer, es wird also gezwungen, Schwingungen um diejenige Stellung auszuführen, die es bei gleichförmigem Antrieb einnehmen müßte. Stimmt nun die sekundliche Zahl dieser Schwingungen gerade mit der Eigenschwingungszahl überein, so verstärken sich die Schwingungen durch Resonanz; es treten starke Ausgleichsströme auf und schließlich können die Schwingungen so groß werden, daß die Maschine außer Tritt fällt. Solches starke Pendeln sucht man zunächst durch passende Bemessung des Trägheitsmomentes zu verhindern, ferner kann es dadurch gedämpft werden, daß man in den Polschuhen Kupferstäbe anbringt, in denen durch das Pendeln Wirbelströme auftreten. Diese verkleinern dann die Schwingungen, wie wir es bei den Meßinstrumenten kennen gelernt haben.

## 59. Synchronmotoren.

Stellt man nach dem Parallelschalten eines Synchrongenerators die Antriebskraft ab, so läuft er genau mit derjenigen Drehzahl, die der Frequenz des Netzes und seiner eigenen Polzahl entspricht, d. h. mit

$$n = \frac{60 \cdot f}{p}$$ (vgl. S. 119) als Motor weiter. Die Erklärung dieser Erscheinung ist für eine Mehrphasenmaschine ohne weiteres dadurch gegeben, daß die Magnete des Polrades von dem Drehfeld mitgenommen werden (vgl. S. 120); für den Einphasenmotor müssen wir dazu etwas weiter ausholen. Bei der Besprechung des Gleichstrommotors hatten wir gesehen, daß das zwischen den Polen und einer Ankerspule auftretende Drehmoment seine Richtung behalt, falls der Strom in dem Augenblick wechselt, wo die Spule in der Neutralen steht. Dieselbe Bedingung muß auch hier gelten. Bei einem Gleichstrommotor erfolgt das Wechseln des Ankerstromes durch den mit dem Anker verbundenen Stromwender, daher immer im richtigen Augenblick, einerlei wie groß die Drehzahl des Ankers ist. Der Gleichstrommotor kann demnach mit beliebiger Drehzahl, d. h. beliebiger Frequenz des Ankerstromes, laufen. Bei einem Synchronmotor dagegen ist die Frequenz des Ankerstromes

durch die Frequenz des Netzes festgelegt. Das Drehmoment zwischen Pol und Anker wird nur dann stets dieselbe Richtung haben, wenn der Stromwechsel in der neutralen Zone erfolgt, die Drehung also genau im Takte dieses Wechsels fortschreitet. Diese Überlegung sowie die Anwendung der Abb. 287 auf den Motor zeigt uns, daß auch im Einphasenmotor ein Drehmoment von stets gleicher Richtung wirkt, sobald er synchron läuft.

Es ist klar, daß ein Synchronmotor nicht durch einfaches Einschalten sofort auf volle Drehzahl gebracht werden kann. Er muß entweder mit dem Generator, d. h. mit allmählich steigender Frequenz langsam anlaufen oder muß wie ein Generator auf die richtige Drehzahl gebracht und parallel geschaltet werden, ein drittes Anlaßverfahren ist bei Mehrphasenmotoren noch möglich. Legt man den Anker, am besten bei kurzgeschlossener Magnetwicklung, im Stillstand an verminderte Spannung, so werden Wirbelstrome in den Polschuhen bzw. in den Dampferstaben derselben induziert. Im Abschnitt 32 hatten wir entwickelt, daß dann der bewegliche Teil durch das Drehfeld mitgenommen wird, und zwar bis auf eine Drehzahl, die etwas kleiner als die synchrone ist. Wenn man nun die Ankerspannung in einigen Stufen erhoht und schließlich die Magnete allmählich erregt, so gleitet das Polrad aus dem asynchronen Anlauf allmählich in den synchronen Lauf hinein

Wie der Name sagt, hat der Synchronmotor eine bestimmte Drehzahl. Er behalt sie auch bei Belastung genau bei. Das Polrad wird in dem Augenblick des Eingreifens der Last etwas zurückgehalten, dadurch wird die Gegen-EMK des Motors vermindert und in der Phase gegen die Klemmenspannung verschoben, so daß die beiden Kurven sich nicht mehr wie bei idealem Leerlauf decken. Durch den Unterschied der Spannungen entsteht dann der Strom, der das geforderte Drehmoment liefert und das etwas zurückgestellte Polrad wieder mit synchroner Geschwindigkeit antreibt. Beleuchtet man das Polrad mit einer Lampe, die von derselben Stromquelle wie der Anker gespeist wird, so scheint es stillzustehen; im Augenblick der Belastung ist dann deutlich das kurze Zurückbleiben des Polrades zu beobachten. Bei starker Überlastung bleibt der Motor plötzlich stehen, der Ankerstrom steigt dabei stark an; in der Erregerwicklung kann dann, wie auch beim Ausschalten des Erregerstromes wahrend des Betriebes, durch Transformatorwirkung eine gefahrlich hohe Spannung auftreten. Dieses Außertrittfallen des Synchronmotors erklart sich dadurch, daß bei starker Überlastung das Zurückhalten des Polrades so lange dauert, daß der Ankerstrom seine Richtung wechselt, ehe die Pole in der richtigen Stellung gegenüber den Ankerspulen sind. Dann kehrt das Drehmoment seine Richtung um, das Polrad kommt nach einigen Pendelungen zum Stillstand.

Durch Änderung der Erregung wird bei dem Motor wie bei dem Generator ein Blindstrom hervorgerufen, der Gesamtstrom also erhoht. Bei Untererregung muß er induktiv sein, da bei ausgeschalteter Erregung die Ankerspulen als Verbrauchskörper am Netz liegen; bei Übererregung, d h. starkerer Erregung als der normalen, steigt der

Ankerstrom ebenfalls, eilt aber wie bei einem Kondensator der Spannung voraus. Ein übererregter Synchronmotor gibt daher durch die Voreilung seines Stromes $J_S$ die Moglichkeit, die durch den Strom $J_{1s}$ von Asynchronmotoren verursachte Nacheilung auszugleichen und die Stärke des Gesamtstromes $J$ auf denjenigen kleinsten Wert zu bringen, der durch die Wirkbelastung bedingt ist (Abb. 294). Der Synchronmotor wird zu diesem Zweck am Verbrauchsort aufgestellt und übernimmt dann die Lieferung des Erregerwechselstromes für die induktiven Verbrauchskorper des Netzes, der sonst durch die Fernleitung von den Generatoren her übertragen werden muß.

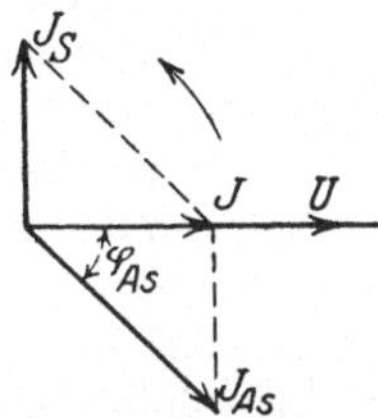


Abb. 294. Phasenverschiebung durch übererregten Synchronmotor.

## 60. Einanker-Umformer.

In den Abschnitten 17 bzw. 38 hatten wir gesehen, daß von einem im Magnetfeld umlaufenden Anker sowohl Wechselspannung durch Schleifringe als auch Gleichspannung durch einen Stromwender abgenommen werden kann. Daher muß es moglich sein, eine solche Maschine als Generator für Gleich- und Wechselstrom zu verwenden oder der Ankerwicklung wie einem Motor eine dieser Stromarten zuzuführen und die andere abzunehmen, d. h. die Maschine als Umformer zu benutzen. Die Verwendung als Doppelgenerator kommt selten in Frage, dagegen werden die Einankerumformer haufig angewendet, besonders zur Umwandlung von Drehstrom in Gleichstrom.

In der Bauart unterscheidet sich ein Umformer nur dadurch von einer Gleichstrommaschine, daß er außer dem Stromwender noch eine Anzahl von Schleifringen besitzt. Bemerkenswert ist, daß die Drehzahl der Doppelgeneratoren und Umformer durch die bekannte Beziehung zu der Polzahl und Frequenz auf bestimmte Werte festgelegt ist. Da die Umformung in einem einzigen Anker und in der Regel auch in derselben Ankerwicklung vor sich geht, so folgt daraus

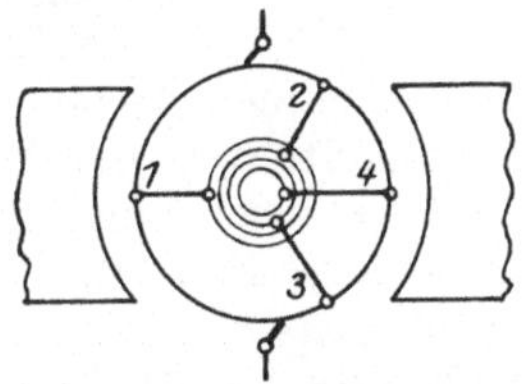


Abb. 295. Einankerumformer für Einphasen- und Drehstrom.

die wichtigste Eigenschaft des Einankerumformers, daß die Wechsel- und die Gleichspannung in einem bestimmten Verhältnis zu einander stehen. Denken wir uns eine zweipolige Gleichstrommaschine in verlustlosem Leerlauf mit genau neutraler Stellung der Stromwenderbürsten, so tritt an diesen die hochste Spannung auf, die in der Ankerwicklung induziert wird. Verbinden wir nun zwei um eine Polteilung voneinander abstehende Punkte der Wicklung, z. B. die Punkte *1* und *4* in Abb. 295, mit je einem Schleifring, so tritt an diesen eine Wechselspannung auf. Ihr Scheitelwert muß offenbar in dem Augenblick, wo die Punkte *1* und *4* durch die Neutrale gehen, ebenso groß wie die Gleichspannung sein. Bei sinusförmigem Verlauf

der Wechselspannung ist daher der Effektivwert der Einphasenspannung
das 0,707-fache der Gleichspannung. Schließen wir drei um je zwei
Drittel der Polteilung voneinander abstehende Punkte der Ankerwicklung *1*, *2* und *3* an je einen Schleifring an, so haben wir die Ankerwicklung sozusagen in Dreieck an die Schleifringe geschaltet. Zwischen
diesen tritt dann Dreiphasenspannung auf; ihre Größe ergibt sich als
Resultierende aus den Spannungen von je einem Drittel aller Ankerdrähte. Der Scheitelwert der Spannung tritt offenbar dann auf,
wenn sich die größte Zahl von Drähten unter einem Pol befindet,
in Abb. 295 also zwischen den Anschlüssen *2* und *3*. Verbindet man
schließlich sechs um je ein Drittel der Polteilung voneinander abstehende Punkte mit je einem Schleifring, so treten zwischen ihnen sechs
um je 60° verschobene Spannungen von untereinander gleicher Größe
auf, sie liefern Sechsphasenspannung. Hat der Umformer mehrere
Polpaare, so wird eine entsprechende Zahl gleichliegender Drähte an
denselben Schleifring angeschlossen; die Wicklung wird dadurch in
jeder Phase in eine Anzahl von Zweigen parallel geschaltet.

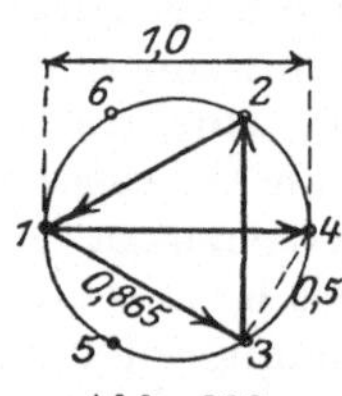

Abb 296.
Diagramm zu
Abb. 295.

Wie groß die Spannungen zwischen den Schleifringen im Verhältnis zur Gleichspannung sind, kann
für den idealen Fall einer unendlich großen Zahl von
Wicklungselementen und verlustloser Umformung
durch ein einfaches Diagramm ermittelt werden.
Einen Kreis kann man nämlich als Vektordiagramm
einer unendlich großen Zahl von Wicklungselementen
der ganzen Ankerwicklung betrachten; aus dem
Verhältnis der Sehnen zu dem Durchmesser ist
dann das Verhältnis der Gleichspannung zu den
Scheitelwerten der verschiedenen Wechselspannungen
zu entnehmen (Abb. 296). Aus der Geometrie der Figur folgt, daß
der Scheitelwert der Dreiphasenspannung das 0,865-fache, der Scheitelwert der Sechsphasenspannung das 0,5-fache der Gleichspannung ist.
Im idealen Fall entspricht daher einer Gleichspannung von 100 V eine
Einphasenspannung von rd. 71 V, eine Dreiphasenspannung von
0,707 · 68,5 = 61 V und eine Sechsphasenspannung von 0,707 · 50 =
rd. 35 V Effektivwert.

Die Wege, die der Strom zwischen den Schleifringen und den Stromwenderbürsten in der Ankerwicklung des Umformers zurücklegt, sind
offenbar verschieden je nach der Stellung, die gerade die Anschluß-
punkte der Schleifringe den Gleichstrombürsten bzw. Polen gegenüber
einnehmen. Die genauere Betrachtung zeigt, daß bei einem Mehrphasenumformer der Effektivwert des Stromes in den Ankerdrähten
kleiner ist als bei Betrieb der Maschine als Gleichstrommotor oder
-Generator mit derselben Stromstärke in den Gleichstromleitungen.
Die Maschine hat daher als Mehrphasenumformer geringere Ankerwicklungsverluste, daher eine größere Belastbarkeit als die Gleichstrommaschine derselben Größe und Drehzahl.

Da die Wechselspannung in einem bestimmten Verhältnis zur Gleichspannung steht, werden die Einankerumformer meistens in Verbindung

mit einem Transformator gebraucht. Am häufigsten ist der Fall, daß Drehstrom von hoher Spannung, wie ihn die Überlandnetze liefern, in Gleichstrom von 550 oder 230 V umgeformt werden soll. Man führt dann den Umformer sechsphasig aus und schließt die unverketteten drei Sekundärwicklungen des Transformators an je zwei gegenüberliegende Punkte (vgl. Abb. 296), d. h an diejenigen Schleifringpaare des Umformers an, zwischen denen das 0,7-fache der Gleichspannung auftritt. Abb. 297 stellt diese Schaltung dar, jedoch sind der Deutlichkeit halber die Schleifringe nicht eingezeichnet, sondern die Verbindungsleitungen des Transformators mit dem Umformer unmittelbar an die Ankerwicklung gelegt.

Die Betriebseigenschaften des Umformers folgen daraus, daß er bei Umwandlung von Wechselstrom in Gleichstrom gewissermaßen einen Synchronmotor und einen Gleichstromgenerator in sich vereinigt. Bei dem seltener vorkommenden Betrieb als Gleichstrom-Wechselstromumformer haben wir eine Vereinigung von Gleichstrommotor und Wechselstromgenerator vor uns, ebenso in dem Fall, daß ein Umformer ersterer Art von der Gleichstromseite aus angelassen wird. Das Ingangsetzen des Umformers geschieht daher wie das eines Synchronmotors bzw. eines Gleichstrommotors. Verändert man an einem Wechselstrom-Gleichstromumformer die Erregung, so entsteht wie in einem Synchronmotor ein Blindstrom. Ist im Wechselstromkreis eine merkliche Induktivität vorhanden, so wird der Spannungsverbrauch derselben bei voreilendem Strom eine Erhöhung, bei nacheilendem Strom eine Verminderung der Klemmenspannung des Umformers verursachen; die Spannung auf der Gleichstromseite läßt sich daher in geringem Maße durch die Erregung verandern  Für größere Spannungsregelung muß ein regelbarer Transformator oder eine Zusatzmaschine verwendet werden. Bei dem Betrieb als Gleichstrom-Wechselstromumformer dagegen wird durch die Änderung der Erregung nur die Drehzahl, also die Frequenz verändert. Bei dieser Betriebsart ist zu beachten, daß eine induktive Belastung das Feld schwächt, daher die Drehzahl erhöht. Gegen das Durchgehen kann in diesem Fall der Umformer durch einen selbsttätigen Schaltapparat oder dadurch geschützt werden, daß man seine Magnetwicklung nicht mit konstanter Spannung, sondern durch eine von ihm angetriebene Erregermaschine speist.

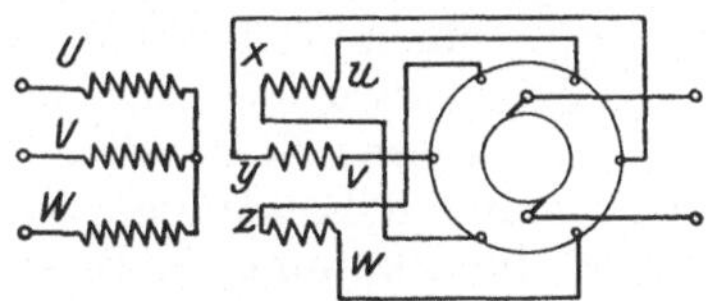

Abb. 297. Einankerumformer mit Transformator für unverketteten Dreiphasenstrom.

Die in Abb. 297 dargestellte Schaltung soll noch durch ein Beispiel erläutert werden.

Beispiel: Der Umformer soll Gleichstrom von 550 V und 500 A liefern. Den Schleifringen, deren Anschlüsse um je eine Polteilung gegeneinander versetzt sind, ware bei verlustloser Umsetzung eine Spannung von 0,707 · 550 V, mit Berücksichtigung des Spannungsverlustes eine solche von rd. 400 V zuzufuhren. Bei Annahme eines Wirkungsgrades von 95 % und der angegebenen Belastung verlangt der Umformer eine Aufnahme von rd. 290 kW, den sechs Schleifringen ist daher unverketteter Dreiphasen-strom von $\dfrac{290\,000}{3 \cdot 400} =$ rd. 240 A zuzufuhren, wenn die Erregung so ein-gestellt wird, daß der aufgenommene Strom den Leistungsfaktor $\cos \varphi = 1$ hat.

## 61. Quecksilberdampf-Gleichrichter.

An Stelle der Umformer können zur Umwandlung von Wechsel-strom in Gleichstrom auch Quecksilberdampfgleichrichter ver-wendet werden. Sie beruhen auf der Erscheinung, daß der Durchgang eines Stromes durch einen luftverdünnten Raum von einer kalten

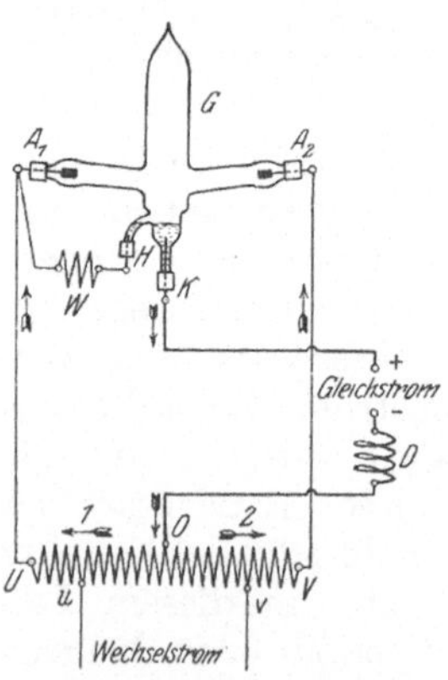

Abb. 298.
Ventil-
röhre.

Anode zu einer heißen Kathode verhältnismaßig geringen Aufwand an Spannung erfordert, wahrend der umgekehrte Weg von der heißen zur kalten Elektrode sich durch das Auftreten eines sehr hohen Spannungsabfalls selbsttatig sperrt. Man spricht daher in Anlehnung an das Rückschlag-ventil einer Rohrleitung von einer Ventilwirkung des Gleich-richters. Die Quecksilberdampfgleichrichter bestehen aus einem Gefaß von Glas oder Eisen, aus dem die Luft bis zu starker Verdünnung ausgepumpt wird, die Anode $A$ ist aus Eisen, die Kathode $K$ ist ein Quecksilberspiegel (Abb. 298).

Legt man die Elektroden an eine Wechselspannung und leitet durch irgend eine Zündung, z. B. ein kurzes Schließen und Wiederoffnen des Stromkreises, eine Verdampfung des Quecksilbers in dem Gefaß ein,



Abb. 299. Quecksilber-
dampf-Gleichrichter für
Einphasenstrom.

so wird der Strom so lange fließen, als der heiße Quecksilberspiegel Kathode ist. Wollte man durch eine solche Vorrichtung dauernd Einphasenstrom in Gleichstrom verwandeln, so würde jeder zweite Wechsel durch die Ventilwirkung abgeschnitten, der Gleichrichter müßte darauf stets neu gezündet werden. Durch eine Art Dreileiterschaltung des Ge-faßes und eines Transformators (Abb. 299) ist es möglich, beide Wechsel jeder Periode auszunutzen. Es arbeitet dann abwechselnd die eine und die andere Eisenelektrode als Anode mit der Quecksilberkathode zusammen. Der Strom kann dadurch in stets gleicher Richtung von der Kathode durch die Ver-brauchskörper, z. B. eine Batterie, nach dem Mittelpunkt des Spartransformators fließen.

Er würde aber trotzdem nach jedem Wechsel abreißen, sobald der Augenblickswert der Spannung einen bestimmten Betrag unterschreitet. Schaltet man jedoch eine Drosselspule $D$ in den Verbrauchsweg ein, so führt die in ihr aufgespeicherte Energie, nach Art eines Schwungrades bei einem Kurbeltrieb, über den Totpunkt hinweg, der Gleichrichter liefert dann ähnlich wie der Stromwender eines Gleichstromgenerators einen Wellenstrom (vgl. Abb. 202). Wird der Gleichrichter mit drei oder sechs Anoden ausgeführt und an eine dreiphasige Wechselstromquelle angeschlossen, so erübrigt sich die Anwendung von Drosselspulen für den vorgenannten Zweck, da ja dann in jedem Augenblick irgend eine der drei Phasen genügende Spannung hat, um den Lichtbogen aufrecht zu halten (vgl. Abb. 102). Zur Lieferung von Gleichstrom bis etwa 200 Ampere baut man Gleichrichter, bei denen ein Glaskörper den Arbeitsraum luftdicht umschließt. Die Zündung wird durch Neigen des Glaskorpers herbeigeführt, der Leerlauf, d. h. das Weiterarbeiten bei unterbrochenem Nutzstrom, wird durch selbsttätige Ein- und Ausschaltung eines eigenen Belastungswiderstandes ermöglicht. Bei den Großgleichrichtern besteht der Arbeitsraum aus einem Eisengefaß, die Elektroden sind mittels Dichtungen eingeführt, außer den Arbeitsanoden ist eine bewegliche Anode für die Zündung, ferner eine Anode für Fremderregung vorhanden. Letztere unterhalt auch bei abgeschaltetem Netz eine geringe Verdampfung und ermoglicht dadurch die unmittelbare Arbeitsbereitschaft. Kennzeichnend für die Gleichrichter ist vor allem die Eigenschaft, daß der in ihnen auftretende Spannungsverlust einen festen Wert von etwa 20 Volt hat; der Wirkungsgrad ist daher unabhangig von der Starke des Stromes, dagegen um so größer, je höher die Betriebsspannung ist.

## Asynchron-Maschinen.

Die bisher besprochenen Motoren haben die Eigentümlichkeit, daß ihre Stander- und Lauferwicklungen von außen gespeist werden. Wir kommen in den nächsten Abschnitten zu Motorarten, die nur mit einem dieser Teile an das Netz angeschlossen sind; dem andern Teil wird der Strom nicht von außen zugeführt, sondern er wird durch Induktion der Ruhe oder der Bewegung hervorgerufen. Daher nennt man diese Maschinen auch Induktionsmaschinen. Die Theorie der Induktionsmotoren zeigt in vielen Stücken Verwandtschaft mit derjenigen der Transformatoren, was auch in der Bezeichnung der Teile zum Ausdruck kommt. Wahrend man die Hauptteile derjenigen Maschinen, die ein Gleichfeld besitzen, Feld und Anker nennt, ist hier diese allerdings oft gebrauchte Bezeichnung fehl am Ort, man muß vielmehr die Teile ihrem Wesen nach als Primaranker und Sekundäranker bezeichnen. Ersterer wird fast immer als Stander (Stator), letzterer als Laufer (Rotor) ausgeführt.

Die Asynchronmaschinen konnen wie alle anderen elektrischen Maschinen, allerdings nur unter gewissen Bedingungen, sowohl als Motor wie als Generator betrieben werden. Ihr Verhalten unterscheidet sich von den Synchronmaschinen dadurch, daß ihre Drehzahl nicht an den Synchronismus gebunden ist, daher der Name Asynchronmaschinen. Von den Transformatoren unterscheiden sie sich hauptsächlich dadurch, daß ihre Eigenschaften erheblich durch die Streuung beeinflußt werden und daß die Frequenz des Sekundärstromes nur dann der primären gleich ist, wenn der Läufer stillsteht. Die Asynchronmaschinen

werden sowohl ohne als auch mit Kommutator gebaut; bei letzteren
gibt es Arten, bei denen auch dem Läufer von außen Strom zugeführt
wird. Der Kürze halber werden im folgenden, wie allgemein üblich ist,
die Maschinen ohne Kommutator als Asynchronmaschinen, die
anderen als Kommutatormaschinen bezeichnet

## 62. Bau und Schaltung der Drehstrom-Asynchronmotoren.

Als Ständer dieser Motoren kann ohne weiteres der Anker einer
Synchronmaschine verwendet werden, daher erübrigt es sich, ihn
nochmals zu besprechen. Der Läufer ist ebenfalls ein Ring oder ein
Zylinder aus Eisenblechen, durch sehr schmalen Luftspalt von dem
Ständer getrennt und mit Nuten zur Aufnahme der Wicklung versehen.
Die Läuferwicklung ist unmittelbar in sich oder mittels Schleifringen
über einen Anlaßwiderstand geschlossen (Abb. 300 und 301); daher
kann die Läuferspannung beliebig sein, sie wird nur nach praktischen Gesichtspunkten gewählt. Bei Stillstand und offenem Läuferkreis steht die Läuferspannung $E_{II}$ zur
Primärspannung wie bei einem Transformator nahezu im Verhältnis der hintereinander geschalteten Windungen der beiden Teile. Die Strom-
stärke im Läuferkreis,
einerlei ob der Motor
elektrische Leistung
an den Anlasser oder
mechanische Leistung
an seine Welle abgibt,
ist noch durch die
Leistungsverluste und
die Streuung, d. h.
durch den Wirkungs-

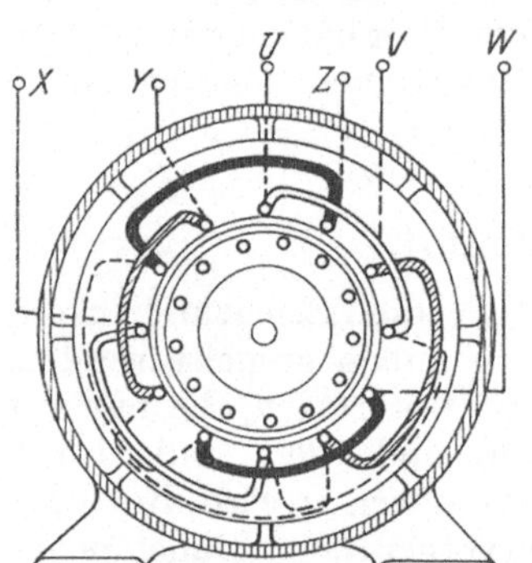

Abb. 300. Drehstrom-Kurzschlußmotor.

grad $\eta$ und den Leistungsfaktor cos $\varphi$ des Motors bedingt. Zur Berechnung des Sekundärstromes kann man diesem Einfluß dadurch
Rechnung tragen, daß man die Wurzel aus dem Produkt von $\eta$
und cos $\varphi$ einsetzt. Demnach berechnet sich aus der Abgabe $N_{II}$
in Watt:

$$\text{der Primärstrom } J_I = \frac{N_{II}}{\eta \cdot \cos \varphi \cdot 1{,}73 \cdot U_I} \quad \dots \quad (160)$$

$$\text{und der Sekundärstrom } J_{II} = \frac{N_{II}}{\sqrt{\eta \cdot \cos \varphi} \cdot 1{,}73 \cdot E_{II}} \quad \dots \quad (161)$$

Nach der Ausführung der Läuferwicklung unterscheidet man
Kurzschlußläufer und Schleifringläufer. Der Kurzschlußläufer
hat meistens Käfigwicklung; diese besteht aus Kupferstäben, die
einzeln in den Nuten liegen und an den beiden Stirnseiten sämtlich
durch je einen Kurzschlußring verbunden sind (Abb. 300). Soll ein
Motor ohne starke Stromstöße und mit großem Drehmoment anlaufen

oder soll die Drehzahl im Betrieb herabgesetzt werden können, so wird er mit Schleifringläufer ausgeführt. Bei Schleifringmotoren kleiner und mittlerer Leistung ist die Läuferwicklung eine Spulenwicklung, die der Ständerwicklung gleicht. Abb. 302 zeigt als Beispiel die Spulenwicklung eines vierpoligen Läufers mit 24 Nuten. Die Drähte der ersten Phase werden in die Nuten *1, 8, 2, 7* und *13, 20, 14, 19* gelegt. Die zweite Phase beginnt in Nut *5* oder in der um eine doppelte Polteilung entfernten Nut *17*, die dritte Phase beginnt in Nut *9*. Für die Verkettung der drei Phasen ist Sternschaltung vorzuziehen; schaltet man eine nicht ganz symmetrische Wicklung in Dreieck, so treten Ausgleichsströme in ihr auf. Um eine gegebene Nutenzahl bei verschiedener Polzahl verwenden zu können, wird die Wicklung gelegentlich auch mit wechselnder Lochzahl oder mit geteilten Nuten ausgeführt, allenfalls auch als verkettete Zweiphasenwicklung. In letzterem Fall sind die drei Schleifringe nicht gleichwertig, sondern es liegen z. B. zwischen Ring *1* und *2* sowie *2* und *3* je eine Phase der Wicklung, zwischen *1* und *3* daher beide Phasen

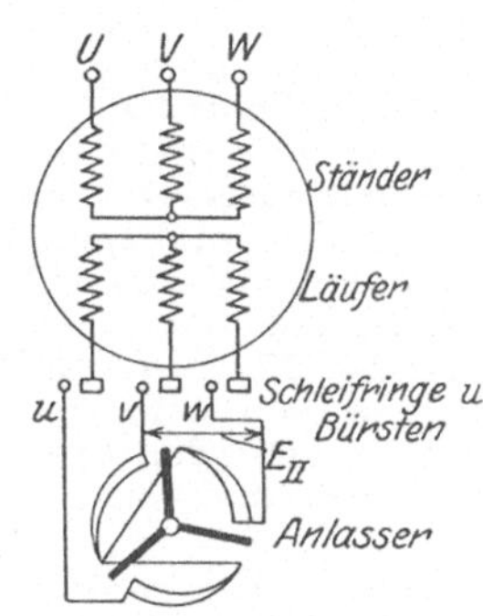


Abb. 301. Schaltung eines Drehstrom-Schleifringmotors.

in Verkettung. Bei Motoren mittlerer und großer Leistung muß man geringe Windungszahl und große Wicklungsquerschnitte anwenden, um hohe Spannung an den Schleifringen zu vermeiden. Dieses läßt sich am besten durch Stabwicklung erreichen; bei dieser legt man nach Art der Gleichstromwicklung in jede Nut zwei Stäbe übereinander.

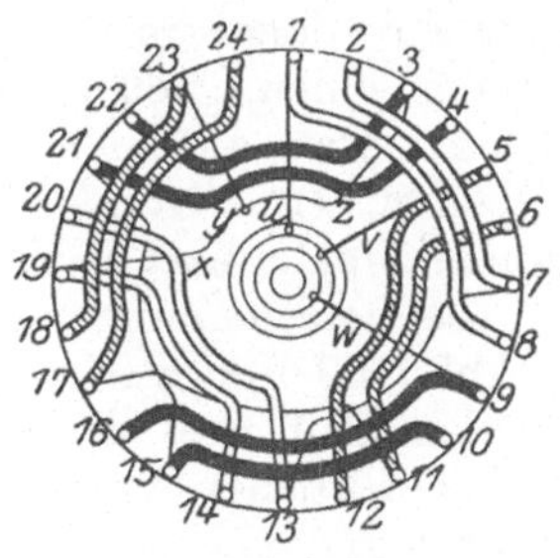

Abb. 302.
Läufer mit Spulenwicklung.

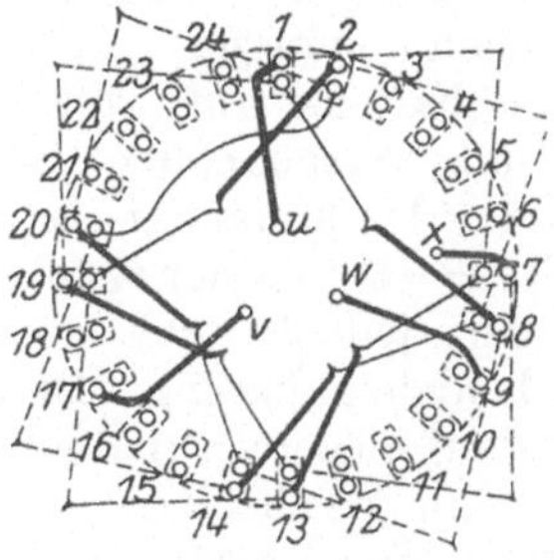

Abb. 303.
Läufer mit Stabwicklung

Die Stäbe jeder Phase werden durch Mantelverbindungen — in Abb. 303 sind diese zwecks besserer Darstellung aufgeklappt — derart verbunden, daß ihre Spannungen hintereinander geschaltet sind. Alle Wicklungsschritte, mit Ausnahme von einem bei jedem Umgang, können genau gleich der Polteilung sein. Die Ausführung einer solchen Stabwicklung soll an einem einfachen Beispiel erläutert werden.

**Beispiel:** Wir nehmen eine vierpolige Maschine mit 24 Laufernuten an (Abb. 303). Auf jede Phase fallen also insgesamt 8 Nuten und 16 Stäbe, der Polteilung entspricht ein Nutenschritt = 6. Benennen wir die Wicklungselemente nach der Nummer der Nut unter Beifügung des Zeichens $^o$ = oben bzw. $^u$ = unten, so waren die Mantelverbindungen fur die erste Wicklungsphase abwechselnd auf der Vorder- und Rückseite von $1^o$ nach $7^u$, dann nach $13^o$, weiter nach $19^u$ zu legen. Um die Wicklung fortführen zu können, muß jetzt ein verlangerter Schritt von $19^u$ nach $2^o$ ausgefuhrt werden, dann folgen die Verbindungen $2^o$ nach $8^u$, nach $14^o$ und nach $20^u$. Nunmehr wird die andere Halfte der ersten Wicklungsphase in entgegengesetztem Drehsinn verbunden, indem zunachst eine sogenannte Umkehrverbindung, namlich ein Schritt von $20^u$ nach $2^u$ ausgefuhrt wird. Mit den Schritten $2^u$ nach $20^o$, nach $14^u$, nach $8^o$, sodann einem verlangerten nach $1^u$ und schließlich $1^u$ nach $19^o$, nach $13^u$ und nach $7^o$ ist die erste Phase zu Ende geführt. Um Kreuzungen der Umkehrverbindungen zu vermeiden, beginnt man die zweite Phase nicht um zwei Drittel der Polteilung von dem Anfang der ersten entfernt, also nicht bei $5^o$, sondern an der entsprechenden Stelle unter dem andern gleichnamigen Pol, hier also bei $17^o$. Der Anfang der dritten Phase ist um vier Drittel der Polteilung von dem der ersten versetzt, liegt also bei $9^o$. Die Anfange bzw. Enden der drei Phasen werden schließlich wie bei Spulenwicklung verkettet und mit den Schleifringen verbunden.

Wie vollzieht sich nun der Anlauf eines Drehstrom-Asynchronmotors? Nur selten ist es moglich, ihn mit dem Generator anlaufen zu lassen. Im Laufer, der in diesem Fall die einfache Kafigwicklung haben kann, wird dann mit dem allmählichen Wachsen der Primarspannung und der Frequenz ein allmählich steigender Strom induziert. In den meisten Fallen muß jedoch der Motor auf volle Spannung und Frequenz eingeschaltet werden. Er wirkt dann im ersten Augenblick wie ein Transformator, dessen Sekundárwicklung über einen mehr oder weniger kleinen Widerstand geschlossen ist und der infolge des Luftspaltes große Streuung hat. Der Anlaufstrom des Motors ist folglich von der Größe der Ständerspannung und dem Scheinwiderstand der Wicklungen abhangig. Ein Kurzschlußmotor wird daher im Augenblick des Einschaltens auf volle Standerspannung einen großen, jedoch nacheilend verschobenen Strom aufnehmen. Das auf den Laufer ausgeübte Drehmoment ist nach der bekánnten Grundgleichung $M = C_2 \cdot \mathfrak{B} \cdot J$ von der Größe des resultierenden Feldes und des Stromes im Läufer, jedoch auch noch von der Phasenverschiebung zwischen diesen beiden abhangig. Betrachtet man Abb. 169 und zeichnet noch den Verlauf des resultierenden Feldes für den Fall, daß der Läuferstrom nicht gleichzeitig, sondern mit großer zeitlicher Verschiebung gegenüber dem Drehfeld auftritt, so erkennt man ohne weiteres, daß ein nennenswertes Drehmoment nicht auftreten kann. Damit sind die Versuche, den Anlaßwiderstand durch Drosselspulen zu ersetzen, als Irrwege gekennzeichnet. Zu demselben Ergebnis kommen wir, wenn wir den Motor beim Anlauf als Transformator betrachten und die Energieverhaltnisse ins Auge fassen. Wir können uns leicht denken, daß der Motor nur dann vom ersten Augenblick des Anlaufs an mechanische Energie abgeben kann, wenn er schon beim Einschalten erhebliche Wirkleistung aufnimmt, wenn also der Sekundárkreis nicht nur Blindwiderstand, sondern genügenden Wirkwiderstand besitzt. In diesem Zusammenhang konnen wir bereits auf einen bedeutsamen Unterschied im Verhalten des Drehstrommotors gegenüber dem Gleichstrommotor hinweisen. Bei letzterem wächst das Anlaufdrehmoment bekanntlich immer mehr, je größer man den Ankerstrom macht, so lange das Grundfeld nicht durch das Ankerfeld erdrückt wird. Wenn man dagegen bei einem Drehstrommotor den Widerstand des Lauferkreises sehr klein macht, wird zwar der Lauferstrom groß, das Feld wird aber infolge der hohen Sattigung der Eisenkorper in die Streuwege gedrängt, so daß der Strom stark induktiv, das Drehmoment trotz der großen Stromstarke gering ist. Jeder Asynchronmotor hat daher bei einem bestimmten Wert des Lauferwiderstandes sein größtes Anzugsmoment; wird der Widerstand noch weiter verkleinert, so wird das erzeugte Drehmoment nicht großer, sondern geringer. Ein gewohnlicher Kurzschlußmotor kann daher nicht mit großer Belastung anlaufen Ein großerer Widerstand der Kurzschlußwicklung würde zwar das Anlaufmoment vergrößern, jedoch die Verluste wahrend des Betriebes in unzulassiger Weise erhohen

Für alle Falle, in denen es moglich ist einen Asynchronmotor bis in die Nahe der synchronen Drehzahl anzuwerfen, kann er auch bei großer Nennleistung mit Kurzschlußlaufer ausgeführt werden. Der Motor wird dann einfach durch einen Schalter ans Netz gelegt; im Augenblick der Kontaktgebung kann dabei allerdings ein starker Stromstoß auftreten, der die Kontaktkanten des Schalters zerfrißt; daher muß entweder der Schalter sehr rasch eingeworfen oder ein Widerstand für den ersten Augenblick vorgeschaltet werden. Ist nur sehr geringes Anlaufmoment notig, so kann der Einschaltstrom des Kurzschlußmotors dadurch vermindert werden, daß man die Primarspannung

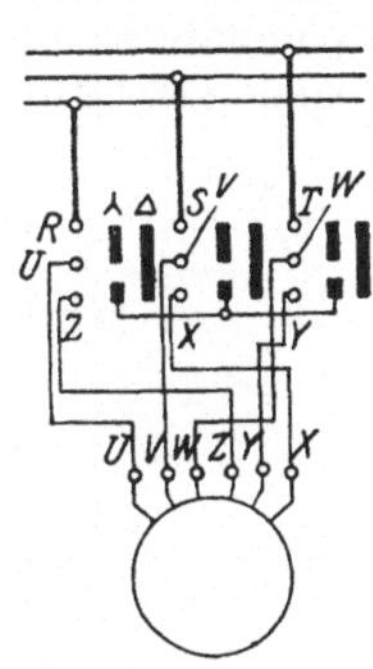

Abb. 304. Drehstrom-Kurzschluß-motor mit Stern-Dreieck-Schalter.

herabsetzt. Dieses geschieht durch einen Primaranlaßwiderstand, durch einen Anlaßtransformator oder auch dadurch, daß man die unverkettete Primarwicklung für den Anlauf in Stern, für den Betrieb in Dreieck schaltet (Abb. 304). Diese Anlaßverfahren wirken in gleicher Weise, wie wenn bei einem Nebenschlußmotor der Anlaßwiderstand nicht allein vor den Anker, sondern in die für Anker- und Erregerwicklung gemeinsame Zuleitung eingeschaltet wird. Wenn durch Sternschaltung die Spannung jeder Phase von z. B. 220 Volt auf

$$\frac{220}{1,73} = 127 \text{ Volt}$$

herabgesetzt wird, so wird das Feld und damit auch der Sekundarstrom auf ungefahr das 0,58-fache des Nennwertes gebracht. Das Drehmoment hat dann nur ein Drittel des Wertes, den es bei vollem Feld d. h. bei Dreieckschaltung hat.

Diese Nachteile vermeidet eine Sonderausführung, deren Schaltungen und Anlaufvorgange von großem Interesse sind, hier jedoch nur gestreift werden können, namlich der Doppelkurzschlußmotor. Dieser besteht gewissermaßen aus der Vereinigung zweier Motoren, die getrennte Stander haben, deren Laufer jedoch gemeinsame Stabe besitzen

(Abb. 305). Die inneren Kurzschlußringe $AA$ sind aus Widerstandslegierung hergestellt und bilden den Anlaßwiderstand. Für den Anlauf werden nun die beiden Ständer so geschaltet, daß in den Hälften jedes Läuferstabes entgegengesetzt gerichtete Spannungen induziert werden; die Läuferströme können dann nur über die Widerstandsringe fließen, so daß der Motor mit gutem Drehmoment anläuft. In der Betriebsstellung sind dagegen die Ständer vollständig gleichartig geschaltet, die Spannungen haben daher in jedem Läuferstab untereinander gleiche Richtung; die Widerstandsringe liegen dann zwischen Punkten gleicher Spannung und sind stromlos. Der Übergang von der ersten zur letzten Stellung wird dadurch abgestuft, daß einerseits durch Reihen- bzw. Parallelschaltung sowie durch Stern- bzw. Dreieckschaltung der Ständerphasen verschiedene Stärke des Feldes erreicht wird; anderseits wird die Umschaltung der Richtung des Primärfeldes in den drei Phasen nacheinander ausgeführt, so daß die Läuferstäbe gruppenweise von der Gegen- zur Hintereinanderschaltung kommen.

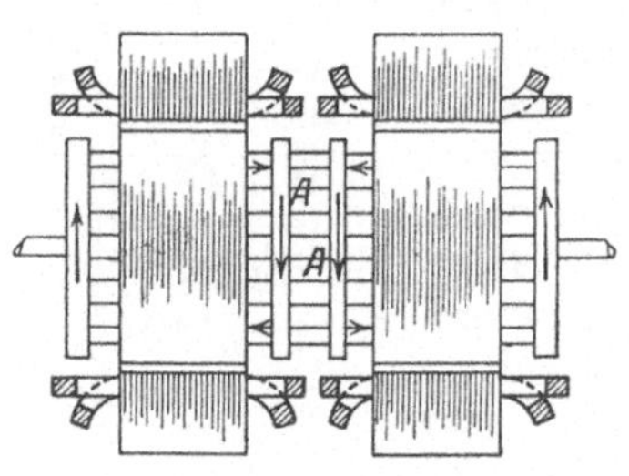

Abb. 305.
Doppel-Kurzschlußmotor.

Bei Schleifringläufern tritt, wenn der Motor im Stillstand bei offenem Läuferkreis mit dem Ständer ans Netz gelegt wird, an den Schleifringen durch Transformation die Läuferspannung oder Anlaßspannung auf. Der bei eingeschaltetem Anlasser vor dem Anlauf entstehende Läuferstrom ist dann hauptsächlich von dieser Spannung und dem Widerstand abhängig. Der Anlaßvorgang entspricht demjenigen des Gleichstrommotors. Die Stufen des Anlaßwiderstandes werden meistens in allen Phasen gleichzeitig abgeschaltet; sie können jedoch auch nacheinander abgeschaltet werden ($u$—$v$—$w$-Schaltung), um bei bestimmter Zahl der Widerstandsstufen die Zahl der Anlaßstufen zu vergrößern. Zur Berechnung des Anlassers, dessen Phasen am einfachsten in Stern geschaltet werden, müssen die Läuferspannung und der Läuferstrom bekannt sein. Der Gesamtwiderstand jeder Phase des Sekundärkreises berechnet sich für Sternschaltung und den Nennstrom $J_{II}$ zu

$$R_{II} = \frac{E_{II}}{1,73 \cdot J_{II}} \quad\quad\quad \dots\dots\dots (162)$$

Die Anlaßstufen können genau so wie für den Nebenschlußmotor berechnet werden.

**Beispiel:** Ein Drehstrommotor für 220 Volt Primärspannung und 4 kW = 5,5 PS Nennabgabe möge einen Wirkungsgrad $\eta = 0,85$ und einen Leistungsfaktor $\cos \varphi = 0,84$ haben, seine Läuferspannung sei 100 V.

Bei der Nennleistung von 4000 W ist dann die Aufnahme an Wirkleistung $N_{II} = \dfrac{4000}{0,85} = 4700$ W und die Aufnahme an Scheinleistung $N_s =$

$\dfrac{4700}{0,84} = 5600$ VA; der Primärstrom ist $J_I = \dfrac{5600}{1,73 \cdot 220} = 14,8$ A, der

Sekundärstrom $J_{II} = \dfrac{4000}{\sqrt{0,85 \cdot 0,84} \cdot 1,73 \cdot 100} = 27,3$ A. Der Anlaß-

widerstand jeder Phase für Nennstrom wäre dann $R_{II} = \dfrac{100}{1,73 \cdot 28} = 2,11\ \Omega$.

Die Anlasserstufen sollen nach dem Seite 177 entwickelten Verfahren berechnet werden. Wenn wir den Verlust im Läufer einschließlich Bürsten und Anlasserleitungen zu 9 % und das Schaltverhältnis b zu 1,1 annehmen, so ist $b \cdot r = 0,10$. Soll der Anlasser drei Widerstandsstufen erhalten, so entnimmt man aus dem Diagramm (Abb. 227) $b \cdot R_{m\prime} = 0,56$, also ist $R_{m\prime} = 0,51$; die Stromspitze wird daher gleich dem 1,96-fachen des Nennstromes. Das Diagramm liefert dann die Stufen: 0,24, 0,12 und 0,06.

Für obigen Motor wäre dann bei $0,09 \cdot 2,11 = 0,19\ \Omega$ innerem Widerstand jeder Phase bei Sternschaltung, der Anlasser mit den Stufen: $2,11 \cdot 0,24 = 0,50\ \Omega$, ferner 0,25 $\Omega$ und 0,13 $\Omega$ auszuführen. Die Stromspitze berechnet sich dann zu $1,96 \cdot 27,3 = $ rd. 53 A, der Schaltstrom zu $1,1 \cdot 27,3 = $ rd. 30 A.

## 63. Verhalten der Drehstrom-Asynchronmotoren.

Der Motor hat in seinen Betriebseigenschaften mancherlei Ähnlichkeit mit dem Gleichstrom-Nebenschlußmotor. Vernachlässigt man den Einfluß des Primärwiderstandes und der Streuung, so ist bei konstanter Primärspannung die Liniendichte $\mathfrak{B}$ konstant, das Drehmoment ist dann proportional der Wirkkomponente des jeweiligen Sekundärstromes $J_S$, also

$$M = C \cdot J_S \cdot \cos \varphi_{II} \quad \ldots \ldots \ldots \ldots \quad (163)$$

Die Drehzahl muß sich, wie in Abschnitt 32 bereits erwähnt wurde, immer auf einen solchen Wert einstellen, daß der durch die Belastung bedingte Strom im Sekundäranker auftreten kann. Dieser hängt bei gegebenem Läuferwiderstand von der jeweils im Läufer induzierten Spannung ab. Je mehr die Drehzahl gegenüber derjenigen des Feldes abfällt, desto größer wird die sekundäre Spannung und ihre Frequenz; bei Synchronismus sind beide gleich Null. Der Unterschied zwischen der Drehzahl des Feldes $n_I$ und der Drehzahl des Läufers $n$ wird Schlupfzahl genannt, als Schlupf oder Schlüpfung $s$ bezeichnet man den Verhältniswert

$$s = \frac{n_I - n}{n_I} \quad \ldots \ldots \ldots \ldots \ldots \quad (164)$$

Der Schlupf wird in Vielfachen oder in Prozenten angegeben. Der Motor muß demnach mit desto größerem Schlupf laufen, je größer der Widerstand des Läuferkreises und das verlangte Drehmoment sind. Die jeweilige Sekundärspannung ist dem Schlupf proportional, die Anlaßspannung $E_{II}$ tritt bei Stillstand, d. h. bei einem Schlupf von 1,0 oder 100 % auf. Daher können wir, ähnlich wie bei dem Gleichstrom-Nebenschlußmotor, unter den früher erwähnten Vernachlässigungen die Drehzahl angeben durch die Gleichung

$$n = C_3 \cdot (E_{II} - J_S \cdot R_{II}) \quad \ldots \ldots \ldots \quad (165)$$

oder in Vielfachen

$$n\prime = 1 - J_{S\prime} \cdot R_{II\prime} \quad \ldots \ldots \ldots \ldots \quad (166)$$

Da der Verlust in der Lauferwicklung wie derjenige in der Gleichstrom-
ankerwicklung nur einige Prozente beträgt, so wird die Drehzahl des
Motors von Leerlauf bis zu einer gewissen Überlastung nur um einige
Prozente fallen

Das Verhalten des Drehstrommotors wird nun durch die Streuung
wesentlich beeinflußt, ähnlich wie dasjenige des Gleichstrommotors
durch das Ankerfeld. Bei einem Transformator mit gutem Eisenschluß
und eng anliegenden Spulen ist die Streuung und noch mehr ihre Veranderung mit der Belastung sehr gering, daher ist auch der Blindstrom für die Magnetisierung sehr klein und als konstant zu betrachten.
Dementsprechend tritt ein außerordentlich hoher Strom auf, wenn e.n
Transformator bei voller Spannung kurzgeschlossen wird. Ganz
anders liegen die Verhaltnisse bei dem Motor Infolge des Luftspaltes

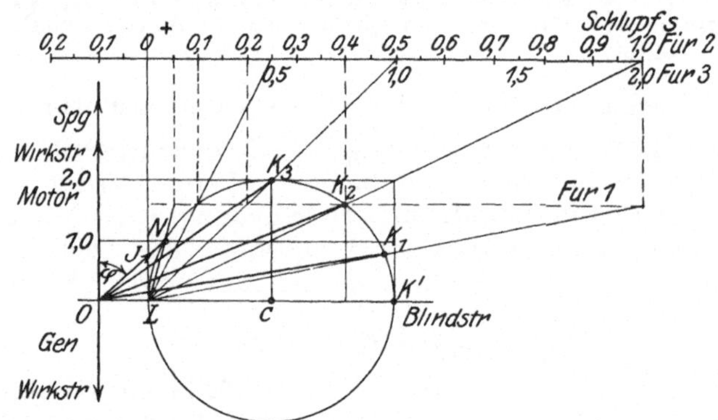


Abb. 306. Vereinfachtes Diagramm des Asynchronmotors.

zwischen Stander und Laufer ist der magnetische Widerstand der Wege,
in denen die nutzbaren Linien sich schließen, verhaltnismaßig groß,
der Motor hat daher eine erhebliche Streuung. Diese setzt sich zusammen
aus denjenigen Streulinien, die sich um die Wicklungskopfe und aus
denen, die sich um die Nuten des Standers über die Zahnkopfe des
Standers und des Laufers schließen. Infolge der Streuung betragt
bei einem Drehstrommotor der Leerlaufstrom, der zum größten Teil
aus dem Blindstrom der Magnetisierung besteht, etwa ein Drittel
der Nennstromstarke. Belasten wir nun den Motor mechanisch oder
durch einen Widerstand, so wird durch die Gegenwirkung des Laufer-
stromes eine großere Zahl der Feldlinien in die Streuwege gedrangt,
die Blindkomponente des Primarstromes wird daher im Gegensatz zum
Transformator mit der Belastung erheblich großer  Zeichnen wir in
einem Vektordiagramm den Primarstrom bei verschiedener Belastung
nach Große und Phase auf, so liegt der Endpunkt des Stromes nicht
wie bei dem Transformator auf einer praktisch geraden Linie, sondern
auf einer nach unten abbiegenden Kurve und zwar auf einem Kreis-
bogen (Abb. 306). Infolgedessen erreicht der Kurzschlußstrom bei voller
Spannung nur das Vier- bis Fünffache des Nennstroms. Für einen verlustlosen Motor ist der Leerlaufstrom durch die Strecke *OL*, der Kurz-

schlußstrom durch $OK'$ gegeben, die Strecke $ON$ soll der Nennstrom des Motors sein. Berücksichtigen wir den Widerstand der Sekundärwicklung, vernachlassigen dagegen, um die Eigenschaften des Motors einfach — wenn auch nur angenähert — darstellen zu konnen, den Einfluß des Primärwiderstandes, so liegt der Endpunkt des Kurzschlußstromes, der bei festgebremstem Motor und voller Primärspannung auftritt, etwa bei $K_1$. Auch der Leerlaufstrom ist tatsächlich kein reiner Blindstrom, sondern hat infolge der Eisenverluste des Ständers eine Wirkkomponente; sein Endpunkt liegt daher im Diagramm auf dem Kreis etwas über dem Punkt $L$, was jedoch nicht berücksichtigt werden soll. Durch die Größe und Phase des Leerlaufstromes sowie des Kurzschlußstromes ist das von Heyland angegebene Kreisdiagramm bestimmt. Die Senkrechte in $L$ und die Gerade $LK_1$ schließen den Drehzahlbereich von Synchronismus bis Stillstand ein. Es läßt sich nachweisen, daß der Schlupf auf einer Horizontalen abgegriffen werden kann, die mit 100 gleichen Teilen in beliebigem Abstand zwischen diese beiden Strahlen gelegt wird. Das Stromdiagramm zeigt ferner,

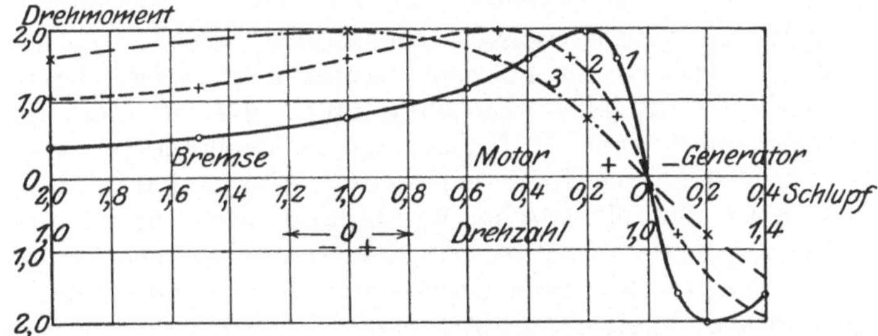


Abb. 307. Verlauf des Drehmomentes.

daß auch das Drehmoment des Motors, das ja nur durch Wirkstrom entstehen kann, einen eng begrenzten Höchstwert hat. Dieser entspricht bei den oben erwahnten Vernachlassigungen der größten Wirkkomponente des Stromes, also der Strecke $CK_3$. Bei den meisten Drehstrommotoren betragt dieser Höchstwert das 2- bis 2,5-fache des Nenndrehmomentes. Das größte Drehmoment, das Kippmoment, ist durch die Faktoren der Gleichung 163 und durch die Streuung bedingt, daher ist sein Wert bei einem bestimmten Motor derselbe, einerlei wie groß der Widerstand des Läuferkreises ist. Von dem Widerstand hangt nur die Drehzahl ab, bei welcher das Kippmoment des Motors erreicht wird. Geben wir der Wirkkomponente des Nennstromes $ON$, die im vereinfachten Diagramm ein Maß für das Drehmoment ist, den Vielfachwert 1,0, so können wir für irgend einen Sekundärwiderstand zu jedem Wert der Stromstarke den Schlupf und das Drehmoment abgreifen. Tragen wir dann (Abb. 307) das Drehmoment in Abhangigkeit von dem Schlupf auf, so erhalten wir in dieser Kennlinie ein anschauliches Bild für den Verlauf des Drehmomentes, das der Motor bei dem angenommenen Lauferwiderstand entwickeln kann. Nehmen wir einen größeren Sekundarwiderstand an als dem Punkt $K_1$ entspricht, so ist der Kurzschlußstrom kleiner, sein Endpunkt liegt weiter nach links auf dem Kreise, z. B. in $K_2$. Eine neue 100-teilige Horizontale liefert dann wie vorher die Werte des Schlupfes. Diese müssen bei gleichem Drehmoment natürlich größer sein als bei dem zuerst angenommenen Sekundarwiderstand, wir erhalten die Kennlinie *2*. Linie *3* endlich gibt den Verlauf des Drehmomentes für den günstigsten Anlaufwiderstand, d. h. denjenigen Widerstand, der bei Stillstand das Kippmoment liefert. Wir hatten schon betont, daß dieses einfache Diagramm nur für unendlich kleinen Primärwiderstand gilt; tatsächlich ist das nutzbare Drehmoment kleiner als aus der Abb. 306 folgt. Aus dieser ist ferner noch zu ersehen, wie sich der Winkel $\varphi$ zwischen Spannung und Strom und damit der Leistungsfaktor cos $\varphi$ des Motors, also das Verhältnis der Wirkaufnahme zur Scheinaufnahme, mit der Belastung ändert. Den Leerlaufverlusten entsprechend ist der cos $\varphi$ bei Leerlauf $= 0,1$ bis $0,2$, er erreicht seinen höchsten Wert von $0,7$ bis $0,9$ in der Gegend des Nennstromes; mit wachsender Überlastung nimmt der Leistungsfaktor wieder ab, bei Kurzschluß d. h. Stillstand ist er lediglich durch die Verluste und die Streuung bedingt.

Die Eigenschaft der elektrischen Maschinen, sowohl als Generator wie als Motor arbeiten zu können, besitzt auch unser Drehstrommotor, allerdings mit einer Einschrankung. Es ist klar, daß ein solcher Motor durch eine Kraftmaschine in Drehung versetzt nicht wie eine Gleichstrommaschine sich selbst erregen kann, da ja die Remanenz sowie die elektrische Verbindung zwischen Ständer und Läufer fehlen. Schaltet man aber den Motor an ein Drehstromnetz und erhöht durch Kraftzufuhr seine Drehzahl über die synchrone, so verwandelt er sich in einen Generator. Das Feld wird dabei nach wie vor durch den aus dem Netz entnommenen Blindstrom erzeugt, der Wirkstrom kehrt jedoch seine Richtung um (vgl. Abb. 306), so daß z. B. ein zwischen Netz und Motor geschalteter Wattstundenzähler seine Drehrichtung umkehrt. Der Motor gibt also jetzt infolge des übersynchronen Antriebs als Generator Energie in das Netz ab, während er gleichzeitig von ihm den Magnetisierungsstrom aufnimmt. Diese Eigenschaft kann, wie wir sehen werden, zur Bremsung dienen, auch verwendet man gelegentlich solche Asynchrongeneratoren wegen der Einfachheit der Anlage und ihres Betriebes zur Ausnutzung entlegener Wasserkräfte; man schaltet sie dabei parallel zu einem Netz, das von Synchrongeneratoren gespeist wird. Es ist klar — und darin liegt ein wesentlicher Nachteil dieser Betriebsart —, daß der Asynchrongenerator nicht mit dem Leistungsfaktor *1* arbeiten kann, er muß immer den bedeutenden Blindstrom für seine Magnetisierung zugeführt bekommen; dieser belastet aber die Leitung und verlangt eine stärkere Erregung des Synchrongenerators.

## 64. Der Einphasen-Asynchronmotor.

Wird bei einem schwach belasteten Drehstrommotor wahrend des Laufes eine Zuleitung unterbrochen, so läuft er ohne merkliche Ver-

anderung weiter. Die Störung wird sich zunächst nur durch hohere Stromaufnahme, ferner ein geringeres Kippmoment äußern. Aus dem Stillstand läuft der Motor jedoch mit zwei Zuleitungen nicht an; dreht man
ihn aber in der einen oder andern Richtung kraftig an, so beschleunigt
er sich bei schwachem Lastmoment bis zur normalen Drehzahl. Wie
erklärt sich dieses Verhalten? Nach Unterbrechung einer Zuleitung
kann nur noch einphasiger Strom durch die beiden anderen Zuleitungen
fließen; ist der Motor in Stern geschaltet, so ist eine Wicklungsphase
stromlos, die anderen beiden liegen in Reihe an der Netzspannung,
erhalten also statt der Sternspannung nur noch die Hälfte der Netzspannung. Bei Dreieckschaltung liegt eine Phase allein, die anderen
beiden in Reihe zu einander an den beiden Zuleitungen. Um nun eine
einfache, wenn auch nicht erschöpfende Erläuterung des oben erwähnten
Verhaltens zu finden, stellen wir uns vor, daß der Stander des Motors
nur eine Spule besitzt, der Laufer bestehe aus zwei Spulen $A$ und $E$, die
senkrecht zu einander mit der Welle verbunden sind (Abb. 308). Das
Wechselfeld des Stánderstromes durchsetzt dann die Spule $A$ und ruft
in ihr wie bei einem Transformator durch Induktion
der Ruhe einen Strom $J_A$ hervor, wahrend Spule $E$
in der gezeichneten Lage nicht induziert ist. Drehen
wir den Läufer durch eine außere Kraft an, so
schneidet die Spule $E$ die Linien des Feldes. In ihr
entsteht dann durch Induktion der Bewegung ein
Strom $J_E$, der seinerseits ein in unserer Abbildung
horizontal gerichtetes Feld, also ein Querfeld erzeugt. Ist das Primarfeld nach unten gerichtet und
drehen wir den Läufer nach rechts, so ist bekanntlich
das Querfeld nach links gerichtet. Da es sich un-
gehindert ausbilden kann, ist der Strom $J_E$ induktiv,

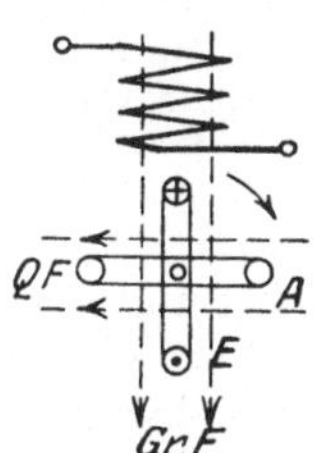

Abb. 308. Ein-
phasen-Asyn-
chronmotor.

d. h. gegen seine EMK und damit auch gegen das erzeugende Primár-
feld zeitlich nach rückwarts verschoben. Die beiden raumlich versetzten
und zeitlich verschobenen Felder geben ein Drehfeld, das den Laufer
mitnimmt (vgl. Abschn. 32). Allerdings ist es nur ein elliptisches
Drehfeld, da die Phasenverschiebung kleiner als $90^0$ ist und das Querfeld der Drehzahl entsprechend erst allmahlich anwächst Denkt man
an die Folgerungen zurück, die wir bei dem Ankerfeld eines Wechselstromgenerators gezogen hatten, so liegt auf den ersten Blick der Ein-
wand nahe, daß das Feld des Stromes $J_E$ wie dort das Feld des
induktiven Ankerstromes nicht quer sondern entgegengesetzt zu den
Linien des Grundfeldes, also hier senkrecht nach oben verlaufen müßte.
Bei unserem Motor würde aber ein solches Gegenfeld durch das Grundfeld nahezu aufgehoben, und damit ware auch die Induktivität fast
ganz verschwunden. Diese ist ja nicht durch eine äußere Belastung
wie bei dem Generator, sondern in dem Feld selbst begründet. Mathematische Ableitungen, die auch die sonstigen induzierenden Wirkungen
der Felder auf die Spulen berücksichtigen, beweisen, daß das von den
bewegten Leitern gelieferte Feld tatsachlich ein Querfeld ist, und daß
man das Drehmoment durch die Einwirkung dieses Feldes auf den

Strom $J_A$ darstellen kann. Bei dem Einphasenmotor muß also der Läufer, sobald er sich im Wechselfeld dreht, sowohl ein Erregerfeld als den Arbeitsstrom stellen. Soll ein Einphasenmotor von selbst anlaufen, so erhält sein Ständer eine zweite Wicklung, die räumlich gegen die Hauptwicklung versetzt ist und die durch Kunstphase (vgl. Abb. 166) einen zeitlich verschobenen Strom führt  Die Motoren werden daher entweder mit einer einphasigen Betriebswicklung und einer um eine halbe Polteilung dazu versetzten Anlaufwicklung versehen, oder man verwendet eine in Stern geschaltete Drehstromwicklung, deren dritte Phase für den Anlauf in Reihe mit einem induktionsfreien Wider-

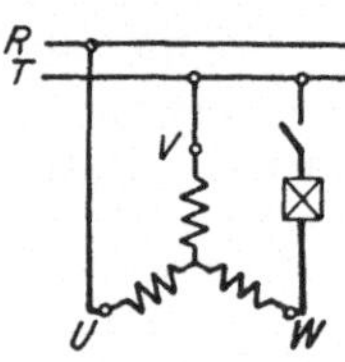

Abb. 309.
Schaltung eines Drehstrommotors als Einphasenmotor.

stand parallel zu einer der beiden Phasen geschaltet wird (Abb. 309). Die Drehrichtung des Anlauffeldes und damit des Motors kann durch Vertauschen der Klemmen einer der beiden Primärwicklungen umgekehrt werden. Der Läufer wird genau wie bei einem Drehstrommotor mit einer Käfigwicklung oder mit einer drei- oder zweiphasigen Schleifringwicklung ausgeführt  Das Anlaufmoment ist gering, da mit den üblichen Hilfsmitteln zur Verschiebung der Ströme kein kreisförmiges Drehfeld erzielt wird. Die sonstigen Eigenschaften dieses Motors sind ähnlich, jedoch schlechter als diejenigen des Drehstrommotors; der Wirkungsgrad, der Leistungsfaktor und die Überlastbarkeit sind geringer als bei den entsprechenden Drehstrommotoren. Dieses folgt teils daraus, daß der Ständer durch die Betriebswicklung nicht voll ausgenützt wird, teils aus dem Umstand, daß auch bei Synchronismus ein Strom im Läufer induziert wird, und daß das Drehfeld nur durch Mitwirkung des Läufers zustande kommt. Bei einem Mehrphasenmotor hat ja das Drehfeld unabhängig von dem Schlupf eine bestimmte Stärke und Drehzahl, bei dem Einphasenmotor dagegen wird durch eine starke Bremsung das Querfeld und damit auch das Drehmoment erheblich geschwächt.

## 65. Die Wechselstrom-Kommutatormotoren.

Der Versuch nach Abb. 19, ebenso wie das Vertauschen der Netzleitungen bei einem Gleichstrommotor lehrt uns, daß die Drehrichtung ungeändert bleibt, wenn der Strom im feststehenden und im drehbaren Teil gleichzeitig seine Richtung wechselt; dasselbe folgt aus der Handregel für die Kraftwirkung des Stromes (S. 56). Daher muß es möglich sein, einen Kommutatormotor mit Wechselstrom statt mit Gleichstrom zu betreiben; allerdings müssen die Motoren dann in verschiedener Hinsicht anders eingerichtet sein. Da in den massiven Teilen des Magnetkörpers starke Wirbelströme entstehen würden, muß auch der Ständer aus isolierten Eisenblechen bestehen, und zwar baut man ihn ähnlich wie den Ständer für einen Asynchronmotor; der Läufer dagegen sieht dem Anker einer Gleichstrommaschine ähnlich. Besondere Schwierigkeiten bereitet das Feuern der Bürsten. Das Wechselfeld durchsetzt ja in vollem Maße diejenigen Spulen, die mit ihrer Ebene quer zu ihm, das heißt in der Neutralen liegen, so daß starke Kurzschlußströme, durch Induktion der Ruhe hervorgerufen, über die Bürsten durch die kurzgeschlossenen Spulen fließen. Möglichst geringe Bürstenbreite und größerer Widerstand im Kurzschlußkreis dienen dazu, diese Ströme und dadurch das Bürstenfeuer zu vermindern. Das Querfeld des Läufers, das durch den Arbeitsstrom entsteht, hat einen starken induktiven Widerstand zur Folge, es muß daher durch eine Kompensationswicklung aufgehoben werden. Da der Asynchronmotor ohne Kommutator einen ähnlichen Charakter wie der Gleichstromnebenschlußmotor hat, bedarf man der Wechselstrom-Kommutatormotoren in erster Linie für solche Antriebe, die den Charakter eines Reihenschlußmotors erfordern; am häufigsten verwendet man dabei Einphasenmotoren.

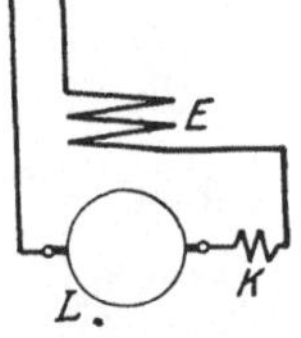

Abb. 310.
Reihenschlußmotor.

Bei dem Reihenschluß- oder Serienmotor (Abb. 310) trägt der Ständer die Erregerwicklung $E$ sowie die Kompensationswicklung $K$, die mit dem Läufer $L$, d. h. der Arbeitswicklung, in Reihe geschaltet sind. Der Läufer verbraucht bei Stillstand oder Leerlauf im wesentlichen eine Blindleistung, bei Belastung nimmt er eine entsprechende Wirkleistung auf. Bei hoher Spannung ist ein Kommutator nicht betriebssicher, daher wird eine solche durch Zwischenschaltung eines Transformators auf einen passenden Wert herabgesetzt; durch Veränderung der Sekundärspannung, also mittels eines Regeltransformators, kann der Motor angelassen und in seiner Drehzahl nahezu verlustlos geregelt werden.

Da eine Wechselstromleistung nicht nur durch elektrische Verbindung, sondern auch durch Vermittlung eines Magnetfeldes übertragen werden kann, so liegt es nahe den Läufer in sich zu schließen, d. h. die Bürsten untereinander kurzzuschließen (Abb. 311). Die dem Netz entnommene Wirkleistung wird dann hauptsächlich von der Ständerwicklung $E$ aufgenommen und durch Transformation dem Läufer zugeführt. Denken wir uns sodann die Wicklungen $E$ und $K$ zu einer einzigen zusammengefaßt, die zwischen den beiden liegt, wie in der

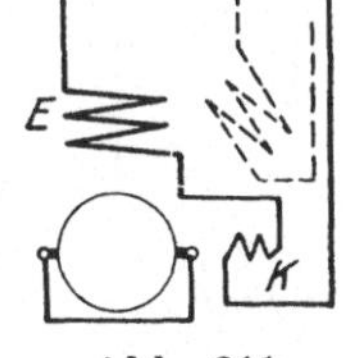

Abb. 311.
Reihenschlußmotor mit
kurzgeschlossenem Läufer.

Abb. 311 gestrichelt angedeutet ist, so sind wir damit zu einer zweiten Motorart, dem Repulsionsmotor gelangt, der ebenfalls den Charakter eines Reihenschlußmotors hat. Um die Wirkungsweise dieses Motors zu erkennen, zeichnen wir den Läufer mit einer Ringwicklung und nehmen zunächst an, daß die Bürsten in der Neutralen stehen (Abb. 312 a). Das von dem Primarstrom erzeugte Wechselfeld ruft dann durch Induktion der Ruhe in der Läuferwicklung Spannungen hervor, die in den beiden Hälften rechts und links von der Mittelsenkrechten gegeneinander gerichtet sind. Es kann daher bei Stillstand des Motors kein Strom in der Läuferwicklung zustande kommen, wenn die miteinander kurzgeschlossenen Bürsten gar nicht oder wenn sie in der Neutralen

aufliegen; in letzterem Fall berühren sie Punkte gleicher Spannung (vgl.
S. 164). Verschieben wir nun die Bürsten etwas aus der Neutralen, so
sind in den zwischen ihnen liegenden Wicklungsteilen einzelne Drahtspannungen gegen eine größere Zahl anderer geschaltet; die Bürsten
liegen nicht mehr zwischen Punkten gleicher Spannung, so daß Strom
durch Anker und Bürstenverbindung fließt. Bei der in Abb. 312 b ein-
gezeichneten Verschiebung der Bürsten wird nach der Handregel ein
rechtsdrehendes Moment erzeugt. Wenn wir die Bürsten in der andern
Richtung aus der Neutralen verschieben,
so fließt in den nahe der Polmitte liegenden Drähten, die ja hauptsächlich das
Drehmoment liefern, der Strom in umgekehrter Richtung, der Motor läuft dann
links herum. Je mehr wir die Bürsten
verschieben, desto größer wird bei größerer Spulenzahl als in Abb. 312 gezeichnet ist, die Zahl der hintereinander
und desto kleiner die Zahl der gegen-
geschalteten Drahtspannungen, desto
größer daher der Strom und zunächst
auch die Drehzahl; stehen die Bürsten

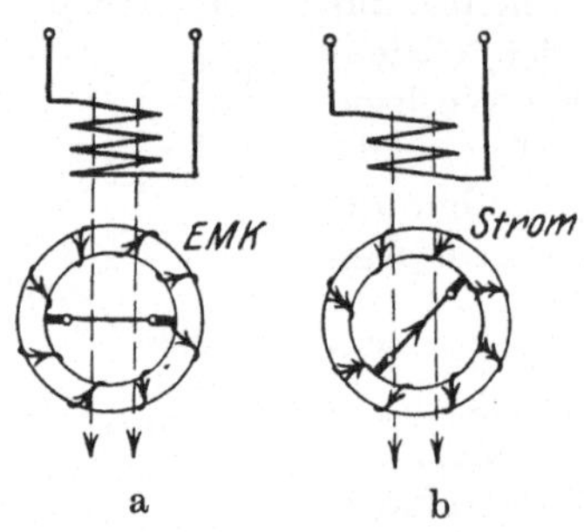


Abb. 312.   Repulsionsmotor.

in der Polmitte, so ist der induzierte Strom zwar sehr stark,
in jeder Lauferhalfte wirken aber die Drähte in Bezug auf das Drehmoment einander entgegen. Eine Abart dieses Motors ist der Déri-
Motor, der bei zwei Polen vier Bürsten besitzt, von denen je eine feste
und eine verschiebbare untereinander kurz geschlossen sind (Abb. 313).

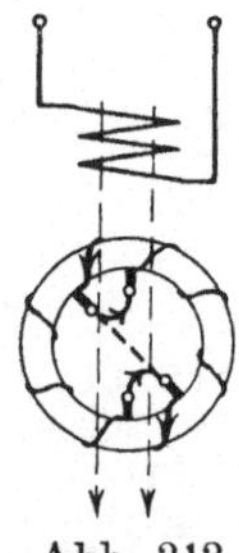

Stehen die Bürsten jedes solchen Paares auf denselben
Stegen, so ist die Lauferwicklung stromlos, da die Spannungen ihrer Hälften einander das Gleichgewicht halten
Verschiebt man nun beiderseits eine Bürste aus der Polmitte, z. B. linksdrehend, so umfaßt jedes kurzgeschlossene Bürstenpaar eine Anzahl von Windungen,
in diesen fließt dann Strom, der ähnlich wie bei dem
einfachen Repulsionsmotor mit dem Feld ein Drehmoment
liefert. Beide Arten von Repulsionsmotoren haben die
Eigentümlichkeit, daß nur die Standerwicklung mit dem
Netz in elektrische Verbindung kommt, sie können daher unmittelbar mit hoher Spannung betrieben werden.

Abb. 313.
Déri-Motor.

Kehren wir zu der Schaltung der Abb. 311 zurück, so führt uns ein
anderer Weg zu der dritten Art der üblichsten Einphasen-Kommutator-
motoren. Die Erregerwicklung $E$ hat bei jener Schaltung die Aufgabe,
durch den Läufer ein Wechselfeld zu senden. Dies laßt sich aber auch
erreichen, wenn man diese Aufgabe dem Läufer selbst übertragt, indem
man senkrecht zu den kurzgeschlossenen Bürsten zwei andere auf den
Stromwender setzt und diese in Reihe mit der zweiten Ständerwicklung
$K$ an das Netz legt. Dann wird die Erregerwicklung des Ständers
ersetzt durch diejenigen Spulen der Lauferwicklung, die jeweils in der
Horizontalen oder nahe an ihr liegen. Als Arbeitswicklung dienen

dagegen diejenigen Drähte, die in oder nahe an der Senkrechten liegen, ihr Strom kommt durch Induktion von der Ständerwicklung über die kurzgeschlossenen Bürsten zustande. Abb. 314 stellt diesen Motor mit Läufererregung und zwar im Reihenschluß dar. Auch bei diesem Motor ist es vorteilhaft, die Erregerbürsten nicht unmittelbar, sondern über einen regelbaren Transformator zu speisen. Der Motor behält dabei den Reihenschlußcharakter, wenn die Primärwicklung des Transformators in Reihe mit der Ständerwicklung des Motors an das Netz gelegt ist.

Einen Einblick in den Zusammenhang zwischen den Einphasen-Asynchronmotoren mit und ohne Kommutator erhalten wir, wenn wir die Schaltung der Abb. 314 noch dadurch ändern, daß wir auch die Erregerbürsten kurz schließen und die Ständerwicklung allein ans Netz legen. Man würde dadurch einen Kommutatormotor erhalten, der wie der Motor der Abb. 308 kreuzweise kurzgeschlossene Läuferspulen hat und nicht von selbst anlaufen kann.

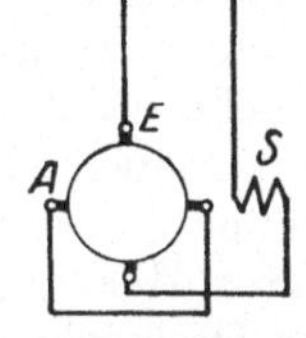


Abb. 314. Reihenschlußmotor mit Läufererregung.

Hier moge noch eine Ausführung erwahnt werden, welche die Vorzüge des Repulsionsmotors mit denen des Einphasenmotors ohne Kommutator vereinigt. Schließt man nämlich bei einem Repulsionsmotor nach dem Anlauf bestimmte Punkte der Läuferwicklung kurz, so wird damit der Motor ebenfalls in die Schaltung der Abb. 308 gebracht, er läuft daher mit nahezu unveränderlicher Geschwindigkeit weiter. Eine solche Bauart wird z. B. für Aufzugsmotoren in Einphasennetzen benutzt, da sie gutes Anzugsmoment mit nahezu gleichbleibender Betriebsdrehzahl verbindet.

Kommutatormotoren lassen sich in ähnlicher Weise wie für Einphasenstrom auch für Drehstrom bauen. Abb. 315 zeigt die Schaltung eines Motors, bei dem die Enden der drei Ständerphasen mit drei Bürstenbolzen verbunden sind, die auf dem Kommutator unter je 120 elektrischen Graden gegeneinander versetzt stehen. Die in sich geschlossene Läuferwicklung ist damit in Dreieck geschaltet, in jeder Zuleitung liegt eine Ständerphase, wir haben also einen Reihenschluß

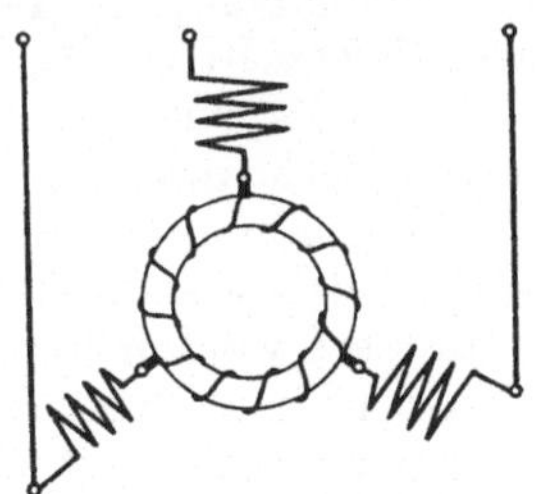

Abb. 315. Drehstrom-Kommutatormotor.

motor vor uns. Legt man seine Klemmen an eine Drehstromquelle, so wird sowohl der Ständer als der Läufer ein Drehfeld liefern. Das Feld des Läufers, einerlei ob dieser sich dreht oder stillsteht, läuft dabei mit der synchronen Drehzahl um, ähnlich wie bei einer Gleichstrommaschine das Ankerfeld unabhangig von der Drehzahl seine Lage im Raume beibehalt, da durch den Stromwender stets andere Drähte immer in dieselbe Lage zwischen die Bürsten kommen. Stehen die Bürsten in der Mitte der Ständerspulen, so haben bei entsprechender Schaltung Ständer- und Läuferfeld stets untereinander gleiche Richtung, es läuft dann im Motor ein Drehfeld um, das als Summe der beiden

Felder die größtmögliche Stärke hat. Wenn wir nun die drei Bürsten zusammen gegen den Drehsinn des Feldes verstellen, so verschieben wir damit das Läuferfeld nach rückwärts, es eilt dem Ständerfeld nach und wird von ihm angezogen, der Läufer beginnt sich daher entgegengesetzt zur Bürstenverstellung zu drehen. Wir finden hier also ähnliche Erscheinungen wie bei dem Drehstrom-Synchronmotor, bei dem ja das von dem Drehfeld auf das Polrad ausgeübte Drehmoment bis zu einer gewissen Grenze desto größer wird, je mehr das Polrad durch Belastung zurückgehalten wird. Hier wie dort wird die Drehrichtung durch Vertauschen zweier Zuleitungen geändert. Wie ferner der Synchronmotor durch Verstärkung des Antriebes, also durch ein Vorschieben des Polrades vor das Drehfeld, in einen Generator verwandelt wird, d. h. elektrische Leistung abgibt, so kann auch der obige Motor dies tun, wenn man die Bürsten und damit das Läuferfeld in der Drehrichtung verstellt, also dem Ständerfeld vorausschiebt. Dagegen ist unser Motor nicht an den Synchronismus gebunden, seine Drehzahl ändert sich infolge der Reihenschaltung von Ständer und Läufer mit der Belastung und kann durch die Größe der Bürstenverschiebung geregelt werden. Nebenschlußcharakter erhält der Drehstrom-Kommutatormotor, wenn man den Ständer für sich ans Netz legt und dem Läufer eine von der Belastung unabhängige Spannung, z. B. durch einen Reguliertransformator, zuführt.

## 66. Regelung und Bremsung der Asynchron- und Kommutatormotoren.

Wir haben noch die für den Betrieb wichtige Frage zu beantworten, wie die Drehzahl der in den Abschnitten 62 bis 65 besprochenen Motorarten willkürlich verändert und wie ihre Drehzahl beschränkt oder vermindert werden kann. Zunächst betrachten wir den gewöhnlichen Drehstrommotor. Bei der Besprechung des Drehfeldes hatten wir gesehen, daß die Polzahl des Drehfeldes und damit dessen Drehzahl verändert werden kann, wenn wir die Stromrichtung in den einzelnen Drähten bzw. Spulen jeder Phase ändern (vgl. Abb. 162 und 164). Demnach muß auch bei einem Kurzschlußmotor, der z. B. 6 Ständerspulen hat, der also in der üblichen Schaltung vierpolig ist und bei 50 Perioden eine synchrone Drehzahl von 1500 Umdrehungen in der Minute hat, die Polzahl auf die Hälfte verringert, die Drehzahl also auf das Doppelte gesteigert werden können. Durch Aufzeichnen der Drähte mit ihrer Stromrichtung kann man sich leicht davon überzeugen, daß die Mehrzahl der Feldlinien dann tatsächlich den Verlauf eines zweipoligen Feldes hat. Da das Verfahren auf Kurzschlußmotoren beschränkt ist und starke Streuung verursacht, werden solche polumschaltbare Motoren selten gebaut.

Sehr nahe liegt der Versuch, eine Verminderung der Drehzahl durch Herabsetzen der Ständerspannung zu erreichen, ein Verfahren, welches für das Anlassen bereits früher erwähnt wurde. Es ist klar, daß mit der Ständerspannung die Liniendichte und mit dieser der Läuferstrom sinkt  Wenn der Läuferwiderstand unverändert bleibt und die Liniendichte in gleichem Maß wie die Spannung abnimmt, so fällt das Drehmoment des Motors bei unveränderter Drehzahl mit der zweiten Potenz der Spannung, bei halber Spannung also auf den vierten Teil. Dieses Verfahren  kann daher nur in Frage kommen, wenn das verlangte Drehmoment, wie z. B. bei Ventilatorantrieb, schon bei geringem Drehzahlabfall sehr erheblich abnimmt.

Das Einschalten von Widerstand in den Läuferkreis hat wie die Ankerregulierung eines Gleichstromnebenschlußmotors den Nachteil, daß es unwirtschaftlich ist, und daß die Wirkung von der Belastung abhangt, trotzdem wird es aber seiner Einfachheit halber am haufigsten angewendet. Schalten wir, wahrend der Motor mit einem bestimmten Drehmoment belastet ist, Widerstand in den Läuferkreis, so tritt in diesem ein großerer Spannungsverlust auf, daher muß die induzierte Spannung, also der Schlupf, großer werden; der Motor arbeitet dann zum Teil als Transformator, er schickt mit der seinem Schlupf entsprechenden Spannung und Frequenz Strom durch den Regulierwiderstand. Sehen wir wieder von dem Einfluß des Primärwiderstandes und der Streuung ab, so gilt auch hier die Gleichung 165 bzw. 166.

**Beispiel:** Bei Nenndrehmoment, d. h. bei $J_{s/} = 1$, soll die Drehzahl um 40 % vermindert werden. Es muß daher $R_{II/}$ das 0,4-fache des Nennwertes betragen. Wenn ferner bei demselben Widerstand das Drehmoment nur die Halfte des Nennwertes betragt, d. h. $J_{s/} = 0,5$ ist, so betragt die Drehzahl $n/ = 1,0 - 0,5 \cdot 0,4 = 0,8$. Nach diesem Verfahren kann wieder fur jeden beliebigen Motor der erforderliche Widerstand berechnet werden.

Eine fast verlustlose Regelung der Drehzahl von Asynchronmotoren gestattet die **Kaskadenschaltung.** Wie die Sekundärwicklung eines Transformators bei mehrfacher Transformation die Primarwicklung eines zweiten speist, so wird hier ein zweiter Motor, der sogenannte Hintermotor, an die Schleifringe des zu regelnden Motors angeschlossen und meistens direkt mit ihm gekuppelt (Abb. 316). Der Vordermotor wird dann durch die Gegen-EMK des Hintermotors wie bei dem vorigen Verfahren durch den Spannungsverlust im Regulieranlasser gezwungen, seine Drehzahl herabzusetzen.

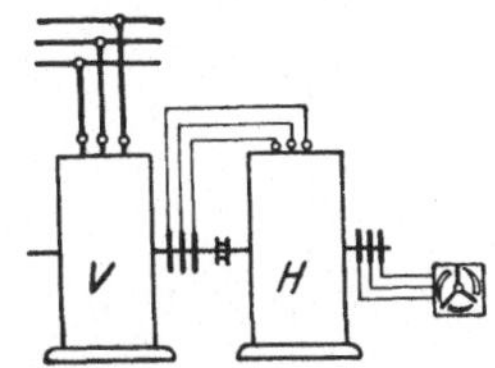

Abb. 316.  Kaskadenschaltung  mit Asynchronmotor.

**Beispiel:** Der Vordermotor hat vier Pole, der Hintermotor sechs Pole; dann ist bei 50 Perioden die synchrone Drehzahl des ersteren 1500, des letzteren 1000 Umdrehungen in der Minute. Stellen wir uns nun vor, daß die Drehzahl des Vordermotors irgendwie um 60 %, also von 1500 auf 600 Umdrehungen herabgedrückt sei, so hat seine Sekundarspannung eine Frequenz von $0,6 \cdot 50 = 30$, ihre Hohe ist das 0,6-fache der bei Stillstand auftretenden Lauferspannung. Ist der Stander des Hintermotors für diese Spannung gebaut und wird er mit der Frequenz 30 gespeist, so ist seine synchrone Drehzahl das 0,6-fache der früheren, beträgt also auch 600. Bei Kaskadenschaltung und unmittelbarer Kupplung werden demnach beide Motoren mit dieser verminderten Drehzahl laufen.

Die Motoren stellen sich in Kaskadenschaltung immer auf diejenige Drehzahl ein, die sich aus der Summe ihrer Polzahlen berechnet Die Belastbarkeit jedes Motors geht natürlich infolge der geringeren Drehzahl zurück und zwar proportional mit der Verminderung der letzteren Soll der Hintermotor nicht nur in Kaskade, sondern auch allein betrieben werden, so muß ein Transformator eingeschaltet werden. falls nicht die Sekundarspannung des Vordermotors in Kaskadenschaltung gerade den Wert der Netzspannung hat.

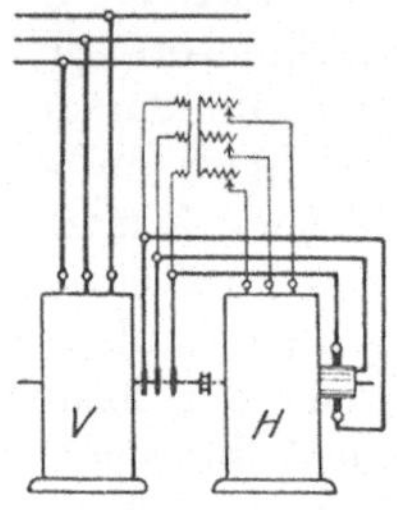

Abb. 317.  Kaskadenschaltung mit Kommutatormotor.

Eine gleitende Regelung wird erreicht, wenn man den Schleifringen des Vordermotors eine Gegenspannung aufdrückt, die durch eine Kommutatormaschine erzeugt wird.  Abb. 317 stellt die Kaskadenschaltung eines Asynchronmotors mit einem Drehstromkommutatormotor dar; der Stander und der Läufer des letzteren werden in Nebenschlußschaltung von den Schleifringen des Vordermotors gespeist.  Durch Veränderung der Windungszahl des Transformators, der vor dem Ständer des Hintermotors liegt, kann dessen Gegenspannung und damit die Drehzahl der Maschinengruppe in beliebig feinen Stufen geandert werden.  Bei der Schaltung nach Abb. 318 geschieht die Regelung durch Umformung in Gleichstrom.  Die Schleifringe des Vordermotors $V$ sind mit denen eines fremderregten Umformers $U$ verbunden; dieser speist einen fremderregten Gleichstrommotor, der mit dem Vordermotor gekuppelt ist Durch Regelung der Gleichstromerregung wird die Gegenspannung des Umformers und dadurch die Drehzahl der Motoren geändert.

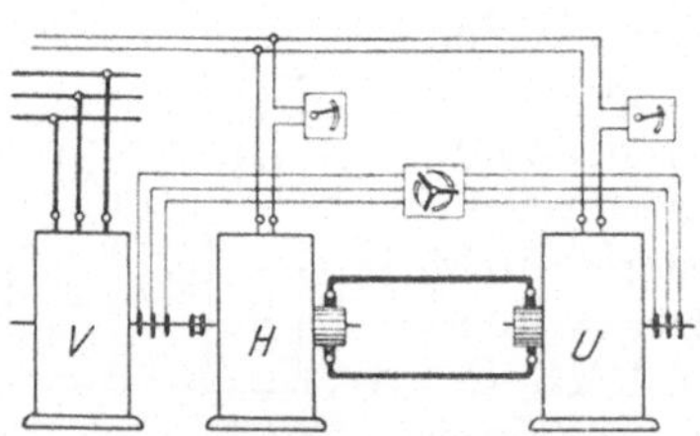

Abb. 318.  Reguliergruppe mit Drehstrom-
-Gleichstrom-Umformer.

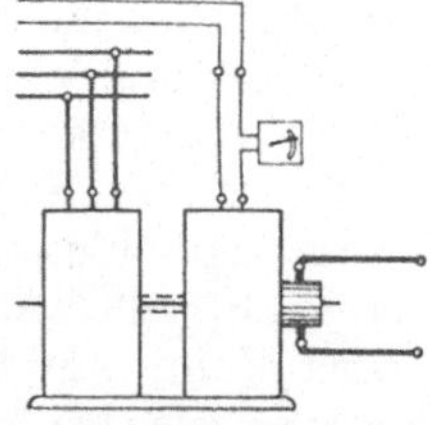

Abb. 319.
Kaskadenumformer.

Hier konnen wir eine Erganzung zu den Umformern einschalten. Denken wir uns den Gleichstrommotor in Abb. 319 abgetrennt und zu irgend welchem Antrieb verwendet, dagegen den Drehstrommotor unmittelbar mit dem Umformer gekuppelt und lediglich zu dessen Antrieb dienend, so haben wir einen Kaskadenumformer vor uns Dieser wird an Stelle eines Motorgenerators oder eines Einankerumformers zur Umwandlung von Drehstrom in Gleichstrom benutzt Die Umwandlung geschieht dabei teils auf mechanischem, teils auf rein elektrischem Wege, die Drehzahl der beiden Maschinen entspricht der

Summe ihrer Polzahlen und ist an den Synchronismus gebunden, da ja der Umformer mit Gleichstrom erregt wird.

Zur Bremsung eines Drehstrommotors in der üblichen Schaltung kommen zwei Betriebszustände in Frage. Wenn der Motor im Bewegungssinn eingeschaltet ein Fahrzeug im Gefälle oder eine Last in der Senkrichtung antreibt, so steigert sich seine Geschwindigkeit. Sobald der Synchronismus überschritten, der Schlupf also negativ wird, verwandelt sich der Motor in einen asynchronen Generator, er gibt desto mehr elektrische Leistung an das Netz zurück, je höher die Geschwindigkeit wird (vgl. S. 120). Dadurch wird wie bei einem Gleichstromnebenschlußmotor die Geschwindigkeit begrenzt. Der Zusammenhang zwischen Drehmoment und Schlupf ist dabei ähnlich wie bei dem Betrieb als Motor (vgl. Abb. 307). Die andere Art der Bremsung geschieht durch Gegenstrom; der Stander wird wie für das Heben eingeschaltet. Wenn die sinkende Last oder das bewegte Fahrzeug dieses rückwirkende Drehmoment überwiegt, so dreht sich der Läufer umgekehrt wie das Drehfeld, der Schlupf ist dann größer als 1,00. Der Motor nimmt dabei mechanische Leistung von dem Antrieb und eine entgegengesetzt wirkende elektrische Leistung aus dem Netz auf, die Summe dieser beiden wird in dem Widerstand des Regelanlassers und im Motor in Wärme umgesetzt. Abb. 307 zeigt, wie bei Gegenstrom und Antrieb durch die sinkende Last das Drehmoment und der Schlupf zusammenhängen.

Bei dem Einphasen-Asynchronmotor ist eine Regelung der Drehzahl nur in geringem Maße möglich, da ja das Drehfeld durch die Drehzahl wesentlich beeinflußt wird. Bei übersynchronem Antrieb gibt auch der Einphasenmotor Wirkleistung in das Netz zurück.

Die Kommutatormotoren, bei denen der Stromwender einen großeren Kostenaufwand und große Empfindlichkeit bedingt, haben ihre Lebensberechtigung in der verlustlosen feinstufigen Regelungsfahigkeit; die Regelung geschieht in gleicher Weise wie das Anlassen. Am einfachsten ist die Regelung und die Gegenstrombremsung bei dem Repulsionsmotor, da sie nur durch Bürstenverschiebung erfolgt. Bei den anderen Motoren geschieht die Regelung durch Änderung der zugeführten Spannung mittels eines Regeltransformators, die Bremsung erfolgt durch Gegenstrom oder durch Schaltung als fremderregter Generator.

## Festwerte bei 20° C.

| Stoff | Spezifischer Widerstand $\varrho$ | Leitfähigkeit $k$ | Temperaturkoeffizient $\alpha$ | Spezifische Wärme $c$ |
|---|---|---|---|---|
| Aluminium . . . . . | 0,030 | 33 | 0,0039 | 0,21 |
| Blei . . . . . . . . . | 0,21 | 4,8 | 0,0039 | 0,03 |
| Gußeisen . . . . . . | 0,80 | 1,25 | 0,0012 | 0,11 |
| Kupfer . . . . . . . | 0,018 | 56 | 0,0039 | 0,094 |
| Silber . . . . . . . | 0,017 | 59 | 0,0034 | 0,056 |
| Schmiedeeisen . . . . | 0,13 | 7,7 | 0,005 | 0,11 |
| Stahl . . . . . . . . | 0,25 | 4 | 0,005 | 0,11 |
| Zink . . . . . . . . | 0,063 | 16 | 0,0037 | 0,094 |
| Messing . . . . . . . | 0,077 | 13 | 0,0015 | 0,092 |
| Neusilber WM 30 · · | 0,30 | 3,3 | nahezu 0 | 0,095 |
| Kupfer-Nickel-Legierung WM 50 . . . | 0,50 | 2,0 | nahezu 0 | 0,095 |
| Eisen-Nickel-Legierung WM 100 . . . | 1,0 | 1,0 | 0,0010 | |

| Stoff | Dielektrizitätskonstante $\varepsilon$ | Spezifische Wärme $c$ |
|---|---|---|
| Glas . . . . . . . . . . . . . . | 6 | |
| Hartgummi . . . . . . . . . . . | 2,3 | |
| Hartpapier . . . . . . . . . . . | 4,5 | |
| Mikanit . . . . . . . . . . . . | 5 | |
| Mineralöl . . . . . . . . . . . | 2,2 | 0,4 |
| Porzellan . . . . . . . . . . . | 5,5 | 0,2 |

## Formelzeichen.

$A$  Arbeit.
$C$  Kapazität.
$C$  Konstante.
$D$  Durchflutung.
$D$  Durchmesser.
$E$  erzeugte Spannung.
$\bar{E}$  Scheitelwert derselben.
$F$  Wickelfläche.
$G$  Gewicht.
$J$  Stromstärke.
$\bar{J}$  Scheitelwert derselben.

$J'$  Ausgleichsstrom.
$L$  Induktivität.
$M$  Moment.
$N$  Leistung in Watt.
$N'$  Leistung in PS.
$O$  Oberfläche.
$P$  Kraft.
$Q$  Wärmemenge.
$R$  Widerstand.
$R$  Radius
$T$  Dauer einer Periode.
$U$  verbrauchte Spannung.

$a$  Ausnutzungsfaktor bei Spulen.
$a$  halbe Zahl der parallelen Stromwege.
$b$  Verhältnis der Ströme $\dfrac{J_1}{J}$ beim Anlassen.

$c$  spezifische Wärme.
$d$  Drahtdurchmesser.
$e$  Augenblickswert der erzeugten Spannung.
$e$  erzeugte Teilspannung
$f$  Frequenz.

*q* Beschleunigung der Schwerkraft.
*ı* Teilstrom
*ı* Augenblickswert der Stromstärke.
*k* elektrische Leitfähigkeit.
*l* Länge.
*l'* mittlere Länge einer Windung.
*m* Anzahl von Teilen bei Reihenschaltung.
*m* Masse.
*m* Stufenzahl des Anlassers.
*n* Anzahl von Teilen bei Parallelschaltung.
*n* Drehzahl in der Minute.
*p* Polpaarzahl
*p*, *p'*, *p''* Verhältniszahl des Verlustes.
*q* Querschnitt.
*r* Teilwiderstand.

*s* Schlupf.
*s* Verhältnis von Spitzen- und Schaltstrom eines Anlassers.
*s'* Verhältnis von Anker- und Erregerstrom bei einem Reihenschlußmotor.
*s* Weg.
*s* Zahl der Wicklungselemente.
*t* Temperatur, Zeit.
*u* Spannungsverlust.
*u* Teilspannung.
*v* Geschwindigkeit.
*w* Windungszahl.
*y* Wicklungsschritt.
*z* Anzahl von Widerstandselementen.

$\mathfrak{B}$ Induktion.
$\overline{\mathfrak{B}}$ Scheitelwert derselben.
$\mathfrak{F}$ Querschnitt des magnetischen Linienweges.

$\mathfrak{H}$ Feldstärke.
$\mathfrak{L}$ Länge des magnetischen Linienweges.
$\mathfrak{R}$ magnetischer Widerstand.

$\Phi$ Linienzahl.
$\overline{\Phi}$ Scheitelwert derselben.
$\Sigma$ Summe.
$\alpha$ Temperaturkoeffizient des Widerstandes.
$\alpha$ Winkel.
$\alpha$ Faktor der Liniendichte.
$\varepsilon$ Dielektrizitätskonstante.

$\eta$ Wirkungsgrad.
$\vartheta$ Temperatur bei Zusammentreffen mit der Zeit.
$\mu$ magnetische Leitfähigkeit.
$\varrho$ spezifischer Widerstand.
$\varphi$ Winkel der Phasenverschiebung.
$\omega$ Kreisfrequenz.
$\omega$ Winkelgeschwindigkeit.

## Fußzeichen.

*A* Amperemeter, Anfang, Anker.
*B* Beschleunigung.
*C* kapazitiv.
*E* Ende, Erregung.
*K* Kommutator, Kurzschluß..
*L* induktiv.
*N* negativ.

*O* Null.
*P* positiv.
*R* induktionsfrei.
*R* Regler.
*S* Sekundär.
*V* Voltmeter.

*a* Anlauf.
*b* Belastung, Blind.
*ı* Inneres.
*k* Klemmen.
*l* Leitung.
*m* Magnetisierung.
*m* Mittel.
*o* Leer.
*s* Schein.
*v* Verlust.
*w* Wirk.

*1* Anfangszustand bei Widerstandsänderung.
*2* Endzustand bei Widerstandsänderung.
*1* Schaltstrom beim Anlassen.
*2* Spitzenstrom beim Anlassen.
*I* primär.
*II* sekundär.
$\curlywedge$ Stern.
$\triangle$ Dreieck.
*/* Vielfachwert.

# Sachverzeichnis.

**Elektrische Starkstromanlagen.** Maschinen, Apparate, Schaltungen, Betrieb. Kurzgefaßtes Hilfsbuch fur Ingenieure und Techniker sowie zum Gebrauch an technischen Lehranstalten. Von Dipl.-Ing. **Emil Kosack,** Studienrat, Magdeburg. Sechste, durchgesehene und erganzte Auflage. Mit 296 ·Textabbildungen. 1923.                    GZ. 5; gebunden GZ 5.8

**Schaltungen von Gleich- und Wechselstromanlagen.** Dynamomaschinen, Motoren und Transformatoren, Lichtanlagen, Kraftwerke und Umformerstationen. Ein Lehr- und Hilfsbuch. Von Dipl.-Ing. **Emil Kosack,** Studienrat, Magdeburg. Mit 226 Textabbildungen. 1922.
GZ. 4; gebunden GZ. 6

**Elektrische Schaltvorgänge und verwandte Störungserscheinungen in Starkstromanlagen.** Von Prof. Dr.-Ing. und Dr.-Ing. e. h. **Reinhold Rüdenberg,** Privatdozent, Berlin. Mit 477 Abbildungen im Text und 1 Tafel.                    Erscheint im Fruhjahr 1923

**Die wissenschaftlichen Grundlagen der Elektrotechnik.** Von Prof. Dr. **Gustav Benischke.** Sechste, vermehrte Auflage. Mit 633 Abbildungen im Text. 1922.                    Gebunden GZ. 15

**Kurzes Lehrbuch der Elektrotechnik.** Von Dr. **Adolf Thomälen,** a. o. Professor an der Technischen Hochschule Karlsruhe. Neunte, verbesserte Auflage. Mit 555 Textbildern. 1922.                    Gebunden GZ 9

**Hilfsbuch für die Elektrotechnik.** Unter Mitwirkung von Fachgenossen bearbeitet und herausgegeben von Prof. Dr. **Karl Strecker,** Berlin. Zehnte, umgearbeitete Auflage. In drei Teilen.                    In Vorbereitung

**Kurzer Leitfaden der Elektrotechnik** fur Unterricht und Praxis in allgemeinverstandlicher Darstellung. Von Ingenieur **Rud. Krause.** Vierte, verbesserte Auflage herausgegeben von Prof. **H. Vieweger.** Mit 375 Textabbildungen. 1920.                    Gebunden GZ. 6

**Die Elektrotechnik und die elektromotorischen Antriebe.** Ein elementares Lehrbuch fur technische Lehranstalten und zum Selbstunterricht. Von Dipl.-Ing. **Wilhelm Lehmann.** Mit 520 Textabbildungen und 116 Beispielen. 1922.                    Gebunden GZ. 9

**Ankerwicklungen für Gleich- und Wechselstrommaschinen.** Ein Lehrbuch. Von Prof. **Rudolf Richter**, Direktor in Karlsruhe. Mit 377 Textabbildungen. Berichtigter Neudruck. 1922.  Gebunden GZ. 11

**Aufgaben und Lösungen aus der Gleich- und Wechselstromtechnik.** Ein Übungsbuch für den Unterricht an technischen Hoch- und Fachschulen sowie zum Selbststudium. Von Prof. **H. Vieweger.** Achte Auflage. Mit 210 Textfiguren und 2 Tafeln. 1923.  GZ. 4; gebunden GZ. 5

**Theorie der Wechselströme.** Von Dr.-Ing. **Alfred Fraenckel.** Zweite, erweiterte und verbesserte Auflage. Mit 237 Textfiguren. 1921.

Gebunden GZ. 11

**Die Fernleitung von Wechselströmen.** Von Professor **G. Roeßler,** Danzig. Mit 60 Figuren. 1905.  Gebunden GZ. 7

**Wechselstromtechnik.** Von Professor Dr. **G. Roeßler,** Danzig. Zweite Auflage von „Elektromotoren für Wechselstrom und Drehstrom". I. Teil. Mit 185 Textfiguren. 1912.  Gebunden GZ. 9

**Die symbolische Methode zur Lösung von Wechselstromaufgaben.** Einführung in den praktischen Gebrauch. Von **Hugo Ring,** Ingenieur der Firma Blohm & Voß, Hamburg. Mit 33 Textfiguren. 1921.  GZ. 2 3

**Die Berechnung von Gleich- und Wechselstromsystemen.** Neue Gesetze über ihre Leistungsaufnahme. Von Dr.-Ing. **Fr. Natalis.** Mit 19 Textfiguren. 1920.  GZ. 1

**Die Hochspannungs-Gleichstrommaschine.** Eine grundlegende Theorie. Von Elektro-Ingenieur Dr. **A. Bolliger,** Zürich. Mit 53 Textfiguren. 1921.  GZ. 2

**Arnold-la Cour, Die Wechselstromtechnik.** Herausgegeben von Professor Dr.-Ing. **E. Arnold,** Karlsruhe. In 5 Banden. Unveranderter Neudruck.  Erscheint im Frühjahr 1923

**Elektromotoren.** Ein Leitfaden zum Gebrauch für Studierende, Betriebsleiter und Elektromonteure. Von Dr.-Ing. **Johann Grabscheid.** Mit 72 Textabbildungen. 1921.  GZ. 2.8

**Die Elektromotoren in ihrer Wirkungsweise und Anwendung.** Ein Hilfsbuch für Maschinentechniker. Von **Karl Meller,** Oberingenieur. Zweite, vermehrte und verbesserte Auflage. Mit etwa 153 Textabbildungen.  Erscheint im Mai 1923.

**Der Drehstrommotor.** Ein Handbuch für Studium und Praxis. Von Professor **Julius Heubach,** Direktor der Elektromotorenwerke Heidenau G. m. b. H. Zweite, verbesserte Auflage. Mit 222 Abbildungen. 1923.  Gebunden GZ. 14.5

**Die Transformatoren.** Von Professor Dr. techn. **Milan Vidmar.** Zweite Auflage. Mit etwa 297 Textabbildungen.  In Vorbereitung.

**Die asynchronen Wechselfeldmotoren.** Kommutator- und Induktionsmotoren. Von Professor Dr. **Gustav Benischke.** Mit 89 Abbildungen im Text. 1920.  GZ 3.5

**Elektrotechnische Meßkunde.** Von Dr.-Ing. **P. B. A. Linker.** Dritte vollig umgearbeitete und erweiterte Auflage. Mit 408 Textabbildungen. Unveranderter Neudruck.  Erscheint im Fruhjahr 1923

**Elektrotechnische Meßinstrumente.** Ein Leitfaden Von **Konrad Gruhn,** Oberingenieur und Gewerbestudienrat. Zweite, vermehrte und verbesserte Auflage. Mit 321 Textabbildungen. 1923.  Gebunden GZ. 5.8

**Messungen an elektrischen Maschinen.** Apparate, Instrumente, Methoden, Schaltungen. Von **Rud. Krause †.** Funfte, vermehrte und verbesserte Auflage von Dipl.-Ing. **Georg Jahn.** Mit etwa 100 Textabbildungen.  Erscheint im Sommer 1923

**Die elektrische Kraftübertragung.** Von Oberingenieur Dipl.-Ing. **Herbert Kyser.** In 3 Banden.

Erster Band: **Die Motoren, Umformer und Transformatoren.** Ihre Arbeitsweise, Schaltung, Anwendung und Ausfuhrung. Zweite, umgearbeitete und erweiterte Auflage. Mit 305 Textabbildungen und 6 Tafeln. Unveranderter Neudruck. Erscheint im Fruhjahr 1923

Zweiter Band. **Die Niederspannungs- und Hochspannungs-Leitungsanlagen.** Ihre Projektierung, Berechnung, elektrische und mechanische Ausfuhrung und Untersuchung. Zweite, umgearbeitete und erweiterte Auflage. Mit 319 Textabbildungen und 44 Tabellen. Unveranderter Neudruck. Erscheint im Fruhjahr 1923

Dritter Band: **Die Generatoren, Schaltanlagen und Hilfseinrichtungen des Kraftwerkes.** Erscheint 1923

---

**Comparison of Principal Points of Standards for Electrical Machinery.** (Rotating machines and transformers.) By Dipl.-Ing. **Friedrich Nettel,** Charlottenburg. Erscheint im Fruhjahr 1923

---

**Elektrische Zugförderung.** Handbuch fur Theorie und Anwendung der elektrischen Zugkraft auf Eisenbahnen. Unter Mitwirkung von Ing. **H. H. Peter,** Zurich, fur **„Zahnbahnen und Drahtseilbahnen".** Von Dr.-Ing. **E. E. Seefehlner,** Wien. Zweite, neubearbeitete Auflage. In Vorbereitung

---

**Die Maschinenlehre der elektrischen Zugförderung.** Eine Einfuhrung fur Studierende und Ingenieure. Von Prof. Dr. **W. Kummer,** Ingenieur, Zurich. Mit 108 Abbildungen im Text. 1915. Gebunden GZ. 6 8

---

**Die Energieverteilung für elektrische Bahnen.** Von Prof Dr. **W. Kummer,** Ingenieur, Zurich. Mit 62 Abbildungen im Text. (Zweiter Band der „Maschinenlehre der elektrischen Zugforderung".) 1920. Gebunden GZ. 5 5

---

**Handbuch der drahtlosen Telegraphie und Telephonie.** Ein Lehr- und Nachschlagebuch der drahtlosen Nachrichtenubermittlung. Von Dr. **Eugen Nesper.** Zwei Bande. Zweite, neubearbeitete und erganzte Auflage. In Vorbereitung

---

**Radio-Schnelltelegraphie.** Von Dr. **Eugen Nesper.** Mit 108 Abbildungen. 1922. GZ. 4.5; gebunden GZ. 6

---

**Radiotelegraphisches Praktikum.** Von Dr.-Ing. **H. Rein.** Dritte, umgearbeitete und vermehrte Auflage von Professor Dr. **K. Wirtz,** Darmstadt. Mit 432 Textabbild. u. 7 Taf. Berichtigter Neudruck. 1922 Gebunden GZ 16

---

**Hochfrequenzmeßtechnik.** Ihre wissenschaftlichen und praktischen Grundlagen. Von Dr.-Ing. **August Hund,** beratender Ingenieur. Mit 150 Textabbildungen. 1922. Gebunden GZ. 8.4

---